KB102260

EES를 이용한

건축 환경 및 설비 해석

서승직 · 최원기 공저

Engineering
Equation Solver

일진사

머 리 말

최근 정부의 '저탄소, 녹색성장' 정책이 발표된 후, 건축 분야도 많은 관심을 보이고 있다. 특히 '그린홈' 사업 계획은 신재생에너지의 건물 일체화 시스템에 대한 연구의 필요성과 친환경·저에너지 건축물에 대한 정부의 강한 의지를 나타낸 것이라 할 수 있다.

또한 최근 세계 각국에서는 자국 실정에 맞는 '그린빌딩인증 제도'를 마련하여 시행하고 있으며, 보급 활성화에 적극 나서고 있다. 우리나라도 '친환경건축물인증 제도'와 '건물에너지효율등급 제도' 등의 시행과 각 지자체의 각종 인센티브 제도를 통하여 보급 활성화에 힘쓰고 있다.

한편, 건축환경공학 분야에 있어서도 친환경·저에너지 건물 실현을 위한 다양한 연구가 활발히 진행되고 있다. 특히 신재생에너지를 건물에 통합하는 과정에 있어 건물 디자인적 요소와 일체화시키는 방법, 제로에미션 구현을 위한 건축자재의 재활용 방안 및 시공 프로세스 개발, 친환경 건축자재의 개발 및 실내환경질(IEQ ; indoor environment quality) 개선 방안, 다양한 건물 에너지 절약 기술의 최적 조합에 따른 합리적인 융·복합 기술 개발 등 학문의 전 분야에 걸쳐 깊이 있는 연구가 수행되고 있다. 이러한 모든 연구들은 과거의 정성적인 분석 단계에서 벗어나 지금은 정량적인 분석 및 평가에 초점이 맞춰져 있으며, 이를 위해서는 수치 해석을 통한 분석 기법이나 통합형 전문 해석 프로그램들을 필수적으로 이용해야 한다.

따라서 본 교재에서는 수치 해석을 통한 분석 기법을 학습함에 있어 보다 쉽고 간편한 방법을 통해 건축 환경 및 설비 분야의 다양한 공학적 문제를 해석할 수 있는 EES (engineering equation solver) 프로그램을 소개하고, 간단한 예제 학습을 통해 건축 환경 시스템 전문가가 되기 위한 가장 기초적인 지식을 전달하고자 한다.

본 교재를 학습함에 있어 가능한 한 프로그램을 직접 따라서 실습하는 것이 가장 중요할 것이며, 쉬운 문제에서부터 단계적으로 학습해 나가면 큰 성과를 얻을 수 있을 것이다.

끝으로 본 교재의 편집 도움을 준 인하대학교 환경 설비 연구실 대학원생들과 출판을 위해 수고를 아끼지 않으신 일진사 사장님과 편집부 여러분들께 진심으로 감사를 드린다.

저자 씀

차 례

EES를 이용한 건축 환경 및 설비 해석

(Building Environment & Systems Analysis Using the Engineering Equation Solver)

EES는 'Engineering Equation Solver'의 머리글자(acronym)이다. EES에서 제공하는 기본 함수들은 일련의 대수 방정식들(a set of algebraic equation)의 해(solution)이다. 또한 EES는 미분방정식, 복잡한 변수를 갖는 방정식, 최적화 등을 계산할 수 있으며, 결과 그래프를 생성한다.

EES와 기존의 수치 방정식 해석 프로그램과의 2가지 중요한 차이점은 다음과 같다.

1. EES는 동시에 계산되어야 하는 방정식들을 자동으로 그룹화시켜 인식한다. 이 특징은 사용자의 프로세스를 단순화시키며, 프로그램이 최적의 효율로 운용되도록 한다.
2. EES는 많은 공학 계산들에 유용한 열적 물성과 수학적 함수들을 포함하고 있다. 예를 들어, 증기표(steam table)는 서로 다른 2개의 물성값에 의해 포함된 함수를 호출하여 그 외의 열역학적 물성값들을 얻을 수 있도록 한다. 유사한 능력으로 대부분의 유기 냉매, 암모니아, 메탄, 이산화탄소 등의 유체들을 포함한다. 공기표에는 습공기선도 함수들과 많은 일반 기체들의 JANAF 표 데이터들이 포함되어 있다. 이러한 물질들 대부분의 수송 물성값(transport properties) 또한 제공된다. 그러나 EES의 수학적, 열역학적 물성 함수들에 관한 라이브러리는 광범위하지만, 모든 사용자의 욕구를 충족시킬 수는 없다.

EES는 사용자가 사용자 정의 함수들의 관계를 3가지 방법으로 입력할 수 있도록 한다.

1. 도표화된 자료들이 일련의 방정식의 해에서 직접적으로 사용될 수 있도록 도표화된 자료들을 보간(interpolate)하고 입력할 수 있는 편의가 제공되어 있다.
2. EES 언어는 Pascal, Fortran 등과 유사한 절차를 통해 사용자 정의 함수들을 지원한다. 또한 EES는 다른 EES 프로그램들에 의해 접근될 수 있는 self-contained EES 프로그램인 사용자 정의 모듈(user-written module)에 대한 지원을 제공한다. 그리고 function, procedure 그리고 module들은 EES가 시작될 때 자동으로 읽혀지는 라이브러리 파일들에 저장될 수 있다.
3. Pascal, C 또는 Fortran과 같은 고급 언어로 작성된 외부 functions과 procedures는 윈도우 운영체계에 포함된 dynamic link library 능력을 이용하여 EES에서 동적으로 링크될 수 있다.

이러한 3가지 함수 관계 추가 방법들은 EES의 능력들을 확장하는 매우 강력한 수단이다.

이러한 EES의 다양한 능력들을 이용하여, 건축 환경 설비 분야에서 이를 활용하는 방안에 관하여 살펴보고자 한다. 먼저 기본적인 EES에 관한 특징을 설명하고, 이를 이용하여 건축 환경 설비 분야와 접목시킬 수 있는 내용들을 중심으로 실제 EES 프로그램을 활용하는 순서로 설명하고자 한다.

Chapter

1. EES의 시작

가장 먼저 사용자가 사용하는 컴퓨터에 EES 프로그램을 설치를 해야 한다. CD를 넣고 프로그램을 설치하면, 일반적으로 C:\EES32 폴더에 프로그램이 설치된다. 이렇게 프로그램의 설치가 완료되면, 일반적으로 C:\EES32라는 디렉토리가 생성되고, 이곳에 EES 파일들이 위치하게 된다.

EES 파일들과 프로그램 모두와 관련이 있는 아이콘이 바탕화면에 생성된 것을 볼 수 있을 것이다. 프로그램을 실행시키기 위해서는 파일 아이콘을 더블 클릭하거나 저장된 경로를 통해 실행시키거나, [시작-모든 프로그램-EES-EES]를 클릭하면 된다. 그럼 프로그램이 자동으로 시작되며, [그림 1-1]과 같은 화면이 모니터와 표시된다.

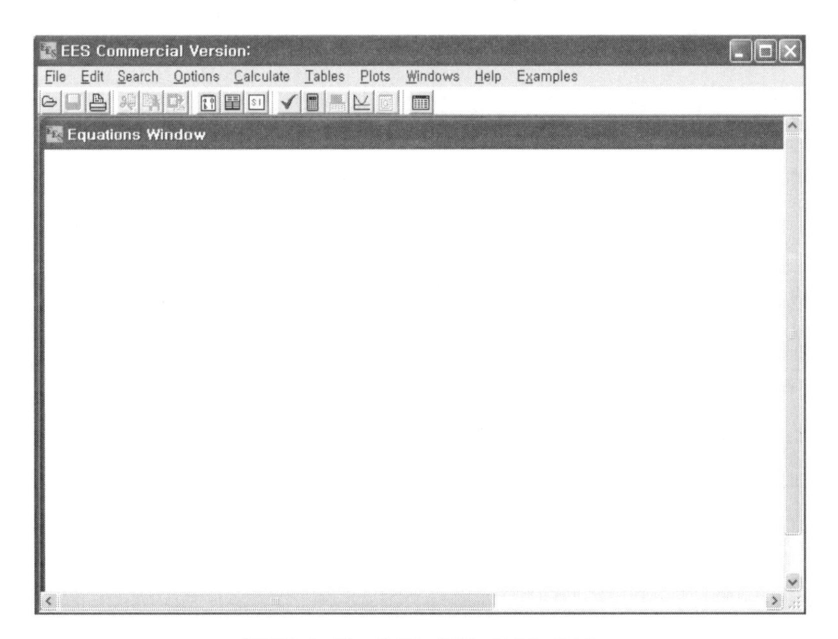

[그림 1-1] EES 실행 초기 화면

EES에 의해 제공되는 기본적인 능력은 일련의 비선형 대수 방정식들의 해를 계산하는 것이다. 이러한 능력을 검증하기 위해 EES 프로그램을 실행한 후, 다음의 간단한 예제 문제를 통하여 살펴보도록 하자.

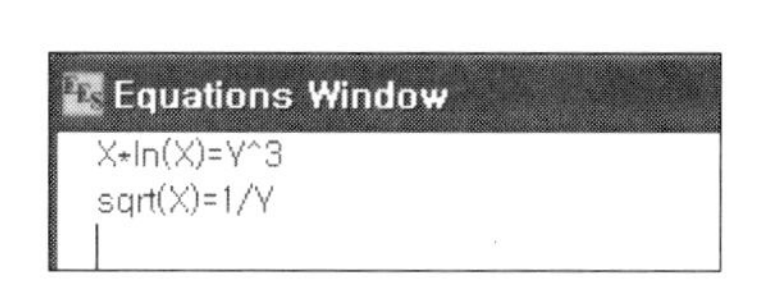

[그림 1-2] 예제 창

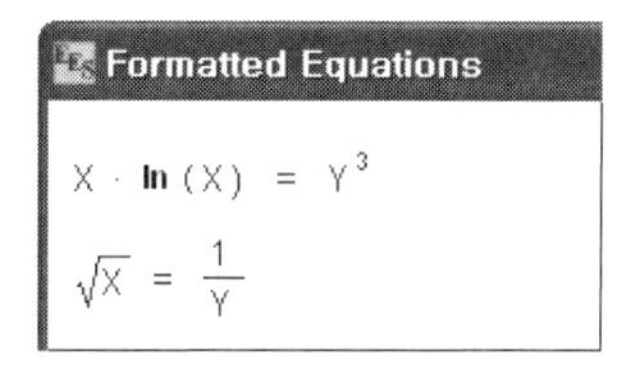

[그림 1-3] 수학적 표기

[그림 1-2]와 같이 [Equations window]에 위의 내용을 기입하자. 만약 사용자가 위의 방정식의 수학적 표기법을 보기를 원한다면, [Window] 메뉴로부터 [Formatted Equation] 명령을 선택하면 [그림 1-3]과 같은 창이 화면이 표시된다.

[Calculate] 메뉴로부터 [Solve] 명령을 실행시켜보자. 그럼 [그림 1-4]와 같은 해를 계산하는 과정을 나타내는 대화상자가 화면에 표시된다. 그리고 [Continue] 버튼을 클릭하면, [그림 1-5]와 같은 이 방정식의 해를 나타내는 화면이 표시된다.

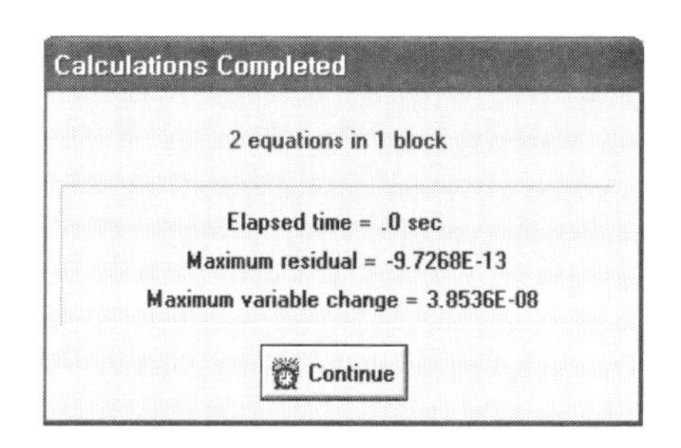

[그림 1-4] 계산 과정

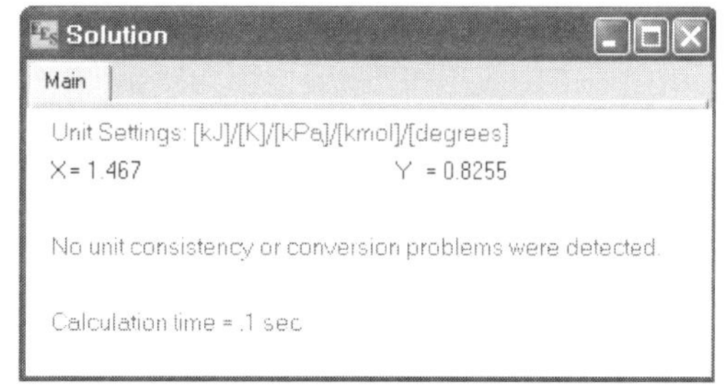

[그림 1-5] 계산된 해

[열역학 문제]

간단한 열역학 문제를 통해, 물성 함수의 접근 방법에 관한 설명과 EES의 방정식 해석 능력에 관하여 살펴보도록 하자. 학부의 열역학 과정에서 직면할 수 있는 전형적인 문제로 그 내용은 다음과 같다.

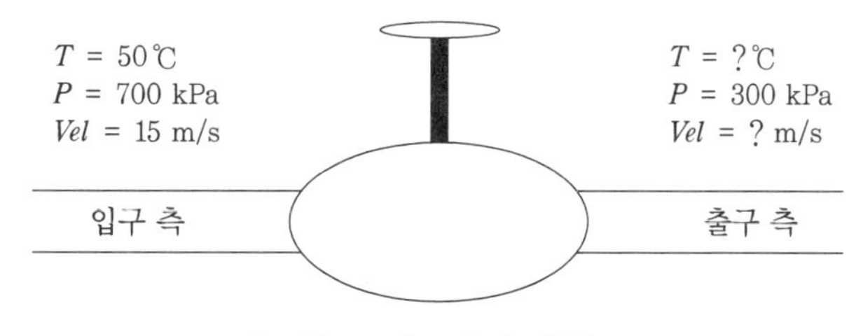

[그림 1-6] 예제 개념도

예 제

15 m/s 의 속도로 밸브의 입구를 통해 온도 50℃, 압력은 700 kPa인 냉매 R-134a가 유입되고, 밸브의 출구에서 압력이 300 kPa이다. 그리고 밸브의 단면적은 모두 0.0110 m^2이다. 이때, 밸브의 출구에서의 유속과 질량 유량, 온도를 계산하시오.

풀 이 본 예제 문제의 계산을 위해, 시스템(system)의 선택이 필요하고, Mass/Energy Balance가 적용되어야 한다.

이 경우 시스템은 밸브이고, 질량 유량은 정상상태이며, Mass balance는 다음과 같다.

$$\dot{m}_1 = \dot{m}_2$$

$$\dot{m}_1 = A_1 \cdot Vel_1 / \nu_1$$

$$\dot{m}_2 = A_2 \cdot Vel_2 / \nu_2$$

여기서, $\dot{m}$: 질량 유량[kg/s]

A : 밸브의 단면적[m^2]

Vel : 유속[m/s]

ν : 비체적[m^3/kg]

예제에서 단면적은 $A_1 = A_2$

밸브는 잘 단열되었으며, 열과 일(heat & work)의 영향은 모두 0이라고 가정하자. 그럼 정상상태의 밸브에서의 에너지 평형은 다음과 같다.

$$\dot{m}_1 \cdot \left(h_1 + \frac{Vel_1^2}{2}\right) = \dot{m}_2 \cdot \left(h_2 + \frac{Vel_2^2}{2}\right)$$

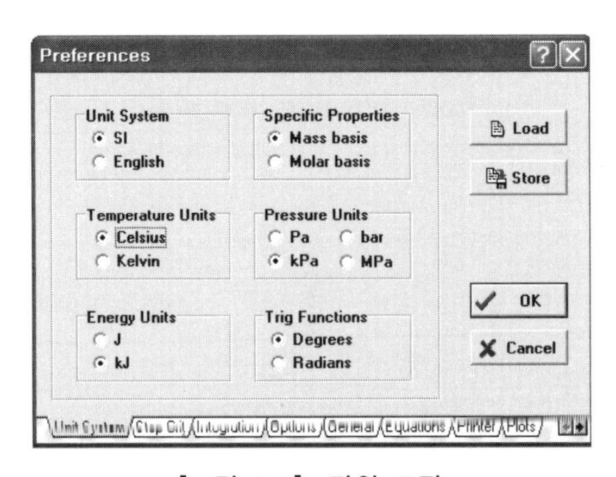

[그림 1-7] 단위 조작

여기서, h는 비엔탈피(specific enthalpy)이며, $Vel^2/2$는 운동에너지(specific kinetic energy)이다. 일반적으로 SI 단위에서의 비엔탈피는 [kJ/kg]이므로, 약간의 단위 조작이 요구된다. EES는 CONVERT 함수를 이용한 단위 조작 능력을 제공한다. 추가적으로 [Calculate] 메뉴의 [Check Units] 명령은 [그림 1-7]과 같이 체크(check)를 통해 적용시킬 수 있다.

R-134a의 물성값 사이에의 다음의 관계로부터 :

$\nu_1 = \nu(T_1, P_1)$

$h_1 = h(T_1, P_1)$

$\nu_2 = \nu(T_2, P_2)$

$h_2 = h(T_2, P_2)$

대개 운동에너지의 영향이 일반적으로 작고, 또한 이러한 항들은 해를 찾는데 어려움이 있기 때문에 우선적으로 속도를 포함하는 항은 무시된다. 그러나 EES에서는 계산의 난해함은 아무런 문제가 되지 않으며, 사용자가 그들의 중요성을 판단하여 운동에너지 항을 포함시켜 계산할 수 있다.

다시 예제로 돌아와서, T_1, P_1, A_1, Vel_1, P_2의 값은 이미 알고 있으며, 다음의 9개의 변수들 A_2, m_1, m_2, Vel_2, h_1, ν_1, h_2, ν_2, T_2는 미지의 값들이다. 따라서 문제의 해를 정의하기 위해 9개의 방정식이 존재한다. 이것이 EES가 도움을 줄 수 있는 것이다.

① EES 프로그램을 실행

② [File] 메뉴의 [New] 명령을 선택 : [그림 1-1]과 같은 빈 창이 나타남.

③ [Options] 메뉴의 [Unit System] 명령을 선택 : 이는 열역학 물성 함수들의 작성을 위한 단위 설정을 위해 필요함.

④ [그림 1-7]과 같은 화면이 나타나며, SI 단위 및 필요한 단위들을 체크한 후, [OK] 버튼을 클릭한다.

⑤ [Equations window]에 방정식들을 입력 : 일반 워드 프로세스와 같은 방법으로 텍스트로 입력되며 지정된 형식들은 다음과 같다.

㉠ 대/소문자의 구분은 없다. EES는 처음 표시한 방법으로 모든 변수들을 일치시킨다.

㉡ 공백(spaces)이나 빈 행(blank lines)들은 일반적으로 무시되기 때문에 입력될 수 있다.

㉢ 주석문은 반드시 " "나 { } 내에 입력되어야 한다. 주석문은 필요에 따라 많

은 행들로 구성될 수 있으며 화면에 표시된다. 여기서, 이 두 가지 주석문 표현의 차이점은 다음과 같다.

" " : [Formatted Equation] 창에서 그 내용이 표시된다.

{ } : [Formatted Equation] 창에서 그 내용이 표시되지 않는다.

㉣ 변수명은 ( ), ', |, *, /, +, −, ^, { , }, " 또는 ; 등을 제외한 키보드 상의 문자로 시작되어야 한다. 배열 변수들은 다음과 같이 표기된다. ; X[5, 3]. 문자형 변수들은 변수명의 끝에 $를 붙여 표기하며, 일반적으로 최대 30자까지 변수명을 지정할 수 있다.

㉤ 한 행에 많은 방정식들을 입력하고자 할 경우, 세미콜론(;)으로 구분하여 입력할 수 있으며, 한 행은 최대 255개의 문자까지 가능하다.

㉥ 지수 표시는 ^, **으로 표기된다.

㉦ 입력되는 방정식의 순서는 문제가 되지 않는다.

㉧ 방정식에서 기지의 값과 미지의 값에 대한 위치는 문제가 되지 않는다.

㉨ 상수에 대한 단위는 대괄호 '[ ]' 내에 입력될 수 있으며, $g = 9.82\ m/s^2$과 같다.

㉩ 하첨자의 표시는 '_'를 사용하여 나타낼 수 있으며, 결과에서 하첨자로 표시된 것을 볼 수 있을 것이다.

이 예제에 관한 방정식들을 입력한 후에, [Calculate] 메뉴의 [Check/Format] 명령을 사용하여 문법적 오류를 검사할 수 있다. 본 예제의 경우, 이를 실행하면 [그림 1-8]과 같은 화면이 표시된다.

[그림 1-8] Check 명령 실행창

본 예제의 EES 프로그램 작성 예를 살펴보면 [그림 1-9]와 같다.

정확한 방정식의 입력만큼 단위의 일치도 중요하다. EES는 방정식들의 단위의 일치를 검토할 수 있다 T_1과 같은 상수의 단위는 [ ] 안에 설정될 수 있다. $\dot{m}_2$와 같은 변수의 단위는 몇 가지 방법이 있다. 가장 간단한 방법으로는 [Equations window]에서 변수를 선택한 후, 마우스의 오른쪽 버튼을 클릭하자. 그럼 [그림 1-10]과 같은 pop-up

메뉴가 나타나며, 이때 [Units List]를 선택하면 [그림 1-11]과 같은 화면이 나타난다.

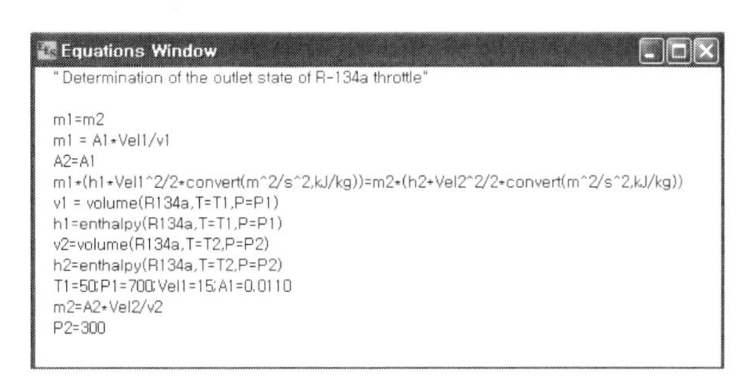

[그림 1-9] 예제 프로그램 작성 예

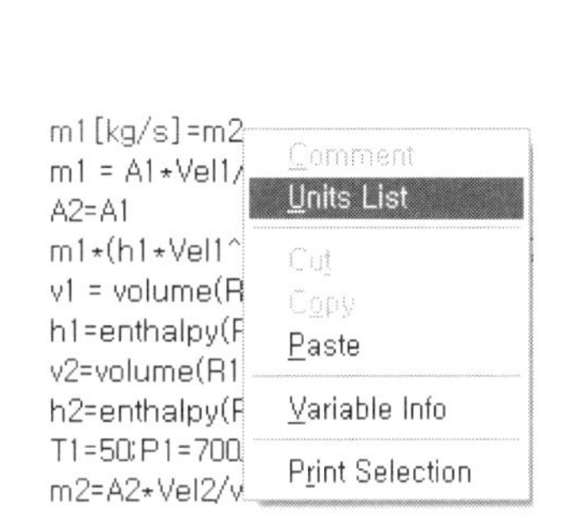

[그림 1-10] 마우스 우-클릭 메뉴

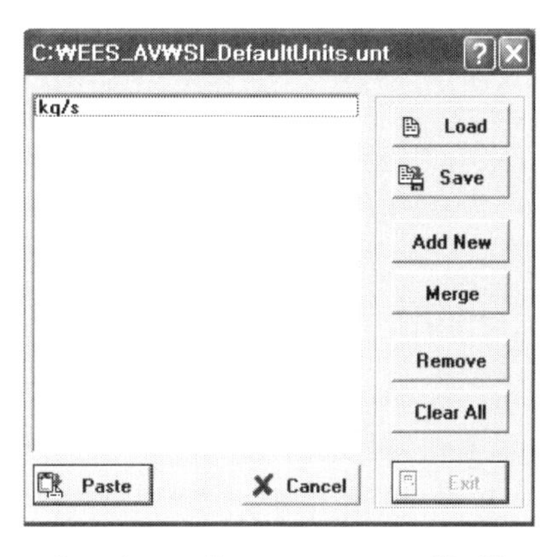

[그림 1-11] Units List 메뉴창

단위가 일치하는지를 확인한 후, [Paste] 버튼을 클릭하면 문자 변수 뒤에 [kg/s]라는 표시가 나타나는 것을 볼 수 있을 것이다.

운동에너지의 단위를 [m^2/s^2]에서 [kJ/kg]로 전환시키기 위해 에너지 평형에서 Convert 함수를 사용해야 한다. Convert 함수는 이러한 문제들에 있어 가장 유용한 방법이다. 추후 함수들에 관한 자세한 설명을 통해 보충 설명이 될 것이다.

Enthalpy와 Volume과 같은 열역학 물성 함수들은 특정 형식을 요구한다. 함수의 첫 번째 인수는 물질명으로 이 경우는 R-134a이다. 다음 인수는 하나의 관련 문자와 [=] 부호 앞에 선행되는 독립변수이다. 허용되는 문자들로는 T, P, H, U, S, V 그리고 X이며, 각각 온도(temperature), 압력(pressure), 비엔탈피(specific enthalpy), 비내부에너지(specific internal energy), 비엔트로피(specific entropy), 비체적(specific volume) 그리고 속성(quality)이다. (습공기 선도 함수의 경우, 추가적으로 W, R, D 그리고 B문자가 더 허용이 되며, 각각 절대습도(humidity ratio), 상대습도(relative humidity), 노점온도(dew-point temperature) 그리고 습구온도(wet-bulb temperature)이다. 형식의 재호출을 요구하지 않고 함수를 입력하는 쉬운 방법은 [Options] 메뉴의 [Function Information] 명령을 사용하는 것이다. 이 명령은 [그림 1-12]와 같은 대화상자를 화면에 표시하게 된다.

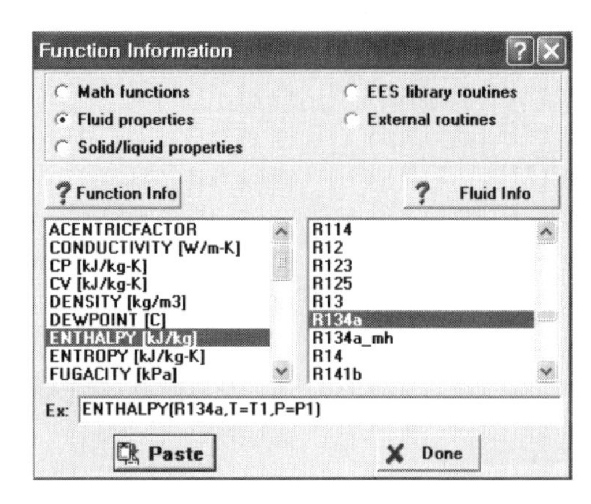

[그림 1-12] Function Information 명령창

상단의 "Ratio 버튼"을 통해 원하는 함수의 유형을 선택한 후, 좌측 하단에 표시되는 다양한 함수를 선택하고, 우측의 물질 종류를 선택하면, 가장 하단에 전체적인 함수를 정의하는 예가 나타난다. 다음으로 이를 적용하려고 [Paste] 버튼을 클릭하면, [Equations window]의 커서 위치에 함수의 형식이 입력된 것을 볼 수 있을 것이다.

추가적인 정보는 [Function Info]와 [Fluid Info] 버튼을 클릭함으로써 이용할 수 있다.

방정식들의 계산을 시도하기 전에 변수들에 대한 상/하한 범위와 값들을 추측하는 것은 좋은 생각이다. 이것은 [Options] 메뉴의 [Variable Information] 명령을 통해 행해진다. [Variable Information] 대화상자가 나타나기 전에, EES는 문법(syntax)을 검사하고 방정식의 변화/재입력에 대한 컴파일을 수행하고, 그런 다음에 하나의 미지수를 갖는 모든 방정식들을 계산할 것이다. 그리고 [Variable Information] 대화상자가 나타난다. [Variable Information] 대화상자는 [Equations window]에 표시된 각 변수들을 [그림 1-13]과 같이 하나의 행에 하나씩 포함하게 된다.

기본값으로 각 변수는 1.0의 값을 가지며, 상/하한 범위는 무한대이다. [그림 1-13]에서 "A"를 마우스로 클릭하면, [그림 1-14]와 같은 창이 표시되고, 이는 [Solution] 창에 변수의 수치값이 표시될 때, 표시 형식을 자동으로 결정하도록 한다는 의미이다. 그 외 기능은 [그림 1-14]와 같다. 그리고 이 경우 EES는 적당한 숫자를 선택할 것이며, "A" 바로 옆 열에 표시된다.

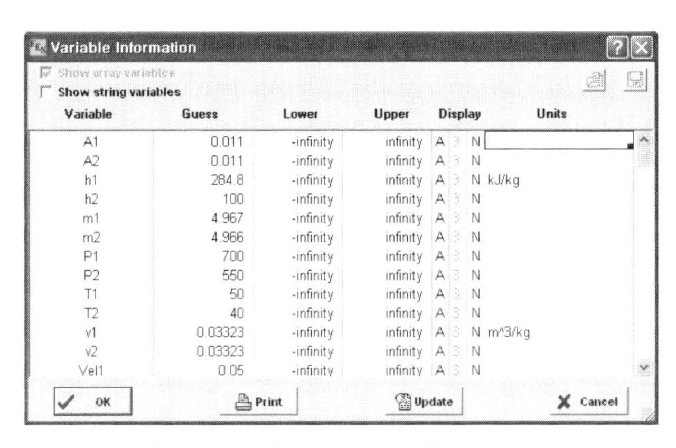

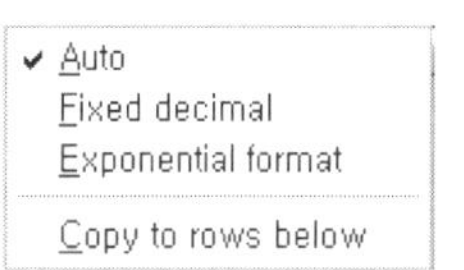

[그림 1-13] 변수 정보창의 내용

[그림 1-14]

Display 옵션의 세 번째 열은 normal(기본값), bold, boxed과 같은 강조 효과를 조절하는 것이다. 그리고 변수들의 단위는 마지막 열로부터 지정할 수 있다. EES는 자동적으로 단위 조작하지 않지만, 기본적으로 각 방정식의 단위의 일치성에 대하여 검사하는 특징이 있다. [Preferences] 대화상자에서 자동 단위 검사가 체크되지 않을 수도 있으므로 확인하면 된다. 이는 EES에서 제공하는 가장 중요한 능력 가운데 하나이다.

비선형 방정식들의 경우 종종 바람직한 해를 얻기 위해 적절한 추정값들과 그 범위를 제공할 필요가 있다. 몇 개의 변수들의 범위는 문제를 통해 알 수 있다. 위의 예제의 경우 출구 측의 엔탈피 h_2는 h_1값과 유사할 것이다. 이 값의 추정값을 100으로 설정하고, 하한 범위를 0으로 설정하자. 출구 측 비체적 v_2의 추정값은 0.1로, 하한 범위는 0으로 설정하자. 끝으로 출구 측 유속의 하한 범위를 0으로 설정할 수 있을 것이다.

다음으로 방정식을 계산하기 위해 [Calculate] 메뉴의 [Solve] 명령을 선택하면, [그림 1-15]와 같은 대화상자가 표시되며, 계산 시간 및 방정식의 최대 나머지, 즉 오차(좌측 항과 우측 항의 값의 차이)와 최종 결과까지 변수들의 최대 변화값을 포함하고 있다.

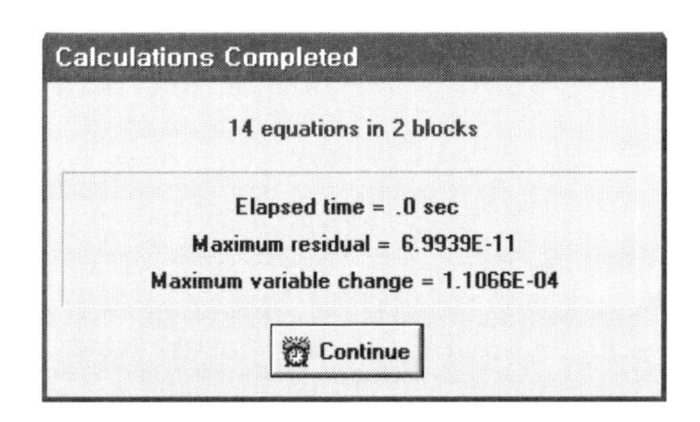

[그림 1-15] Solve 명령 실행창

그리고 계산이 완료되면 EES는 예제의 방정식의 전체 개수와 Block의 개수를 표시한다. Bolck은 독립적으로 계산될 수 있는 방정식의 부분집합(subset)이다. EES는 자동적으로 방정식 블록을 만들며 이는 계산의 능률을 향상시킨다.

기본값으로 100번의 반복 계산, 경과 시간이 60초 이상, 최대 오차가 10^{-6}보다 작은 경우나, 최대 변수값의 변화가 10^{-9}보다 작은 경우 계산은 멈추게 된다. 이 기본값은 [Options] 메뉴의 [Stop Criteria] 명령을 통해 변경할 수 있다. 만약 최대 오차가 너무 크게 여겨진다면 방정식은 정확한 해를 얻지 못하게 된다.

다음으로 [Continue] 버튼을 클릭하면, [그림 1-15]는 사라지고 [그림 1-16]과 같은 결과를 포함하는 [Solution] 창이 화면에 나타난다.

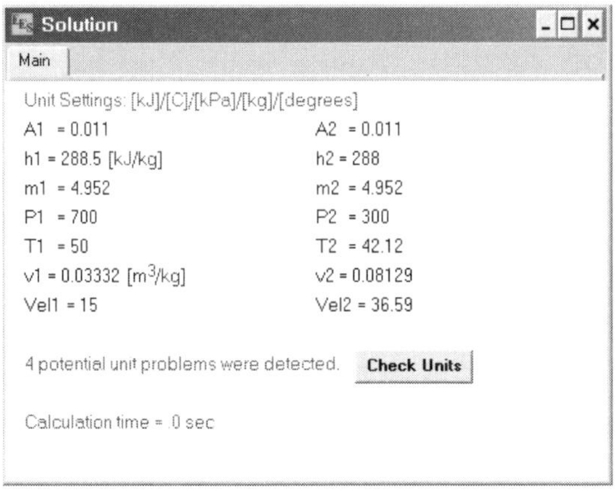

Solution
Main
Unit Settings: [kJ]/[C]/[kPa]/[kg]/[degrees]
A1 = 0.011 A2 = 0.011
h1 = 288.5 [kJ/kg] h2 = 288
m1 = 4.952 m2 = 4.952
P1 = 700 P2 = 300
T1 = 50 T2 = 42.12
v1 = 0.03332 [m³/kg] v2 = 0.08129
Vel1 = 15 Vel2 = 36.59
4 potential unit problems were detected. Check Units
Calculation time = .0 sec

[그림 1-16] Solution 창

본 예제는 T_2, $\dot{m}_2$, Vel_2의 값을 결정하는 것이다. 그러나 EES는 잠재적인 단위 문제(potential unit problem)가 있는 것을 나타낸다. EES는 만약 단위 검사가 자동적으로 설정되어 있다면 단위 문제들을 표시할 것이다. 일반적으로 단위 문제는 변수 중 몇 개의 단위가 지정되지 않아 발생된다. 종종 단위 조작이 요구되며, 몇 가지 경우에 있어서는 하나 또는 그 이상의 방정식들이 차원에 있어 부정확할 수 있다. [Check Units] 버튼을 클릭하면, [그림 1-17]과 같은 창이 표시되며 문제에 대한 자세한 설명이 있다.

본 예제의 경우는 변수들의 단위를 지정하지 않았기 때문에 발생된 경고들이다. 단위들은 몇 가지 방법을 통해 지정될 수 있다. 아마도 가장 쉬운 방법은 해에서 하나 또는 그 이상의 변수들에 마우스 오른쪽 버튼을 클릭하여 설정하는 것으로 [그림 1-18]과 같다.

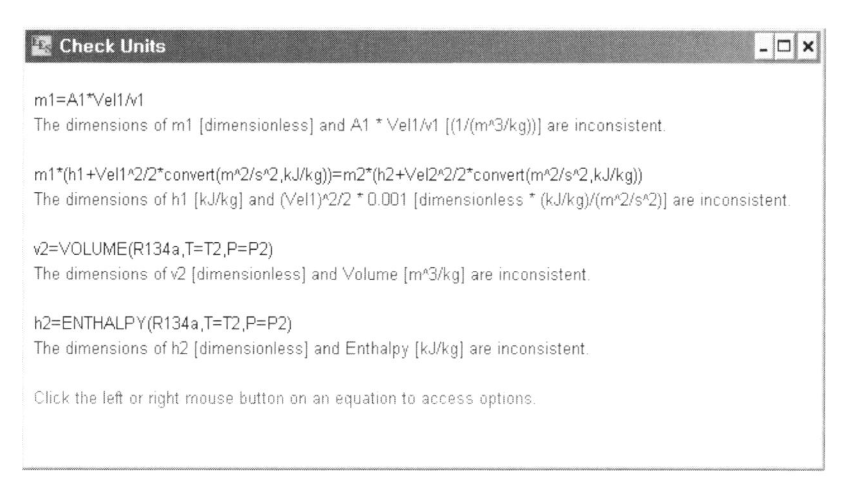

[그림 1-17] Check Units 창

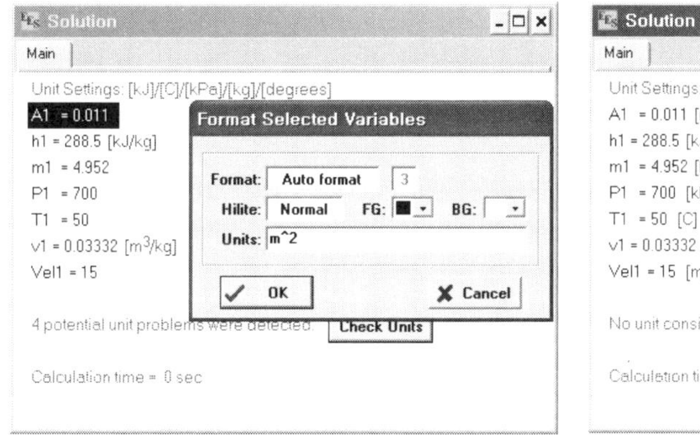

[그림 1-18] 단위 지정창

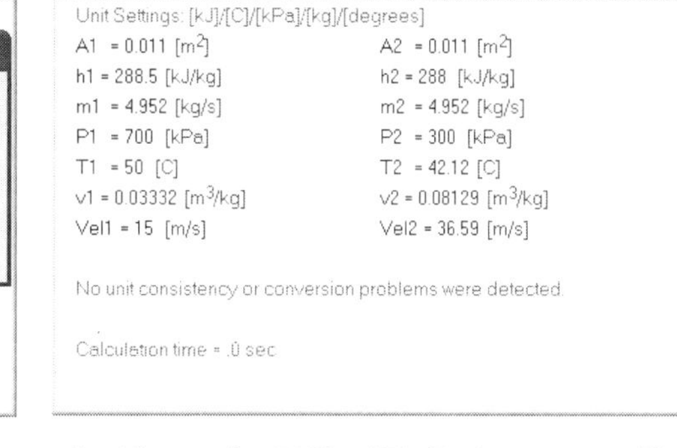

[그림 1-19] 단위 지정 후의 Solution 창

이러한 과정을 모든 단위에 대하여 적용하고, 마지막 변수의 단위를 수정한 후 실행시키면 [그림 1-19]와 같이 창이 바뀌어 표시되는 것을 알 수 있다.

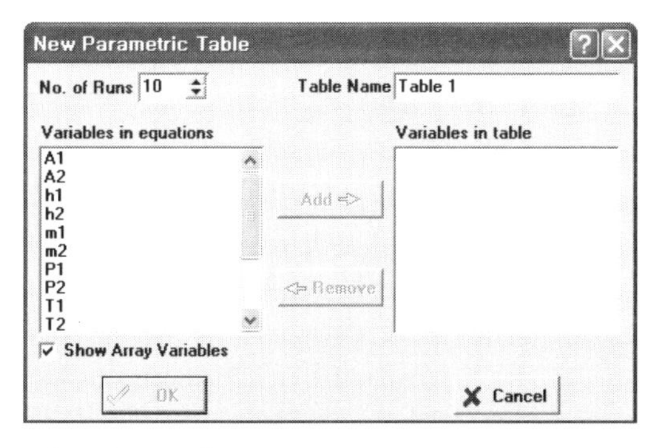

[그림 1-20] New Parametric Table 창

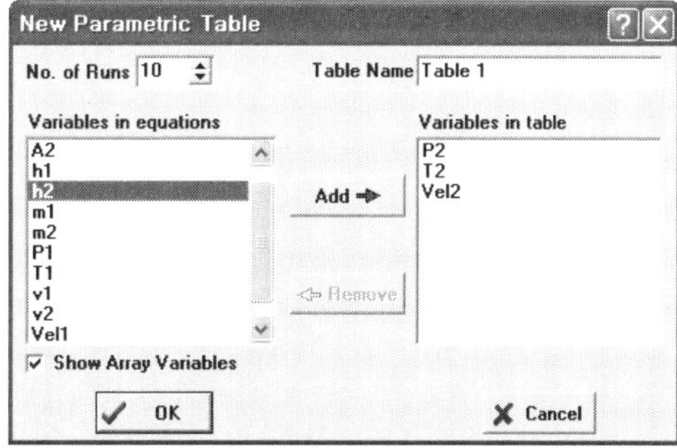

[그림 1-21] 변수들의 지정 화면

EES의 유용한 특징 중 하나로 민감도 분석(parametric studies)을 제공하는 능력이다. 예를 들어, 본 예제에서 트로틀 밸브의 출구 압력의 변화에 따른 출구 온도 및 유속이 어떻게 변하는지를 살펴보는 것은 중요한 과정 중 하나이다. [Tables] 메뉴의 [New Parametric Table] 명령을 선택하면, [그림 1-20]과 같은 창이 나타난다. 여기서, [그림 1-21]과 같이 P2, T2, Vel2 그리고 h2를 선택한 후, [OK] 버튼을 클릭하면 [그림 1-22]와 같이 창이 나타난다.

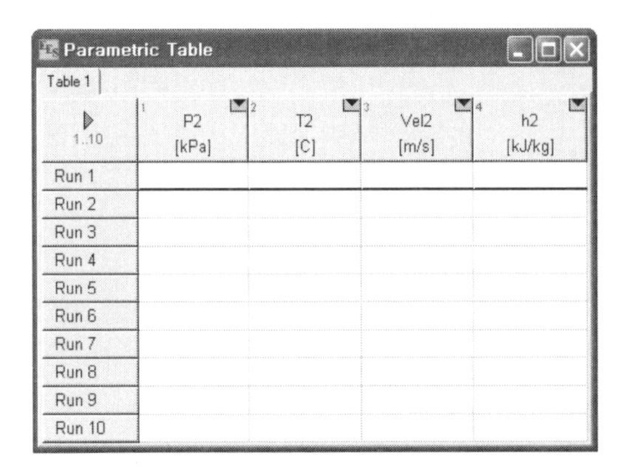

[그림 1-22] 생성된 Parametric Table

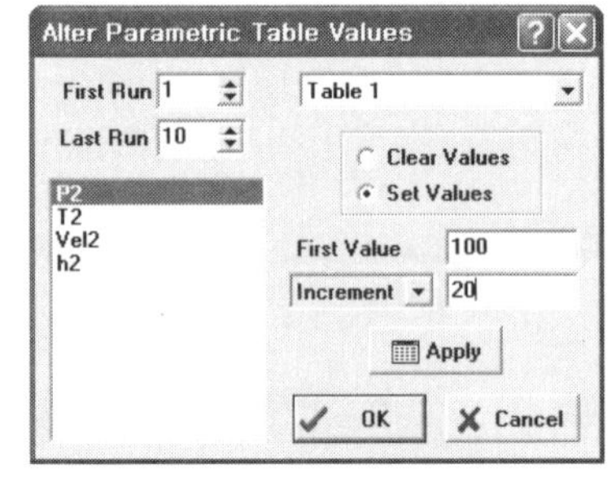

[그림 1-23]

[OK] 버튼을 클릭하면 [그림 1-22]와 같이 선택된 변수들에 관하여 정리된 창이 생성된다. 여기서, [Tables] 메뉴의 [Alter Values] 명령을 선택하면 [그림 1-23]과 같은 창이 뜨게 되고, 변수의 민감도 분석을 위해 P2를 선택한 후, 초기 100 kPa값을 입력하며, 20씩 증가할 때를 계산하고자 한다면 [그림 1-23]과 같이 값을 지정한 다음 [Apply]를 누르면, [그림 1-22]의 창에 100을 시작으로 20씩 증가된 값이 입력된 것을 볼 수 있을 것이다. 다음으로 [OK] 버튼을 클릭하면 된다.

[그림 1-22]의 창은 스프레드시트와 같은 많은 작업들을 행할 수 있다.

Parametric Table

Table 1 | Table 2 | Table 3

1..10	P2 [kPa]	T2 [C]	Vel2 [m/s]	h2 [kJ/kg]
Run 1	100	32.23	109.9	282.6
Run 2	150	37.02	73.85	285.9
Run 3	200	39.31	55.33	287.1
Run 4	250	40.86	44.11	287.7
Run 5	300	42.12	36.59	288
Run 6	350	43.24	31.21	288.2
Run 7	400	44.28	27.16	288.3
Run 8	450	45.28	24.01	288.4
Run 9	500	46.25	21.49	288.4
Run 10	550	47.2	19.43	288.4

[그림 1-24] 민감도 분석 결과창

만약 사용자가 P2의 값의 변화에 따른 T2, Vel2, h2 값들의 변화를 계산하고자 할 경우에는 [Equations window]에서 먼저 P2 = 300이라는 방정식을 주석문 처리를 하여야 한다. 이는 " " 또는 { }을 사용하여 방정식을 묶으면 된다. 그런 다음 [Calculate] 메뉴의 [Solve Table] 명령을 선택하면, [그림 1-22]의 창이 [그림 1-24]와 같은 새로운 결과들을 포함한 창으로 바뀌어 표시된다. 이렇게 계산한 결과들을 그래프로 표시할 수 있으며, 이러한 기능들은 [Plot] 메뉴에 포함되어 있다.

[Plot] 메뉴의 [New Plot Window] 명령 중 [X-Y Plot]를 선택하자. 그런 다음 X축은 P2, Y축은 T2를 선택하여, 이를 그래프로 나타내면 [그림 1-25]와 같이 된다.

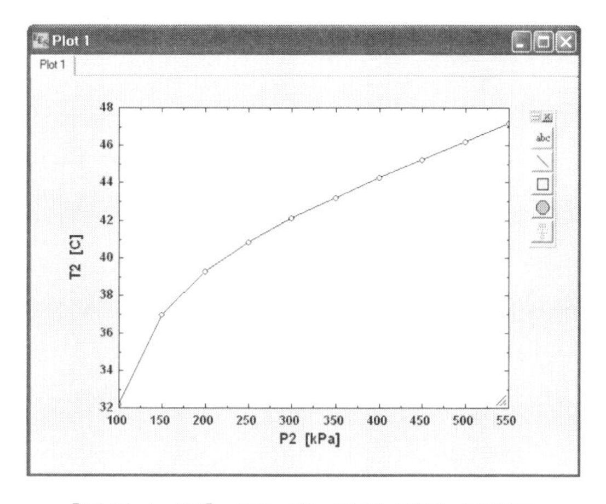

[그림 1-25] P2-T2 계산 결과 그래프

자세한 내용은 추후 계속해서 설명할 것이므로 생략한다.

이상과 같이 EES는 간단한 방정식의 계산과 이를 다양한 방법을 통해 분석할 수 있는 강력한 기능들을 많이 포함하고 있다. 이를 잘 사용한다면 다양한 공학적 문제들을 쉽고 비주얼하게 분석할 수 있을 것이다. 다음 장부터는 각 창(window)들에 관한 상세한 설명을 시작으로 EES 전반에 걸친 자세한 내용들이 소개될 것이다.

Chapter

2. EES Windows

2-1 General

다양한 문제들과 관련된 정보들이 일련의 창들(windows)에 표현된다. 방정식과 주석문이 [Equations window]에 입력된다. 방정식들이 해석된 후에는 변수들의 값들이 [Solution] 창과 [Arrays window]에 표시된다. 방정식들의 오차들과 계산 순서는 [Residuals] 창에 표시된다. 그 외 추가적인 창들로 [Parametric], [Lookup Tables], [Diagram] 그리고 10개까지의 [Plot] 창이 제공되고 끝으로 [Debug] 창이 있다. 각 창의 유형에 대한 정보와 능력들에 관한 상세한 설명이 본 장에서 제공된다. 모든 창들은 즉시(한 번에) 볼 수 있다. 가장 앞의 창이 활성창이고, 타이틀 바가 밝게(진하게) 표시된다.

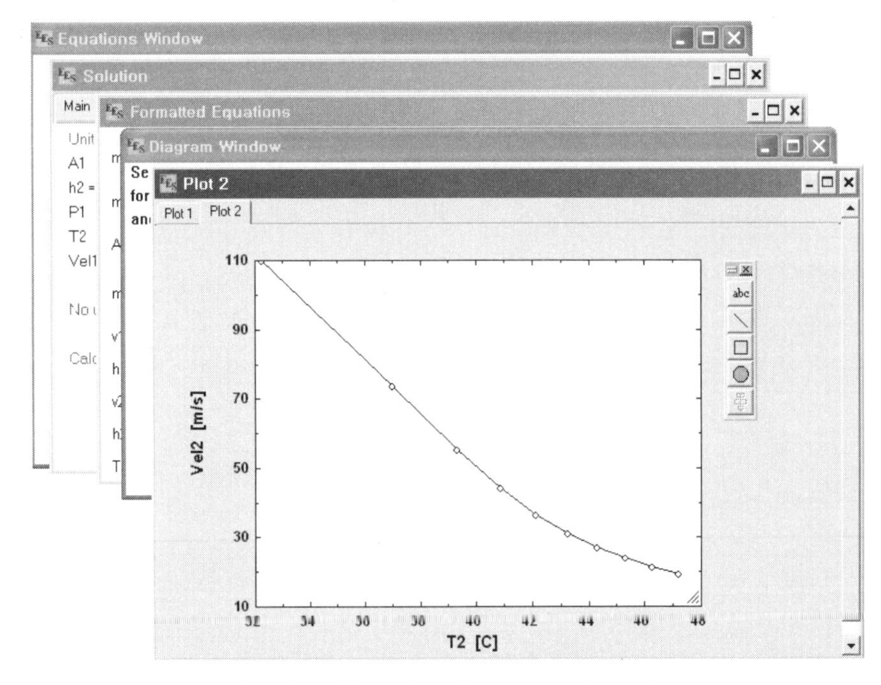

[그림 2-1] EES의 창(windows)의 예

[그림 2-1]은 Window XP 환경에서의 EES 창들의 예를 보여주며, 운영 체계에 따라 조금씩 차이는 있다. EES와 대부분의 다른 응용 프로그램과의 차이점 중 하나는 닫힌 Control은 화면에서 단지 사라지는 것뿐이라는 것이다. 일단 창이 닫히면, 창은 [Windows] 메뉴로부터 선택함으로써 다시 열린다. 그리고 모든 창들은 제어 번호를 가지고 있어 이전에 작업한 내용을 그대로 포함하고 있다는 점이다.

① 화면의 다른 위치로 창을 옮기고자 할 경우, 창의 타이틀 바에 커서를 위치한 후, 마우스를 클릭한 채, 드래그하여 원하는 새로운 위치에 창을 위치시키면 된다.
② 창을 숨기기 위해서는 Ctrl-F4를 누르거나, 창의 타이틀 바의 오른쪽 상단의 Close 명령을 선택하면 된다. 이 경우 창의 정보는 사라지는 것이 아니다.
③ 창의 최대화 버튼을 이용하여 화면 전체에 표시할 수 있다. 또한 이전 크기로 자유롭게 되돌릴 수 있다.
④ 창의 크기는 일반 프로그램들과 마찬가지로 사용자가 자유롭게 조절할 수 있다.
⑤ [그림 2-2]와 같이 창의 좌측 상단의 EES 아이콘을 더블 클릭하여 창의 이동, 크기조정, 최소화, 최대화 그리고 닫기 등의 명령을 수행할 수 있다.
⑥ [Windows] 메뉴의 [Cascade] 명령을 통해 열린 모든 창들의 크기를 재조정하고 이동시킬 수 있다. 이 경우 계단식으로 창들이 화면에 표시된다.

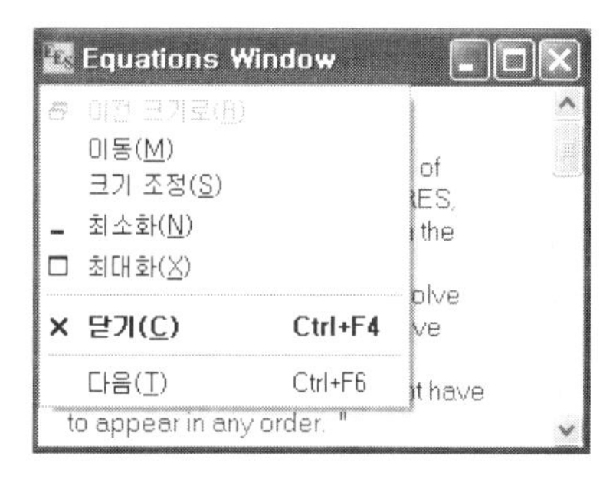

[그림 2-2] 버튼 클릭 화면

2-2 Equation Window

[Equations window]는 워드 프로세스와 매우 유사하게 작동된다. EES의 방정식들은 이 창에 해석되기 위해 입력된다. [Edit] 메뉴에 위치한 편집 명령들, 즉 잘라내기(cut), 복사(copy), 붙여넣기(paste)가 있으며, 일반적인 방법에 의해 적용될 수 있다. [Equations window]에서 선택된 문장에서 마우스 오른쪽 버튼을 클릭하면, [그림 2-3]과 같이 pop-up 메뉴에 편집 명령들이 생성된다. 원하는 작업을 선택한 후 편집 작업을 수행하면 된다.

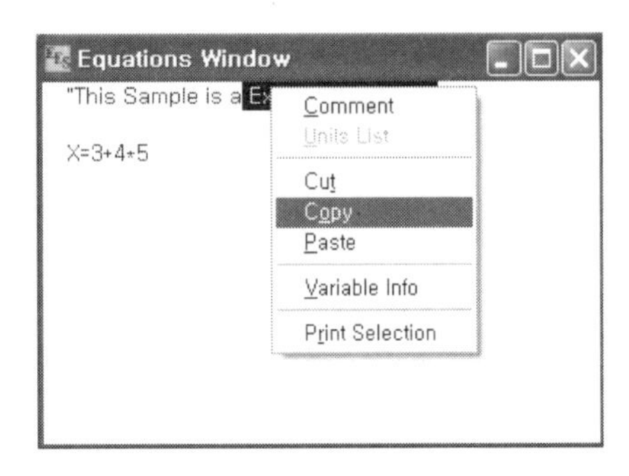

[그림 2-3] 우측 마우스 버튼 메뉴

[Equations window]와 관련된 추가적인 정보는 다음과 같다.

① [Equations window]에서 빈 행(blank line)들은 보다 읽기 쉽게 하기 위해 사용된다. 즉, 한번에 프로그램 내용을 쉽게 파악할 수 있도록 하기 위함이다.

② 주석문은 { } 또는 " " 내에 작성될 수 있으며, 여러 행들에 걸쳐 확장될 수 있다. 또한 { } 내에 작성된 주석문은 [Formatted Equations] 창에 표시되지 않지만, " " 내에 작성된 주석문은 [Formatted Equations] 창에 표시된다. 주석문이 '!'와 함께 시작되면, [Options] 메뉴의 [Preferences] 명령에 의해 설정된 내용에 따라 다른 폰트와 색으로 표시될 것이다. 또한 주석문은 길이에 제한이 없다.

③ 방정식들은 일반적으로 하나의 행에 입력된다. 여러 개의 방정식들을 하나의 행에 입력할 경우에는 이들을 구분하기 위해 ' ; '를 추가한다.

④ 방정식들은 어떠한 순서에 따라 입력될 수 있다. 방정식들의 순서는 해석에 어떠한 영향도 미치지 않는다. EES는 자체적으로 효율적인 방법으로 해를 찾기 위해 방정식들을 블록화하고 순서를 재배치시킬 수 있기 때문이다.

⑤ 방정식에 사용되는 수학적 연산자의 순서는 FORTRAN, Basic, C 또는 Pascal에서 사용되는 법칙과 동일하다. 예를 들면, 방정식 $X = 3 + 4 \times 5$는 $X = 23$의 값이 계산된다. 지수 연산자는 '^' 또는 '**'로 표시된다. 그리고 함수들의 인수들은 ( ) 안에 기입된다. EES는 Fortran, Basic, C 또는 Pascal과 같이 방정식의 **좌변에 변수가 독립적으로 표시될 필요성이 없다**. 즉, $(X-3)/4 = 5$와 같은 표현도 가능한 것이 된다.

⑥ EES는 **대·소문자를 구분하지 않는다**. EES는 [Options] 메뉴의 [Preferences] 대화상자에서 지정한 설정에 따라 [Equations window]에 처음 나타나는 변수들의

모양에 따른 모든 변수들을 일치시킬 수 있다.

⑦ 변수명은 반드시 문자로 시작해야 하며, 최대 30자까지 사용가능하다. 문자 변수들은 변수명의 끝에 '$' 표시를 붙여 구분한다. 배열 변수들은 X[5, 3]과 같이 표현된다. 그리고 일반적으로 변수명은 내장 함수의 이름과 일치하는 것은 사용할 수 없다. 즉, pi, sin, enthalpy 등이 그러하다.

⑧ 사용자가 방정식을 입력하면, 열린 '(' 는 진하게 표시되며, 닫힐 경우 원래의 모습으로 돌아간다.

⑨ 일반적으로 EES는 최대 6000개의 변수명을 지원하며, Professional 버전의 경우에는 10000개까지 지원한다.

⑩ EES는 방정식들을 Compact stack-based form으로 컴파일한다. 컴파일된 형식은 이것이 사용되거나 변경될 때 이용하기 위하여 기억장치에 저장된다. 해석을 진행하는 동안에 오류가 검출되면, 오류를 포함하는 행은 밝게 표시된다.

⑪ 방정식들은 [Edit] 메뉴의 다양한 명령들을 이용하여 편집이 가능하다.

⑫ [Equations window]에서 마우스 오른쪽 버튼을 클릭하면, [그림 2-3]과 같은 pop-up 메뉴가 표시되며, 이와 관련된 작업을 수행할 수 있다.

⑬ 만약 EES가 복소수(complex mode)로 운용되면, 모든 변수들은 실수부와 허수부를 갖는다고 가정된다. 그리고 이 유형은 [Preferences] 대화상자의 complex tab 이나 $Complex On/Off directive에 의해 변경할 수 있다.

2-3 Formatted Equations Window

[Formatted Equations] 창은 [Equations window]에서 입력한 방정식을 수학적 형식으로 변환시켜 보여주는 창이다.

다음의 예를 살펴보자.

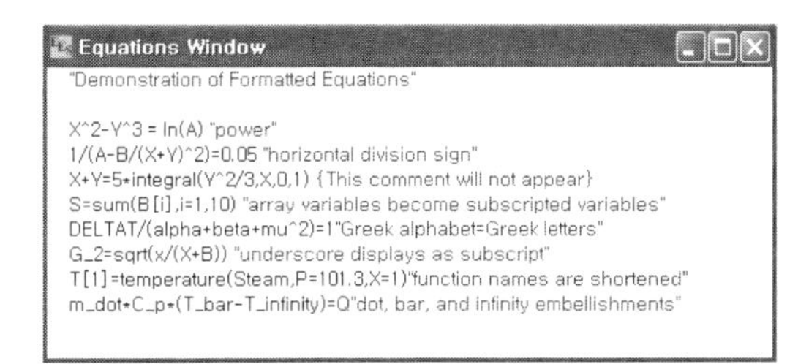

[그림 2-4] Equations window 작성 예

[그림 2-4]는 일반적인 EES 형식으로 작성된 방정식들을 보여준다. 이를 [Formatted Equations] 창으로 보기 위해서 [Windows] 메뉴의 [Formatted Equations] 명령을 선택하면, [그림 2-5]와 같은 창이 화면에 표시된다.

각 항목을 대조하여 살펴보면, EES 프로그램에서 방정식들이 어떠한 형식으로 표현되는지 어렴풋이나마 알 수 있을 것이다. 이러한 표현들을 계속 익혀나간다면, 추후 함수 및 방정식에 대한 설명을 보다 쉽게 이해할 수 있을 것이다.

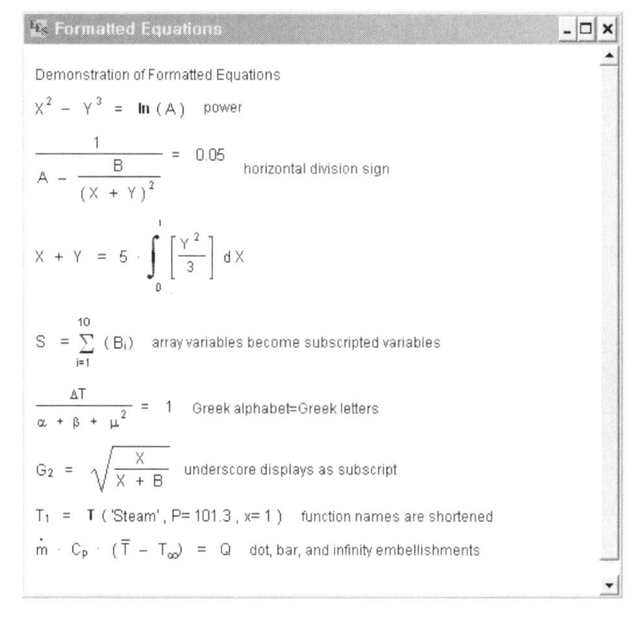

[그림 2-5] [그림 2-4]의 Formatted Equations 창의 예

끝으로 [Formatted Equations] 창의 내용들은 편집할 수 없으나, 마우스 오른쪽 버튼을 이용하여 [Equations window]로 되돌아갈 수 있다.

2-4 Solution Window

[Solution] 창은 계산이 진행된 후, 모든 창들에 우선하여 자동으로 화면에 표시될 것이다. 이는 [Calculate] 메뉴의 [Solve] 또는 [Min/Max] 명령에 의해 시작된다. [Equations window] 창에 입력된 모든 변수들의 단위와 값들이 알파벳 순서에 따라 열린 창

의 폭에 대하여 표시된다.

변수들의 형식과 단위들은 [Options] 메뉴의 [Variable Info] 명령을 사용하여 변경하거나, 직접 왼쪽 마우스 버튼을 클릭하여 [Solution] 창에서 변경할 수 있다. 기타 추가적인 내용들은 다음과 같다.

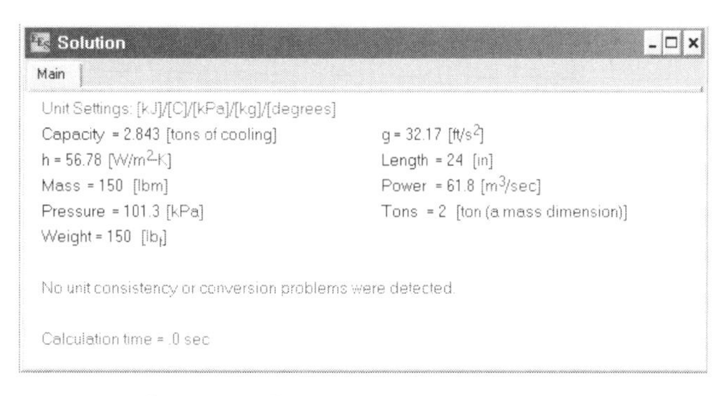

[그림 2-6] Solution window의 예

① [Solution] 창은 계산이 완료된 후에만 접근할 수 있다.
② [Solution] 창의 제일 위쪽에는 단위 설정에 관한 내용이 표시된다.
③ [Solution] 창은 [Equations window]의 어떠한 내용이 수정되면, 즉시 화면에서 사라지게 된다. 그러나 [Preferences] 대화상자에서 'Solution window to remain visible'을 체크하게 되면 화면에 그대로 남아있게 된다.
④ [Solution] 창의 크기는 임의로 조절할 수 있으며, 그에 따라 창에 표시되는 열의 개수가 결정된다.

그 외 자세한 내용들은 매뉴얼을 참고하여 살펴보기 바란다.

2-5 Arrays Window

EES는 배열 변수들의 사용이 가능하다. EES 배열 변수들은 '[ ]' 안에 배열 지수들을 갖는다. 즉, X[5]과 Y[6, 2] 등이 바로 그것이다. 대부분의 경우 배열 변수들은 일반 변수들과 같다. 각 배열 변수는 그 자신의 추정값, 상/하한 범위 그리고 표시 형식을 갖는다. 그러나 배열 변수들은 추후 설명될 많은 문제들에서 보다 편리하게 사용되기 위해, 배열 지수는 간단한 산술 연산자(arithmetic operation ; +, −, *, / 등)들에 의해 지원된다.

배열 변수들에 포함된 모든 변수들의 값들은 계산이 완료된 후, 정상적으로 [Solution] 창에 표시된다. 그러나 배열 변수들은 선택적으로 독립된 [Arrays] 창에 표시될 수 있다. 이 옵션은 [Options] 메뉴의 [Preference] 대화상자에 포함된 [Arrays window check box]의 [Place array variables]에 의해 조절된다. 만약 이 옵션이 선택되면 [Arrays] 창이 자동적으로 표시될 것이다.

2-6 Residuals Window

[Residuals] 창은 단위 검사의 상태, 상대 · 절대 오차값은 물론 EES에 의해 사용된 계산 순서와 방정식 블록을 표시한다.

방정식의 절대 오차는 방정식의 좌·우측 값들의 차이다. 상대오차는 방정식의 좌측 값에 의해 절대 오차를 나눈 값의 크기이다. 단 방정식의 좌측 값이 0이면, 상대오차와 절대오차는 같은 값으로 가정한다. 상대오차들은 [Options] 메뉴의 [Stopping Criteria] 명령을 지정하여 방정식들이 정확하게 계산하기 위하여, 반복계산이 진행되는 동안 화면에 표시된다.

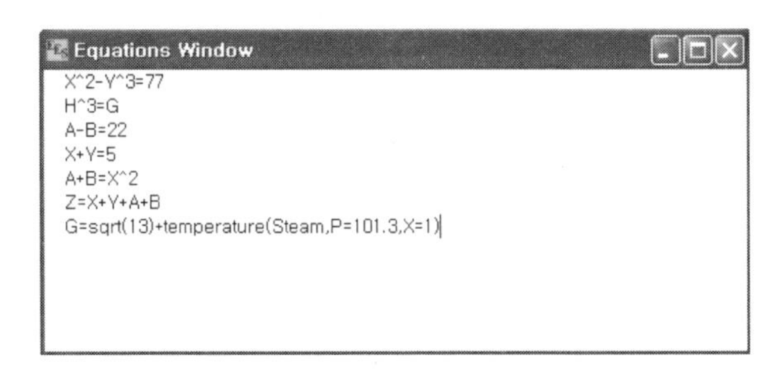

[그림 2-7] [Residuals] 창 예제 방정식

Residuals

There are a total of 7 equations in 4 blocks in the Main program.

Block	Rel. Res.	Abs. Res.	Units	Equation
0	0.000E+00	0.000E+00	?	G=sqrt(13)+temperature(Steam,P=101.3,X=1)
0	2.365E-12	-8.909E-10	OK	H^3=G
1	3.142E-15	2.420E-13	OK	X^2-Y^3=77
1	0.000E+00	0.000E+00	OK	X+Y=5
2	4.337E-14	9.541E-13	OK	A-B=22
2	4.188E-14	2.449E-12	OK	A+B=X^2
3	4.268E-14	2.709E-12	OK	Z=X+Y+A+B

Variables shown in bold font are determined by the equation(s) in each block.

[그림 2-8] 예제 [Residuals] 창

예를 들어, [그림 2-7]과 같은 일련의 6개의 미지수를 갖는 방정식을 고려해 보자. EES는 이 방정식들이 블록화될 수 있도록 추천할 것이다. 즉, 2개 또는 그 이상으로 변화된다. 블록화 정보는 [그림 2-8]과 같이 [Residuals] 창에 표시된다. 직접적으로 결정될 수 있는, 즉 위의 예의 G와 같이 다른 변수들의 값의 도움 없이 계산되는 변수들이 갖는 값들은 우선적으로 결정되며, 블록 0에 할당된다.

[그림 2-8]에서 볼 수 있듯이 G값을 알게 되면 H값이 결정된다. Block 0에서 계산되는 이러한 각 방정식들은 순서는 [Residuals] 창에 순서대로 표시된다. Block 0의 모든 방정식들이 계산된 후, EES는 동시에 Block 1의 방정식들을 계산하고, 그 다음 Block 2, … 순서로 모든 방정식들의 계산이 완료될 때까지 실행된다.

그 외 자세한 내용은 EES 매뉴얼을 참고하면 쉽게 이해할 수 있을 것이다.

2-7 Parametric Table Window

[Parametric Table] 창은 하나 또는 그 이상의 [Parametric Table]을 포함한다. [Parametric Table] 창은 다소 스프레드시트와 유사하게 운용된다. 수치값들은 임의의 셀에 입력될 수 있다. 입력된 값들, 즉 [그림 1-24]의 P2 열의 값들은 [Preferences] 명령에서 선택된 폰트와 크기에 맞는 정상적인 유형으로 보이며, 독립 변수로 가정된다. [Parametric Table]에서의 값의 입력은 [Equations window]에서의 방정식에서의 값에 대한 변수 설정과 동일한 영향을 끼친다. 의존 변수들은 계산될 것이며, [그림 1-24]에서 볼 수 있듯이 파란색의 이탤릭체로 테이블에 표시된다.

기타 자세한 내용의 설명은 생략하도록 하며, 매뉴얼을 참고하여 학습하기 바란다.

2-8 Lookup Table Window

[Lookup Table]은 방정식의 해의 도표화된 정보를 이용하는 수단으로 제공된다. [Lookup Table]은 [Table] 메뉴의 [New Lookup Table] 명령을 이용하여 생성된다. [Lookup Table] 창에 위치할 수 있는 [Lookup Table]의 개수에 있어 어떠한 제약도 없다. 각 [Lookup Table]은 [Lookup Table] 창의 제일 위쪽에 표시되는 테이블 이름과

관련이 있다. 테이블의 열과 행들의 개수는 생성단계에서 지정되며, 생성 후 삽입 및 삭제를 통해 변경될 수 있다. 모든 [Lookup Table]들은 EES 파일이 저장될 때, 다른 문제 정보와 함께 저장된다. 더욱이 [Lookup Table]은 EES 파일과는 분리되어 [Tables] 메뉴의 [Save Lookup] 명령을 사용하여 디스크에 저장될 수 있다.

확장자 [*.LKT]는 EES Lookup 파일들을 지시하는데 사용된다. Lookup 파일들은 또한 확장자 [*.TXT] 또는 [*.CSV]을 갖는 ASCII 형식으로 저장될 수 있다. 그리고 이러한 형식 중 어떠한 것도 다른 EES 프로그램의 [Lookup Table]에서 불러올 수 있다.

기타 자세한 내용의 설명은 생략하도록 하며, 매뉴얼을 참고하여 학습하기 바란다.

2-9 Diagram Window

[Diagram] 창은 몇 가지 함수들을 제공한다.

① 해석하고자 하는 문제와 관련된 문서(text) 그래픽 표시 장소를 제공한다. 예를 들면, 상태점(state point) 위치들을 나타내는 시스템의 개략적인 다이어그램은 [Equations window]의 방정식들의 설명을 돕기 위해 [Diagram] 창에 표시될 수 있다.

② [Diagram] 창은 편리한 입력 및 출력에 관한 정보 및 결과 보고서 생성을 위해 사용될 수 있다.

Professional version에서 'hot areas'는 [Child Diagram] 창들을 추가적으로 만들어 이를 정의할 수 있다. 또한 [Calculate] 버튼이 위치할 수 있어 편리하게 계산을 시작할 수 있고, [Link] 버튼은 plot의 표시 및 입력 값들을 불러오거나 저장할 수 있으며, 또는 다른 프로그램들의 시작할 수 있도록 한다. [Help] 버튼은 문서로 도움말 정보를 제공하는데 이용할 수도 있다.

1. Creating the Diagram

[Diagram] 창에 객체(object)를 위치하는 2가지 방법이 있다.

① 이미지 또는 텍스트 객체들은 Microsoft Draw, Corel Draw, Designer 또는 PowerPoint 등과 같은 객체 드로잉을 생성할 수 있는 프로그램에서 만들 수 있

다. 만들어진 객체를 선택하여 이를 복사한 후, [Diagram] 창에 이것을 붙여 넣으면 된다.

비트맵 형식으로 스캔된 이미지 또한 사용될 수 있으며, 비트맵보다는 그림으로써 복사되어 제공된다. 따라서 비트맵 형식은 이미지 변환 프로그램을 통해 이미지 파일로 변환시키는 과정을 거쳐야 한다.

② [Diagram] 창 도구 상자에서 제공하는 이미지 도구모음을 사용하여 객체를 생성하는 방법이다. 이러한 그래픽한 객체들의 특징은 도구모음이 표시된 경우에 객체를 더블클릭하거나 오른쪽 버튼을 클릭 함으로써 변경시킬 수 있다. 참고로 도구모음은 [Options] 메뉴의 [Show Diagram Tool Bar] 명령을 실행시키면 [Diagram] 창에 표시된다.

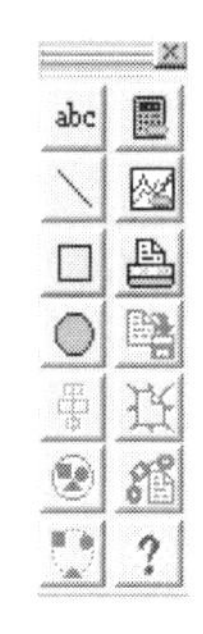

그리고 객체를 생성하는 2가지 방법이 동시에 사용될 수 있다.

2. Development & Application Modes

[Diagram] 창과 [Child Diagram] 창은 2가지 유형(mode)으로 작동한다.

① 도구모음이 화면에 표시된 경우, [Diagram] 창은 전개 모드(development mode)가 된다. 도구모음은 메인 화면의 버튼을 이용하여 신속하게 화면에 표시하거나 사라지게 할 수 있다. 전개 모드에서 모든 객체들은 추가, 이동, 수정, 삭제 등의 작업을 행할 수 있다. 입력 변수들은 이용할 수 없으며, [Calculate] 버튼을 눌러 계산을 시작할 수도 없다.

② 도구모음이 사라진 경우 [Diagram] 창은 응용(활용) 모드(application mode)가 된다. 응용 모드에서는 객체의 이동이나 수정 등의 작업이 불가능하다. 입력 변수들은 이용할 수 있으며, [Calculate] 버튼이나 명령들을 이용하여 계산을 시작할 수 있다.

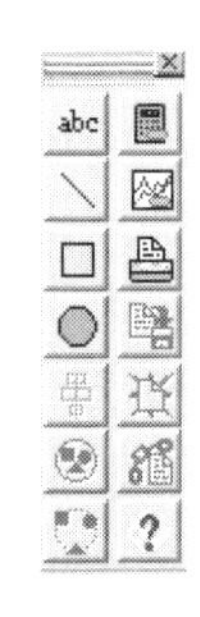

Text 항목 추가	[Calculate] 버튼 추가
라인 또는 화살표 추가	[Plot access] 버튼 추가
사각형 추가	[Print] 버튼 추가
원 또는 타원형 추가	[Save Inputs] 버튼 추가
선택 항목의 줄맞춤	[Retrieve Inputs] 버튼 추가
선택 항목의 그룹화	[Link] 버튼 추가
선택 항목의 그룹 해제	[Help] 버튼 추가

[그림 2-9] Diagram window의 도구모음

3. Moving the Diagram

전개 모드의 [Diagram] 창에서 선택된 항목들은 이동될 수 있다. 왼쪽 마우스를 클릭한 채 마우스를 이용하여 이동하거나, 화살표 키를 이용하여 한번에 1 pixel씩 이동시킬 수 있다. [Edit] 메뉴의 [Select All] 명령을 이용하여 모든 항목들을 동시에 새로운 위치로 이동시킬 수 있다.

4. Resizing the Diagram

전개 모드에서 [Diagram] 창의 내용들은 어느 위치에서나 왼쪽 마우스를 더블 클릭함으로써 크기를 조정할 수 있다. 그러나 텍스트와 그래픽 객체 또는 명령 버튼은 제외된다. 위치가 확정된 후 그래픽과 텍스트 항목들은 [Diagram] 창에서 적당한 크기로 재조정될 것이다.

5. Adding & Moving Text on the Diagram Window

[Diagram] 창의 도구모음 가운데 텍스트 버튼 추가는 [Diagram] 창의 어느 위치에서든지 텍스트를 위치할 수 있도록 한다.

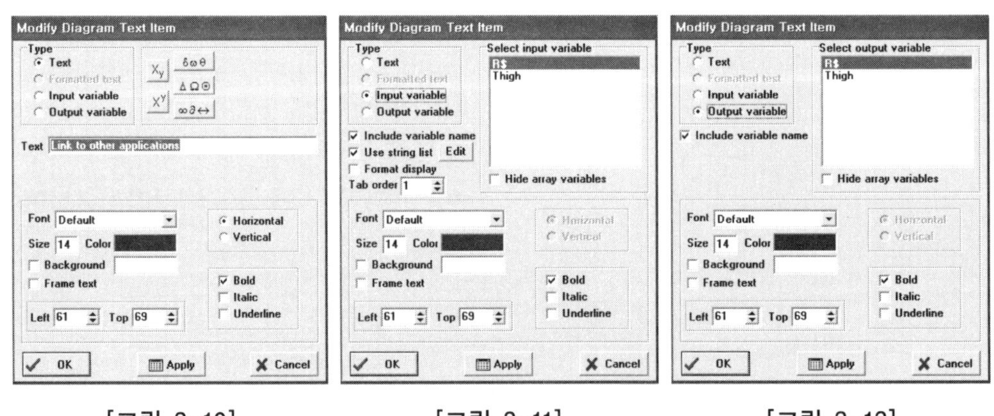

[그림 2-10] [그림 2-11] [그림 2-12]

[그림 2-10]의 왼쪽 상단에서 볼 수 있듯이 텍스트의 유형은 크게 4가지가 있다. [Text, Formatted text, Input variable, Output variable]이 그것이다.

[그림 2-10]과 같이 Text 라디오 버튼을 선택하면, 텍스트 입력, 특수문자의 선택 그리고 다양한 텍스트 서식을 결정할 수 있다.

[그림 2-11]과 [그림 2-12]는 각각 Input과 Output 라디오 버튼을 선택한 화면이며, 현재 작업에서 정의된 변수들이 오른쪽 상단에 표시된다.

기타 자세한 내용은 사용자가 직접 EES 프로그램 내에서 작업을 통해 익히는 것이 가장 효과적이며, 부족한 내용들은 도움말이나 EES 매뉴얼을 참고하면 될 것이다.

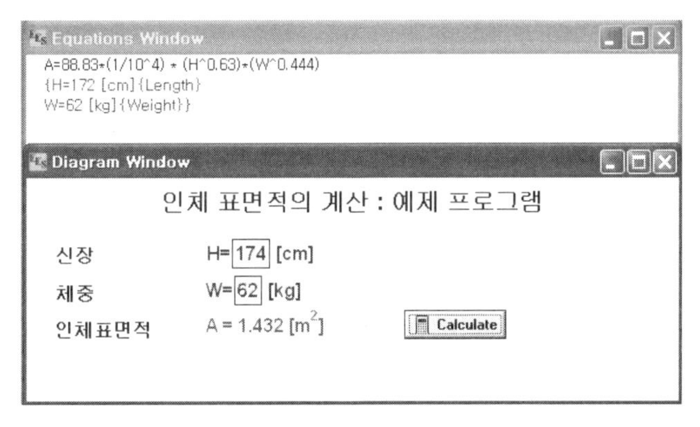

[그림 2-13] 신장과 체중에 따른 인체 표면적 계산 예

[그림 2-13]은 이상의 과정을 신장과 체중에 따른 인체 표면적 계산식을 이용하여 표현한 것이다. 이 EES 프로그램을 이용한 분석 결과가 [그림 2-14]와 [그림 2-15]이다.

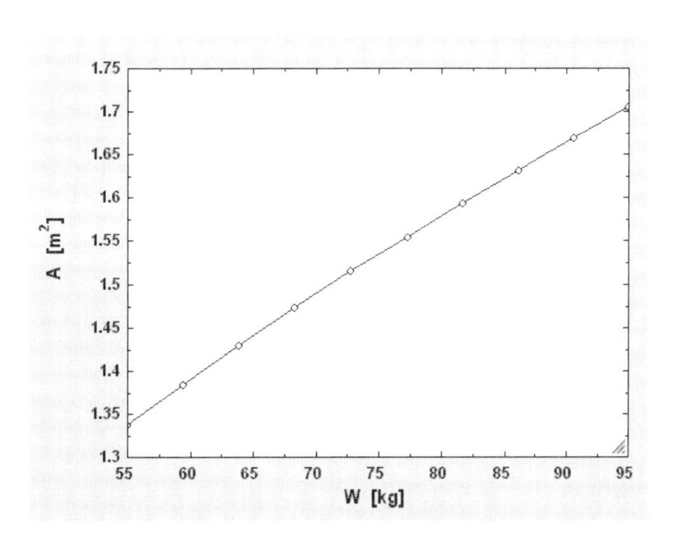

[그림 2-14] 체중과 표면적과의 관계(H = 170cm)

[그림 2-14]와 [그림 2-15]를 통해 알 수 있듯이, 신장의 증가보다는 체중의 증가에 따른 인체 표면적의 증가율이 더 큼을 알 수 있다.

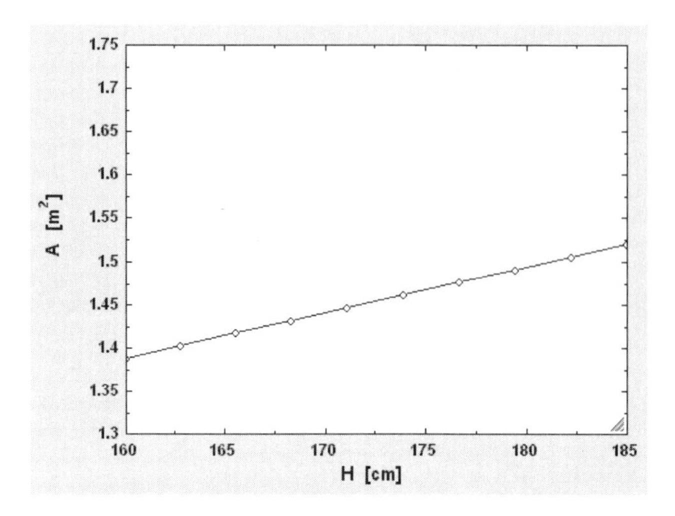

[그림 2-15] 신장과 표면적과의 관계(W = 65kg)

2-10 Plot Window

[Parametric], [Lookup], [Array] 또는 [Integral Tables] 창에 나타나는 변수들은 [Plot] 메뉴의 [New Plot Window/Overlay Plot] 명령을 이용하여 도식화시킬 수 있다. 그리고 열역학적 물성값은 [Property Plot] 명령을 사용하여 생성할 수 있다.

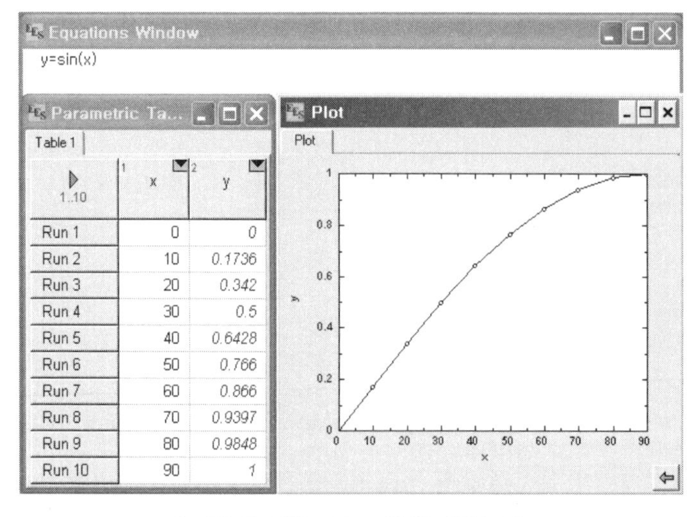

1..10	x	y
Run 1	0	0
Run 2	10	0.1736
Run 3	20	0.342
Run 4	30	0.5
Run 5	40	0.6428
Run 6	50	0.766
Run 7	60	0.866
Run 8	70	0.9397
Run 9	80	0.9848
Run 10	90	1

[그림 2-16] Plot 창의 이용 예

[그림 2-16]은 Sin 함수의 예로 [Parametric Table] 창을 이용하여 x의 값을 지정한 후, 이를 계산한 것으로 [Plot] 창을 이용하여 도식화한 것이다. 이러한 간단한 예제를 직접 몇 가지 작성한 후, 이를 [Plot] 메뉴의 다양한 명령들을 활용하여 연습하면 쉽게 그 내용을 이해할 수 있을 것이다. 기타 설명할 많은 내용들이 있으나 EES 프로그램을 직접 실행시킨 다음, 여러 가지 방법들을 활용하여 이를 단계적으로 익혀나가길 바란다.

2-11 Debug Window

[Debug] 창은 3종류의 진단 정보를 표시한다.

- 부정확한 자유도, 부자연스런 해, 단위 검사 결과

1. Incorrect Degrees of Freedom

일련의 방정식 개수와 변수의 개수가 일치하지 않은 경우 화면에 'Error' 메시지 상자가 나타나고, 'Yes'를 클릭하면 [Debug] 창이 화면에 표시된다.

2. Constrained Solution

몇몇의 경우 너무 낮거나 높은 오차의 영역이나 보다 많은 변수들이 해를 제한하고 있을 경우 지정된 오차 범위 내에서 문제를 해결하지 못하는 경우가 있다. 만약 이러한 경우가 발생되면 EES는 이 문제점에 대한 경고 대화상자를 화면에 나타내고 보다 많은 정보를 제공한다.

만약 사용자가 추가적인 정보를 원할 경우 [Debug] 창을 통해 볼 수 있다.

3. Unit Checking Report

[Calculate] 메뉴의 [Check Units] 명령은 [Debug] 창에 정보를 표시할 것이다.

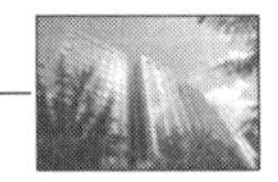

Chapter

3. Menu Commands

EES는 [그림 3-1]과 같이 기본적으로 10개의 메뉴를 포함한다. 이 메뉴들 각각에 대하여 간단하게 살펴볼 것이며, 다른 응용 프로그램들과의 차이점들을 중심으로 설명하고자 한다.

3-1 File Menu

```
File  Edit  Search  Options  Calculate  Tables  Plots  Windows  Help  Examples
  Open
  New                                   Ctrl+N
  Merge
  Save                                  Ctrl+S
  Save As...
  ------------------------------------------------
  Print                                 Ctrl+P
  Print Setup
  ------------------------------------------------
  Load Library
  Load Textbook
  ------------------------------------------------
  Make Distributable Program
  Open or Create Macro
  ------------------------------------------------
  Create LaTeX/PDF Report
  ------------------------------------------------
  Exit                                  Ctrl+Q
  ------------------------------------------------
  1. C:₩EES_AV₩Userlib₩User₩formatted window.EES
  2. C:₩EES_AV₩Userlib₩User₩ex2.EES
```

[그림 3-1] 파일 메뉴의 항목들

[그림 3-1]을 통해 알 수 있듯이 몇 가지 특이한 명령들이 포함되어 있다. [Merge], [Load Library], [Load Textbook], [Make Distributable Program], [Open or Create Macro] 그리고 [Create LaTeX/PDF Report]가 그것이다.

① [Open] : 기존 파일을 불러올 때 사용되는 명령으로 [그림 3-2]는 그 예를 보여주고 있다.

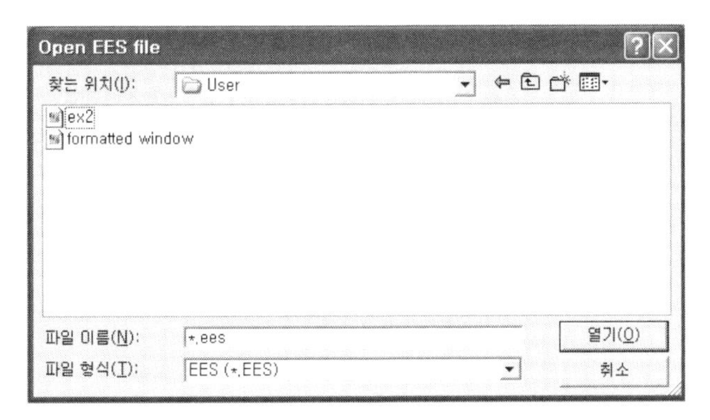

[그림 3-2] [Open] 명령을 실행한 경우

② [New] 명령은 기존의 작업을 종료하고, 새로운 작업을 시작할 경우에 사용하는 명령이다. 이 명령을 실행하면 기존 작업을 저장할 것인지를 묻는 대화상자가 나타나고, 기존 작업을 저장한 후 새로운 작업을 시작하면 된다. 이때, 백지 상태의 [Equations window]가 화면이 나타나게 된다.

③ [Merge] 명령은 [Equations window]의 커서 위치에 이전에 저장된 EES 파일의 방정식들을 병합하는 것이다. [Merge dialog] 창은 [Open] 명령과 같은 방법으로 운용된다. 방정식들 또한 $Include Directive를 사용하여 텍스트 파일로 입력될 수 있다. EES Functions, Procedures 그리고 Modules는 [Load Library] 또는 $Include Directive를 이용하여 불러올 수 있다.

④ [Save] 명령은 파일을 저장하는 것이고, 마지막으로 저장된 파일과 동일한 이름으로 현재의 작업 내용을 저장하게 된다.

⑤ [Save As…] 명령은 다른 이름으로 현재의 작업 내용을 저장할 때 사용하는 것이고, [그림 3-3]과 같은 창이 화면에 나타나며, 원하는 파일명으로 작업 내용을 저장하면 된다.

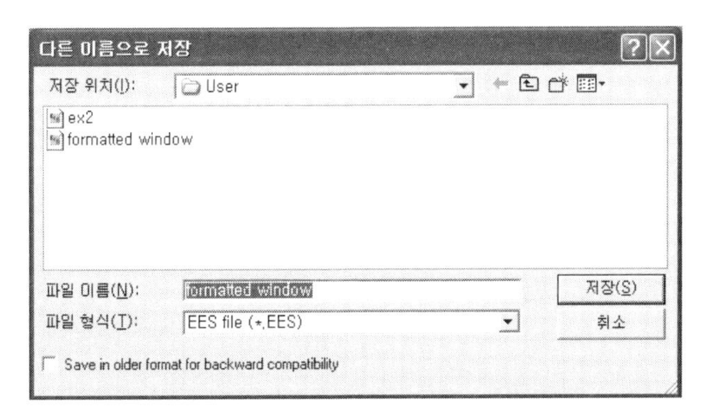

[그림 3-3] Save As 명령 실행 예

⑥ [Print] 명령은 EES 창들의 모든 내용 또는 특정 내용을 프린트하거나, 디스크에 파일로 저장하는 것이다. [그림 3-4]와 같이 체크상자가 비활성이면, 현재 작업 내용에 대하여 프린트 명령을 실행할 수 없는 작업들임을 의미한다.

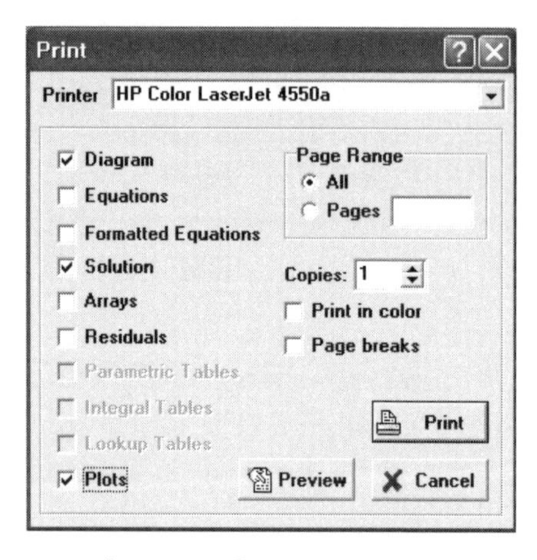

[그림 3-4] Print 실행창

[Plot], [Parametric], [Lookup Table] 창 등과 같은 창들은 많은 하위 창들을 포함할 수 있으며, 창의 맨 위에서 tab키를 이용하여 접근할 수 있다. 그리고 체크 상자를 클릭하면 [그림 3-5]와 같은 작은 추가 상자가 나타나고, 여기서 출력하고자하는 [Plot]이나 [Table]을 선택하면 된다.

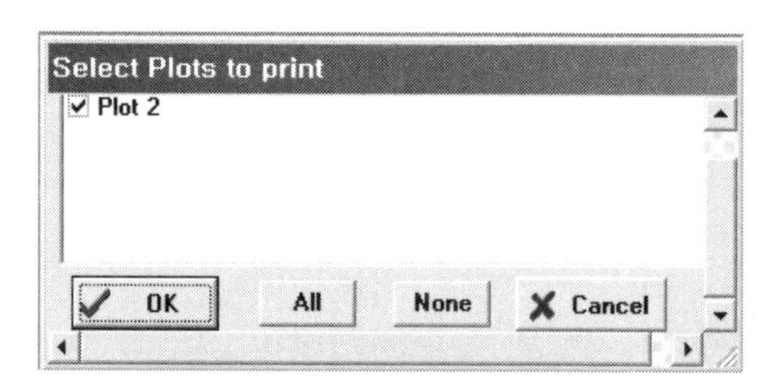

[그림 3-5] Plot 선택창

인쇄된 결과는 선택된 프린터로 보내질 것이다. 대화상자 맨 위의 [drop-down] 상자는 프린터 설정을 변경할 수 있도록 한다. [Printers Applications]의 [Connect] 옵션을 이용하면 프린터가 아닌 파일로 결과를 직접 연결시킬 수 있다. 이것은 선택된 프린터에 관한 추가 정보에 대한 'Windows' 매뉴얼을 참고하면 된다. 폰트 및 크기, 라인 간격 등과 같은 프린팅 옵션은 [Preferences] 대화상자에서 설정된다.

'Print in color' 체크상자를 선택하면, EES는 화면에 표시된 동일한 색을 이용하여 선택된 창을 출력한다. 그러나 흑백 프린터의 경우 컬러 텍스트는 뚜렷하지 않을 수 있다.

'Page breaks' 체크상자를 선택하면, 강제적으로 페이지를 중지시켜 각각의 창에 관한 내용을 첫 페이지부터 출력하게 된다. 'Preview' 버튼은 화면에 출력 결과를 보여준다.

⑦ [Printer Setup]은 선택되는 프린터에 대한 용지의 크기 및 방향과 같은 프린팅 옵션을 지정할 수 있는 대화창을 나타낸다. 'Printer Selection' 또한 프린터 대화창을 생성할 수 있다.

⑧ [Load Library] 명령은 파일 선택상자에서 확장자 [*.LIB]를 갖는 EES 라이브러리 파일들을 보여주는 표준 열기 파일 대화상자를 화면에 나타낸다. 라이브러리 파일들은 제 5 장에서 설명되는 것과 같이 사용자 정의 Functions, Procedures 그리고/또는 Modules을 포함한다. 일단 불러오면 이러한 라이브러리 파일들은 EES가 닫힐 때까지 기억장소에 남아있다. EES가 시작될 때 라이브러리 파일 모두와 외부 컴파일된 파일들은 미리 불러온다. 또한 [Load Library] 명령은 확장자 [*.DLF], [*.DLP], [*.FDL]을 갖는 외부 Function과 Procedure를 불러오는데 사용할 수 있다. 제 7 장에서 소개되는 $Include Directive 또한 라이브러리 파일들을 불러오는데 사용될 수 있다.

⑨ [Load Textbook] 명령은 파일 확장자 [*.TXB]를 갖는 사용자가 생성한 텍스트북 인덱스 파일(user-generated Textbook index file)을 읽는 명령이다. 이 파일에 포함된 정보들은 메뉴바의 가장 오른쪽에 Textbook 메뉴를 생성하는데 사용된다. 또한 Textbook index file은 UserLib 하부 디렉토리내에 관련 문제 파일들과 함께 위치함으로써 자동으로 불러올 수 있다. Textbook 메뉴는 텍스트 사용을 위해 개발한 문제와 관련된 편리한 접근을 할 수 있다.

⑩ [Make Distributable Program], [Open or Create Macro] 명령은 Professional 버전에서만 제공되는 것으로 생략하도록 한다.

⑪ [Create Latex/PDF Report] 명령은 Diagram, Equations, Solution, Tables 그리고 Plots을 포함하는 보고서를 생성하는 것이다. 이 명령은 [Print] 명령과 매우 유사하지만 [Create Latex/PDF Report] 명령은 직접적으로 출력을 하지 않으며, LaTeX2e에 Tex 문서를 생성한다. Tex 문서는 확장자 [*.tex]를 갖는 ASCII 파일이며, LaTeX2e 컴파일러에 의해 처리되어야만 한다. LaTeX2e는 다양한 유틸리티에 의해 출력되고 보이는 출력 파일은 [*.dvi]를 생성한다. 그러나 Tex 컴파일러에 포함된 PDFLaTeX 액세서리는 [*.pdf] 파일을 생성할 수 있다.

이 명령에 의해 생성된 출력을 사용하기 위해, 사용자는 LaTeX2e 컴파일러와

Adobe Acrobat Reader를 설치해야 하며 모두 무료로 배포된다. Latex2E의 설치를 위해 추천되는 곳은 MiKTeX이다. 홈페이지 http://www.miktex.org/2.1/index.html에서 다운로드할 수 있다.

파일의 다운로드를 완료한 후 프로그램을 설치한다. EES는 PDFLaTeX.exe program의 경로를 인식할 수 있도록 지정해야 한다.

[MikTeX] 패키지를 EES 프로그램에 구성하기 위해서는 EES를 시작한 후, [File] 메뉴의 [Create LaTeX/PDF Report] 명령을 선택한다. [PDF LaTeX] 상자의 [Setup] 버튼을 클릭한 후 [PDFLaTeX.exe] 프로그램에 대한 디렉토리 정보를 입력한다.

[Adobe Acrobat Reader] 프로그램은 다음의 웹사이트로부터 다운로드할 수 있다. http://www.adobe.com/products/acrobat/readstep.html

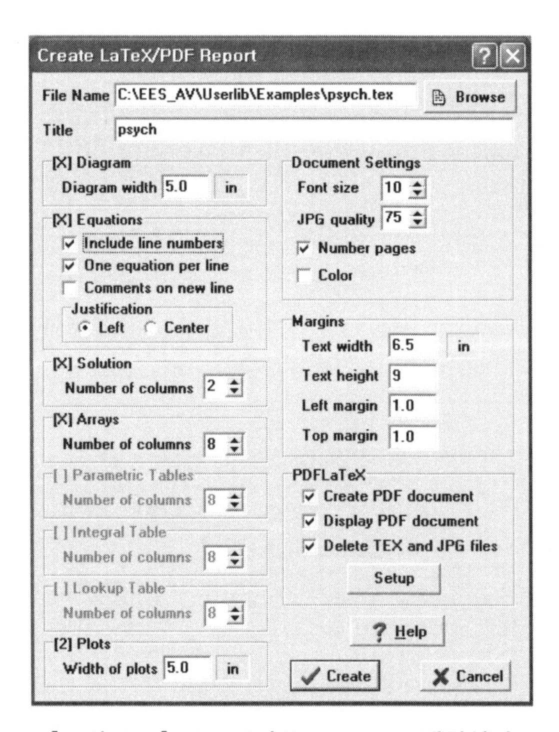

[그림 3-6] LaTeX/PDF Report 대화상자

⑫ [Create LaTeX/PDF Report] 명령을 실행하면, [그림 3-6]과 같은 대화상자가 나타난다. 대화상자의 맨 위는 파일명을 편집하는 영역이다. 기본값의 경우 이 파일명은 EES 파일명으로 설정되지만, 파일 확장자는 [*.txt]로 바뀐다. 그리고 파일명

이 바뀔 경우 pdflatex 응용에서 인식할 수 있는 확장자인 [*.txt]로 해야 한다.

⑬ [Browse] 버튼은 파일을 저장할 디렉토리(경로)를 쉽게 선택할 수 있도록 한다. [Title] 영역은 기본값으로 EES 파일명과 날짜로 채워진다. 기타 자세한 내용은 매뉴얼을 참고하여 학습하기 바란다.

⑭ [Exit] 명령은 프로그램을 종료할 때 사용하는 것이다.

3-2 Edit Menu

[Edit] 메뉴는 일반적인 다른 프로그램과 거의 동일한 작업 내용들이 포함되어 있다. [그림 3-7]을 통해 볼 수 있듯이 기본 7가지의 명령들로 구성되어 있으며, 일반 편집 기능들이 포함되어 있다.

한 가지 특이한 명령으로 [Insert/Modify Array]가 있으며 다음과 같다.

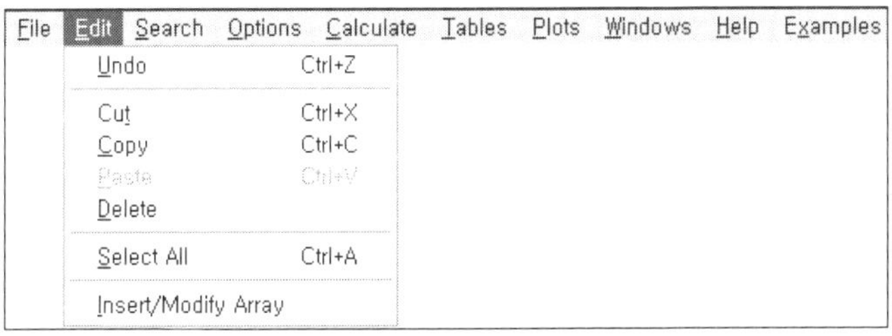

File Edit Search Options Calculate Tables Plots Windows Help Examples
Undo Ctrl+Z
Cut Ctrl+X
Copy Ctrl+C
Paste Ctrl+V
Delete
Select All Ctrl+A
Insert/Modify Array

[그림 3-7] Edit 메뉴 항목

setup
Array
-> Enter Array Name
Rows
T
w
Columns 1
Column 1
Row 1
Row 2
Row 3
Row 4
Row 5
Row 6
Row 7
Row 8
Row 9
Row 10
OK
Cancel

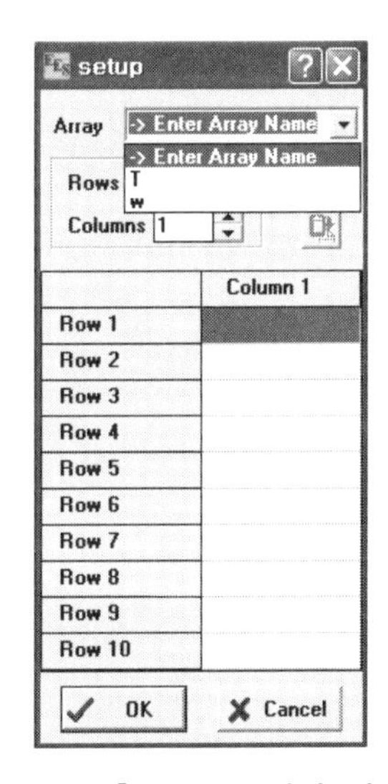

[그림 3-8] Array 명령 지정창

[Insert/Modify Array] 명령은 EES 배열들의 값을 수정하거나 입력하기 위한 쉬운 방법을 제공하는 것이다.

[그림 3-8]과 같은 대화상자가 화면에 표시되며, 적절한 항목을 선택하여 값을 지정하면 된다.

3-3 Search Menu

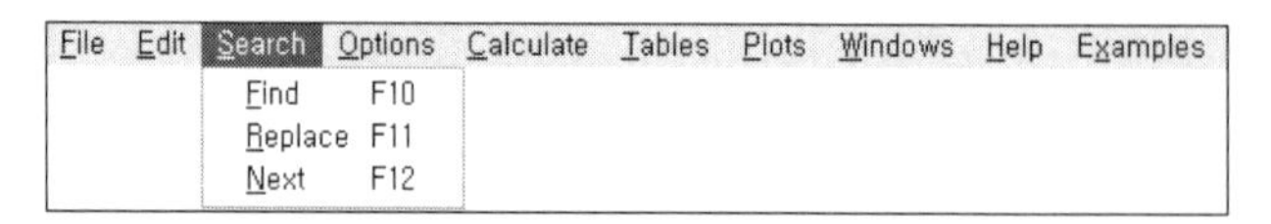

[그림 3-9] Search 메뉴 항목

[Search] 메뉴 또한 [Edit] 메뉴와 같이 일반 프로그램과 유사한 명령들을 포함하고 있으며, 그 기능들에 대한 특별한 설명은 필요하지 않을 것이다.

[그림 3-10]은 Find 명령을 실행할 경우 화면에 표시되는 창이고, [Equations window]에서 찾고자 하는 단어를 입력하면 자동으로 검색해 주는 명령이다.

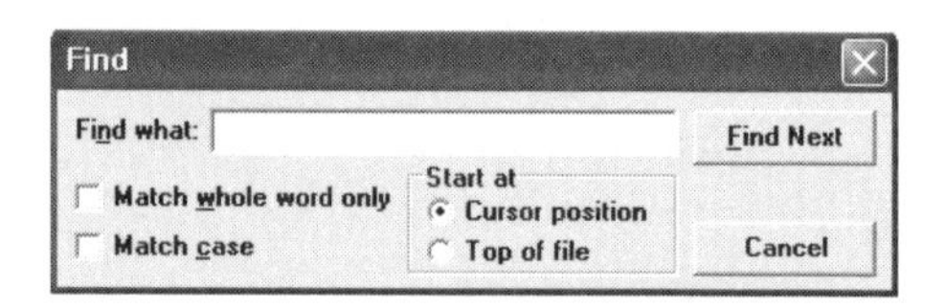

[그림 3-10] Find 명령창

[그림 3-11]은 [Replace] 명령을 실행할 경우 화면에 표시되는 창이고, [Equations window]에서 찾고자 하는 단어를 위쪽에 입력하며, 아래쪽에 바꾸고자 하는 단어를 입력한 후, [Find Next] 버튼으로 찾아 [Replace] 버튼으로 변경하면 된다.

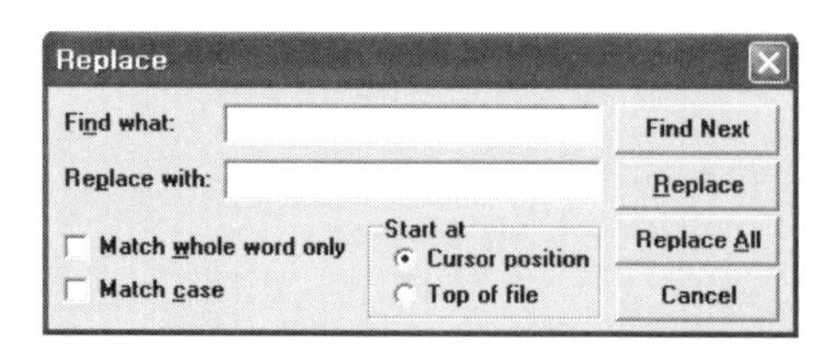

[그림 3-11] Replace 명령창

3-4 Options Menu

[Options] 메뉴는 [그림 3-12]와 같이 EES 프로그램 작업을 할 경우, 다양한 선택을 통해 편리하게 프로그램을 작성할 수 있도록 편의를 제공하는 명령들로 구성되어 있

다. [그림 3-12]에서 가장 아래에 위치한 [Preferences] 명령이 가장 많은 기능들을 함축하고 있으며, 이것과 관련한 자세한 내용들을 프로그램 작업을 통해 하나씩 자세히 설명하도록 한다.

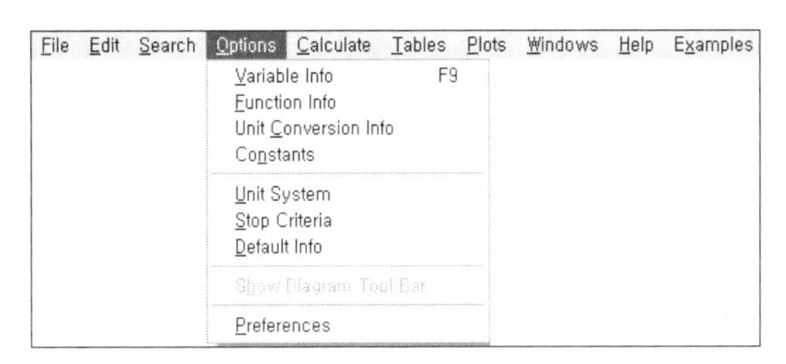

[그림 3-12] Options 메뉴 항목

[그림 3-13]은 [Equations window]에 나타난 모든 변수들에 관한 정보를 표시하는 기능을 한다. 좌측부터 [Variable]은 변수명을 나타내는 것이며, [Guess]는 추정값을, [Lower]는 하한, [Upper]는 상한 그리고 [Units]는 단위에 관한 정보를 표시한다. 또한 [Display]는 추후 자세히 설명될 것이다.

Variable Information

Show array variables
Show string variables
MAIN program

Variable	Guess	Lower	Upper	Display			Units
h	30	-infinity	infinity	A	3	N	hUnits$
P	100	0.0000E+00	infinity	A	3	N	PUnits$
pl	1	-infinity	infinity	A	3		
Rh	0.5	-infinity	infinity	A	3	N	
Tdb	1.0	-infinity	infinity	F	1	N	TUnits$
Tdp	1.0	-infinity	infinity	F	1	N	TUnits$
Twb	1.0	-infinity	infinity	F	1	N	TUnits$
T[1]	1	-infinity	infinity	A	3	N	TUnits$
v	0.8	0.0000E+00	infinity	A	3	N	VUnits$
Value1	25	-infinity	infinity	A	3		U1$
Value2	0.5	-infinity	infinity	A	3		U2$
w	0.01	-infinity	infinity	A	3	N	
w[1]	1	-infinity	infinity	A	3	N	

OK Print Update Cancel

[그림 3-13] Variable Info 명령창

[Function Info] 명령은 [그림 3-14]와 같은 창을 생성하며, EES의 내장 함수 및 다양한 정보들을 볼 수 있도록 구성되어 있다. 각 함수에 대한 자세한 내용은 제 4 장에 자세한 설명과 함께 소개되어 있다.

[Unit Conversion Info] 명령은 Convert & ConvertTemp Conversion 함수의 사용을 지원하기 위한 정보를 제공하며, [그림 3-15]와 같은 창이 화면에 나타난다.

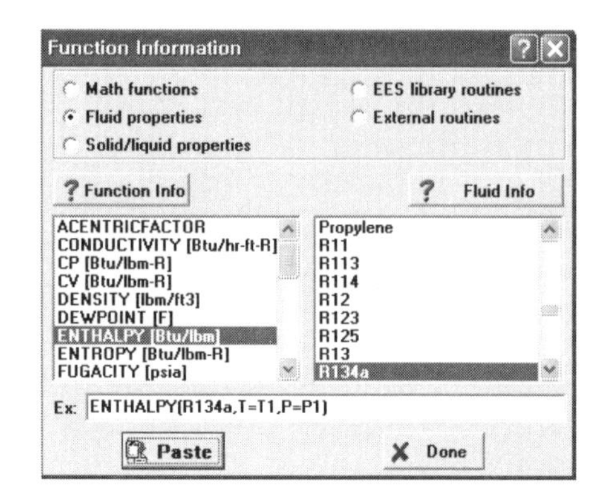

[그림 3-14] Function Info 명령창

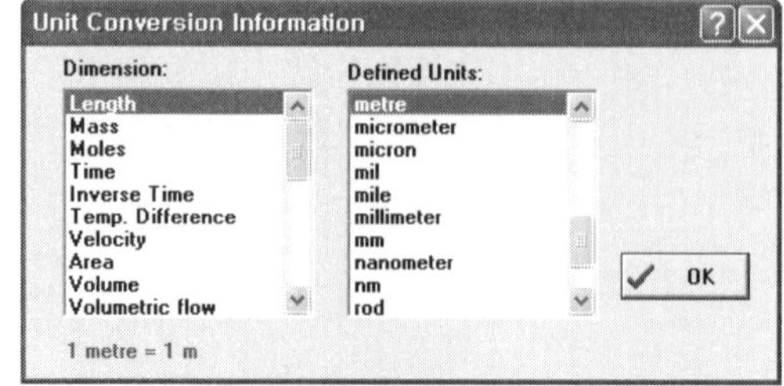

[그림 3-15] Unit Conv. Info. 명령창

[Unit System] 명령은 [그림 3-16]과 같이 [Preferences] 대화상자의 [Unit System] Tab을 이용하여 변경이 가능하며, 작업하는 내용에 맞는 단위 체계를 지정하는 것이다. 그리고 이 곳에서 지정된 내용은 [Solution] 창에서 나타난다. 단위 체계는 내장 함수를 호출할 경우에만 필요하고, EES는 자동적으로 단위 조작을 제공하지 않으며, 각 방정식의 단위의 일관성(일치 ; consistency) 검사는 선택적으로 할 수 있다.

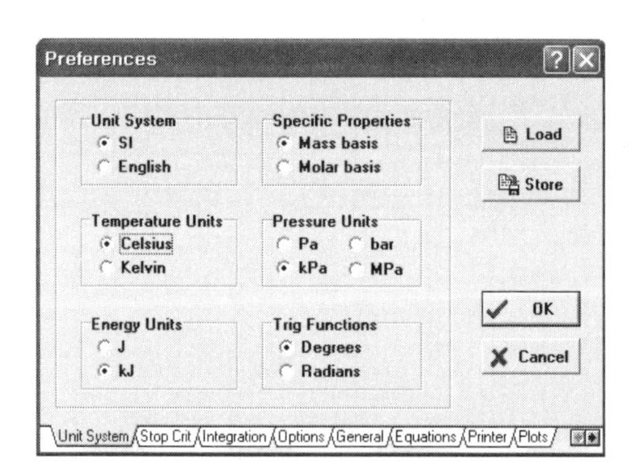

[그림 3-16] Unit System 명령창

[Tolerances]는 [그림 3-17]과 같이 [Preferences] 대화상자의 [Stop Crit] Tab을 이용하여 지정할 수 있으며, 반복횟수, 상대오차, 절대오차 등을 지정하는 할 수 있다.

EES는 미분 방정식들을 해석하거나 또는 적분의 값을 결정하기 위해 수치 적분법을 이용한다. 따라서 방정식의 정확도를 사용자가 원하는 수준으로 높이기 위해 [그림 3-17]과 [그림 3-18]을 이용하여 수정할 수 있다.

기타 자세한 내용에 관해서는 실제 프로그램을 작성하면서 하나씩 배워나갈 수 있을 것이다.

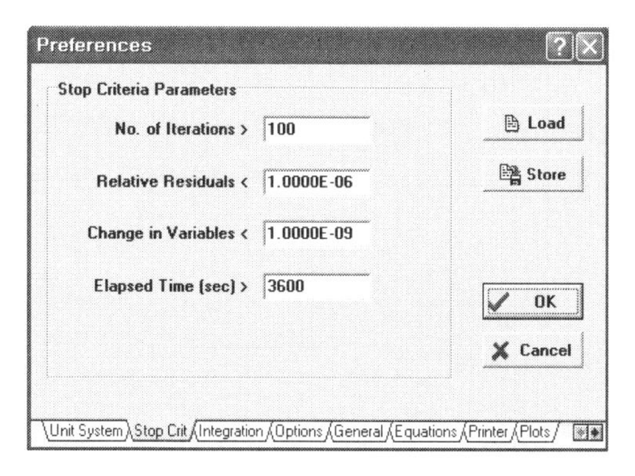

[그림 3-17] Tolerances 명령 실행창

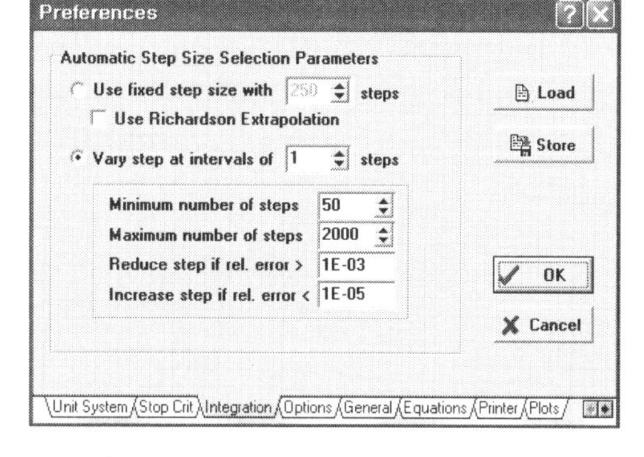

[그림 3-18] Integration 명령창

[Default Info] 명령은 변수명의 첫 문자에 따른 기존 또는 새로운 변수들의 단위와 표시 형식, 상/하한 범위 그리고 기본 추정값을 지정할 수 있는 수단을 제공하는 것으로 [그림 3-19]와 같다.

Default Variable Information

First Letter	Guess	Lower	Upper	Display	Units
A	1	-infinity	infinity	A 3	
B	1	-infinity	infinity	A 3	
C	1	-infinity	infinity	A 3	
D	1	-infinity	infinity	A 3	
E	1	-infinity	infinity	A 3	
F	1	-infinity	infinity	A 3	
G	1	-infinity	infinity	A 3	
H	1	-infinity	infinity	A 3	
I	1	-infinity	infinity	A 3	

OK Store Load Cancel

[그림 3-19] Default Variable Info. 명령창

[Show/Hide Diagram Tool bar]는 [Diagram] 창 또는 그 하위 [Diagram] 창보다 선행하여 이용할 수는 없으며, 항상 [Diagram] 창이 메인 화면에 전개된 상태에서만 이용이 가능한 명령이다.

[Preferences] 명령은 6개의 Tab으로 구성되어 있으며, 이는 Program Options, General Display Options, Equations Display, Printer Display, Plot Window 그리고 Complex Number Options이다. 이러한 옵션들은 [그림 3-20]과 같다.

[OK] 버튼은 [Preferences]에서 설정한 내용들이 현재의 작업 공간에 한정하여 영향을 미치는 것을 의미하며, [Store] 버튼은 [Preferences]에서 설정한 내용들이 저장되어 다시 EES를 실행할 경우에 그대로 적용되는 것을 의미한다.

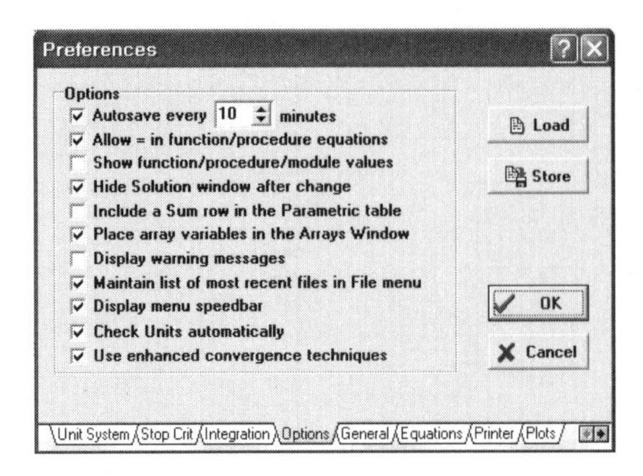

[그림 3-20] Preferences 명령창

[그림 3-20]의 각 항목 내용들의 특징을 살펴보면 다음과 같다.

(1) Autosave every □ minutes

자동 저장되는 시간 간격을 지정하며, 이를 선택하는 옵션이다.

(2) Allow = in function/procedure equations

이 옵션은 function/procedure 내의 방정식에 ':=' 대신에 '='의 사용을 허용할 것인지를 결정하는 것이다.

(3) Show function/procedure/module values

이 옵션은 EES의 functions, procedures 그리고 modules에 사용된 변수의 최신값을 [Solution] 창에 표시할 것인지를 선택하는 것이다.

(4) Hide Solution window after change

이 옵션은 [Equations window]에 입력된 내용을 수정하면 [Solution], [Arrays], [Residual] 창을 화면에서 사라지게 하는 것을 결정하는 것이다.

(5) Include a Sum row in Parametric table

이 옵션은 [Parametric Table]의 각 열의 값들의 합(sum)을 포함할 것인지를 결정하는 것이다.

(6) Place array variables in the Arrays Window

이 옵션은 계산이 완료된 후, [Solution] 창 대신에 [Arrays] 창에서 배열 변수들을 나타낼 것인지를 결정하는 것이다.

(7) Display warning messages

이 옵션은 계산이 진행되는 동안 경고 메시지를 표시할 것인지를 선택하는 것이다.

(8) Maintain list of most recent files in the File menu

이 옵션은 [File] 메뉴에 최근에 이용한 파일들의 목록을 포함할 것인지를 결정하는 것이고, 이 옵션이 선택되면 최대 8개까지의 목록이 [File] 메뉴에 포함된다.

(9) Display menu speedbar

이 옵션은 메뉴바 아래에 도구모음을 나타낼 것인지를 결정하는 것이고, 이 옵션이 선택되지 않았다면 도구모음은 메인 화면에서 사라지는 것이다.

(10) Check Units automatically

이 옵션은 [Solution] 창 또는 [Residuals] 창이 화면에 표시될 때, 각 방정식의 단위의 연속성을 검사할 것인지를 결정하는 것이며, $Checkunits AutoOn/ Auto-Off directive를 이용하여 이 옵션을 On/Off를 지정할 수 있다.

(11) Use enhanced convergence techniques

이 옵션은 작성된 프로그램의 해석에 있어 향상된 수렴 기법들을 사용할 것인지를 결정하는 것이다.

그 외의 Tab들에 관한 내용 설명을 생략하도록 하며, [그림 3-21]과 [그림 3-22]를 통해 간단히 살펴보기로 하자.

[General] 탭은 [그림 3-21]과 같이 [Equations window]의 폰트와 크기 그리고 도표에 표시되는 계산 결과의 색과 글자 모양의 결정 그리고 도표에 입력되는 값의 색과 글자 모양을 결정하게 된다.

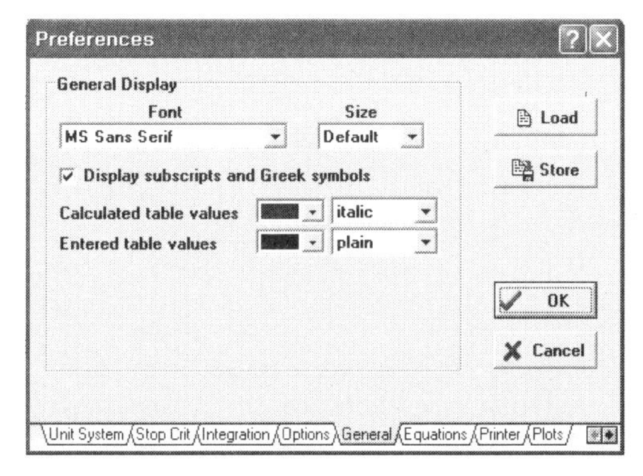

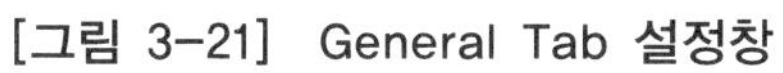
[그림 3-21] General Tab 설정창

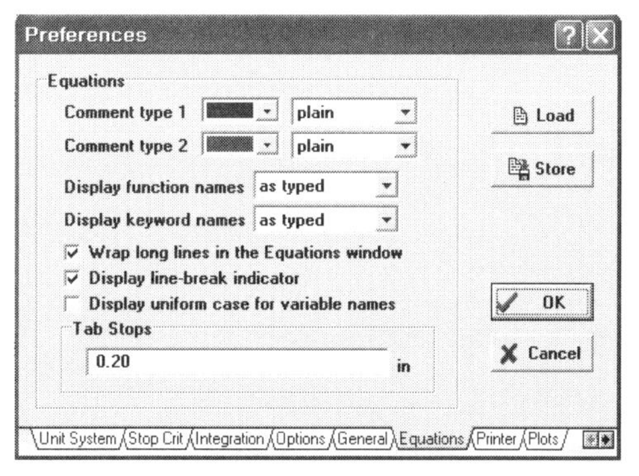

[그림 3-22] Equations Tab 설정창

[Equations] 탭은 [그림 3-22]와 같이 주석문의 색과 글자 모양을 결정, 함수명의 표시 등과 같은 선택을 지정하는 곳이다.

(1) Wrap long lines in the Equations window

이 체크상자는 수평 스크롤바를 감추는 기능을 한다. 너무 길어 [Equations window] 내에 한 줄로 표시될 수 없는 행들은 적절한 지점에서 잘려지고 다음 행에서 계속된다. 'Display line-break indicator'가 선택되었다면, 붉은색 '>' 기호가 연속된 행의 왼쪽 여백에 표시될 것이다.

(2) Display line-break indicator

이 체크상자는 'Wrap long lines' 옵션이 선택된 경우에만 적용할 수 있다. 이 옵션은 연속된 행의 왼쪽 여백에 line-break 문자가 나타났는지 여부를 조절한다.

(3) Display uniform case for variable names

이 체크상자는 [Equations window]의 다양한 변수들을 처음 등장하는 변수와 동일한 형태, 즉 [Alpha]라는 변수로 처음 지정되었다면, 다음에 [alphA]라고 지정하였더라도 [Alpha]로 바뀌도록 한다. 이때, 만약 처음 등장하는 변수의 형식을 변경한 경우, [Calculate] 메뉴의 [Check/Format] 명령을 실행하면, 다음의 이 변수는 모두 동일한 형식으로 변경될 것이다.

(4) Tab Stops

Tab Stops 편집 영역은 [Equations window]에서 'Tab' 키를 사용할 경우, 그 간격을 지정하는 곳이다. 이 Tab 설정은 '$Tabstops Directive'를 이용하여 지정될 수도 있다.

[Printer] 탭은 [그림 3-23]과 같이 프린터와 관련된 다양한 선택을 지정하는 곳이다.

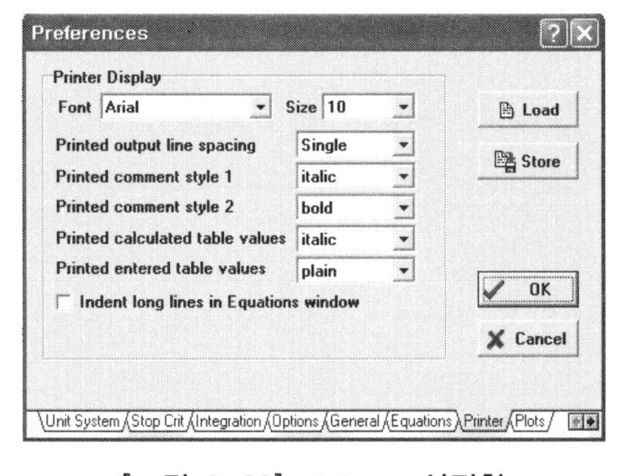

[그림 3-23] Printer 설정창

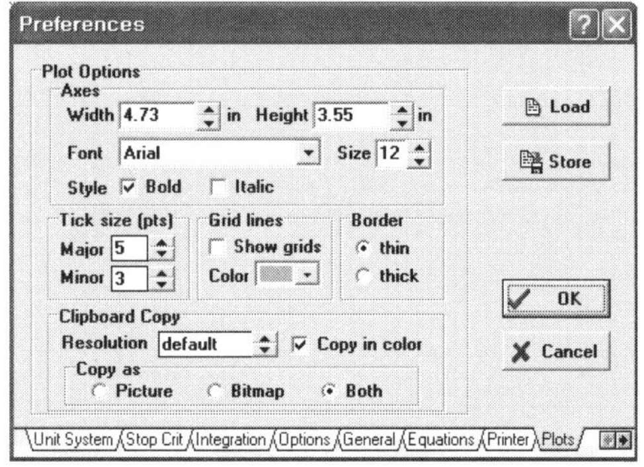

[그림 3-24] Plots 설정창

[Plots] 탭은 [그림 3-24]와 같이 [Plot]과 관련되는 다양한 선택을 지정하는 곳이고,

일반적인 응용 프로그램의 편집 기능과 매우 유사하므로 설명을 생략하도록 한다.

[그림 3-25]는 EES에서 복소수 모드를 사용할 경우에 설정하는 창이고, $Complex On/Off Directive에 의해서도 이를 지정할 수 있으며, 허수부의 표시를 i 또는 j로 선택할 수 있다.

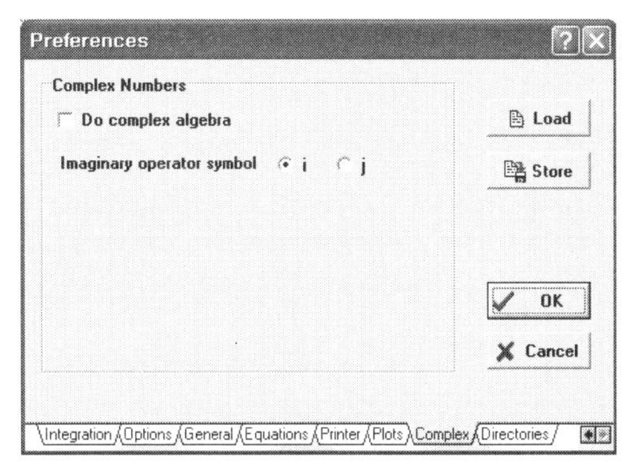

Preferences
Complex Numbers
Do complex algebra
Imaginary operator symbol
i
j
Load
Store
OK
Cancel
Integration
Options
General
Equations
Printer
Plots
Complex
Directories

[그림 3-25] Complex 설정창

Preferences
Default Directories
Default file folder
Browse
Additional user library folder
Browse
Default macro folder
Browse
Load
Store
OK
Cancel
Integration
Options
General
Equations
Printer
Plots
Complex
Directories

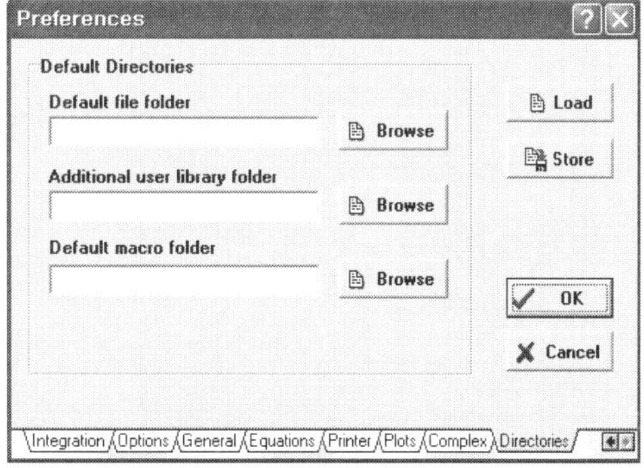

[그림 3-26] Directories 설정창

[그림 3-26]은 디렉토리를 지정하는 창이고, 3가지 설정창이 있으며 매뉴얼을 참고하기 바란다.

3-5 Calculate Menu

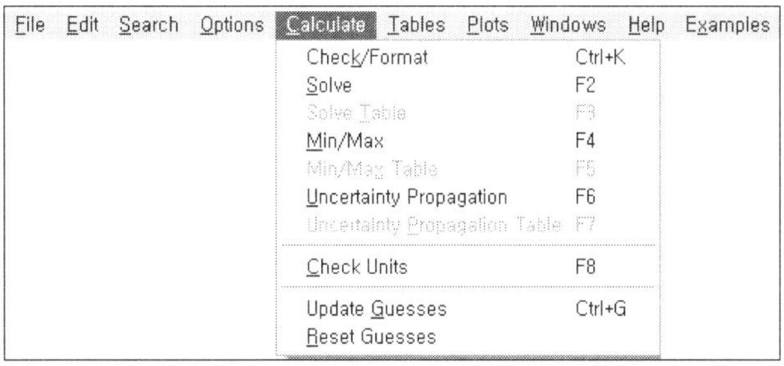

File
Edit
Search
Options
Calculate
Tables
Plots
Windows
Help
Examples
Check/Format Ctrl+K
Solve F2
Solve Table F3
Min/Max F4
Min/Max Table F5
Uncertainty Propagation F6
Uncertainty Propagation Table F7
Check Units F8
Update Guesses Ctrl+G
Reset Guesses

[그림 3-27] Calculate 메뉴 구성 화면

[그림 3-27]은 [Calculate] 메뉴를 구성하는 내용에 대하여 보여준다. 기본적으로 이 메뉴에서는 계산과 관련된 다양한 실행 방법에 관한 명령들로 구성된 것을 볼 수 있다. 제 11 장의 예제를 통해 설명되는 내용을 통해 각 작업 내용에 따라 명령들이 어떻게 실

행되는지를 설명하고자 한다.

[Check/Format] 명령은 모든 방정식들을 재컴파일할 것이며, [Options] 메뉴의 [Preferences] 명령에 의해 선택된 옵션들을 적용할 것이다. 첫 번째 문법적 오류가 발견되면 메시지를 표시할 것이다. 오류가 없으면 EES는 [Equations window]에 방정식과 변수의 개수를 나타낼 것이다.

[Solve] 명령은 먼저 [Equations window]에 있는 방정식들의 형식을 검사할 것이다. 만약 오류가 발견되지 않고, 변수와 방정식의 개수가 동일하다면, 방정식의 해를 찾기 위한 시도를 할 것이다. 방정식들의 해를 찾기 위해 EES에서 사용하는 방법에 관한 내용은 뒤에 자세히 설명된다.

[Solve Table] 명령은 [Parametric Table]을 이용한 계산을 시작하게 된다. [그림 3-28]과 같은 대화상자가 화면에 표시되고, 계산하고자 하는 행들의 시작과 끝 번호를 지정하면 된다.

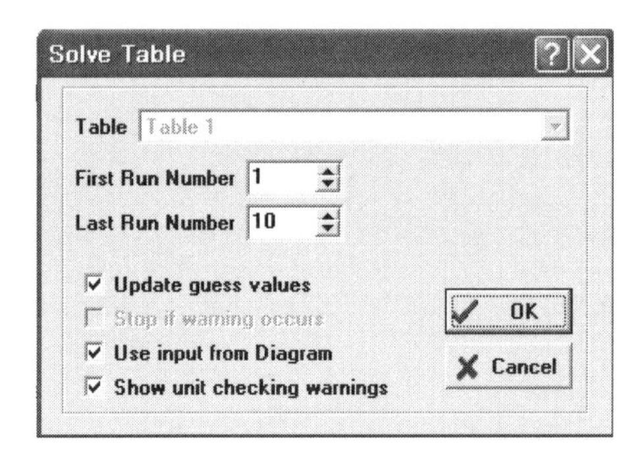

[그림 3-28] Solve Table 명령 실행창

[Min/Max] 명령은 적어도 하나 또는 10개 이하의 자유도를 갖는 방정식 조합에서의 미지의 변수의 최대 또는 최소값을 찾는데 사용된다. EES는 가장 먼저 [Equations window]에 있는 방정식들의 문법적 오류를 검사할 것이고, 오류가 없을 경우 2개의 항목을 포함하는 미지의 변수들을 나타내는 대화상자가 나타날 것이다. 왼쪽 상단의 최대 또는 최소 버튼을 클릭하여 실행하면 된다.

기타 자세한 내용은 매뉴얼을 참고하거나 예제를 통해 익혀나가기 바란다.

[Min/Max Table] 명령은 [Min/Max] 명령과 꼭 같은 기능을 제공하지만, 계산이 [Parametric Table]의 각 열에 대하여 반복된다.

[Uncertainty Propagation], [Uncertainty Propagation Table] 명령은 매뉴얼을 참고하여 숙지하기 바란다.

[Update Guesses] 명령은 [Equations window]의 각 변수들의 예상값을 마지막 계산에서 결정된 값으로 대체시키는 것이다. 이 명령은 성공적으로 계산이 완료된 후에 실행시킬 수 있다.

[Reset Guesses] 명령은 [Equations window]의 각 변수들의 예상값을 그 변수의 기본값들로 대체시키는 것이다.

3-6 Tables Menu

[Tables] 메뉴는 다양한 도표화된 계산에 이용되는 명령들로 구성되어 있다. 이 메뉴를 통해 변수들에 관한 민감도 분석 및 비선형 방정식들에 대한 수렴 속도를 향상시킬 수 있다. 추후 자세한 내용에 관하여 예제를 통해 설명하고자 한다.

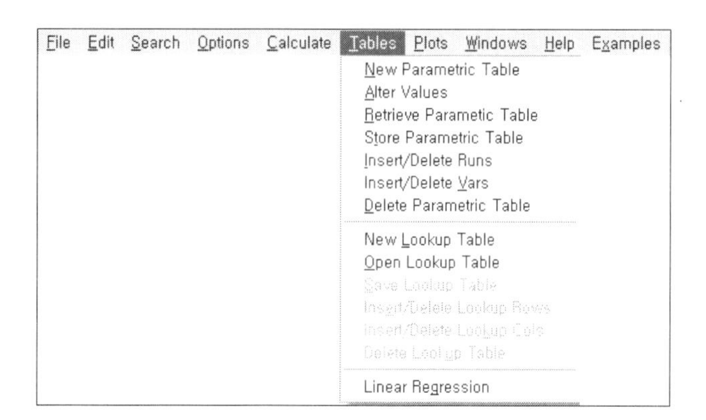

[그림 3-29] Tables 메뉴 구성 화면

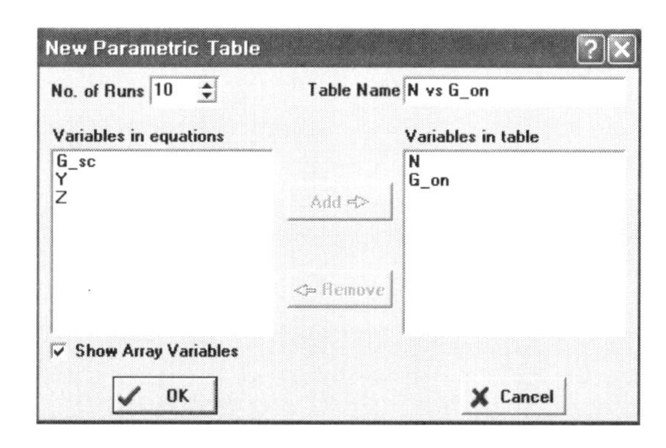

[그림 3-30] New Parametric Table 명령 실행

[그림 3-30]은 대기권 밖 법선면 일사량 계산의 예제에서 [New Parametric Table] 명령을 실행한 경우의 화면이다. 여기서, 일수 N과 대기권 밖 법선면 일사량 G_on 변수를 선택한 후, [Add] 버튼을 클릭하여 우측으로 보냈으며, Table Name으로 N vs G_on을 입력하였다. 다음으로 No. of Runs의 값으로 95를 지정한 후, [OK] 버튼을 클릭한다. 그림 [그림 3-31]과 같은 새로운 [Parametric Table]이 화면에 생성될 것이다.

본 예제에서 계산하고자 하는 값이 일수에 따른 대기권 밖 법선면 일사량의 변화이므로 변수 N에서 마우스 오른쪽 버튼을 클릭하면, [그림 3-32]와 같은 pop-up 메뉴가 나타난다. 여기서 [Alter Value]를 선택하면 [그림 3-33]과 같은 창이 표시된다. [Set Value]를 선택하고, 시작값으로 1, 증분(increment)으로 4를 선택한 후 [OK] 버튼을 클릭한다. 그림 [그림 3-31]의 N에 대한 값이 [1, 5, 9, …]로 채워질 것이다. 이상의 과정을 진행한 다음에 [Solve Table, F3] 명령을 실행하면, [그림 3-34]와 같은 결과를 얻을 수 있다.

다음으로 [Alter Value] 명령을 실행시키면 [그림 3-35]와 같은 창이 화면에 나타나고, 이전의 [Parametric Table]에 표시된 변수들만이 나타남을 알 수 있으며, 변경하고자 하는 변수를 적절히 지정하여 값을 바꿔주면 된다.

Parametric Table

Table 2 | N vs G_on

1..95	1 N [통상일]	2 G_{on} [W/m2]
Run 1		
Run 2		
Run 3		
Run 4		
Run 5		
Run 6		
Run 7		
Run 8		
Run 9		
Run 10		
Run 11		
Run 12		
Run 13		
Run 14		
Run 15		
Run 16		
Run 17		
Run 18		
Run 19		
Run 20		
Run 21		
Run 22		
Run 23		

[그림 3-31] 생성된 Parametric Table

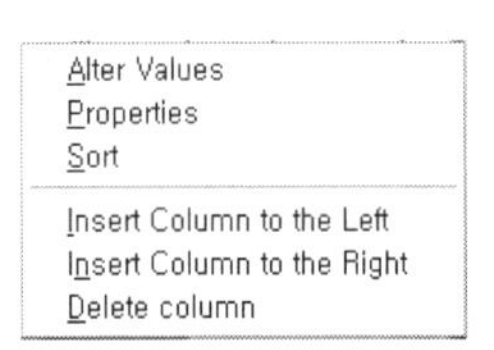

[그림 3-32] 마우스 우-클릭 메뉴

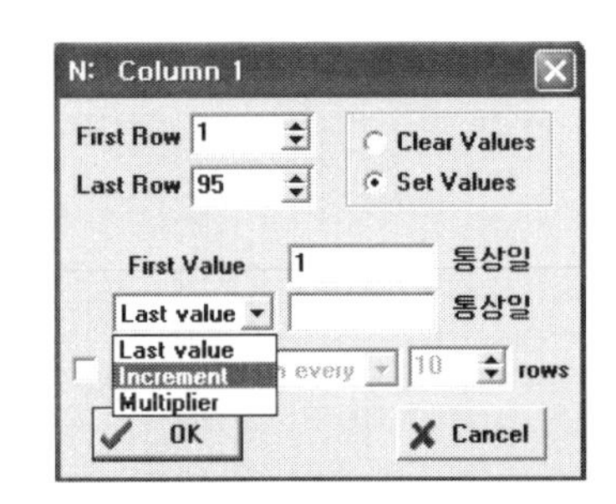

[그림 3-33] Alter Value 창

Parametric Table

Table 2 | N vs G_on

1..95	N [통상일]	G_{on} [W/m2]
Run 1	1	1412
Run 2	5	1412
Run 3	9	1412
Run 4	13	1411
Run 5	17	1410
Run 6	21	1409
Run 7	25	1408
Run 8	29	1407
Run 9	33	1405
Run 10	37	1403
Run 11	41	1401
Run 12	45	1399
Run 13	49	1397
Run 14	53	1395
Run 15	57	1392
Run 16	61	1389
Run 17	65	1387
Run 18	69	1384
Run 19	73	1381
Run 20	77	1378
Run 21	81	1375
Run 22	85	1372
Run 23	89	1369

[그림 3-34] 계산 결과

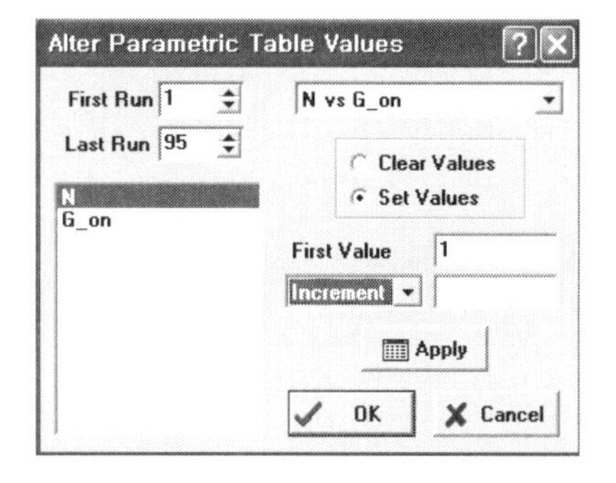

[그림 3-35] Alter Value 명령 실행

[Retrieve Parametric Table] 명령을 선택하면 [그림 3-36]과 같은 파일을 선택하는 대화상자가 화면에 나타난다. 이 경우 기존에 [Store Parametric Table] 명령에 의해 저장된 파일로 확장자 [*.par]을 갖는 파일들이 표시된다.

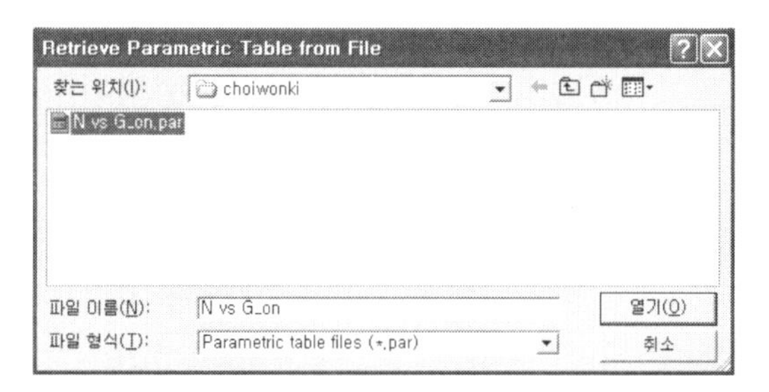

[그림 3-36] Retrieve Parametric Table 명령 실행

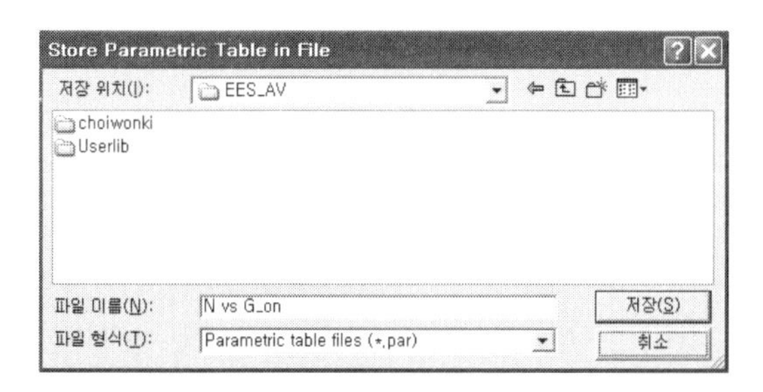

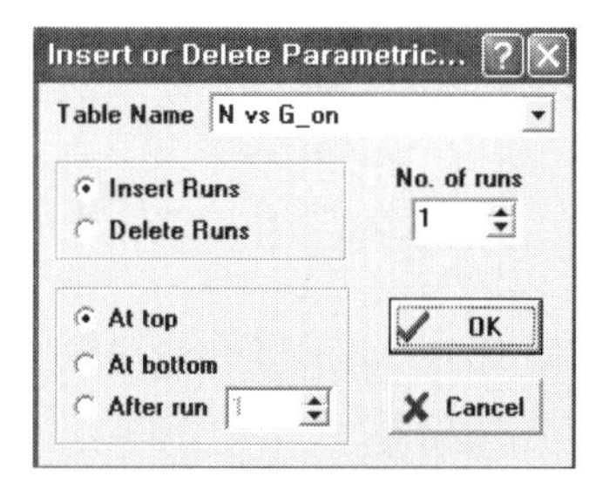

[그림 3-37] Store Parametric Table 명령 실행 [그림 3-38] Insert or Delete Runs 명령창

[Insert/Delete Runs] 명령을 실행하면 [그림 3-38]과 같은 창이 화면에 표시되고, 기존에 작성된 [Parametric Table]은 실행 행의 추가 및 삭제 그리고 위치 등을 지정할 수 있다.

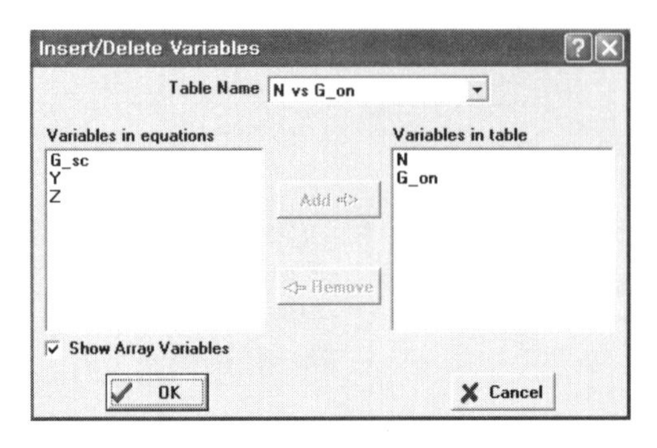

[그림 3-39] Insert/Delete Variables 명령창

[Insert/Delete Vars] 명령을 실행하면 [그림 3-39]와 같은 창이 화면에 표시되고, 기존에 작성된 [Parametric Table]은 열의 내용을 추가 또는 삭제를 선택할 수 있다.

기타 나머지 명령들에 관한 내용은 예제 파일을 통해 설명을 진행하고자 한다.

3-7 Plots Menu

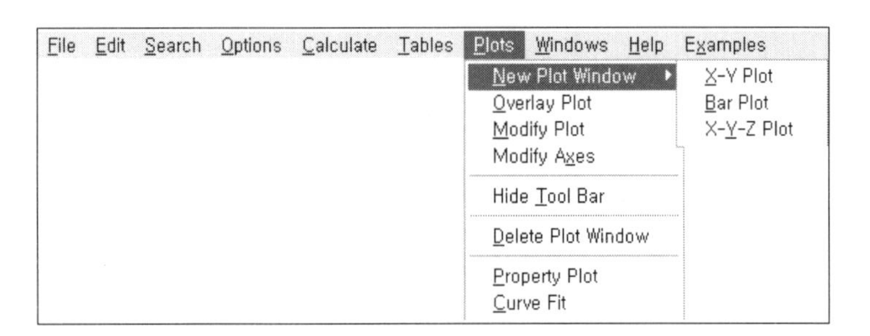

[그림 3-40] Plots 메뉴 구성 화면

[Plots] 메뉴는 [그림 3-40]과 같이 구성되며, 계산된 방정식들의 해를 그래프화시키는 다양한 명령들로 구성된 것을 볼 수 있을 것이다. 이 메뉴의 명령들을 통해 시각적으로 계산 결과를 볼 수 있을 것이다.

3-8 Windows Menu

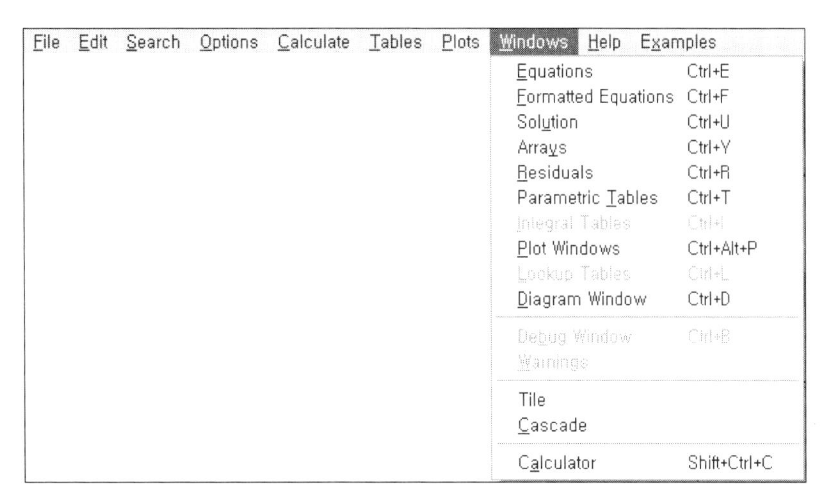

[그림 3-41] Windows 메뉴 구성 화면

EES에 포함되어 있는 다양한 창들(windows)에 관한 내용들로 구성된 메뉴로 [그림 3-41]과 같다. 모니터 화면에 표시되는 창들 이외에 추가적으로 보고자 하는 창들이 있을 경우 이 메뉴를 통해 화면에 표시할 수 있을 것이다.

3-9 Help Menu

[그림 3-42] Help 메뉴 구성 화면

[Help] 메뉴는 말뜻 그대로 도움말을 포함하는 것이고, 프로그램 작성 시 어려움이 있을 경우 이 메뉴의 명령들을 이용하여 도움을 얻을 수 있을 것이다.

Chapter

4. Built-in Functions

EES는 내장 수함 함수들의 방대한 라이브러리를 가지고 있다. 이들의 상당수(즉, Bessel, Hyperbolic, Error Function 등)는 공학적 응용에 특히 유용하다.

또한 EES는 복잡한 숫자들의 능숙한 처리에 도움을 주는 함수들과 단위 조작을 위한 함수를 제공한다. 그러나 다른 방정식 해석 프로그램들과 EES를 구별하는 가장 큰 특징은 열적 물성값들에 대한 내장 함수들의 광범위한 라이브러리에 있다. 열역학과 Steam, R-22, R-134a, R-407C, Air, Ammonia, Carbon Dioxide의 수송 물성값들과 그 외 많은 다른 물성값들은 남겨진 미지의 물성값들을 결정하는데 사용되는 어떠한 독립적인 것들을 처리하는데 도움을 준다. 본 EES 함수 부분은 처음 2개의 절은 수학적 함수들과 열역학적 함수들을 설명한다. 또한 EES는 일련의 방정식 세트의 해에 사용되고 입력될 수 있는 도표화된 데이터를 가능하게 하는 [Lookup Table]을 제공한다. 세 번째 절에서 이 [Lookup Table]의 사용에 관한 정보를 제공한다.

4-1 Mathematical Functions

EES에 내장된 수학적 함수들을 알파벳 순서로 나열하였다. 모든 함수들(PI와 tableRun#은 제외)은 콤마 “,”로 구분되고, “( )”를 포함하는 하나 또는 그 이상의 인수(argument)들을 갖는다. 이 인수는 수치값, 변수명 또는 변수와 값들과 관련이 있는 대수 표현일 수 있다.

- **abs(X)**

: $|X|$, abs(−4) = X, X = 4

- **angle(X), angleDeg(X) and angleRad(X)**

: 복소수 변수 X의 각도 계산 함수

$X = X_r + i * X_i$의 표현은 $\arctan(X_i / X_r)$을 계산

[Unit System] 대화상자에서 설정한 삼각 함수의 값은 ° 또는 Rad으로 표현한다.

이 함수들은 복잡한 상수 변수 또는 표현의 각도를 추출하는데 사용되지만, 복잡한 수치의 각도를 할당하는 데는 사용될 수 없다. 예를 들어, Angle(X) = 4와 같은 표현은 에러가 발생한다.

- **arcCos(X)**

: $\cos^{-1}(X)$, arcCos(0.5) = Y, Y = 60°

- **arcCosh(X)**

: $\cosh^{-1}(X)$, arcCosh(60) = Y, Y = 4.787

- **arcSin(X)**

: $\sin^{-1}(X)$, arcSin(0.5) = Y, Y = 30°

- **arcSinh(X)**

: $\sinh^{-1}(X)$, arcSinh(30) = Y, Y = 4.095

- **arcTan(X)**

: $\tan^{-1}(X)$, arcTan(5.5) = Y, Y = 79.7

- **arcTanh(X)**

: $\tanh^{-1}(X)$, arcTanh(0.85) = Y, Y = 1.25

- **average(Arg1, Arg2, Arg3, ⋯)**

: $\frac{\sum_{i=1}^{n} Arg_i}{n}$, average(4, 6, 2, 7, 3) = Y, Y = 4.4

인수의 개수는 1~1000개까지 가능하고, 배열도 이용이 가능하다.

- **avgLookup('TableName', 'ColumnName', RowStart, RowStop)**

: [Lookup Table]의 지정된 열에서 선택된 모든 셀들의 평균값 계산

- **avgParametric('TableName', 'ColumnName', RowStart, RowStop)**

: [Parametric Table]의 지정된 열에서 선택된 모든 셀들의 평균값 계산

- **bessel_I0(X)**

: $-3.75 \le X < \infty$ 범위의 0차 Modified Bessel function의 값(first kind)

: bessel_I0(50) = Y, Y = 2.933E + 20

- **bessel_I1(X)**

: $-3.75 \leq X < \infty$ 범위의 1차 Modified Bessel function의 값(first kind)

: bessel_I1(50) = Y, Y = 2.903E + 20

- **bessel_J0(X)**

: $-3 \leq X < \infty$ 범위의 0차 Bessel function의 값(first kind)

: bessel_J0(50) = Y, Y = 0.05581

- **bessel_J1(X)**

: $-3 \leq X < \infty$ 범위의 1차 Bessel function의 값(first kind)

: bessel_J1(50) = Y, Y = −0.09751

- **bessel_K0(X)**

: $0 \leq X < \infty$ 범위의 0차 Modified Bessel function의 값(second kind)

: bessel_K0(50) = Y, Y = 3.410E − 23

- **bessel_K1(X)**

: $0 \leq X < \infty$ 범위의 1차 Modified Bessel function의 값(second kind)

: bessel_K1(50) = Y, Y = 3.444E − 23

- **bessel_Y0(X)**

: $0 \leq X < \infty$ 범위의 0차 Bessel function의 값(second kind)

: bessel_Y0(50) = Y, Y = −0.09806

- **bessel_Y1(X)**

: $0 \leq X < \infty$ 범위의 1차 Bessel function의 값(second kind)

: bessel_Y1(50) = Y, Y = −0.0568

- **cis(X)**

: $\cos(X) + i \cdot \sin(X)$

① Y = cis(pi), Y = −1

② Y = cis(5.48), Y = 0.6944 − 0.7196i

: 복소수 모드 함수(complex mode function), Radian 각도 표시

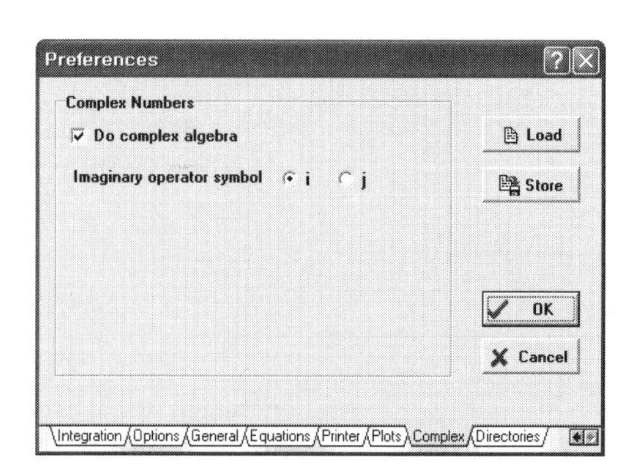

[그림 4-1] Complex mode의 적용

conj(X)

: $X_r + i * X_i \rightarrow X_r - i * X_i$로 전환, 즉 실수부는 그대로 두고, 허수부의 부호를 바꾸는 함수이다.

: conj(2.5 + I * 53) = Y, Y = 2.5 − 53i

: conj(2.5 − I * 53) = Y, Y = 2.5 + 53i

convert('From', 'To')

: 단위 조작에 사용되는 함수이다.

① P = 15 * convert((lbm/ft3) * (ft)/(s^2/ft), kPa), P = 0.02232

② FI = 10 * convert(ft^2, in^2), FI = 1440

위의 예에서 볼 수 있듯이, 앞의 단위의 값을 뒤의 단위로 바꾸어주는 함수인 것이다.

전환된 단위는 [Options] 메뉴의 [Unit Conversion Info] 명령을 이용하여 볼 수 있고, 만약 사용자가 필요로 하는 단위가 정의되지 않았다면, 사용자는 EES 디렉토리의 [UNITS.TXT] 파일을 편집함으로써 입력할 수 있다.

convertTemp('C', 'F', T)

: 온도의 단위를 조작하는 함수로, 4개의 온도 단위로는 Celsius(C), Kelvin(K), Fahrenheit(F) 그리고 Rankine(R)이 있다. 처음 2개의 상수 변수들은 대·소문자의 구분이 없으며, 마지막 변수는 처음 알고 있는 온도 단위의 값을 나타낸다.

: TF = convertTemp('C', 'F', 100), TF = 212°F

cos(X)

: $\cos(x)$ 함수

: cos(30) = X, X = 0.5253

cosh(X)

: $\cosh(x)$ 함수

: cosh(10) = X, X = 11013

differentiate('Filename', 'ColName1', 'ColName2', ColName2 = Value)

: 3차 곡선 보간(cubic interpolation)에 기초하여 도표화된 데이터의 2열의 도함수 값이다. 추후 [Using Lookup Files]과 [Lookup Table] 장에서 설명된다.

만약 명령이 Extrapolate 데이터에서 시도된다면, 하나의 경고 메시지가 생성될 것이다. [Preferences] 대화상자의 [Options] 탭에서 [Display Warning Messages]를 조정하지 않았다면 경고는 볼 수 없을 것이다. Differentiate 1은 미분 함수와 같이 정확히 사용된다. 유일한 차이는 미분 함수는 3차 곡선 보간(cubic interpolation)을 하는데 반하여, Differentiate 1은 선형 보간을 사용한다는 점이다. Differentiate 2는 미분 함수와 같이 정확히 사용된다. 유일한 차이는 미분 함수는 3차 곡선 보간(cubic interpolation)을 하는데 반하여 Differentiate 2는 2차 방정식 보간(quadratic interpolation)을 사용한다는 점이다.

- **erf(X)**

: X의 Gaussian Error function 값

: erf(0.052) = X, X = 0.05862

- **erfc(X)**

: 1 − erf(X)로 X의 Gaussian Error function 값

: erfc(0.052) = X, X = 0.09416

- **exp(X)**

: e^X

: exp(5) = X, X = 148.4

- **gamma_(X)**

: X의 Γ 함수

$$\Gamma(X) = \int_0^1 \left[\ln\left(\frac{1}{t}\right)\right]^{X-1} dt$$

: Γ 함수는 0과 ∞로 정의되며, Abramowitz와 Stegun, "Handbook of Mathematical Functions", Dover Publications에서 설명된 급수의 확장으로 근사된다.

- **if(A, B, X, Y, Z)**

: 일종의 조건 함수로, A > B이면 X, A = B이면 Y, A < B이면 Z의 값을 갖게 된다. if 함수의 사용은 수치적 발산의 원인이 될 수 있으므로, 조건 지정이나 함수 내에 If Then Else, Repeat Until 그리고 GoTo문을 함께 사용하는 것이 좋다.

- **imag(X)**

: 복소 변수 X의 허수부만을 취함. 즉, $X_r + i * X_i \rightarrow X_i\, i$로 전환

: imag(2 + I * 3) = X, X = 3i

- **integral(Integrand, VarName) 또는 integral(Integrand, VarName, Start, Stop, Step)**

: $\int (Integrand)\ d(VarName)$로 적분 함수를 나타낸다.

위 형식의 경우는 [Parametric Table]에서만 사용 가능하며, VarName은 [Parametric Table]의 열들 중 하나에서 지정된 값을 갖는 정당한 변수명이어야 하며, Integrand는 다른 변수들 또는 값 그리고 VarName와 관련이 있는 대수 표현 또는 변수가 될 수 있다. 다음 형식의 경우 EES는 다양한 VarName과 관련된 모든 방정식들을 Start와 Stop 구간 사이의 값들에 대하여 수치 적분할 것이다. 만약 Step이 지정되지 않았다면 EES는 자동으로 지정하여 적분한다.

- integralValue(t,'X')

: [$IntegralTable] 명령을 사용하여 생성되는 [Integral Table]의 값을 나타내는 함수이다. 이러한 의미에서 IntegralValue 함수는 [Parametric Table]로부터 데이터를 가져오는 TableValue 함수와 [Lookup Table] 창 또는 [Lookup Files]로부터 데이터를 가져오는 Lookup 함수와 Interpolate 함수와 유사하다. t는 X의 값으로 되돌려지는 독립 적분 변수의 값이다. X는 [Integral Table]에 포함된 변수명이다. t에 제공되는 값은 독립 적분 변수의 현재의 값보다 같거나 또는 작아야 한다. t의 값들에 대응하는 X의 값들은 적절히 지정되지 않는 적분 범위에 포함되지 않는다.

- interpolate('Filename', 'ColName1', 'ColName2', ColName2 = Value)

: Cubic interpolation을 이용한 [Parametric Table] 또는 [Lookup File], [Lookup Table]의 도표화된 데이터의 보간 또는 보외(extrapolate)된 값을 계산하는 함수이다.

- interpolate1('Filename', 'ColName1', 'ColName2', ColName2 = Value)

: 선형 보간을 이용한 [Parametric Table] 또는 [Lookup File], [Lookup Table]의 도표화된 데이터의 보간 또는 보외된 값을 계산하는 함수이다.

- interpolate2('Filename', 'ColName1', 'ColName2', ColName2 = Value)

: Quadratic interpolation을 이용한 [Parametric Table] 또는 [Lookup File], [Lookup Table]의 도표화된 데이터의 보간 또는 보외된 값을 계산하는 함수이다.

- interpolate2D('Filename', 'X', 'Y', 'Z', X = Value1, Y = Value2, N)

: 도표화된 데이터로부터 2개의 독립 변수들의 함수로써 보간 또는 보외된 값을 계산하는 함수이다. 최소 8개의 data point가 요구된다. 이러한 데이터는 [Lookup Table] 창 또는 디스크에 저장된 [Lookup File]의 [Lookup Table]에 위치할 수 있다. 이 함수는 하나의 독립 변수의 함수로써 값을 되돌리는 보간 함수의 능력을 확장한 것이다. 'Table Name'은 문자 상수 또는 변수로, 디스크에 저장된 [Lookup File]에 존재하는 이름이거나, [Lookup Table] 창의 [Lookup Table]의 이름이다.

기타 자세한 내용들은 매뉴얼을 참고하기 바란다.

- lookup('Filename', Row, Column)

: 지정된 행과 열의 [Lookup Table] 또는 [Lookup File]에 있는 값을 불러오는 함수이다. 'Filename'은 옵션이다.

- lookup$

: lookup 함수와 동일하지만, 수치값보다는 문자값을 불러오는 함수이다.

- lookupCol('Filename', Row, Value)

- lookupRow('Filename', Col, Value)

- lookup$Row

: 기타 자세한 내용들은 매뉴얼을 참고하기 바란다.

- ln(X)

: 자연 로그값을 계산하는 함수이다.
: ln(328) = X, X = 5.781

- log10(X)

: 상용 로그값을 계산하는 함수이다.
: log10(328) = X, X = 2.511

- magnitude(X)

: 복소 변수의 크기를 계산하는 함수이다. 복소 모드에서 함수 abs와 같은 역할을 한다.

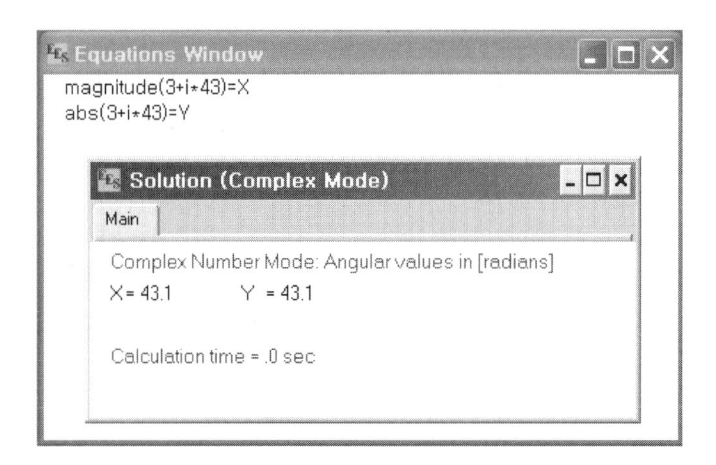

[그림 4-2] magnitude 함수 실행 예

- max(X1, X2, X3, …)

: 나열된 인수들 중 최대값을 계산하는 함수이다. 그리고 각 인수들은 1보다 같거나 커야 한다.

- min(X1, X2, X3, …)

: 나열된 인수들 중 최소값을 계산하는 함수이다. 그리고 각 인수들은 1보다 같거나 커야 한다.

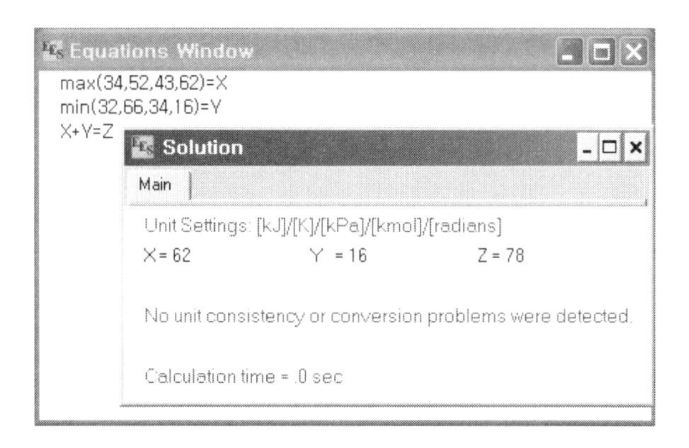

[그림 4-3] max/min 함수 실행 예

- ntableruns('name')

- nLookupRows('name')

: 기타 자세한 내용들은 매뉴얼을 참고하기 바란다.

- product(Arg, Series_info)

: 일련의 대수 표현을 모두 곱하는 함수이다. Arg는 대수 방정식의 표현이다.

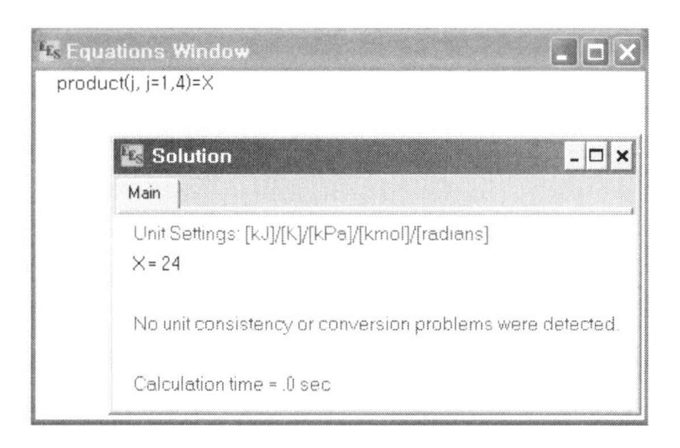

[그림 4-4] product 함수 실행 예

: product (j, j = 1,4)는 1 * 2 * 3 * 4로, 즉 [그림 4-4]와 같이 24의 결과를 낳는다. 그리고 이 함수는 배열 변수들과 함께 사용될 때 매우 유용하다.

- real(X)

: 복소 변수 X의 실수부만을 취하는 함수이다. 즉, $X_r + i * X_i \to X_r$로의 전환이다.

- random(A,B)

: A와 B 범위의 임의의 수치를 읽는 함수이다. 이 함수는 EES Functions과 Procedures 내에서만 사용될 수 있다.

- round(X)

: 인수의 가장 가까운 정수값을 읽는 함수이다.

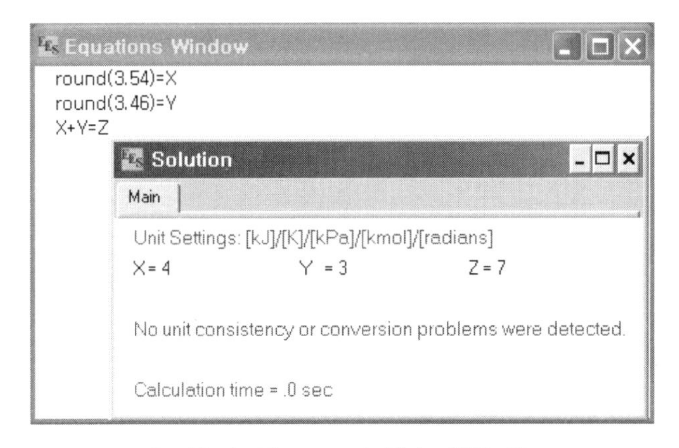

[그림 4-5] round 함수 실행 예

- sin(X)

: sin X 함수이다.

- sinh(X)

: sinh X 함수이다.

- sqrt(X)

: $\sqrt{X}$ 함수이다.

- step(X)

- sum(Arg, Series_info)

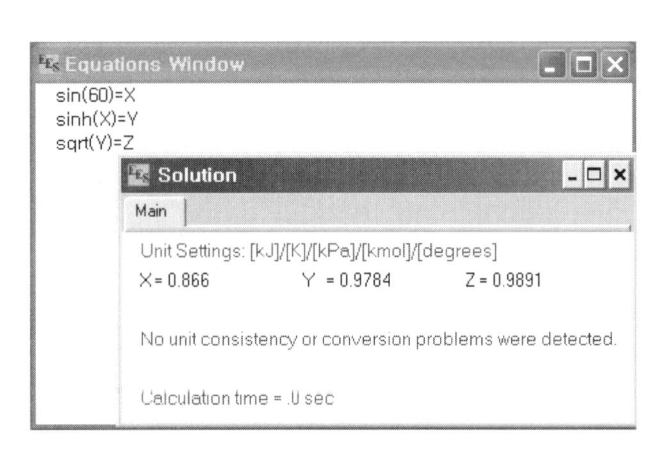

[그림 4-6] sin/sinh/sqrt 함수 실행 예

- sum(Arg1, Arg2, … ArgN)

- sumLookup('TableName', 'ColumnName', RowStart, RowStop)

- sumParametric('TableName', 'ColumnName', RowStart, RowStop)

- tableName$

- tableRun#

- tableValue(Row, Column) 또는 tableValue(Row, 'VariableName')

- tableValue

: 기타 자세한 내용은 매뉴얼을 참고하기 바란다.

- tan(X)

: tan X 함수이다.

- tanh(X)

: tanh X 함수이다.

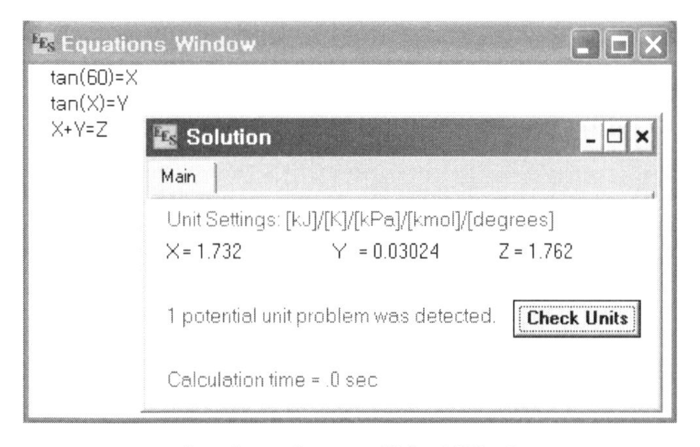

[그림 4-7] tan 함수 실행 예

- trunc(X)

- Uncertaintyof(X)

- UnitSystem('Unittype')

: 기타 자세한 내용은 매뉴얼을 참고하기 바란다.

4-2 String Functions

EES는 수치 및 문자 변수 모두를 지원한다. 문자 변수는 변수명의 끝에 '$'를 붙여 인식되며, Fluid$과 같은 형식이 된다.

문자 상수들은 작은 따옴표 ' ' 내에 위치된다.

다음의 함수들은 문자 상수와 변수들로 작용한다.

Concat$

Concat$는 2개의 문자를 연결시켜 하나의 문자로 합치는 함수이다.

즉, R$ = Concat$('R', '22') : R$는 R22로 설정됨을 의미한다.

Copy$

Copy$는 첫 번째 인수에서 제공되는 문제 표현의 아래 문자열(substring)로 문자를 생성하는 함수이다. 두 번째 인수는 아래 문자열이 시작되는 문자의 위치를 나타내며, 세 번째 인수는 아래 문자열의 길이를 나타낸다.

즉, Neat$ = Copy$('This is neat', 9, 255) : Neat$는 'neat'로 설정됨을 의미한다.

Date$

Date$는 현재의 날짜를 나타내는 함수이다. 이 함수에는 인수들이 없으며, 그 활용 예는 [그림 4-8]과 같다.

LowerCase$

LowerCase$는 하나의 문자 변수 또는 문자 상수 인수를 받아들이고, 모든 문자들을 소문자로 인식하도록 하는 함수이며, 그 활용 예는 [그림 4-9]와 같다.

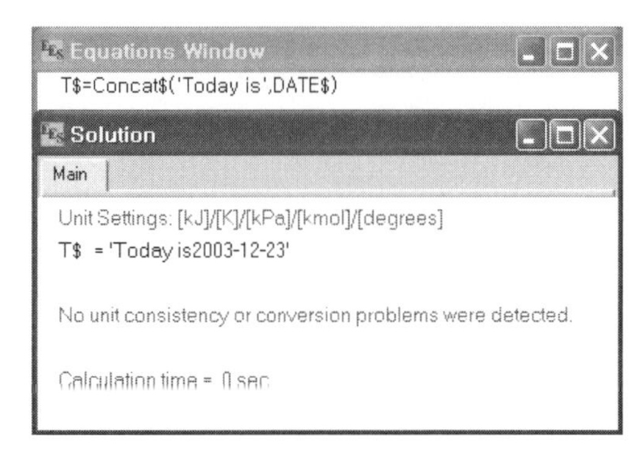

[그림 4-8] Concat$ 함수 실행 예

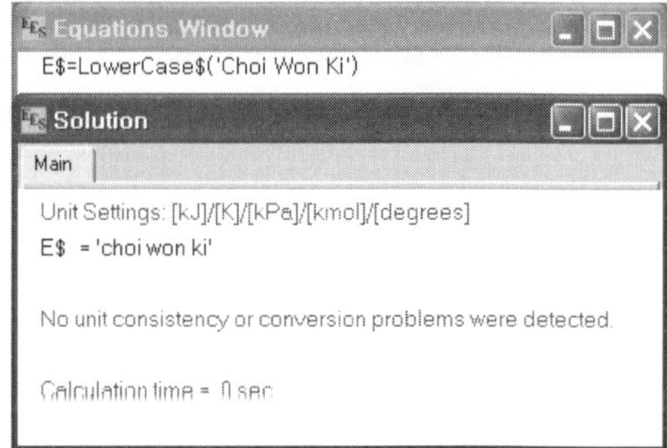

[그림 4-9] LowerCase$ 함수 실행 예

String$

String$는 수치 상수, 변수 또는 수치 표현 등과 같은 하나의 인수를 받아들이고, 이 인수의 수치값을 문자로 표현하는 함수이며, 그 활용 예는 [그림 4-10]과 같다.

StringLen

StringLen 함수는 인수에 표현되는 문자 상수의 개수를 표현하는 것이며, 그 활용 예는 [그림 4-11]과 같다.

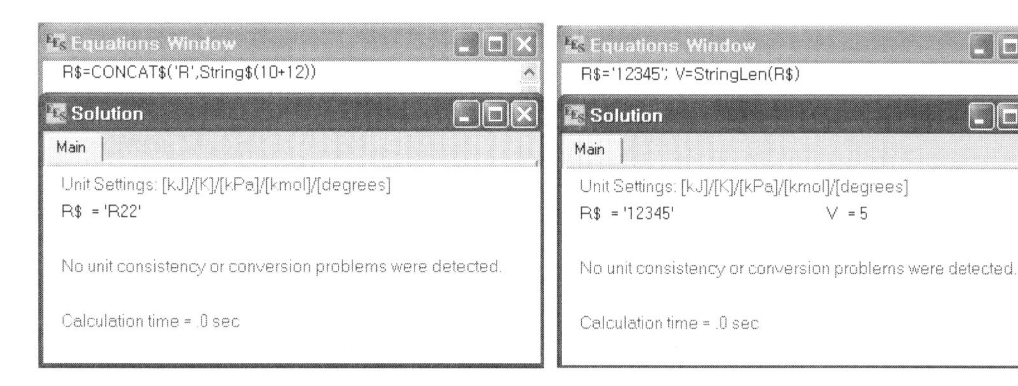

[그림 4-10] String$ 함수 실행 예

[그림 4-11] StringLen 함수 실행 예

StringPos

StringPos 함수는 첫 번째 인수에 위치하는 문자가 두 번째 인수에서의 위치를 표현하는 함수이며, 그 활용 예는 [그림 4-12]와 같다. 이때, 공백 또한 하나의 위치를 차지하는 것으로 인식됨을 기억해야 한다.

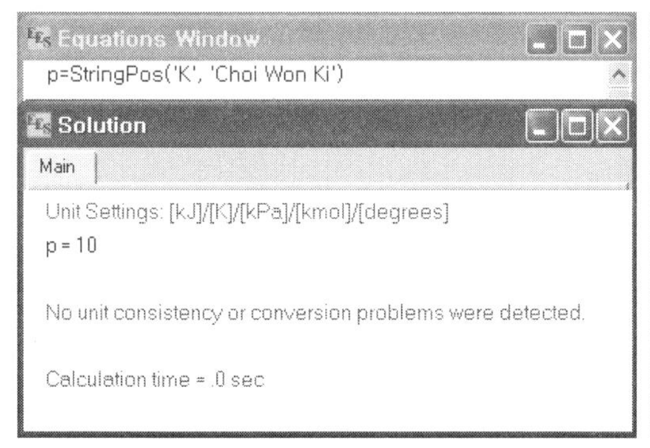

[그림 4-13] StringPos 함수 실행 예

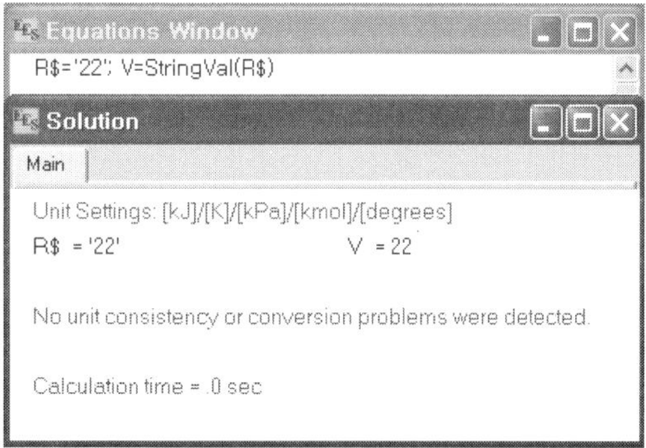

[그림 4-14] StringVal 함수 실행 예

- **StringVal**

StringVal 함수는 문자 상수 또는 변수를 상수값으로 표현하는 것이고, String$ 함수의 반대 개념이며, 그 활용 예는 [그림 4-13]과 같다.

- **Time$**

Time$ 함수는 현재의 시간을 표시하는 것이며, 그 활용 예는 [그림 4-14]와 같다.

- **UpperCase$**

Uppercase$ 함수는 인수로 문자 상수 또는 변수를 받아들이고, 그 인수의 값들을 모두 대문자로 표현하는 것이며, 그 활용 예는 [그림 4-15]와 같다.

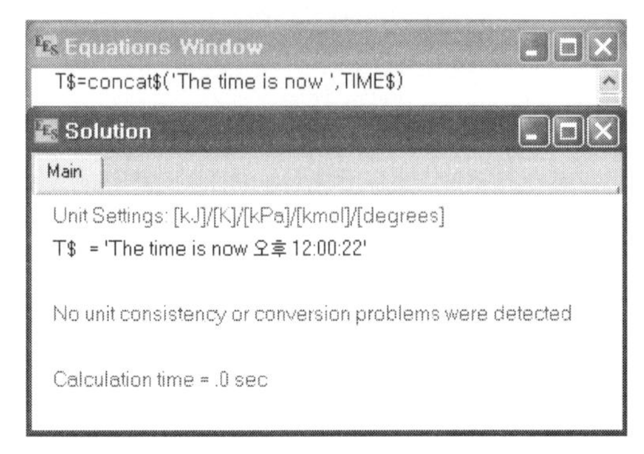

[그림 4-14] Time$ 함수 실행 예

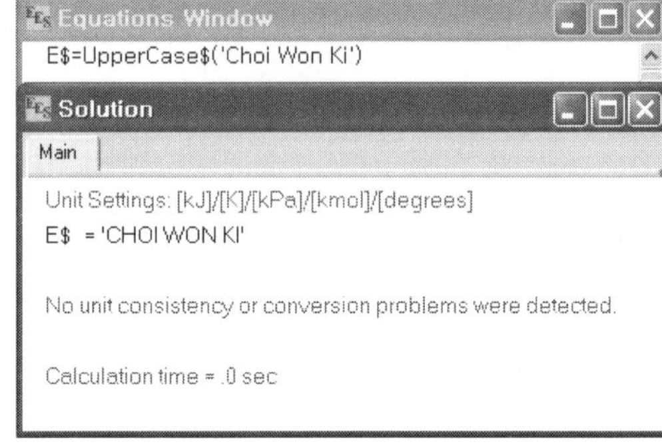

[그림 4-15] UpperCase$ 함수 실행 예

4-3 Thermophysical Property Functions

모든 내장된 Thermophysical Property Functions의 첫 번째 인수는 물질(substance)명이다. EES에 의해 인식되는 물질명은 [표 4-1]과 같다.

추가 물질들은 확장자 [*.MHE]를 갖는 파일로 사용자가 제공하는 물성값을 갖는 USERLIB 하부 디렉토리에 외부 파일로 제공될 수 있다. 또한 USERLIB 하부 디렉토리에 제공되는 것으로는 Lithium bromide-water mixtures (H_LIBR, T_LIBR, V_LIBR, Q_LIBR, P_LIBR, X_LIBR), Ammonia-water mixtures (NH3H2O) 그리고 JANAF Table Reference를 갖는 수백 종의 추가 물질들의 Specific Heat, Enthalpy 그리고 Entropy를 제공하는 외부 경로가 있다.

〈표 4-1〉 Recognized Substance Names for Property Functions

이상 기체	실제 기체		
Air	Ammonia	Neon*	R141b*
$AirH_2O^+$	Ammonia_ha*	Nitrogen*	R152a
C_2H_4	Argon*	Propane	R290
C_3H_8	CarbonMonoxide*	Propane_ha*	R404A
C_4H_{10}	CarbonDioxide*	R11	R407C
CH_4	Ethane*	R12	R410A
CO	Helium*	R13	R500
CO_2	Hydrogen*	R14	R502
H_2	Isobutan*	R22	R507A
H_2O	Methane	R22_ha*	R600
N_2	Methane_ha	R23*	R600a
NO_2	Methanol*	R32*	R717
O_2	Oxygen*	R114a	R718
SO_2	n-Butane*	R123	R744
	n-Hexane*	R134a	Steam*
	n-Pentane*	R134a_ha*	Steam_IAPWS#
			Steam_NBS*
			Water

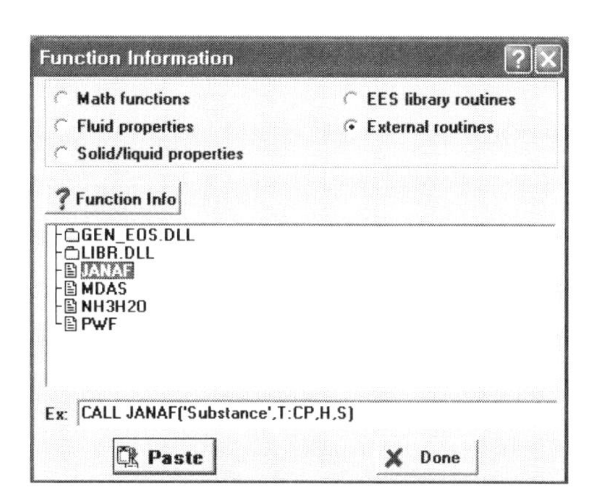

[그림 4-16] [External routines]을 선택한 화면

이러한 경로들에 대한 문서는 [Options] 메뉴의 [Function Info] 명령을 통해 제공된다. [그림 4-16]의 맨 위 오른쪽에서 [External routines]을 선택한 후, 목록으로부터 외부 경로명을 선택한 화면이다. 다음으로 [Function Info] 버튼을 클릭하면, [그림 4-17]과 같은 문서들이 제공될 것이다.

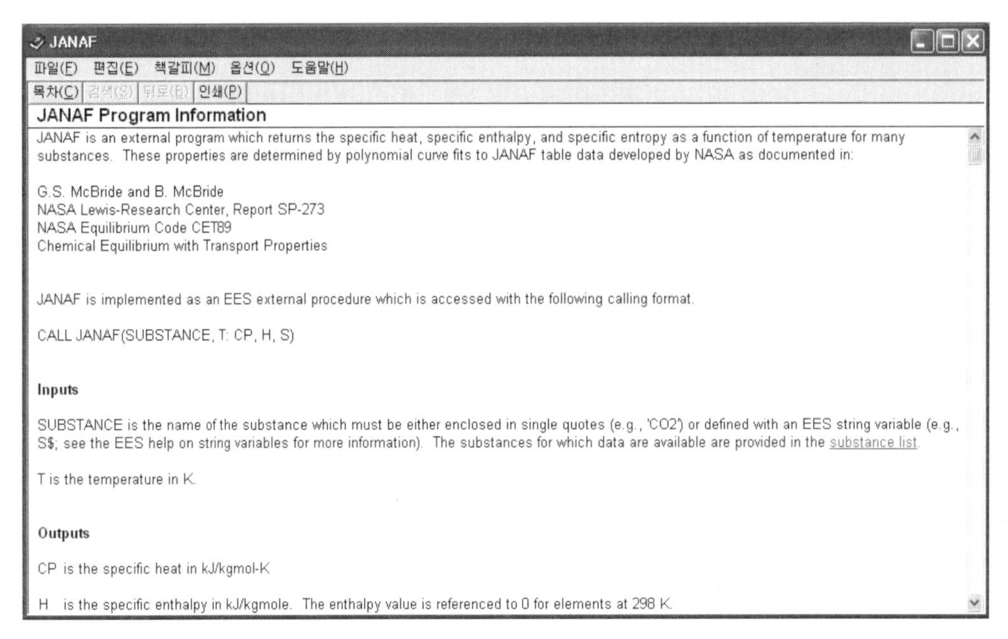

[그림 4-17] [Function Info] 버튼을 클릭한 경우의 도움말 화면

물질명을 제외한 Thermophysical Property Functions의 모든 인수들은 '=' 부호와 함께 하는 하나의 case-insensitive 문자에 의해 확인된다. 인수의 값을 나타내는 대수 표현이나 값들 다음에는 '='이 따른다. 함수 인수들로 인식되는 문자들과 그들의 의미는 다음과 같다.

〈표 4-2〉 Property Indicators for Use in Thermophysical Functions

B = Wetbulb Temperature	S = Specific Entropy
D = Dewpoint Temperature	T = Temperature
H = Specific Enthalpy	U = Specific Internal Energy
P = Pressure	V = Specific Volume
R = Relative Humidity	W = Humidity Ratio
	X = Quality

EES는 함수의 인수로 기지의 값을 요구하지 않는다. 예를 들면,

h1 = enthalpy(STEAM, T = T1, P = P1)

이것은 기지의 온도와 압력인 T1, P1에 대응하는 h1의 값을 계산하는 함수이다. 그러나 만약에 h1의 값을 알고, T1값이 미지수라면 위의 방정식은 온도의 근사값을 계산하게 될 것이다. 다른 방법으로 온도는 다음에 의해 계산될 수 있다.

T1 = temperature(STEAM, h = h1, P = P1)

위의 방법이 열역학 물성값들에 대하여 만족할 수 있는 반복 계산이라는 점에서 더 바람직한 형태가 된다.

내장된 Thermophysical Property Functions의 알파벳 순서에 따른 목록은 다음과 같다. [Options] 메뉴의 [Unit System] 명령에 의해 선택될 수 있는 단위는 [ ] 내에 표시된다.

- AcentricFactor [dimensionless]

이것은 유체의 Thermodynamic Property w이며, 일반적으로 Property Correlation에 이용된다.

$w = -1.0 - \log10\,(P_{sat} / P_{crit})$

여기서, P_{sat}는 $0.7 * T_{crit}$과 같은 온도에서의 유체의 수증기압이고, P_{crit}는 임계 압력이며, T_{crit}은 임계 온도[R or °K]를 나타낸다.

불활성 기체(noble gas)들의 경우 이 값은 0이며, [−]값은 불가능하다.

- Conductivity [W/m−°K, Btu/hr−ft−R]

이 함수는 유체 또는 지정된 물질의 열전도율을 계산한다.

이상기체 물질의 경우 Conductivity Function의 유체명 다음에 추가되는 하나의 매개변수는 대부분 온도가 된다. 예를 들어, AirH_2O(습공기)의 경우, 온도, 압력 그리고 절대 습도(또는 상대습도)가 인수로써 제공될 수 있다. 실제 유체의 경우에는 2개의 독립된 성질이 제공될 수 있고, 2개의 상(state)으로 구성될 수는 없으며, [그림 4-18]은 이 함수의 사용 예이다.

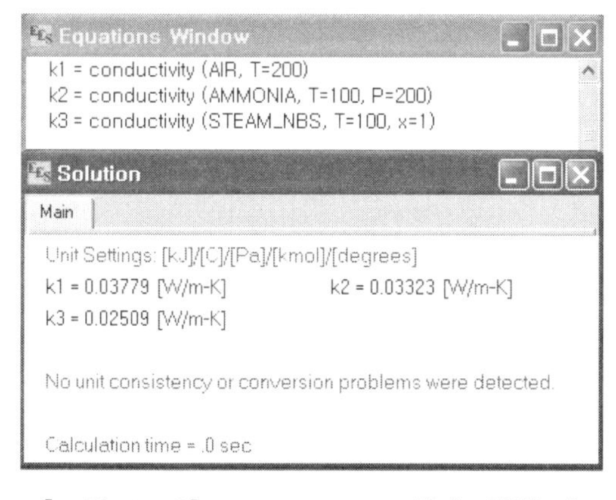

[그림 4-18] Conductivity 함수 실행 예

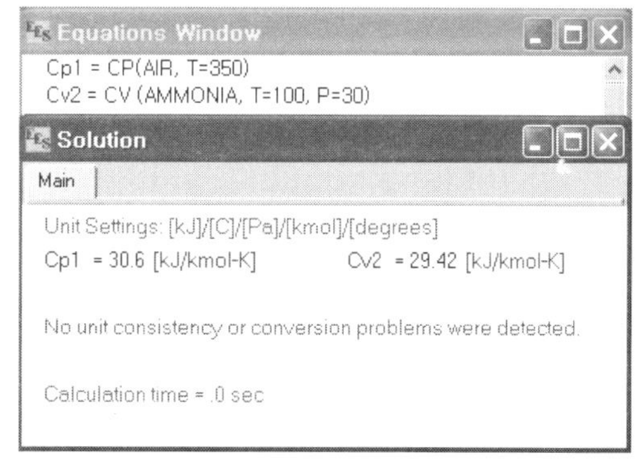

[그림 4-19] CP, CV 함수 실행 예

- CP & CV [kJ/kg−°K, kJ/kgmole−°K, Btu/lb−R, Btu/lbmole−R]

이 함수는 각각 정압비열과 정적비열을 계산하는 것이다. AirH_2O의 경우 CP 함수에

대하여 3개의 인수들이 필요하다. 첫 번째 인수는 전압력 P이다. 나머지 2개의 인수들은 온도 T, 엔탈피 H, 상대습도 R, 절대습도 W, 습구온도 B, 노점온도 D 중 어느 것이 되어도 무방하지만, X는 올 수 없으며, [그림 4-19]는 그 사용 예를 보여준다.

- Density [kg/m^3, kgmole/m^3, lb/ft^3, lbmole/ft^3]

이 함수는 지정된 물질의 밀도를 계산하는 것이고, 순수한 물질에 대한 2개의 인수들이 필요하지만, 습공기의 경우는 3개의 인수가 필요하며 [그림 4-20]은 그 사용 예이다.

- DewPoint [°F, ℃, R, °K]

이 함수는 습공기의 노점온도를 계산하는 것이고, 단지 물질명이 AirH_2O에 한정되어 사용되며 3개의 인수가 필요하다. 그리고 그 순서는 온도, 전압 그리고 상대습도(또는 절대습도/습구온도)이다.

D1 = dewpoint(AirH_2O, T = 70, P = 14.7, W = 0.010)

D2 = dewpoint(AirH_2O, T = 70, P = 14.7, R = 0.5)

D3 = dewpoint(AirH_2O, T = 70, P = 14.7, B = 50)

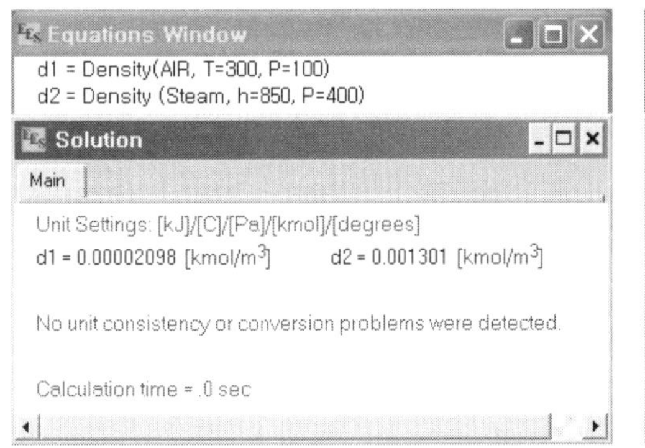

[그림 4-20] Density 함수 실행 예

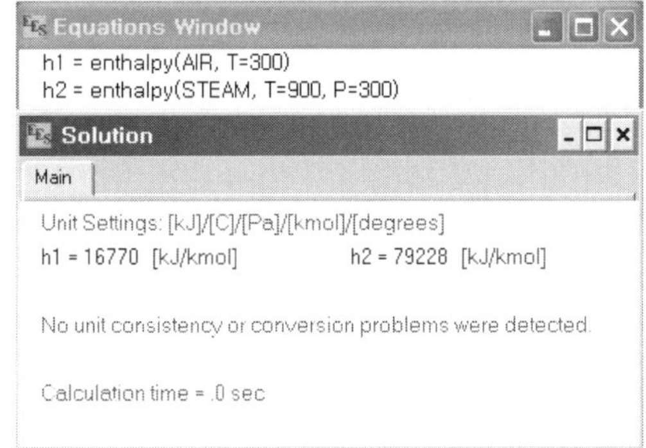

[그림 4-21] Enthalpy 함수 실행 예

- Enthalpy [kJ/kg, kJ/kgmole, Btu/lb Btu/lbmole]

이 함수는 지정된 물질의 비엔탈피를 계산하는 것이고, 정확한 형태는 물질의 종류와 선택된 독립 변수에 따라 다르며 [그림 4-21]은 사용 예를 보여준다.

- Entropy [kJ/kg-°K, kJ/kgmole-°K, Btu/lb-R, Btu/lbmole-R]

이 함수는 지정된 물질의 비엔트로피를 계산하는 것이고, 모든 순물질들의 경우 이 함수는 물질명에 추가하고 항상 2개의 인수들을 필요로 하며 [그림 4-22]는 그 사용 예이다.

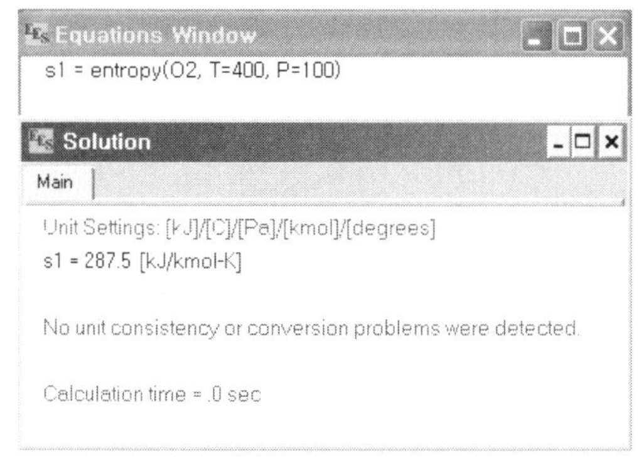

[그림 4-22] Entropy 함수 실행 예

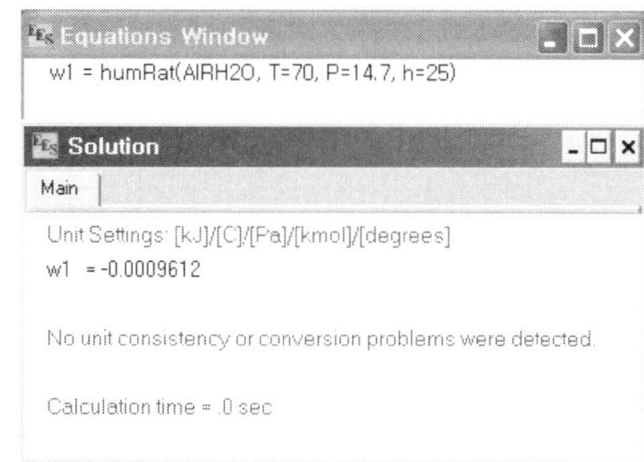

[그림 4-23] HumRat 함수 실행 예

- Fugacity [kPa, bar, psia, atm]

이 함수는 주어진 조건에 대한 지정된 순수 유체의 Fugacity[1]를 계산하는 것이다. 이상 기체의 경우 이 값 f은 압력 P와 동일하다.

- HumRat [dimensionless]

이 함수는 습공기에 대한 절대습도를 계산하는 것이고, Dewpoint 함수와 같이 단지 물질 AirH_2O에만 적용되는 함수이며 [그림 4-23]에 그 사용 예를 보여준다.

- IntEnergy [kJ/kg, kJ/kgmole, Btu/lb, Btu/lbmole]

이 함수는 지정된 물질의 비내부 에너지를 계산하는 것이고, 물질의 종류와 선택된 독립 변수들에 따른 함수의 형식이 정해지며 [그림 4-24]는 이 함수의 사용 예이다.

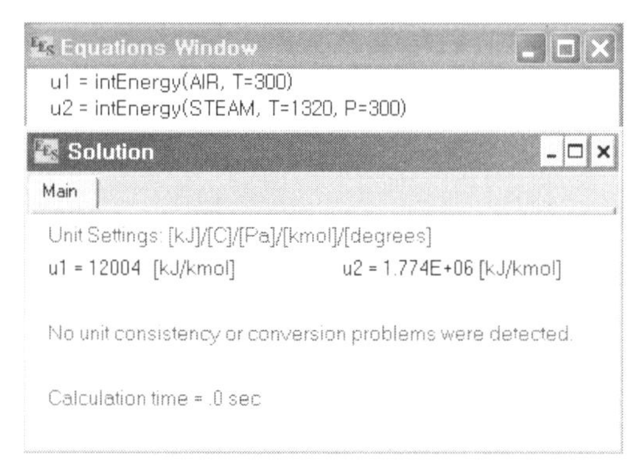

[그림 4-24] IntEnergy 함수 실행 예

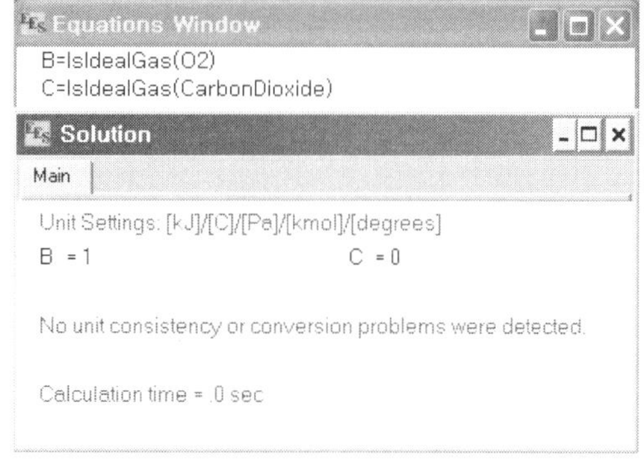

[그림 4-25] IsIdealGas 함수 실행 예

1) Fugacity : 기체 분자들이 나타내는 집단적인 물리적 활성을 압력이라고 할 수 있는데, 이상 기체가 아닌 실제 기체는 정량적으로 정의할 수 있는 활성이 압력과 일치하지 않기 때문에 루이스는 퓨개시티의 개념을 도입하였다. 퓨개시티는 '비이상성이 보정된 압력'이라고 할 수 있다.

IsIdealGas

이 함수는 매우 간단한 함수로 유체의 명칭 하나만의 매개변수를 필요로 한다. 그리고 계산되는 값으로는 1과 0이고, 이것은 이상 기체의 경우는 1, 그렇지 않은 경우는 0이 되며 [그림 4-25]는 그 사용 예를 보여준다.

MolarMass

이 함수는 매개변수로 제공되는 유체의 Molar Mass를 계산하는 것이며, [그림 4-26]과 같다.

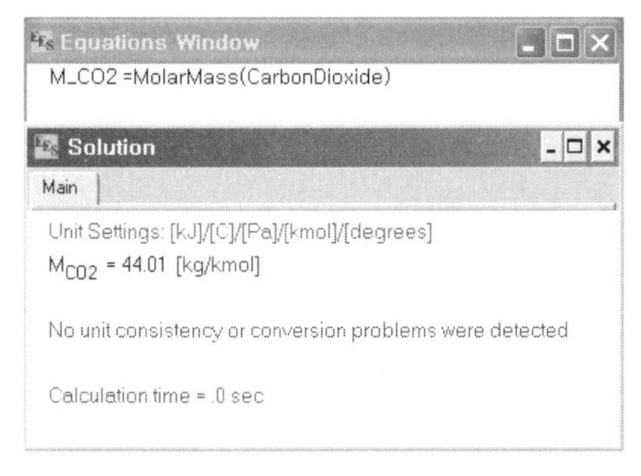

[그림 4-26] MolarMass 함수 실행 예

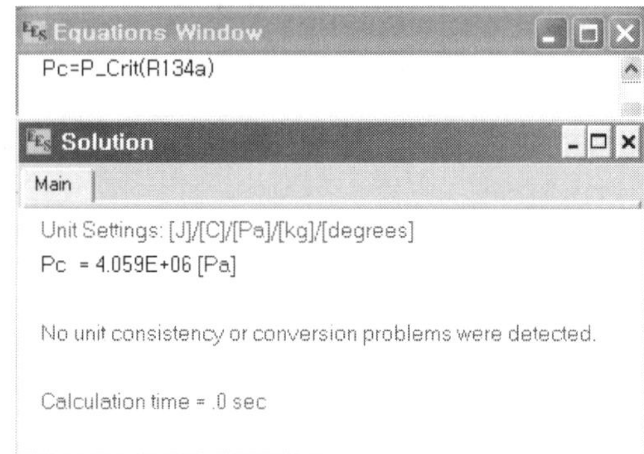

[그림 4-27] P_Crit 함수 실행 예

Pressure [kPa, bar, psia, atm]

이 함수는 지정된 물질의 압력을 계산하는 것이고, 물질명 이외에 2개의 인수들이 필요하며 콤마로 구분된다. 그리고 AirH$_2$O에 대해서는 적용할 수 없다.

P1 = pressure(STEAM, h = 1450, T = 900)

P_Crit [kPa, bar, psia, atm]

이 함수는 지정된 유체의 임계 압력(critical pressure)을 계산하는 것이고, 유체는 유체명이나 문자 변수가 될 수 있으며 [그림 4-27]이 그 사용 예이다.

Prandtl

이 함수는 무차원이고, 지정된 유체의 Prandtl 수를 계산하며 [그림 4-28]과 같다.

Quality [dimensionless]

이 함수는 Water과 R12와 같은 실제 유체로써 모델화되는 물질의 특성[quality (vapor mass fraction)]을 계산하는 것이다. 이 함수는 2개의 독립된 인수가 필요하다. 온도와 압력은 포화상태에서 독립적이지 않다. 물질의 상태가 과랭이 된 경우라면

이 함수의 값은 -100이 되며, 과열이 된 경우라면 100이 된다. 그리고 [그림 4-29]는 그 사용 예를 보여준다.

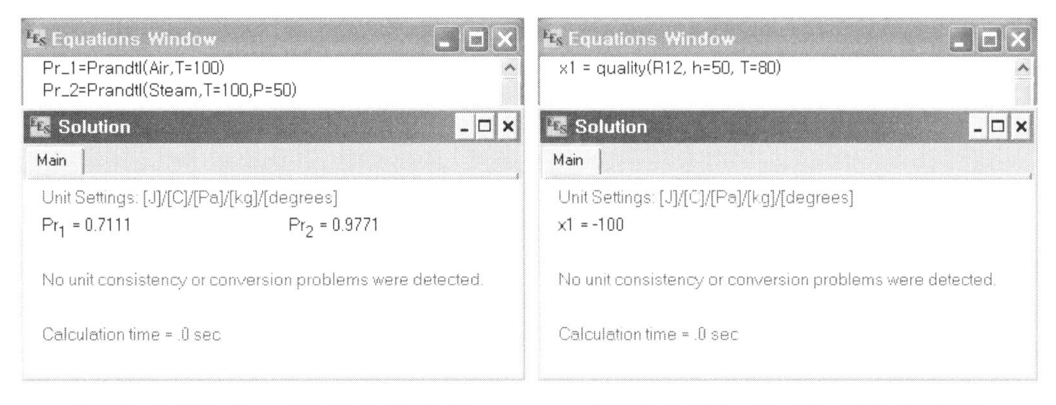

[그림 4-28] Prandtl 함수 실행 예 [그림 4-29] Quality 함수 실행 예

- Relhum [dimensionless]

이 함수는 습공기에 대한 Fractional number로써 상대습도를 계산하는 것이다. 이 함수는 물질명 AirH_2O와 3개의 추가 인수가 필요하다. 온도와 전압력 그리고 습구온도, 엔탈피, 노점온도, 절대습도 중 하나이다. 그리고 [그림 4-30]은 그 사용 예를 나타낸 것이다.

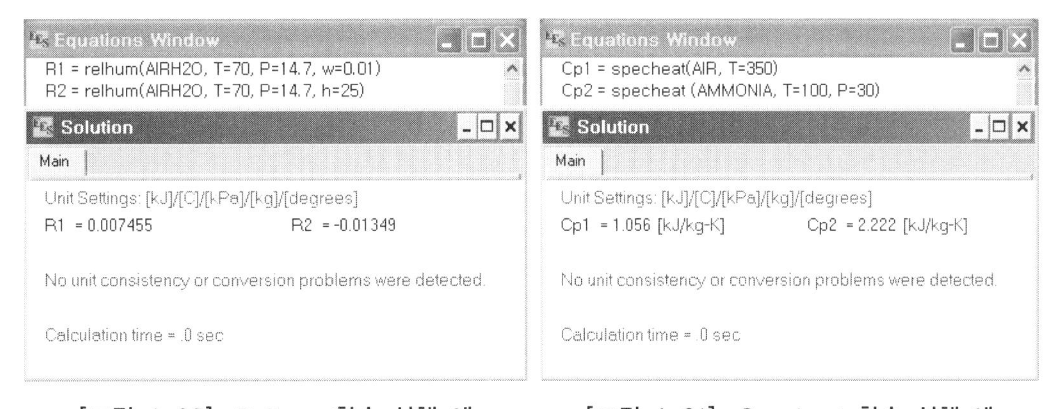

[그림 4-30] Relhum 함수 실행 예 [그림 4-31] Specheat 함수 실행 예

- Specheat [kJ/kg-°K, kJ/kgmole-°K, Btu/lb-R, Btu/lbmole-R]

이 함수는 지정된 물질의 일정 압력하에서의 비열을 계산하는 것이고, 순물질들의 경우 이상 기체의 법칙을 따른다. 그리고 [그림 4-31]은 그 사용 예를 나타낸 것이다.

- SoundSpeed [m/s, ft/s]

이 함수는 유체를 통한 음속을 계산하는 것이며, 음속은 다음과 같이 정의된다.

$$c = \sqrt{\left.\frac{\partial P}{\partial \rho}\right|_s}$$

이상 기체의 경우 더 단순한 형태는 다음과 같다.

$$c = \sqrt{RT\frac{c_p}{c_v}}$$

그리고 이 함수의 사용 예는 [그림 4-32]와 같다.

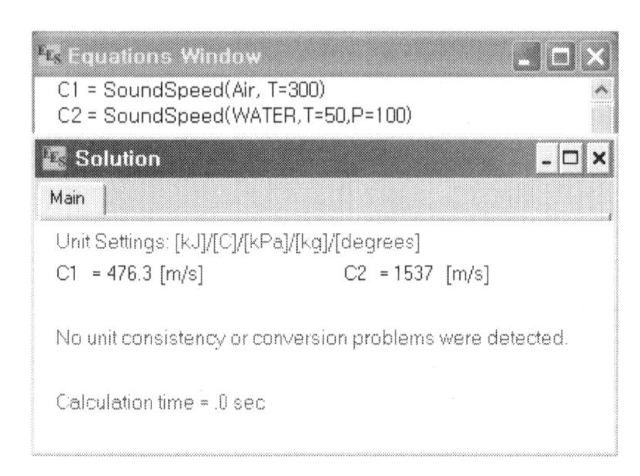

[그림 4-32] SoundSpeed 함수 실행 예

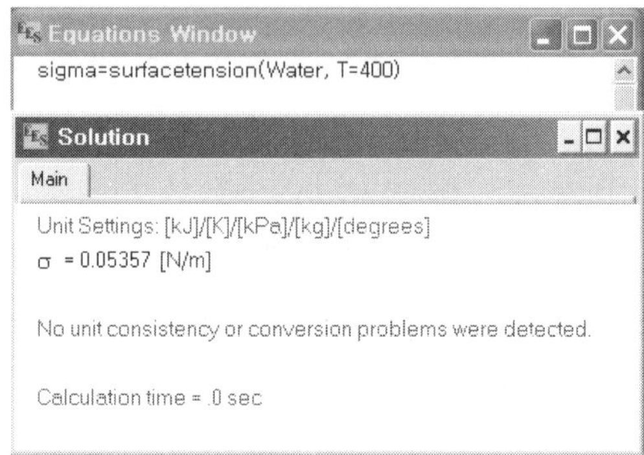

[그림 4-33] Surfacetension 함수 실행 예

- SurfaceTension [N/m, lbf/ft]

이 함수는 포화 유체의 액체-기체 접촉면에서의 표면 장력(surface tension)을 계산하는 것이고, 인수로써 유체명과 온도가 필요하며 [그림 4-33]에 그 사용 예를 나타낸 것이다.

- Temperature [℃, °K, °F, R]

이 함수는 물질의 온도를 계산하는 것이고, 함수의 정확한 형식은 물질명과 선택된 인수들에 의존하게 되며 이 함수의 사용 예가 [그림 4-34]이다.

- T_Crit [℃, °K, °F, R]

이 함수는 지정된 유체의 임계 온도를 계산하는 것이며, [그림 4-35]와 같이 사용된다.

- Volume [m^3/kg, m^3/kgmole, ft^3/lb, ft^3/lbmole]

이 함수는 지정된 물질의 비체적을 계산하는 것이고, 모든 순물질에 대하여 2개의 인수가 필요하며, 습공기의 경우에는 3개의 인수가 필요하다. 그리고 이 함수의 사용 예는 [그림 4-36]과 같다.

Equations Window
T1 = temperature(AIR, h=300)
T2 = temperature(AIR, s=1.75, P=100)
Solution
Main
Unit Settings: [kJ]/[K]/[kPa]/[kg]/[degrees]
T1 = 299.6 [K]
T2 = 100 [K]
No unit consistency or conversion problems were detected.
Calculation time = .0 sec

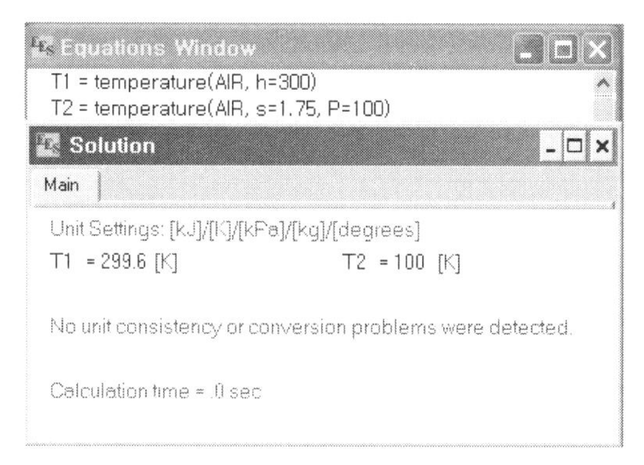

[그림 4-34] Temperature 함수 실행 예

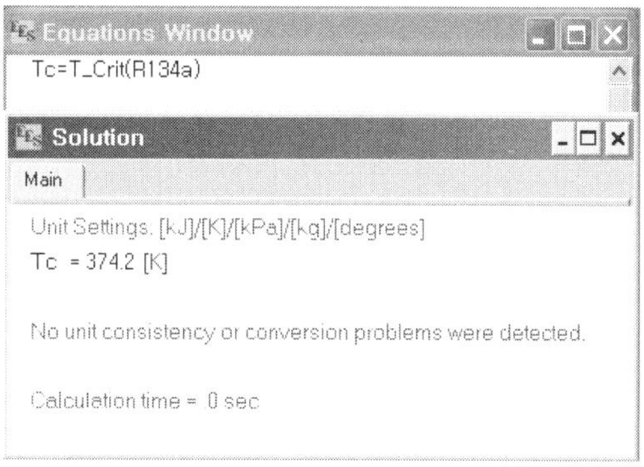

Equations Window
Tc=T_Crit(R134a)
Solution
Main
Unit Settings: [kJ]/[K]/[kPa]/[kg]/[degrees]
Tc = 374.2 [K]
No unit consistency or conversion problems were detected.
Calculation time = 0 sec

[그림 4-35] T_Crit 함수 실행 예

Equations Window
v1 = Volume(AIR, T=300, P=100)
v2 = Volume(Steam, h=850, P=400)
Solution
Main
Unit Settings: [kJ]/[K]/[kPa]/[kg]/[degrees]
v1 = 0.8611 [m3/kg]
v2 = 0.05413 [m3/kg]
No unit consistency or conversion problems were detected.
Calculation time = .0 sec

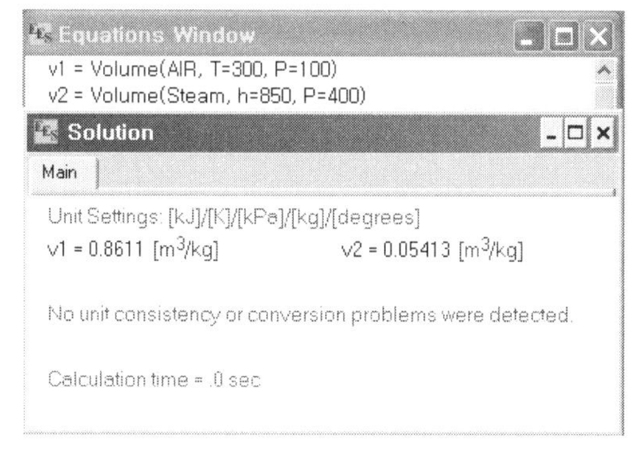

[그림 4-36] Volume 함수 실행 예

Equations Window
vc=V_Crit(R134a)
Solution
Main
Unit Settings: [kJ]/[K]/[kPa]/[kg]/[degrees]
vc = 0.001969 [m3/kg]
No unit consistency or conversion problems were detected.
Calculation time = 0 sec

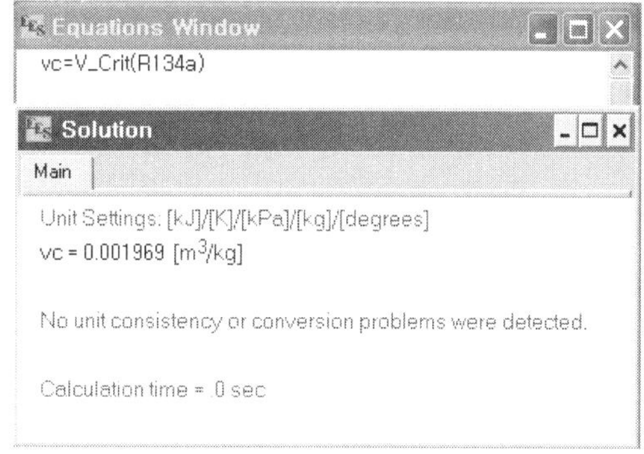

[그림 4-37] V_Crit 함수 실행 예

- V_Crit [m^3/kg, m^3/kgmole, ft^3/lb, ft^3/lbmole]

이 함수는 지정된 유체의 임계 비체적(critical specific volume)을 계산하는 것이며, [그림 4-37]과 같이 사용된다.

- Wetbulb [℃, °K, °F, R]

이 함수는 습공기의 습구 온도를 계산하는 것이고, $AirH_2O$에 한정되어 적용된다. 이 함수는 기본적으로 3개의 인수를 필요로 하며, 온도, 전압력 그리고 상대습도(절대습도 또는 노점온도)이다.

그리고 [그림 4-38]은 이 함수의 사용 예를 나타낸 것이다.

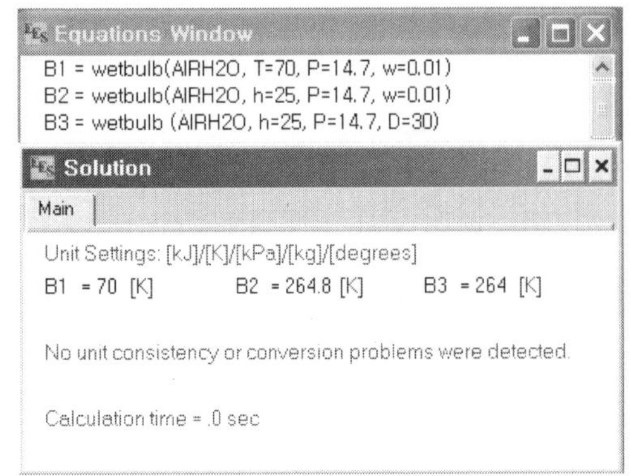

[그림 4-38] Wetbelb 함수 실행 예

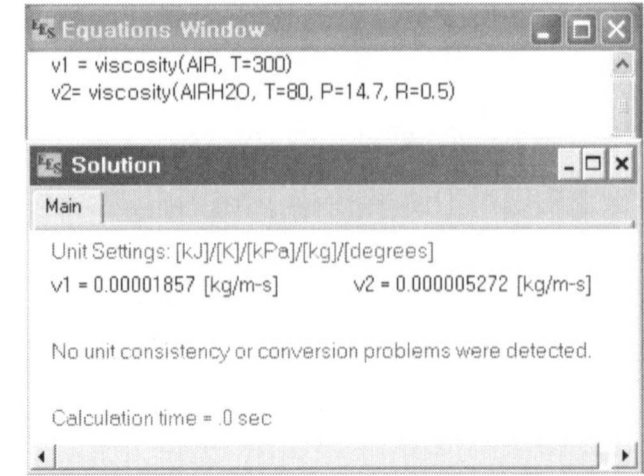

[그림 4-39] Viscosity 함수 실행 예

- Viscosity [N-sec/m^2, lbm/ft-hr]

이 함수는 지정된 물질의 동점성(dynamic viscosity) 계수를 계산하는 것이고, 이상 기체 물질의 경우 이 함수는 유체명에 추가하여 온도 변수 하나만 있으면 된다. 습공기의 경우에는 온도, 압력, 절대습도(또는 상대습도)가 인수로 지정되어야 한다. 그러나 실제 유체의 경우에는 2개의 인수가 필요하다. 그리고 [그림 4-39]는 이 함수의 사용 예이다.

Chapter

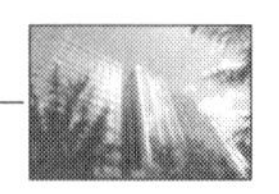

5. Functions, Procedures, Modules & Subprograms

대부분의 고급 언어들은 사용자가 서브루틴을 작성할 수 있도록 한다. EES 또한 다양한 방법으로 이러한 능력을 제공한다. EES 서브루틴은 EES 내부에 작성된 부프로그램 또는 Function, Procedure, Module 등이다. Function은 하나 또는 그 이상의 입력값을 받아 하나의 결과를 생성하는 서부루틴이다. Module은 하나 또는 그 이상의 결과를 생성한다는 점에서 Procedure와 유사하지만, 지정문(assignment statement)보다는 등식을 사용한다는 점에서는 차이가 있다. Module에서의 방정식들은 메인 EES 루틴과 결합된다.

부프로그램은 메인 EES 프로그램 또는 서브루틴으로부터 호출될 수 있는 독립된 EES 프로그램을 형성한다는 점에서 Module과 다르다. EES는 EES 내부에서 작성된 내부 서브루틴들과 Pascal, C, C^{++}, Fortran 또는 다른 컴파일된 언어로 작성된 외부 서브루틴들로부터 접근 가능하다.

추후 외부 서브루틴 개발에 관하여 자세히 설명될 것이다. 내·외부 서브루틴들 모두 EES가 시작될 때 자동으로 로드(load)되는 하부 디렉토리인 [USERLIB\] 내에 저장될 수 있다.

EES 서브루틴들은 다음과 같은 많은 장점들을 제공한다.

(1) 복잡한 시스템의 해를 공식화하기 위한 많은 작은 부분들의 문제들로 쪼갬으로써 그것의 해석을 쉽게 만들어준다. 서브루틴에 의존하는 프로그램들은 이해하기 쉽다.
(2) 서브루틴들은 라이브러리 파일로 저장될 수 있으며, 다른 EES 프로그램들에서 재사용될 수 있다.
(3) EES Module을 제외한 Function과 Procedure는 [If Then Else, Repeat Until 그리고 GoTo문]의 사용이 가능하다.

Function과 Procedure에 나타나는 문들은 등식(equality statement)이라기보다는 대부분의 고급 프로그램 언어들에서 사용되는 문들과 유사한 지정문(assignment statement)이라는 점에서 EES의 메인 본체(main body)에서 사용하는 문들과는 차이가 있다. 이들은 나타나는 순서에 따라 실행된다. Module은 EES 프로그램의 메인 본체에서 사용되는 것과 같은 등식(equality statement)을 사용한다. EES는 방정식들의 효율적으로 해석하기 위해 필요한 등식들에 다시 순서를 부여한다. 모든 문 유형(statement type)들의 조합은 EES에서 공식화될 수 있는 문제의 수법에 있어 많은 유연성을 제공한다.

서브루틴들에 접근하는 몇 가지 방법이 있다. [File] 메뉴의 [Merge] 명령은 하나의 EES 파일에서 다른 파일로 EES 서브루틴들을 가져오기 위해 사용될 수 있다. 게다가 EES는 서브루틴들을 라이브러리 파일로 저장할 수 있도록 한다. 라이브러리 파일들은 [Save As…] 명령을 사용하여 확장자 [*.lib]로 저장된 하나 또는 그 이상의 Functions, Procedures 그리고/또는 Modules을 포함하는 EES 파일들이다. [USERLIB\] 서브디렉토리 위치에 라이브러리 파일들로 저장된 서브루틴들은 EES가 시작될 때 자동적으로 명백하게 로드(load)된다. 또한 라이브러리 파일들은 [File] 메뉴의 [Load Library] 명령과 $Include Directive에 의해 로드될 수 있다. 라이브러리 파일들의 Functions, Procedures 그리고 Modules은 EES 내부 함수들처럼 작용하며, 심지어 이들은 필요할 때 도움을 제공할 수 있다.

5-1 EES Functions

EES는 EES Equation Processor를 사용하여 [Equations window]에서 사용자가 직접 함수를 작성할 수 있는 능력을 제공한다. EES 함수들은 Pascal의 함수들과 유사하다. 이러한 함수들의 규칙들은 다음과 같다.

(1) 사용자 함수는 EES 프로그램의 다양한 방정식들에 우선하여 [Equations window]의 제일 앞에 정의해야 한다.
(2) 사용자 함수는 키워드 'Function'으로 시작된다. 함수명과 인수는 '( )' 속에 ',(comma)'로 구분하여 같은 행에 위치한다.
(3) 함수는 키워드 'End'에 의해 끝을 맺는다.
(4) EES Functions와 Procedures에 표시되는 방정식들은 기본적으로 EES 메인 프로그램에서 나타나는 방정식들과 기본적으로 차이가 있다. Functions와 Procedures 내의 방정식들은 Fortran과 Pascal에서 사용되는 방정식과 유사한 지정문(assignment statement)으로 불리는 것이 더 적합하다. 즉, 변수명은 좌측에 수

치값은 우측에 놓는다.

'X : = X + 1'는 유효한 지정문이지만, EES 메인 프로그램의 모든 방정식들에 대하여 가정되는 '='일 수 없다.

그러나 EES는 [Options] 메뉴의 [Display Options] 대화창에서 'Allow = in Functions/Procedures'이 선택되었다면, 지정문에서 '=' 부호로 받아들인다.

(5) EES는 정상적으로 Function 또는 Procedure에 이러한 지정문들이 나타나는 순서에 따라 처리한다. 그러나 'If Then Else, Repeat Until 그리고 GoTo'문이 사용되었다면 계산 순서가 바뀔 수 있다. 이러한 논리 제어문들의 형식은 다음에 설명되어 있다.
(6) 함수들은 방정식에 그들 고유의 이름을 사용하여 간단히 호출되며, 함수명은 '( )' 안에 기입되어야 한다. 그리고 함수들은 Function문에 나타난 인수들과 같은 개수로 호출되어야 한다.
(7) 사용자 함수 속의 방정식들은 내장 함수들을 호출할 수 있다. 게다가 [Library] 파일들에 저장되어 있는 Functions 또는 Procedures 또는 사용자 지정 Functions 또는 Procedures를 호출할 수 있다. 그러나 자신을 호출하는 회기 함수(recursive function)들은 허용되지 않으며, Module 또한 호출할 수 없으나 부프로그램(sub-program)은 호출할 수 있다.
(8) 함수 내에 사용된 모든 변수들은 $Common Directive의 범위 내에서 정의된 변수를 제외하고는 함수 내에 한정된다.
(9) 함수들은 복소 대수학으로 설정되었다 할지라도 항상 실수로 계산한다.

함수들은 2개 또는 그 이상의 변수들 사이의 해석적인 관계의 도구로써 사용될 수 있다.

예를 들면, 종종 ψ로 불리는 흐르는 유체의 specific availability는

$$\psi = (h - h_o) - T_o \cdot (s - s_o) + V^2/2 + gz$$

여기서,
h는 비엔탈피, s는 비엔트로피이며, h_o, s_o는 각각 'dead' state condition(T_o, P_o의 조건)에서의 비엔탈피와 비엔트로피이다.
V는 속도이고, g는 중력 가속도 그리고 z는 선택된 영점(zero point)에 대한 상대적인 높이이다.

일단 'dead' state의 온도와 압력이 선택되면, h_o, s_o는 일정한 값(상수)이다. T_o = 530 R, P_o = 1 atm의 증기 유효성(availability of steam)에 관한 사용자 함수는 [Equations window]의 꼭대기에 다음의 문들을 위치시킴으로써 충족될 수 있다.

방정식으로부터 psi(T1, P1, V1, Z1)의 조화는 선택된 'dead' state에 대한 증기 유효성[Btu/lb·m]을 계산할 것이다.

```
FUNCTION psi(T,P,V,Z)
To : = 530 [R] "dead state temperature"
ho : = 38.05 [Btu/lbm] "specific enthalpy at dead state conditions"
so : = 0.0745 [Btu/lbm-R] "specific entropy at dead state conditions"
h : = enthalpy(STEAM, T=T, P=P)
s : = entropy(STEAM, T=T, P=P)
g : = 32.17 [ft/s^2] "gravitational acceleration"
psi : = (h-ho)- To * (s - so) + (V^2 / 2 + g * Z) * Convert(ft^2/s^2, Btu/lbm) "[Btu/lbm]"
END
```

Functions는 인수 목록의 단순화 그리고/또는 어떠한 내장 함수 이름을 변경하는데 이용될 수도 있다.

예를 들면, 다음 함수는 절대 습도에 대한 내장 함수 [humrat]의 이름을 [w]로 변경하는 것이며, 인수로써 물질 AirH_2O 지정을 제거하였고, 각각의 경우의 전체 압력을 100 kPa로 설정하는 것도 제거하였다.

```
FUNCTION w(T,RH)
w : = humrat(AIRH2O, T = T, P = 100, R = RH)
END
```

2개의 예제 Function들은 모두 EES 내부 물성 함수들을 이용하며, 그 결과 EES의 단위 설정에 의존하게 된다. UnitSystem 함수와 다음의 If Then Else문들의 사용은 어떠한 단위 설정에 대해서도 정확하게 작동될 수 있는 일반적인 함수들로 작성이 가능하다.

Function/Procedure/Module/Subprogram에서의 변수들에 대한 단위는 [Equations window]에서 설정될 수 있으며, 이는 변수를 선택하여 오른쪽 마우스 버튼을 클릭한 후, [Variable Info] 메뉴 항목을 통해 설정하거나, [Options] 메뉴의 [Variable Information] 메뉴 명령에 의해 설정된다.

Function psi에 대한 [Variable Information] 대화상자는 다음과 같다.

Variable Information

Show array variables
Show string variables
Function PSI

Variable	Guess	Lower	Upper	Display			Units
P	not appl	not appl.	not appl.	A	4	N	kPa
T	not appl	not appl.	not appl.	A	4	N	R
To	not appl.	not appl.	not appl.	A	4	N	R
V	not appl.	not appl	not appl	A	4	N	m/s
Z	not appl	not appl	not appl	A	4	N	m
g	not appl	not appl.	not appl.	A	4	N	ft/s^2
h	not appl	not appl.	not appl.	A	4	N	Btu/lb*m
ho	not appl	not appl.	not appl.	A	4	N	Btu/lb*m
psi	not appl	not appl	not appl	A	4	N	Btu/lbm
s	not appl.	not appl	not appl.	A	4	N	Btu/lb*m*R
so	not appl.	not appl	not appl	A	4	N	Btu/lb*m*R

OK Print Update Cancel

[그림 5-1] Function psi의 변수 정보

5-2 EES Procedures

EES Procedure는 다양한 결과를 제공한다는 점을 제외하고는 EES Function과 매우 유사하다. Procedure의 형식은 다음과 같다.

```
PROCEDURE test(A,B,C : X,Y)
 ...
 ...
X : = ...
Y : = ...
END
```

Procedure는 EES 프로그램의 메인 본체에서 방정식이나 Module보다 선행한, [Equations window]의 맨 위에 위치해야 한다. 위의 예제에서 Procedure명 test는 어떤 유효한 EES 변수명이 될 수 있다.

인수들은 입력항과 출력항으로 ':'에 의해 구분된다. 위의 예에서는 A, B, C는 입력항이며, X, Y는 출력항이 된다. 각 Procedure는 적어도 하나 이상의 입·출력항을 가지고 있어야 하며, 각 출력 변수들은 지정 부호의 좌측에 출력 변수명을 갖는 방정식에 의해 지정되어야 한다. Procedure는 End문으로 닫힌다.

Procedure를 이용하기 위해서는 어느 위치에서든지 Call문을 위치시키면 된다. Call

문은 다음과 같이 표시된다.

```
...
CALL test(1,2,3 : X,Y)
...
```

Call문 인수에 있어 입·출력의 개수는 Procedure에서 선언한 것과 정확히 일치되어야 한다. 인수들은 상수, 문자 변수, 상수 변수 또는 대수 표현 등이 될 수 있다.

추가적인 인수들은 EES 프로그램의 메인 화면과 Procedure 사이에 $Common Directive를 사용하면 된다. EES는 인수항에서 제공된 입력 변수들을 이용하여 출력값을 계산할 것이다. 또한 Procedure는 이전에 정의되는 다른 함수나 Procedure를 호출할 수 있으나, Module은 호출할 수 없다.

Procedure 내의 방정식들은 일반적인 Module 또는 EES 프로그램의 메인 화면의 EES 방정식들과 다르다.

(1) 입·출력을 제외한 모든 변수들은 Procedure 내에서만 통용된다.
(2) 방정식들은 일반적으로 '='이 사용되는 항등식이기보다는 실제로는 지정 기호로 ':='가 사용되는 지정문이다. 사용자는 [Options] 메뉴의 [Preferences dialog] 창에서 ☑ Allow = in Functions/Procedures 함으로써 이러한 약정을 무효로 할 수 있다.
(3) If Then Else, Repeat Until 그리고 GoTo문들이 사용될 수 있다. 이러한 흐름 제어 문들의 형식은 다음 절에서 설명된다.

음해법 방정식들은 Procedure/Function 내에서는 직접적으로 해석될 수 없다. If Then Else, Repeat Until 그리고 GoTo문의 사용을 통해 사용자 자신만의 반복 루프로 프로그램화할 수 있다. 그러나 EES는 Procedure 내의 음해법 방정식들을 해석할 수 있다. 예를 들면, 다음 2개의 비선형 방정식들을 고려해 보자.

```
X^3 + Y^2 = 66
X/Y = 1.23456
```

Procedure 내에서 X와 Y를 해석하기 위해, 각 방정식의 우측항을 좌측항으로 이항시킨 후, 방정식들의 오차는 각각 R1, R2로 설정된다. 이렇게 되면, EES를 사용하여 X, Y를 해석하기 위해 오차들은 0이 된다. 다음에 그 예가 있다. 그러나 음해법 방정식들을 보다 직접적이고 효과적으로 해석하기 위해서는 Module을 사용하는 것이 좋다는 점을 기억해야 한다.

```
PROCEDURE Solve(X,Y : R1,R2)
R1 : = X^3 + Y^2 - 66
R2 : = X/Y - 1.23456
END
CALL Solve(X,Y : 0,0) {X = 3.834, Y = 3.106 when executed}
```

Procedure는 EES 사용자들에서 많은 장점들을 제공한다. 이는 독립적으로 저장될 수 있으며, [Equations window]에서 [File] 메뉴의 [Merge] 명령을 통해 합할 수 있다. 다른 방법으로는 EES가 시작될 때, 자동으로 로딩되도록 라이브러리 파일에 저장이 가능하다. Procedure는 [Options] 메뉴의 [Load Library] 명령 또는 $Include Directive를 통해 선택적으로 불러올 수도 있다.

예를 들면, Turbine을 묘사하는 방정식들은 한 번 입력되어 저장될 수 있다. 매 시간 Turbine 계산이 필요한 경우, Call Turbine문을 사용하여 계산에 이용할 수 있다.

EES는 내부 Procedure와 외부에서 컴파일된 Procedure를 지원한다. 내부 Procedure는 [Equations window]에서 직접적으로 입력된다. 외부 Procedure는 C, Pascal 또는 Fortran과 같은 고급 언어로 작성되며 EES에 호출된다. 이 두 경우 모두 Call문으로 호출한다.

5-3 Single-Line If Then Else Statements

EES Functions와 Procedures는 몇 가지 유형의 조건문을 지원한다. 이러한 조건문들은 EES 메인 화면이나 modules에서는 사용할 수 없다. 가장 일반적인 조건문으로 If Then Else문이 있다. 하나의 행 또는 여러 행 형식이 가능하다. 단일 행 형식은 다음과 같다.

```
If (Conditional Test) Then Statement 1 Else Statement 2
```

(1) Conditional test(조건검사)는 참 또는 거짓을 판정한다. 따라서 다음과 같은 연산자가 사용된다. ; =, <, >, ≦, ≧, <>
(2) Conditional test에서 (　)는 선택사항이다.
(3) Conditional test에는 문자 변수들도 사용 가능하다.
(4) 'Then'과 'Statement 1'이 요구된다.

(5) 'Statement 1'은 지정문이나 GoTo문이 될 수 있다.
(6) 'Else'와 'Statement 2'는 선택사항이다.
(7) 단일 행 형식에서 If Then Else문은 255자 이내로 표시해야 한다.

다음의 예제 함수는 If Then Else문을 사용하여 3개의 인수들 중 최소값을 찾는 프로그램이다.

```
Function MIN3(x,y,z) { returns smallest of the three values}
If (x<y) Then m : = x Else m : = y
If (m>z) Then m : = z
MIN3 : = m
End
Y = MIN3(5,4,6) { Y will be set to 4 when this statement executes}
```

(8) 논리 연산자 And와 Or이 If Then Else문의 'Conditional test'에 사용될 수 있다.
(9) EES는 (   )을 통한 순서의 변화가 없다면, 논리 연산자의 경우 좌측에서 우측으로 계산을 진행해 나간다.

```
If (x>y) or ((x<0) and (y<>3)) Then z : = x/y Else z : = x
   ①   ⑤   ②   ④   ③   : 계산 순서
```

5-4 Multiple-Line If Then Else Statements

여러 행의 If Then Else문은 단일 행의 If Then Else문과 유사하지만, 'Statement 1'이 하나의 그룹으로 구성되고, 선택적으로 계산되며 'Statement 2' 또한 이와 같이 실행된다. 그 형식은 다음과 같다.

```
If (Conditional Test) Then        ① : 조건의 참과 거짓을 판정
Statement                         ② : 참인 경우에 수행되는 작업
Statement                         ③
...                               ④
Else                              ⑤
Statement                         ⑥ : 거짓인 경우에 수행되는 작업
Statement                         ⑦
...                               ⑧
EndIf                             ⑨ : If Then Else문의 종료를 나타냄.
```

(1) 'If'와 'Conditional test' 그리고 'Then'은 같은 행에 위치해야 한다.
(2) 'Conditional test'의 ( )는 선택사항이다.
(3) 만약 'Conditional test'가 참이면, Then 다음의 행들(②, ③, ④행)을 수행한다.
(4) 만약 'Conditional test'가 거짓이면, Else 다음의 행들(⑥, ⑦, ⑧행)을 수행한다.
(5) 'EndIf'를 통해 여러 행의 If Then Else문을 종료한다.
(6) 'EndIf'는 독립된 하나의 행에 표시되어야 한다.

들여쓰기의 사용은 논리 흐름을 보다 명확하게 하기 위해 활용되며, EES는 이러한 공백들을 무시하며, 위와 아래 모든 행들을 동일하게 취급한다. 다음의 예제를 통해 Multiple-Line If Then Else문의 형식들을 잘 이해할 수 있을 것이다.

```
Function IFTest(X,Y)
If (X<Y) and (Y<>0) Then
A : = X/Y
B : = X*Y
If (X<0) Then { nested If statement}
A : = -A; B : = -B
EndIf
Else
A : = X*Y
B : = X/Y
EndIf
IFTest : = A + B
End
G=IFTest(-3,4) { G will be set to 12.75 when this statement executes}
```

5-5 GoTo Statements

정상적으로 EES는 Function 또는 Procedure에서의 지정문들을 그들이 창에 나타나는 순서에 맞게 계산을 진행할 것이다. 그러나 흐름 제어는 GoTo문을 사용하여 변경될 수 있다. GoTo문의 형식은 다음과 같이 매우 단순하다.

```
GoTo #
```

여기서, #은 1에서 30000 사이의 정수가 되는 Statement Label Number이다. Statement Label들은 ':' 으로 분리되어 지정문 앞에 위치된다. 즉, 100 : i = i + 1이다. GoTo문을 유용하게 사용하기 위해서는 If Then Else문과 함께 사용해야 한다. 다음의 예제는 GoTo문과 If Then Else문의 이용에 관한 설명으로 인수로써 제공되는 값의 Factorial(!)을 계산하는 것이다.

```
Function FACTORIAL(N)
F : = 1
I : = 1
10 : I : = I + 1
F : = F * i
If (i<N) Then GoTo 10
FACTORIAL : = F
End
Y = FACTORIAL(5) { Y will be set to 120 when this statement executes}
```

5-6 Repeat Until Statements

Functions와 Procedures 내의 순환은 앞에서 설명한 If Then Else문과 GoTo문을 이용하여 충족될 수 있으나, Repeat Until 구조를 이용하는 것이 일반적으로 보다 편리하고 가독성이 좋다. Repeat Until문은 다음과 같은 형식을 가지며, 이것은 단지 Functions과 Procedures에서 사용될 수 있다는 점에 주의해야 한다.

```
Repeat
Statement
Statement
...
Until (Conditional Test)
```

(1) 'Conditional test'는 참과 거짓을 판단하며, 그 연산자로는 [=, <, >, ≤, ≥, <>]가 있다.

(2) 기본 형식은 Pascal에서 사용되는 형식과 동일하다.

다음의 예제는 앞에서 설명된 Factorial 계산 문제를 Repeat Until 구조를 사용하여 EES 프로그램을 구성한 예이다.

```
Function Factorial(N)
F : = 1
Repeat
F : = F * N
N : = N - 1;
Until (N = 1)
Factorial : = F
End
Y= FACTORIAL(5) { Y will be set to 120 when this statement executes}
```

5-7 Error Procedure

Error Procedure는 만약 Function이나 Procedure에서 제공되는 값이 범위를 벗어날 경우, 사용자에게 계산을 멈출 수 있도록 허용한 것이다. Error Procedure의 형식은 다음과 같다.

```
Call Error('error message',X) or Call Error(X)
```

여기서, 'Error Message'는 선택적인 특징이다. 만약 'Error Message' 열이 제공되지 않는다면, EES는 Error Procedure로 실행될 때, 다음의 Error Message를 생성할 것이다.

```
Calculations have been halted because a parameter is out of range. The value of the
parameter is XXX.
```

Error Procedure에서 제공되는 X의 값은 XXX로 대체된다. 만약 에러 문자가 제공된다면, EES는 그 문자를 표시할 것이다. Error Procedure는 다음의 예제와 같이 If Then Else문과 함께 사용되는 것이 대부분이다.

```
Function abc(X,Y)
if (x<=0) then CALL ERROR('X must be greater than 0. A value of XXXE4 was supplied.', X)
abc : = Y/X
End

g : = abc(-3,4)
```

이 함수가 호출될 경우, 다음의 메시지가 표시될 것이며 계산은 멈추게 된다. :

X must be greater than 0. A value of −3.000E0 was supplied.

경고 문자는 선택사항이지만, 이것이 제공되면 작음 따옴표 내에 위치해야 하며, 변수 X는 선택 사항이 된다. X는 매개변수의 값으로 경고를 초기화시키는 역할을 한다. 만약 경고 문자가 제공되지 않는다면, EES는 다음의 경고 메시지를 생성할 것이다. : "A warning message was issued due to the value XXX in YYY."

여기서, XXX는 WARNING 호출문에서 제공되는 매개변수값이며, YYY는 Call WAR-NING문에서 표시되는 Function 또는 Procedure의 이름이다.

5-8 Warning Procedure

Warning Procedure는 단지 내부 Function 또는 Procedure에서만 사용될 수 있다. Warning Procedure는 경고 메시지를 생성한다. Warning Procedure는 계산이 완료되었을 때 표시되는 경고 메시지를 생성한다.

한편, 'Message que'는 Preferences 대화상자의 Options 탭에서 'Display Warning Messages' 체크상자가 선택된 경우 또는 $Warnings on Directive가 제공된 경우에만 표시된다. Warning Procedure는 어떠한 사용자 지정 오류 조건에 직면할 경우 계산을 멈추는 Error Procedure와 유사하다. 그리고 Warning Procedure는 다음의 형식을 갖는다.

```
CALL WARNING(X)
CALL WARNING('My warning message XXXF1',X)
CALL WARNING('My warning message')
```

만약 경고 문자열이 제공되면 EES는 문자 XXX의 위치에 X의 값을 삽입한 이 문자열을 표시할 것이다. 만약 A3, F1 또는 E4와 같은 형식화 옵션이 XXX 다음에 위치하면 (위의 두 번째 형식), X의 값은 이것에 맞춰 표시될 것이고, 그 외에는 기본 형식이 제공될 것이다. 만약 어떠한 형식도 제공되지 않으면 자동적인 형식으로 가정된다. 수치값보다는 문자열을 삽입하기 위해, XXX 다음의 형식화 옵션을 '$'을 사용하여 다음과 같이 하면 된다.

```
CALL WARNING('My error string is XXX$',X$)
```

5-9 Modules & Subprograms

Modules과 Subprograms은 메인 EES 프로그램으로부터 호출될 수 있는 자립형 EES 프로그램으로 간주될 수 있다. Module/Subprogram의 형식은 Internal Procedure의 형식과 유사하다. Module/Subprogram은 입력값들을 제공받아 출력값들을 계산한다. Procedure와 같이 Module문은 입력항과 출력항을 구분하기 위해 ':'을 사용할 수 있다. ':'의 좌측에 제공되는 인수들의 개수는 Module/Subprogram의 자유도의 개수이다.

다음은 인수항에 ':'을 갖는 Module/Subprogram문의 예제이다.

```
MODULE Testme(A, B : X, Y) or SUBPROGRAM Testme(A, B : X, Y)
```

이 경우 EES는 2개의 입력항(A, B)과 2개의 출력항(X, Y)이 존재한다고 이해한다. 그러나 EES Module/Subprogram에서의 방정식들은 Procedure에서 사용되는 지정문이라기보다는 등식이다. 대부분의 경우 변수들이 입력값으로써 적당한 수치로 지정되어지는 한 크게 문제되지는 않는다. 그 결과 입력항과 출력항을 구분하는 ':'은 불필요하며, 콤마(,)로 대체될 수 있다. 사실상 이것이 Modules과 Subprograms을 이용하는 더 나은 방법이다.

다음의 Module/Subprogram문들은 위의 예와 동일한 것이다.

```
MODULE Testme(A, B, X, Y) or SUBPROGRAM Testme(A, B, X, Y)
```

Module/Subprogram은 Call문과 함께 사용된다. 예를 들면, 다음의 문(statement)을 통해 Testme Module 또는 Subprogram에 접근할 수 있다.

```
CALL Testme(77,1.5, X,Y)
```

Module/Subprogram문에서 입·출력항을 구분하기 위해 ':'이 사용되었다면, Call문에서도 반드시 사용해야 하며, 그렇지 않은 경우에는 Call문에서도 사용하지 않으면 된다.

그럼 Module과 Subprogram문의 차이점은 무엇인지 살펴보기로 하자.

(1) EES는 Subprogram을 호출하는 Call문에 의해, 새로운 워크스페이스(workspace)를 열어 Subprogram에 입력된 방정식을 해석한다. 계산된 변수들은 메인 프로그램으로 보낸다.

(2) EES는 Module을 호출하는 Call문에 의해, EES는 Module에 포함된 방정식들을 메인 프로그램의 방정식으로 보이지 않게 결합시킨다. 이러한 과정에 필요한 절차는 다음과 같다.

㉮ Module에 포함된 모든 변수는 EES에서 인식할 수 있는 고유한 수식어(unique qualifier)로 재명명된다.

㉯ EES는 호출 프로그램에서 매개변수의 값으로 설정된 각각의 입력과 출력에 대한 하나의 방정식을 Module의 값으로 추가한다. 메인 프로그램의 Call문에 표시되는 EES 변수들에 대한 예상값과 범위에 의해 Module문의 인수 항목에 표시되는 변수들의 예상값과 범위가 바뀐다.

㉰ 재명명된 변수를 포함하여 Module의 모든 방정식들은 EES에서 호출되는 시점을 기준으로 EES 프로그램에 합병된다. 만약 Module이 두 번째 호출되면, 이러한 과정이 반복되고 Module의 변수명에 대한 다른 수식어가 사용된다.

최종적인 효과는 EES 메인 프로그램에서 Call문에 의해 Module이 호출될 때마다 Module에 포함된 모든 방정식들은 복사되어 합병된다는 점이다. 그런 다음 EES는 최적의 해를 계산하기 위해 방정식들을 효율적으로 블록화하여 계산한다. 이러한 재구성의 결과, Module에 포함된 방정식들은 순서대로 호출될 필요성이 없어진다. 사실상 이것은 매우 드문 경우이다. EES에서 [Residuals] 창은 방정식들의 재구성에 대한 해석 순서를 지니고 있으며, 사용자는 이들을 확인할 수 있다. Module의 방정식들은 Module명 다음에 오는 '\'와 Call Index 번호에 의해 확인된다. 다음 방정식은 [Residuals] 창의 한 예이다.

```
Turbine \2 : h2 = h1 + Q/m
```

이것은 방정식 'h2 = h1 + Q/m'가 Turbine Module의 두 번째 호출로부터 생성된 것을 나타낸다.

Module/Subprogram은 END문에 의해 구성이 완료되며, Call문은 Procedure와 같이 Module/Subprogram을 호출하는데 사용된다.

Procedure와 Module/Subprogram과의 중요한 차이점은 Module/Subprogram은 등식(equality statement, =)으로 구성되지만, Procedure는 지정문(assignment statement, : =)으로 구성된다는 것이다. 결론적으로 Module/Subprogram은 If Then Else와 같은 논리 구조를 지원하지 않으나, 이들은 필요한 경우 음해법 방정식들의 반복 해를 제공할 수 있으며 방정식의 입력 순서에는 독립적이다.

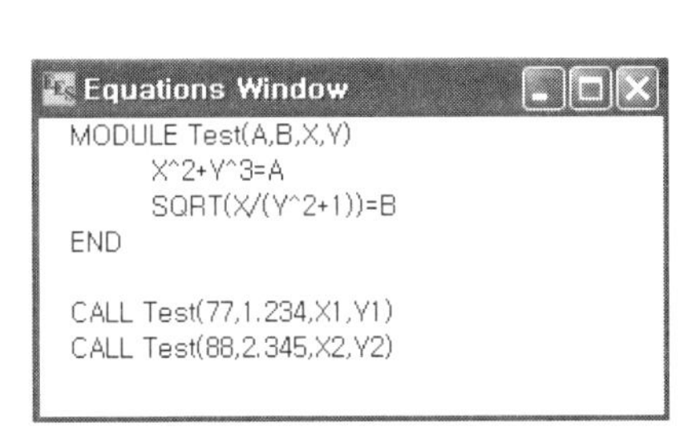

[그림 5-2] Module 예

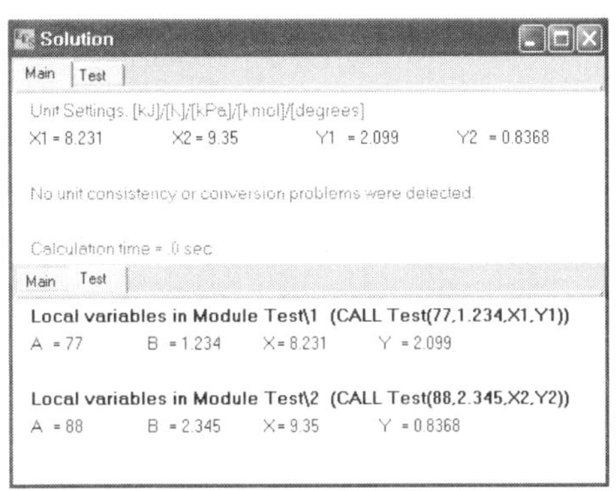

[그림 5-3] 해석 결과

위의 예제는 Module을 사용하여 2개의 방정식을 해석하는 것이다. Modules/Subprograms 내의 변수의 값들은 일반적으로 [Solution] 창에 표시되지 않는다. 그러나 [Preferences] 대화상자의 [Options] 탭에서 'Show Function/Procedure/Module Variables' 제어를 선택함으로써, [Equations window]에 Modules/Subprograms의 내부 변수들을 볼 수 있다.

일반적으로 Module이 Subprogram보다 효율적으로 문제를 해석하는 경향이 있다. 그러나 Subprogram의 큰 장점은 If Then Else, Repeat Until 그리고 GoTo문과 같은 조건문을 사용할 수 있는 Function이나 Procedure로부터 호출될 수 있다는 점이다. 만약 반복 계산을 위한 조건문이 필요한 경우, 사용자는 Module 대신에 Subprogram을 사용하는 것이 훨씬 편리하다.

또한 Subprogram은 Function/Procedure에 의해 호출되거나 호출할 수 있으며, Module과의 가장 큰 차이점이다. 끝으로 Modules/Subprograms은 라이브러리 파일들로 저장될 수 있다.

그 외 자세한 내용은 매뉴얼을 참고하기 바란다.

5-10 Library Files

EES는 하나 또는 그 이상의 Functions, Procedures 또는 Modules(subprograms)을 포함하는 파일들을 라이브러리 파일들로 저장할 수 있도록 한다. 라이브러리 파일들은 확장자 [*.LIB]를 갖는 파일이다. 그리고 EES를 실행시킬 때, 자동으로 불러오며, [C:\EES32\USERLIB\] 내에 위치하게 된다.

또한 라이브러리 파일들은 [File] 메뉴의 [Load Library] 명령이나 $Include Directive에 의해 수동으로 불러온다. Library Subprograms은 [Equations window]에 표시되지는 않을 것이다. 이들은 EES의 내장 함수들과 같이 사용된다.

라이브러리 파일을 생성하기 위한 순서는 다음과 같다.

(1) [Equations window]에 하나 또는 그 이상의 Functions, Procedures 그리고/또는 Modules을 입력한다.

(2) Check, Solve 또는 Solve Table을 이용하여 방정식들을 컴파일한다.

(3) [Save As] 명령을 이용하여 확장자 [*.LIB]를 갖는 파일로 저장한다.

라이브러리 파일에 포함된 Subprogram들은 내장 함수들처럼 [Function Info dialog] 창을 통해 도움말 정보를 제공할 수 있다. 이러한 도움말 정보를 제공하기 위한 몇 가지 방법은 다음과 같다.

㉮ EES 라이브러리 파일 내에 주석문으로 도움말 텍스트를 포함시킨다. 이 경우 주석문의 시작인 '{' 다음에 오는 첫 번째 문자가 $로 시작되는 Functions, Procedures 그리고/또는 Modules 명칭이 위치해야 한다. 즉, '{$ExamEx'와 같다.

㉯ 라이브러리 파일과 분리하여 동일한 이름을 갖는 확장자 [*.hlp] 또는 [*.htm]으로 저장된 도움말 파일을 생성하는 것이다. [*.hlp] 파일은 ASCII 텍스트를 포함할 수 있으며, 또는 윈도우 도움말 파일이 될 수 있다. EES는 그 내용들로부터 파일 유형을 인식할 수 있다. [*.htm] 파일은 브라우저(browser)에 의해 읽을 수 있도록 디자인되어야 한다.

다음의 예제는 EES를 이용하여 4차 Runge-Kutta 수치 적분 함수 프로그램과 라이브러리 파일을 작성한 것이다. Runge-Kutta 알고리즘은 다음과 같은 형식의 미분 방정식을 수치적으로 해석하는 데 사용된다.

$$\frac{dY}{dX} = f(X,\ Y)$$

여기서, $f(X, Y)$는 의존변수 Y와 독립변수 X와 관련된 일반적인 함수이다. Y의 초기값 Y0는 X의 초기값에 대응하는 기지의 값이어야 한다.

Runge-Kutta 알고리즘은 RK4의 호출로 라이브러리 파일로 이행될 수 있으며, RK4는 4개의 매개변수를 필요로 한다.

(1) X의 초기값 LowX

(2) X의 최종값 HighX

(3) 스텝 크기 StepX

(4) X = LowX에서의 Y의 값 Y0

이 예제 함수는 X = HighX에서의 Y의 값을 계산하다. RK4 함수는 또 다른 함수 fRK4(X, Y)를 호출하며, 이 함수는 주어진 X, Y값에 대해 dY/dX의 값을 계산한다.

```
FUNCTION fRK4(X,Y)
{$fRK4
fRK4는 dY/dX를 평가하기 위한 사용자 제공 함수(user-supplied function)이다. 이 함수는 Runge-
Kutta 기법으로 미분 방정식을 해석하기 위한 RK4 함수와 함께 사용된다. 이 예제에 대한 dY/dX를
평가하기 위해 [Equations window] 창에서 fRK4(X,Y) 함수를 입력한다. RK4 함수에 대한 추가적인
정보를 참고하기 바란다.}
fRK4 : = (Y + X)^2
END

FUNCTION RK4(LowX,HighX,StepX,Y0)
{$RK4
RK4는 Runge-Kutta 4차 알고리즘을 이용한 dY/dX = fRK4(X,Y) 형태의 1차 미분 방정식을 해석하기
위한 일반 목적 함수(general purpose function)이다. 이 RK4 함수는 X와 Y의 지정된 값에서 dY/dX를
평가하기 위해 사용자에 의해 제공되는 함수 fRK4(X,Y)를 호출한다.
RK4는 4개의 입력변수를 요구한다. LowX는 독립변수 X의 초기값이고, HighX는 독립변수 X의 최종
값이며, StepX는 간격(step size)이다. Y0는 X가 LowX와 같을 때의 Y의 값이다.}
   X : = LowX
   Y : = Y0 ;
   Tol : = 0.1 * StepX
10 :
IF (X>HighX-Tol) THEN GOTO 20
k1 : = fRK4(X,Y) * StepX
k2 : = StepX * fRK4(X + 0.5 * StepX,Y + 0.5 * k1)
k3 : = StepX * fRK4(X + 0.5 * StepX,Y + 0.5 * k2)
k4 : = StepX * fRK4(X + StepX,Y + k3)
Y : = Y + k1/6 + (k2 + k3)/3 + k4/6
X : = X + StepX
GOTO 10 ;
20 :
RK4 : = Y
END
```

실제 응용에서 사용자는 EES [Equations window]에서 또 다른 fRK$ 함수를 입력함으로써, 기존의 fRK4 함수를 덮어씌울 수 있다. RK4와 fRK4 함수들은 [RK4.LIB]란 이름으로 라이브러리 파일로 저장될 수 있으며, 이 경우 EES를 실행시킬 때 이 함수들을 불러올 수 있다. 만약 사용자가 EES에서 [RK4.LIB] 파일을 열고자 한다면, 사용자는 다음 문을 볼 수 있을 것이다. "Note how the functions provide help text as a comment with the $filename key."

사용자가 RK4 함수를 이용하여 방정식 $\int_0^2 X^2\,dx$을 수치적으로 해석하기를 원한다고 가정하자. 이 경우 X^2을 계산하기 위해 사용자는 함수 fRK$을 제공해야 한다. 사용자 함수로 fRK4 함수를 RK4 라이브러리 파일에 덮어씌운다. RK4는 라이브러리 파일에 있다고 가정하고, EES를 실행시키면 필요한 모든 것을 갖출 수 있다.

```
FUNCTION fRK4(X,Y)
fRK4:=X^2
END
V=RK4(0,2,0.1,0)
```

이 문제를 해석하면 EES는 [Solution] 창에 V = 2.667을 표시할 것이다.

이상과 같이 작업한 내용을 불러오면 다음과 같은 창이 화면에 생성될 것이다. 참고로 다음의 [그림 5-4]와 [그림 5-5]는 [Options] 메뉴의 [Function Info] 명령을 실행시켜, [EES library routines] 콤보상자를 체크한 경우이다.

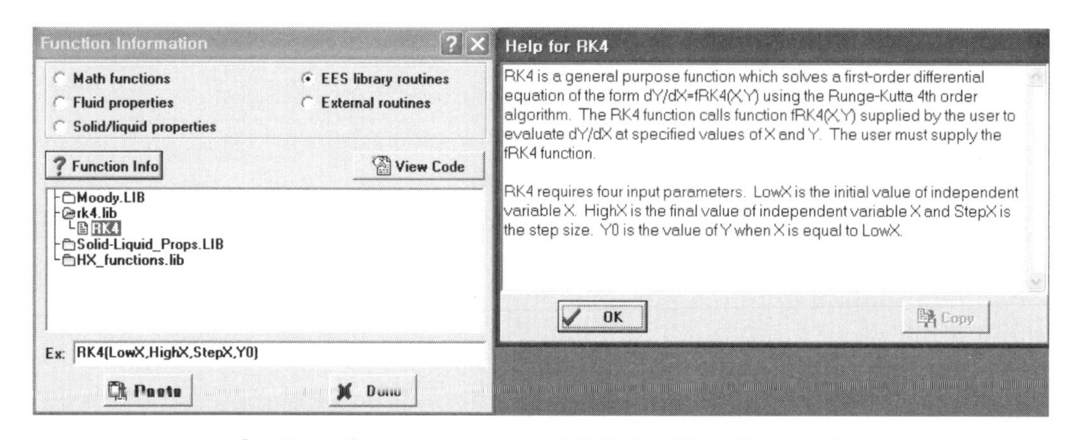

[그림 5-4] Function Info 버튼을 클릭한 경우의 화면

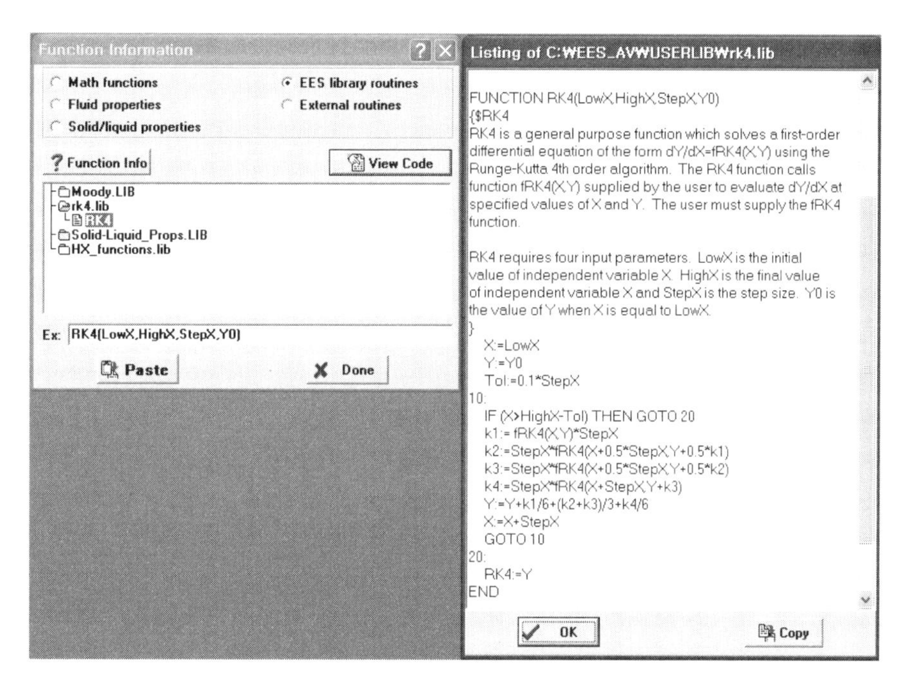

[그림 5-5] View Code 버튼을 클릭한 경우의 화면

Chapter 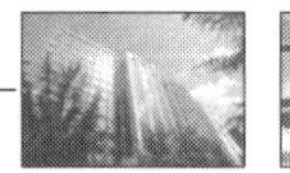  

6. External Functions & Procedures

EES는 내장 함수의 광범위한 라이브러리를 가지고 있으나, 모든 사용자의 요구를 충족시킬 수는 없다. EES의 주목할만한 특징은 사용자가 Pascal, C, C^{++} 또는 Fortran과 같은 컴파일된 언어로 작성한 Functions와 Procedures를 추가할 수 있다는 점이다. 이러한 외부 루틴들은 특정 개수의 인수들을 포함한다. Function은 하나의 결과만을 생성하지만, Procedure는 여러 개의 결과를 생성한다. 외부 루틴들은 내부 EES Subprogram과 정확히 똑같은 방법으로 사용된다. 이러한 능력은 EES에 무한한 유연성을 제공하며, 또한 가장 강력한 특징들 중 하나이다.

외부 Functions와 Procedures는 윈도우 운영 체계 아래 Dynamic Link Library (DLL) 루틴으로써 작성된다. 외부 Function들은 [*.DLF]로 구분되며, 외부 Procedure들은 [*.DLP]과 [*.FDL]로 구분된다.

[*.DLL] 확장자를 갖는 파일들은 하나 또는 그 이상의 Functions와 Procedures를 수용할 수 있다. EES가 시작될 때, \USERLIB\ 하부 디렉토리의 파일들을 검사한다. 파일 확장자 [*.DLF], [*.DLP], [*.FDL] 또는 [.DLL]을 갖는 파일들은 외부 Functions와 Procedures로 가정되며 이들을 자동적으로 불러온다.

6-1 EES External Functions(.DLF files)

외부 Function들은 DLL을 생성할 수 있는 고급언어들(C, C^{++}, Pascal 등)로 작성될 수 있다. 그러나 Function문 머리말은 지정된 형식으로 작성되어야 한다.

고정된 입력항 개수의 상한을 갖는 것을 피하기 위해, 외부 Function의 입력항 정보는 연결된 항목들로써 충족된다. 연결된 항목 기록 또는 구조는 다음 입력항의 지시자와 2차 정확도를 갖는 값으로 구성된다. 마지막 입력항은 0(nil)을 가리킨다. Fortran 77은 포인터를 지원하지 않기 때문에 [*.DLF] 외부 함수를 작성할 수 없다.

다음의 예제는 Delphi 3.0으로 작성된 것이다.

```
library XTRNFUNC;
type
charstring = array[0..255] of char;
ParamRecPtr = ^ParamRec;
ParamRec = record                {defines structure of the linked list of inputs}
Value : double ;
next :
ParamRecPtr ;
end ;
function FuncName (var S:charstring Mode:integer; Inputs:ParamRecPtr):double; export; stdCall;
begin
...
FuncName : = Value;                   {Funcname must be double precision}
end;
exports FuncName;
begin
end.
```

EES에 의해 인식되도록 하기 위해 예제의 제일 첫 번째 행은 파일명과 동일한 함수명으로 작성되었으며, 이 Function문은 3개의 인수를 갖는 것을 알 수 있다.

6-2 PWF Function

- a .DLF external routine in written in DELPHI

EES는 어떠한 내부 Economic Functions을 갖지 않는다. 현재의 가치 인자(present worth factor ; PWF)로 불리는 Economic Functions는 외부 함수로써 추가된다. PWF는 기간 d에 대한 시장 할인율로 화폐의 시간 가치에 대하여 할인율 i에서의 물가 상승률에 N개의 미래 지불액의 현재 가치이다(PWF is the present worth of a series of N future payments which inflate at rate i per period accounting for the time value of money with a market discount rate per period of d).

PWF에 대한 방정식은 다음과 같다.

$$PWF(N, i, d) = \sum_{j=0}^{N} \frac{(1+i)^{j-1}}{(1+d)^{j}} = \begin{pmatrix} \frac{1}{d-i}\left(1-\left(\frac{1+i}{1+d}\right)^{N}\right) & \text{if } i \neq d \\ \frac{N}{1+i} & \text{if } i = d \end{pmatrix}$$

여기서, N은 기간(period)의 개수이며, i는 단위 기간에 대한 이자율이며, d는 단위 기간에 대한 시장 할인율이다.

PWF라 불리는 외부 Function은 이러한 경제성 계산을 실행하기 위해 작성된다. 이 함수는 EES에 [PWF.DLF] 파일로 저장된다. EES는 이 외부 함수를 내부 함수들과 같이 취급한다.

다음의 예제는 Borland's Delphi 3.0으로 작성된 PWF 외부 함수의 전체 내용을 나타낸 것이다.

```
library PWFP;
 const do
Example = -1;
 type
CharString = array[0..255] of char;
ParamRecPtr = ^ParamRec;
ParamRec = record
Value:double;
next:ParamRecPtr;
end;

function CountValues (P: ParamRecPtr): integer;
var N: integer;
begin
N : = 0;
while (P <> nil) do begin
N : = N + 1;
P : = P^.next
end;
CountValues : = N;
end; {CountValues}

function PWF(var S:CharString; Mode:integer; Inputs:ParamRecPtr):double; export; stdcall;
var P: ParamRecPtr; V: double;

function CountValues (P: ParamRecPtr): integer;
var
N: integer;
begin
N : = 0;
while (P <> nil) do begin
N : = N + 1;
P : = P^.next
end;
CountValues : = N;
end; {CountValues}

function PWFCalc: double;
var
NArgs: integer;
interest, discount, periods: double;
begin
```

```
PWFCalc : = 0; {in case of error exit}
S : = '';
P : = Inputs;
Periods : = P^.value;
if (Periods < 0) then begin
S : = 'The number of periods for the PWF function must be >0.';
exit;
end;
P : = P^.next;
interest : = P^.value;
if (interest >= 1) or (interest < 0) then begin
S : = 'The interest rate is a fraction and must be between 0 and 1.';
exit;
end;
P : = P^.next;
discount : = P^.value;
if (discount >= 1) or (discount < 0) then begin
S : = 'The discount rate is a fraction and must be between 0 and 1.';
exit;
end;
if (interest <> discount) then
PWFCalc : = 1 / (discount - interest) * (1 - exp(Periods * ln((1 + interest) / (1 + discount))))
else
PWFCalc : = Periods / (1 + interest);
end; {PWF}

begin
PWF: = 1 ;
if (Mode = doExample) then begin
S : = 'PWF(Periods,Interest,Discount)';
exit;
end;
if (CountValues(Inputs)<>3) then
S : = 'Wrong number of arguments for PWF function.'
else begin
PWF : = PWFCalc;
end;
end; {PWF}
exports PWF;
begin
{no initiation code needed}
end.
```

이 Pascal 코드가 Borland Delphi 3.0으로 컴파일될 때 DLL 루틴이 생성된다. 컴파일러는 자동으로 [*.DLL] 확장자를 갖는 파일을 생성할 것이다. EES는 외부 Functions와 외부 Procedure를 구분하며, 이는 파일 확장자를 통해 이루어진다. 즉, 외부 Function은 확장자 [*.DLF]를 갖게 된다.

사용자는 EES 프로그램에서 다음 형식의 문에 의해 외부 PWF 함수에 접근할 수 있다.

```
P = PWF(Periods,Interest,Discount)
```

6-3 SUM_C

- a .DLF external function written in Microsoft's Visual C^{++}

SUM_C 함수는 2개의 인수들의 합을 계산하는 것으로, EES에서 이러한 유형의 함수는 아무런 필요가 없다. 그러나 이러한 간단한 함수들을 통해 C^{++}로 EES의 [*.DLF] 외부 Function을 어떻게 작성하는지를 알아볼 수 있을 것이다.

```
#include <windows.h>
// Structure for handling EES calling syntax struct EesParamRec
{
double value;
struct EesParamRec *next;
}
;
// Tell C++ to use the "C" style calling conventions rather than the C++ mangled names extern
"C"
{
__declspec (dllexport)
double
SUM_C(char s[256], int mode, struct EesParamRec *input_rec)
{
double In1, In2, sum_res;
int NInputs;
if (mode==-1)
{
strcpy(s,"a = SUM_C(b,c)");
// return example call string return 0;
}
// Check the number of inputs
NInputs=0;
EesParamRec * aninput_rec=input_rec;
while (aninput_rec!= 0)
{
aninput_rec = aninput_rec->next;
NInputs++;
}
;
if (NInputs! = 2)
{
strcpy(s,"SUM_C expects two inputs");
return 0;
 }
In1 = input_rec->value;
input_rec = input_rec->next;
In2=input_rec->value;
sum_res = In1+In2;
return sum_res;
}
}
;
```

6-4 EES External Procedures(.FDL & .DLP Files)

EES 외부 Procedure는 EES 외부 Function과 매우 유사하다. 앞에서 그 차이점에 대하여 설명되었으며, 일례로 주어진 독립변수들(온도와 압력)에 대하여 다양한 열역학적 물성값들(비체적, 엔탈피, 엔트로피 등)을 계산하는 데에 Procedure는 매우 유용하다. 외부 Procedure는 윈도우 운영 시스템의 DLL 파일로 작성되며, 입·출력항을 수용하기 위해 배열을 사용한 외부 Procedure는 반드시 확장자 [*.FDL]을 가져야 한다. 이것은 Fortran으로 작성된 DLL 파일을 제공하는 것이 일반적인 경우이다. C, C^{++} 그리고 Pascal Procedure는 다음 형식을 갖는 Call문과 함께 EES에서 사용된다.

```
CALL procname('text', A, B : X, Y, Z)
```

여기서, 'Procname'은 Procedure의 이름이며, 'text'는 선택 사항으로 텍스트 문자이다. 이 텍스트는 ' ' 내에 작성된 문자 상수 또는 문자 변수이다. A와 B는 입력항이고, X, Y, Z는 Procedure에 의해 계산된 출력항이며, 반드시 EES 수치 변수명이어야 한다. 따라서 문자 변수들은 사용될 수 없다.

외부 Function에 접근하기 위해 사용된 Call문은 내부 EES Procedure에 사용된 Call 문의 형식과 동일하다.

1. External Procedures with the .FDL Format

a Fortran Example

[*.FDL] 형식은 다음의 Fortran 서브루틴 일부분을 통해 설명된다. 코드는 사용되는 컴파일러에 따라 다소 다를 수 있다.

S는 255자까지 포함할 수 있는 주석문 형식의 문자로 아무런 의미가 없다. 만약 EES Call문에서 첫 번째 매개변수가 ' ' 내의 텍스트 문자라면, EES는 S를 갖는 이 외부 프로그램의 문자를 지나칠 것이다. S는 또한 사용자 제공 오류 메시지를 제공하는 데 이용될 수 있다. 만약 이 서브루틴에서 오류가 검출된다면, Mode는 0보다 큰 값으로 설정되어 EES의 계산을 정지시키게 된다. 만약 S가 지정되었다면, 이것은 EES 오류 메시지에서 표시될 것이다. 정상적인 운용에서 Mode = 0이고, S는 지정할 필요가 없다.

```
32-bit .FDL library using the Digital Visual FORTRAN 6.0 compiler

SUBROUTINE MYPROC(S,MODE,NINPUTS,INPUTS,NOUTPUTS,OUTPUTS)
!DEC$ATTRIBUTES ALIAS:'MYPROC' :: MYPROC
!DEC$ATTRIBUTES DLLEXPORT :: MYPROC
INTEGER(4) MODE, NINPUTS, NOUTPUTS
REAL(8) INPUTS(50), OUTPUTS(50)
CHARACTER(255) S
...
OUTPUTS(1) = ...
...
RETURN
END
```

NInputs과 NOutputs은 EES에 의해 제공되는 입력항과 출력항의 개수이다. 이 루틴은 이러한 입·출력항의 예상 개수가 일치하는지를 검사해야만 하고, 오류 조건 (Mode > 0)을 판정해야 한다. Inputs와 Outputs은 2차 정확도를 갖는 값들의 배열이다. 이러한 배열 요소들의 개수에 대한 제한은 없으며, EES는 필요한 기억 용량을 할당하게 될 것이다. 최대 1000개의 변수들이 외부 Functions와 Procedures의 인수 항목에 사용될 수 있으며, 그 형식은 X[1..1000]이다. EES는 Input 배열에서 값들을 제공할 것이다. 서브루틴에 의해 계산된 결과들은 Outputs에 위치된다. 외부 프로그램은 DLL 루틴으로써 링크되고 컴파일되어야 한다.

Microsoft Developer Studio 환경에서 DVF(Digital Visual Fortran 6.0)를 이용하여 DLL 파일을 생성하는 것이 가장 쉬운 방법이다.

새로운 프로젝트 워크스페이스(project workspace)는 DLL(Dynamic Link Library)로써 선택되어야 하며, Fortran 소스 파일은 워크 스페이스내에 삽입되며, 표준 옵션에 의해 컴파일된다. 2개의 !DEC$ATTRIBUTES Directive는 위에 설명된 것과 같이 메인 프로그램에 포함되어야 한다. 링크 설정에 따른 출력 파일명은 MYPROC.FDL로 설정되어야 하며, MYPROC는 EES Call문에서 사용되는 이름이다.

DDL 프로젝트를 생성한 후, 파일명 MYPROC.DLL는 MYPROC.FDL로 변경되어야 한다.

다음 프로그램은 Fortran으로 외부 EES Procedure를 작성한 모델을 보여주고 있다.

```
SUBROUTINE MDASF(S,MODE,NINPUTS,INPUTS,NOUTPUTS,OUTPUTS)
C     The following two lines are specific to Microsoft Power Station 4.0
      !MS$ATTRIBUTES ALIAS:'MDASF' :: MDASF
```

```
      !MS$ATTRIBUTES DLLEXPORT :: MDASF
      INTEGER(4) MODE, NINPUTS, NOUTPUTS
      REAL(8) INPUTS(25), OUTPUTS(25)
      CHARACTER(255) S
C
      IF (MODE.EQ.-1) GOTO 900
      IF (NINPUTS.NE.2) GOTO 100
      IF (NOUTPUTS.NE.4) GOTO 200
C
      DO CALCULATIONS
      X = INPUTS(1)
      Y = INPUTS(2)
      IF (ABS(Y).LE.1E-9)
      GOTO 300
      OUTPUTS(1) = X*Y
      OUTPUTS(2) = X/Y
      OUTPUTS(3) = X+Y
      OUTPUTS(4) = X-Y
      MODE=0
      S = ''C
      RETURN
100   CONTINUE
C.    ERROR: THE NUMBER OF INPUTS ISN'T WHAT THIS SUBROUTINE EXPECTS
C.    NOTE: SET MODE>0 IF AN ERROR IS DETECTED. IF S IS EQUAL TO A
C.    NULL STRING, THEN EES WILL DISPLAY THE MODE NUMBER IN AN ERROR
C.    MESSAGE. IF S IS DEFINED, EES WILL DISPLAY THE STRING IN THE
C.    ERROR MESSAGE. THE C AT THE END OF THE STRING INDICATES C-STYLE
C.    S = 'MDASF REQUIRES 2 INPUTS'C
      MODE = 1
      RETURN
200   CONTINUE
      S = 'MDASF EXPECTS TO PROVIDE 4 OUTPUTS'C
      MODE = 2
      RETURN
300   CONTINUE
      S = 'DIVISION BY ZERO IN MDASF'C
      MODE = 3
      RETURN
900   CONTINUE
C.    PROVIDE AN EXAMPLE OF THE CALLING FORMAT WHEN MODE = -1
      S = 'CALL MDASF(X,Y:A,B,C,D)'C
      RETURN
      END
```

2. External Procedures with the .DLP Format

a C^{++} Example

외부 Procedure의 [*.DLP] 형식은 C^{++}로 작성될 수 있으며, 그 예제는 다음과 같다.

```
#include <windows.h>
// Structure for handling EES calling syntax struct EesParamRec { double value; struct
EesParamRec *next; };
// Use the "C" style calling conventions rather than the C++ mangled names extern "C"
__declspec (dllexport)
void
MDAS_C(char s[256], int mode, struct EesParamRec *input_rec, struct EesParamRec
*output_rec)
{
double v, v1, v2;
 int NOutputs;
EesParamRec *outputs, *inputs; if (mode==-1) { strcpy(s,"CALL MDAS_C(X,Y : M, D, A, S)");
 return;
}
if (input_rec->next==NULL)
{
strcpy(s,"MDAS_C expects two inputs");
mode = 1; return ;
};
outputs = output_rec;
NOutputs = 0; w
hile (outputs! = NULL)
{
NOutputs++;
outputs = outputs->next;
 }
 if (NOutputs! = 4)
{
strcpy(s,"MDAS_C requires 4 outputs");
mode = 2;
return ;
}
strcpy(s,"");
inputs = input_rec;
v1 = inputs->value;
inputs = inputs->next;
v2 = inputs->value;
v = v1*v2;
outputs = output_rec;
outputs->value=v;
outputs = outputs->next;
if (v2==0)
{
strcpy(s,"attempt to divide by zero in MDAS_C");
mode = 3;
return;
}
v = v1/v2;
outputs->value = v;
outputs = outputs->next;
outputs->value = v1 + v2;
outputs = outputs->next;
outputs->value = v1 - v2;
mode = 0;
}
;
```

6-5 Multiple Files in a Single Dynamic Link Library(.DLL)

EES는 외부에서 컴파일된 파일들을 다음과 같은 서로 다른 3개의 유형으로 인식한다.

(1) DLF : Dynamically-Linked Function

(2) DLP : Dynamically-Linked Procedure

(3) FDL : Dynamically-Linked Procedure with calling sequence accessible from Fortran

단지 하나의 외부 루틴은 하나의 파일에 존재할 수 있다. 파일명 확장자(.DLF, .DLP, 또는 .FDL)는 외부에서 컴파일된 파일의 유형을 나타내고, 외부 루틴의 이름은 파일명과 같은 이름이어야 한다. 그러나 하나의 파일에 하나 또는 그 이상의 외부 루틴들이 위치할 수 있으며, 이 하나의 파일은 외부 루틴들의 3가지 유형을 모두 포함할 수 있다.

외부 파일은 어떠한 이름도 가질 수 있으나, 반드시 파일명 확장자는 [*.DLL]이어야 한다. 만약 이 파일이 USERLIB의 하위 디렉토리에 위치된다면, EES는 자동적으로 모든 외부 루틴들을 읽을 것이다.

EES는 각 유형에 대한 Call문의 형식이 서로 다르기 때문에 파일의 유형과 [*.DLL] 파일의 외부 루틴들의 이름을 알아야 한다.

DLFName, DLPNames 그리고 FDLNames은 DLL 내에서 가져와야 한다. 이들은 하나의 Character string인 인수를 갖는다. 이 Character string은 DLL 파일에 포함되는 각 유형의 루틴 명칭으로 채운다.

각 파일명은 콤마로 구분된다.

DELPHI 5.0 코드의 간단한 예제는 다음과 같다.

```
library MYEXTRNLS {This DLL file contains two DLF functions and one DLP procedure} uses
   SysUtils;
const doExample = -1;
{***********************************************************************}
type
  CharString = array[0..255] of char;
  ParamRecPtr = ^ParamRec;
  ParamRec = record
      Value : Double;
      Next : ParamRecPtr;
end;
```

```
{***********************************************************************}
{There are 2 functions; names are separated with commas}
procedure DLFNames(Names : PChar); export; stdcall;
begin
StrCopy(Names,'myFunc1, myFunc2');
end;
{***********************************************************************}
{There is one DLP procedure}
procedure DLPNames(Names : PChar); export; stdcall;
begin
StrCopy(Names,'myDLP');
end;
{***********************************************************************}
 {no FDL procedures so return a null string}
procedure FDLNames(Names : PChar); export; stdcall;
begin
StrCopy(Names,'');
end;
{***********************************************************************}
function myFunc1 (var S: CharString; Mode: integer; Inputs: ParamRecPtr): double; export;
stdCall;
begin
{Code for myFunc1}
 ...
...
end;
{myFunc1}
{***********************************************************************}
function myFunc2 (var S: CharString; Mode: integer; Inputs: ParamRecPtr): double; export;
stdCall;
begin {Code for myFunc2}
 ...
 ...
end;
{myFunc2}
procedure myDLP(var S:CharString; Mode:integer; Inputs,Outputs:ParamRecPtr); export; stdCall;
begin
{Code for myDLP}
 ...
...
end;

{myDLP}
{***********************************************************************}
exports
DLFNames,
DLPNames,
FDLNames,
myFunc1,
myFunc2,
myDLP,
begin
end.
```

6-6 Library Manager(Professional Version)

정상적으로 모든 파일들은 EES가 실행될 때 자동으로 불러오는 USERLIB 폴더에 위치된다. 확장자가 [*.LIB], [*.FDL], [*.DLF], [*.DLP] 또는 [*.DLL] 등인 이러한 파일들은 라이브러리 파일들이 될 수 있다.

[*.TXB] 확장자를 갖는 텍스트북 파일들도 자동으로 불러오지만, 한번에 단지 하나만이 활성화된다. 사용자는 USERLIB 폴더에 위치한 파일들의 위치를 변경함으로써 시작과 동일에 불러오는 파일들을 조절할 수 있다.

그러나 보다 편리한 방법은 EES의 Professional 버전에 제공되는 Library Manager를 이용하는 것이다.

이와 관련된 자세한 설명은 매뉴얼을 참고하기 바란다.

Chapter

7. Advanced Features

EES의 고급 특징은 문자, 복소수, 배열 변수를 이용한 작업이 가능한 것과 대수 및 미분 방정식을 해석할 수 있다는 점이다.

7-1 String Variables

EES는 수치 및 문자 변수 유형을 모두 제공한다. 문자 변수는 문자 정보를 갖는 것으로, Basic 언어와 같이 변수명 다음에 '$' 표시를 붙여 구분한다. 변수명은 최대 30자까지 가능하고, 반드시 알파벳 문자로 시작되어야 하며 마지막에 $를 붙여 지정한다.

문자 변수들은 문자 상수들로 설정될 수 있으며, 문자 상수는 작은 따옴표(' ') 내에 255자까지 지정할 수 있다. 즉, A$ = 'AESL INHA UNIV' ; B$='0328735277' 등과 같다.

또한 문자 변수들은 다른 문자 변수들로 설정될 수 있다. 즉, C$ = A$과 같다.

문자 변수들은 제 6 장에서 설명된 외부 Function과 Procedure 또는 내부 Function, Procedure 그리고 Module의 인수로써 정의될 수 있다.

일반적으로 문자 변수들은 EES 방정식에서 사용될 수 있다. 예를 들어, 열역학적 물성 함수의 유체명칭이 문자 변수가 될 수 있다. 즉, h = enthalpy(R$,T = T, P = P)이다.

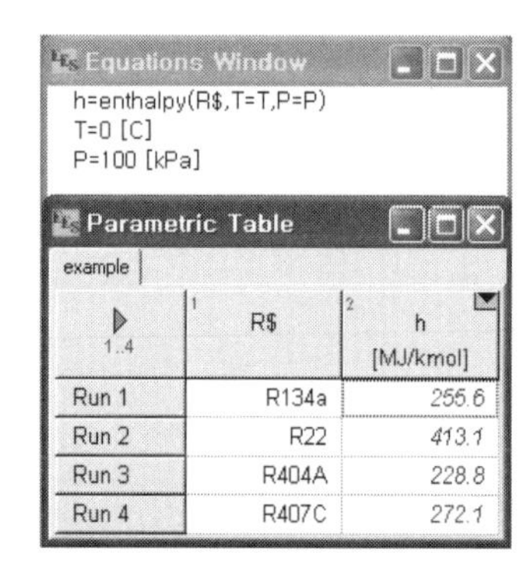

[그림 7-1] 냉매 종류에 따른 비엔탈피값

[그림 7-1]은 0℃, 100 kPa의 조건에서 주어진 냉매 4개에 대한 비엔탈피의 값이 도표에 문자 변수가 사용된 예이다. 여기서, 문자 변수 R$의 값에 사용된 냉매의 명칭에는 ' '를 사용하지 않는다는 점을 주의해야 한다.

문자 변수는 [Lookup file]의 명칭에도 사용될 수 있다.

m = Interpolate(File$, Col1$, Col2$, Col1$ = x)

k = Lookup(File$, Row, Col$)

그리고 문자 변수는 다른 변수들의 단위를 지정하는데도 사용될 수 있다.

U$ = 'kJ/kg'

h = 15 "[U$]"

7-2 Complex Variables

EES는 만약 [Preferences] 대화상자의 [Complex] 탭에서 [Do Complex algebra] control을 체크하였다면, $a + b * i$ 형식의 복소수 변수들을 갖는 방정식을 해석할 수 있다.

허수부를 지정하는 데에는 i 또는 j로 할 수 있으며, 이는 [그림 7-2]와 같이 선택하여 지정할 수 있다.

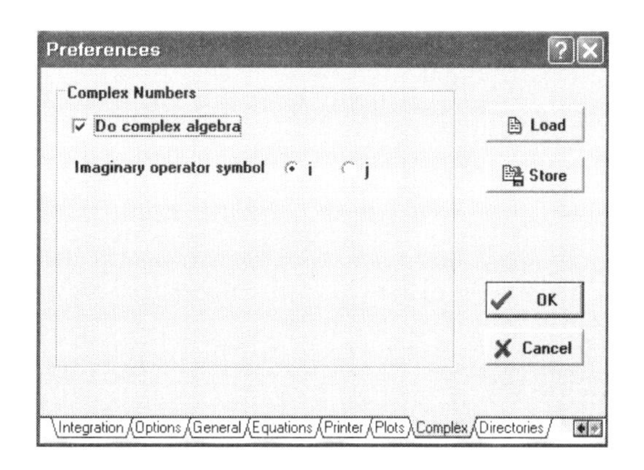

[그림 7-2] 복소수의 허수부 표시 방식 설정

복소수 모드로 설정된 경우, 모든 EES 변수는 내부적으로 복소수의 실수와 허수부에 대응하는 변수들로써 표현된다. 실수부는 변수명에 '_r'을 , 허수부는 '_i'를 덧붙여 이를 인식하게 된다.

예를 들면, 사용자가 다음과 같은 방정식을 입력했다면,

X = Y

EES는 자동적으로 변수들의 실수와 허수부에 대응하는 X_r, X_i, Y_r 그리고 Y_i 변수들을 생성하게 될 것이다. 일반적으로 사용자는 변수명을 다시 언급할 필요는 없을 것이다. 그러나 사용자는 [Equations window]에서 방정식의 변수명의 끝에 실수부 또는 허수부를 입력함으로써 복소수의 값을 설정할 수 있다. 예를 들면, 다음의 방정식은 omega란 변수를 허수 0으로 설정하게 될 것이다.

omega_i = 0

또한 복소수는 직교 좌표 및 극좌표로 입력될 수 있다. 직교 좌표에서는 복소수는 i, j 허수부를 입력하게 될 것이다. 극좌표의 경우, '<'를 사용하여 각을 표시하게 된다. 각도는 단위 설정에서 지정된 단위 체계를 따르면 된다.

예를 들면, 다음의 세 가지 경우는 모두 Y의 값이 동일한 것으로 설정될 것이다.

Y = 2 + 3 * i

Y = 3.606 < 56.31 deg

Y = 3.606 < 0.9828 rad

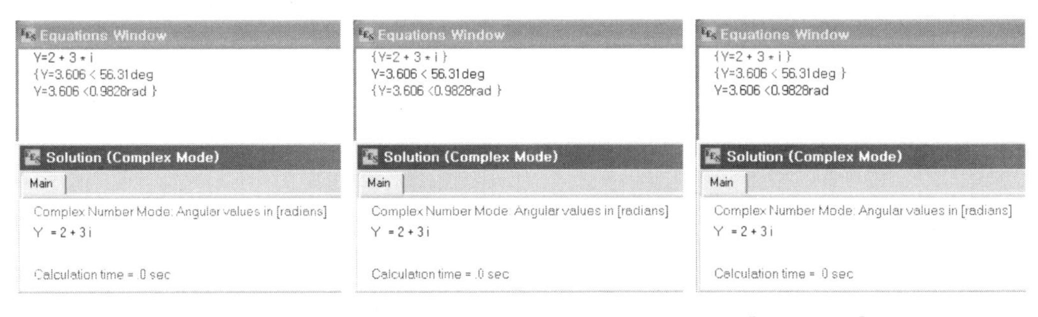

[그림 7-3] Case 1 [그림 7-4] Case 2 [그림 7-5] Case 3

내부적으로 EES는 각 방정식에 대하여 2개의 방정식을 생성한다. 하나는 변수의 실수부이며, 다른 하나는 허수부 방정식이다.

[그림 7-6]과 같이 복소수 모드에서 사용되는 실제 방정식들은 각 방정식의 블록화 순서와 오차를 표시하는 [Residuals] 창을 보면 가장 명확하게 볼 수 있다.

복소수 모드에서는 Min/Max와 같은 몇몇 EES 함수들은 사용할 수 없다. 그러나 대부분의 내장 함수들은 수정하여 사용할 수 있다. 예를 들면, sin, cos, ln, exp 그리고 tanh 함수들은 적절한 복소수로 바뀌어 받아들일 것이다.

사용자 지정 Functions, Procedures 그리고 External routines들은 사용될 수 있으나 단지 실수부만을 받아들이게 된다. 그리고 현재 버전은 Module은 복소수를 지원하지 않고 있다. 그래서 복소 변수의 실수부만이 인수에 위치하게 될 것이다.

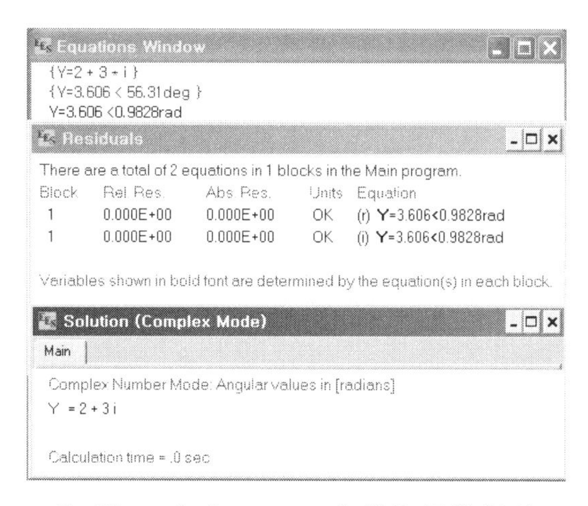

[그림 7-6] [Residuals] 창을 통한 분석

복소수 모드에서만 운용되는 몇 가지 내장 함수들이 있다. 이것은 Real, Imag, Cis, Magnitude, Angle, AngleDeg, AngleRad 그리고 Conj 함수이다. 이러한 함수들은 모두 하나의 인수를 받아들이며, 선택된 값을 복소 변수의 실수부로 설정한다.

EES가 복소수를 계산하는 방법에 있어 한 가지 한계는 EES는 여러 개의 해가 존재하더라도, 단지 하나의 해만을 계산한다는 점이다. 그러나 EES는 다중 해를 제공하는 간단한 방법이 있다.

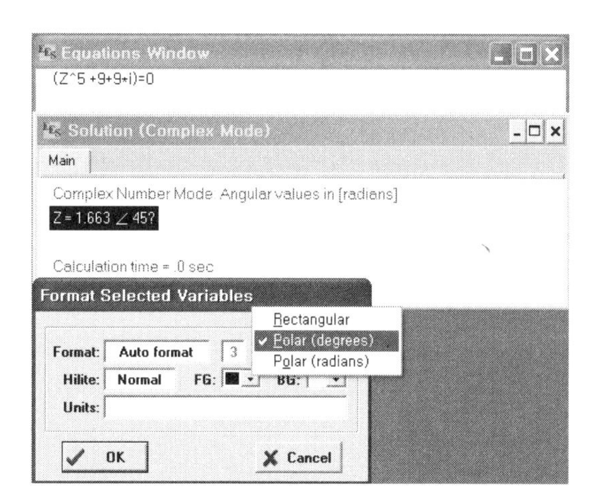

[그림 7-7] 극좌표계를 이용한 [Solution] 창 표시 방법

복소수 방정식 $z^5 + 9 + 9i = 0$의 해를 결정하는 문제를 고려해 보자.

[Equations window]에 위의 방정식을 입력한 후, 기본 추정값을 계산하면, 해는 $z = 1.176 + 1.176i$과 같이 얻어질 것이다. [그림 7-7]과 같이 [Solution] 창 표시 형식을 극좌표 계[deg]로 설정하면, 다음과 같은 해를 얻을 수 있을 것이다.

이것이 이 방정식의 엄밀해이지만, 4개의 다른 해가 있다. 다른 해를 찾기 위해, z와 이 얻어진 해의 차로 이 방정식을 나눈다. 그러면 [그림 7-8]과 같이 [Formatted Equations] 창에 표시될 것이다.

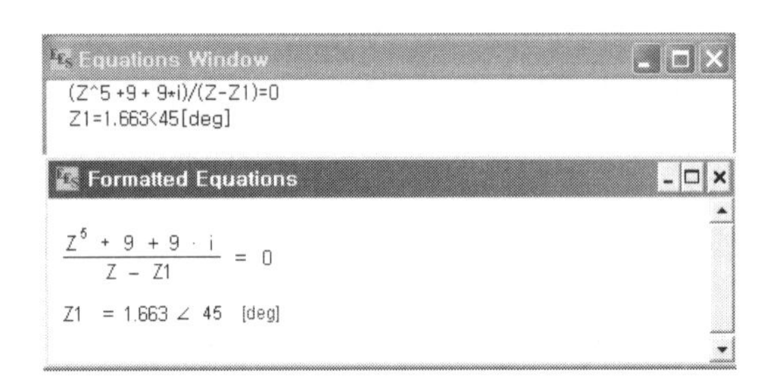

[그림 7-8] 또 다른 해를 찾는 방법

이상의 과정을 반복하여 수행하면, 최종 5개의 해를 얻을 수 있게 된다.

7-3 Array Variables

EES는 대괄호 [ ] 내에 배열 지수를 위치시킴으로써, 즉 X[5], 배열 변수로 지정하게 된다. 다차원 배열 변수 또한 콤마로 구분함으로써, 즉 X[1, 2, 3], 사용될 수 있다. 배열 변수를 포함하기 위한 몇 가지 요구사항은 다음과 같다.

(1) 배열 지수는 상수, TableRun# 함수 또는 대수 방정식 표현, 이전에 상수값으로 지정된 상수형 변수 등이 가능하다. 예를 들어, X[2 * 3 + 1]는 가능한 형식이며, EES는 X[7]로 전환시켜 인식하게 될 것이다. 그리고 X[1 + 2 * 3]는 X[9]로 인식하게 된다. 이는 배열 지수의 표현에서는 연산자의 우선순위에 상관없이 순차적으로 계산한 값을 읽기 때문에 주의해서 사용해야 한다.

(2) 유효한 배열 지수값의 범위는 0을 포함한 −32760 ~ +32760까지이다.

(3) 변수명에서 마지막 문자는 반드시 ']'이어야 한다.

(4) 변수명의 전체 길이는 [ ]과 배열 지수를 포함하여 30자를 초과해서는 안 된다.

EES는 Fortran이나 Pascal 언어와는 매우 다른 방법으로 배열 변수들을 취급한다. EES에서 X[99] 각각의 배열 변수는 고유한 변수명이다. 마찬가지로 EES에서 X[99]는 ZZZ와 같은 다른 변수명과 같이 표시된다. 추정값과 범위는 일반 변수들과 같이 [Variable Info] 명령을 이용하여 X[99] 변수에 대하여 지정할 수 있다. 일련의 방정식들에 X, X[1], X[2, 3]의 EES 변수명들이 함께 사용 가능하다. [Equations window]에 나타나는 X[99]는 EES에서 99개 요소들에 대한 기억장치를 비축하는 것은 아니라는 사실이다. 기억장치는 변수에 대해서만 할당된다.

배열 변수들은 몇 가지 방법에 있어 매우 유용하게 사용된다.

(1) 배열 변수들은 유사한 유형의 변수들의 그룹화 도구가 된다. 예를 들어, 시스템에서 각 상태에 대한 온도는 T[1], T[2] 등과 같이 표현될 수 있다.
(2) 배열 변수들은 도식화될 수도 있다. 예를 들면, 열역학 사이클에서 각 상태의 온도와 엔트로피는 T-s 물성 다이어그램에 겹쳐 표시될 수 있다.
(3) 배열 변수들은 행렬 형식을 제공할 수 있는 Duplicate 명령과 sum, product 함수와 함께 사용될 수 있으며, 몇 가지 문제들을 지정하기 위해 필요한 많은 양의 워드 작업을 감소시킬 수 있다.

1. Array Range Notation

배열 범위 표기법은 내부와 외부의 Functions과 Procedures를 위한 배열 변수들의 이용을 쉽게 하기 위해 속기 표기법이 사용된다.

Equations Window

```
Function SumSquares( A[1..90])

  S:=0
  i:=1
    repeat
      S:=S+A[i]^2
      i:=i+1
    until (i=90)
SumSquares:=S
end

n=90
duplicate i=1,n
   X[i]=i
end
SumX2=SumSquares( X[1..n])
AvgX=AVERAGE(X[1..n])

SumX=SUM(X[1..n])
OldSumX=SUM(X[i],i=1,n)
MaxX=MAX(X[1..n])

$Arrays OFF

$TabWidth 0.5 cm
```

Solution

Main | SumSquares

Unit Settings: [kJ]/[C]/[kPa]/[kg]/[degrees]

AvgX = 45.5	MaxX = 90	n = 90	OldSumX = 4095	SumX = 4095	SumX2 = 238965
X_1 = 1	X_2 = 2	X_3 = 3	X_4 = 4	X_5 = 5	X_6 = 6
X_7 = 7	X_8 = 8	X_9 = 9	X_{10} = 10	X_{11} = 11	X_{12} = 12
X_{13} = 13	X_{14} = 14	X_{15} = 15	X_{16} = 16	X_{17} = 17	X_{18} = 18
X_{19} = 19	X_{20} = 20	X_{21} = 21	X_{22} = 22	X_{23} = 23	X_{24} = 24
X_{25} = 25	X_{26} = 26	X_{27} = 27	X_{28} = 28	X_{29} = 29	X_{30} = 30
X_{31} = 31	X_{32} = 32	X_{33} = 33	X_{34} = 34	X_{35} = 35	X_{36} = 36
X_{37} = 37	X_{38} = 38	X_{39} = 39	X_{40} = 40	X_{41} = 41	X_{42} = 42
X_{43} = 43	X_{44} = 44	X_{45} = 45	X_{46} = 46	X_{47} = 47	X_{48} = 48
X_{49} = 49	X_{50} = 50	X_{51} = 51	X_{52} = 52	X_{53} = 53	X_{54} = 54
X_{55} = 55	X_{56} = 56	X_{57} = 57	X_{58} = 58	X_{59} = 59	X_{60} = 60
X_{61} = 61	X_{62} = 62	X_{63} = 63	X_{64} = 64	X_{65} = 65	X_{66} = 66
X_{67} = 67	X_{68} = 68	X_{69} = 69	X_{70} = 70	X_{71} = 71	X_{72} = 72
X_{73} = 73	X_{74} = 74	X_{75} = 75	X_{76} = 76	X_{77} = 77	X_{78} = 78
X_{79} = 79	X_{80} = 80	X_{81} = 81	X_{82} = 82	X_{83} = 83	X_{84} = 84
X_{85} = 85	X_{86} = 86	X_{87} = 87	X_{88} = 88	X_{89} = 89	X_{90} = 90

No unit consistency or conversion problems were detected.

Calculation time = 0 sec

[그림 7-9] EES 배열 변수의 활용 예

배열 변수의 범위는 첫 번째 배열 지수값과 마지막 지수값을 분리함으로써 지시될 수 있다. 예를 들어, X[1..5]는 함수의 인수 목록으로써 X[1], X[2], X[3], X[4], X[5]의 장소로 사용될 수 있다. 이 속기 표기법은 2차원 배열, Z[2,1..3]에도 사용된다. EES 변수들은 X[N..M]과 같이 이전에 정의된 지정문의 값을 제공받아 지수의 범위로 사용할 수 있다.

7-4 Duplicate Command

Duplicate 명령은 EES에 방정식을 입력하는 속기 방법 중 하나이다. Duplicate와 End 명령 사이에 방정식들이 위치되어야 한다. Duplicate는 배열 변수들에 사용될 때 유용하다.

예를 들면,

```
N = 5
X[1] = 1
DUPLICATE j = 2,N
X[j]=X[j-1] + j
END
```

이다. 위의 방정식의 기본 형식은 다음과 같다.

```
X[1] = 1
X[2] = X[1] + 2
X[3] = X[2] + 3
X[4] = X[3] + 4
X[5] = X[4] + 5
```

Duplicate 명령의 유효 범위 내에서, Duplicate 지수 변수(index variable)는 배열 지수에 대한 대수 표현도 사용 가능하다. 그러나 Duplicate 지수는 EES 변수는 아니다.

Duplicate 명령을 포함하는 문장들은 다음의 형식을 따라야 한다.

(1) Duplicate 명령은 [Equations window] 또는 ';'으로 다른 방정식들과 분리된 독립된 행에 위치해야 한다.

(2) 상·하위 한계는 다음 중 하나가 될 수 있다.
㉮ 수치값이나 대수 표현
㉯ Duplicate문 앞에 설정된 EES 변수의 값
㉰ [Parametric Table]에서 설정된 EES 변수의 값
㉱ TableRun# 함수
(3) Duplicate 명령들은 여러 개가 동시에 사용될 수 있다. 그러나 각 Duplicate 명령은 다른 지수 변수명을 갖고, 독립된 End 명령으로 종료되어야 한다. 즉,

```
DUPLICATE I = 1,5; DUPLICATE j = i,6; X[i,j] = i*j; END; END
```

(4) End 명령은 열린 Duplicate 명령의 마지막에 위치하며, 이 명령을 마친다는 것을 의미한다.

7-5 Matrix Capabilities

많은 공학문제들은 다음과 같은 대수 방정식의 선형 시스템으로 방정식화될 수 있다.
[A][X] = [B]
여기서, [A]는 계수의 사각 행렬이며, [X]와 [B]는 벡터이다. 일반적으로 행렬 방정식은 기지의 [A]와 [B]를 이용하여 미지의 벡터 [X]를 계산하는 것이 대부분이다.
이 경우,
$[X] = [A]^{-1}[B]$
EES는 [Equations window]에서 일정 형식이나 순서로 각 방정식을 직접 입력함으로써 [A][X] = [B]로 표현되는 방정식들을 직접 계산할 수 있다. 그러나 EES에서 이러한 방정식들을 해석하기 위한 보다 세련되고 편리한 방법은 Matrix Capability를 활용하는 것이다. EES는 Duplicate 명령과 Sum 함수를 사용한 배열 변수들을 공식화함으로써 행렬 방정식들을 해석할 수 있다. 예를 들어, 다음과 같이 주어지는 다음의 복사 열전달 문제를 고려해 보자. [A]와 [B]는 주어진 값이며, Radiosity 벡터 [X]를 결정하기 위해

$$A = \begin{vmatrix} 10 & -1 & -1 \\ -1 & 3.33 & -1 \\ -1 & -1 & 2 \end{vmatrix} \quad B = \begin{vmatrix} 940584 \\ 4725 \\ 0 \end{vmatrix}$$

이다. 이 문제를 해석하기 위해 EES에서 요구하는 방정식들은 다음과 같다.

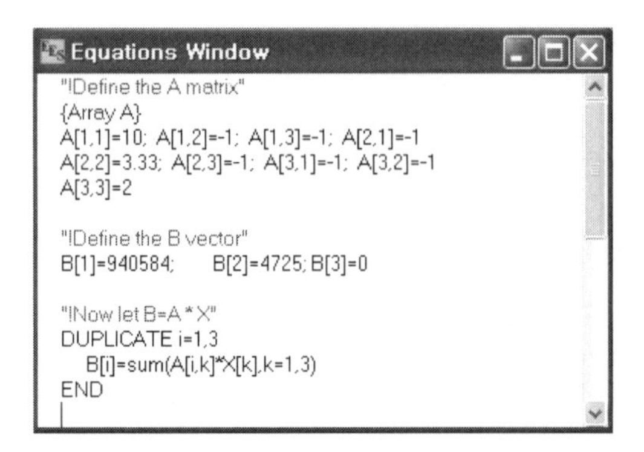

[그림 7-10] 예제의 행렬식 분석 예

X배열에서 계산된 요소들은 [Array window]에 표시될 것이다.

Arrays Table

	1 $A_{i,1}$	2 $A_{i,2}$	3 $A_{i,3}$	4 B_i	5 X_i
[1]	10.00	-1.00	-1.00	940584	108339
[2]	-1.00	3.33	-1.00	4725	59093
[3]	-1.00	-1.00	2.00	0	83716

[그림 7-11] 예제의 행렬식 분석 결과

해를 얻기 위해 [A]의 역행렬을 계산할 필요가 없다는 점이다. 이는 EES 내부적으로 역행렬을 계산하기 때문이다. 그러나 역행렬 $[A]^{-1}$은 다음과 같은 방법으로 단위 행렬과 같은 행렬곱 $[A][A]^{-1}$ 설정에 의해 계산될 수 있다.

Equations Window

```
"!Set up identity matrix using Step function"
DUPLICATE i=1,N
   DUPLICATE j=1,N
      Identity[i,j]=1-step(abs(i-j)-1)
   END
END

"!Set identity matrix to the product of A and Ainv"
DUPLICATE i=1,N
   DUPLICATE j=1,N
      Identity[i,j]=sum(A[i,k]*Ainv[k,j],k=1,N)
   END
END
```

[그림 7-12] 역행렬 계산 알고리즘

[그림 7-11]의 내용에 [그림 7-12]의 내용을 [Equations window]에 추가한 후, 이를 실행시키면, 역행렬 A_{inv}는 [그림 7-13]과 같이 [Arrays Table] 창에 표시될 것이다.

Arrays Table

	$Ainv_{i,1}$	$Ainv_{i,2}$	$Ainv_{i,3}$
[1]	0.11	0.06	0.09
[2]	0.06	0.39	0.22
[3]	0.09	0.22	0.66

[그림 7-13] 역행렬 계산 결과

위의 두 가지 예제는 행렬의 곱과 역행렬을 계산하는 일반적인 순서를 보여주고 있으므로, 이를 활용하여 다양한 행렬식 계산을 수행할 수 있을 것이다.

7-6 Using the Property Plot

[Plot] 메뉴의 [Property Plot] 항목은 EES 데이터베이스에서 유체에 대한 T-s, T-v, P-v 또는 P-h 다이어그램을 생성한다. 만약 물질 AirH_2O가 선택되었다면, 습공기 선도표가 생성될 것이다. [Property Plot]은 EES의 [Plot] 창 내의 한 곳에 위치하게 된다. 추가적인 물성 자료들 또는 열역학 상태점 정보는 [Overlay Plot] 명령을 사용하여 [Property Plot]에 추가될 수 있다.

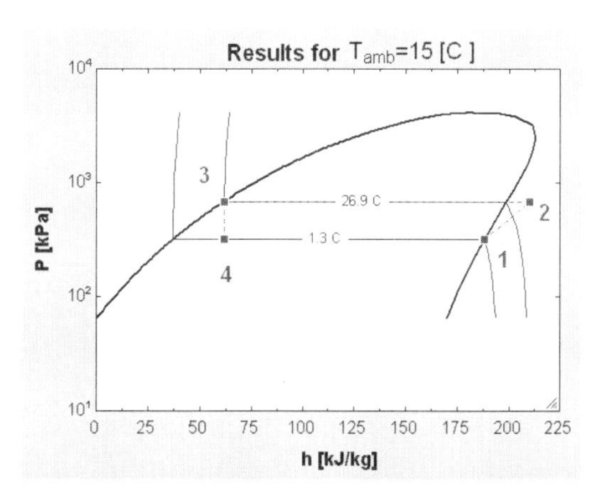

[그림 7-14] P-h 선도의 예

[그림 7-14]는 P-h 선도의 일례를 나타내는 것이다.

그 외 자세한 내용은 예제를 통한 학습 및 EES 사용자 매뉴얼을 참고하여 학습하기 바란다.

7-7 Integration & Differential Equations

Integral 함수는 미분 방정식들의 해를 찾기 위해 사용되는 것으로, 기본 형식은 다음과 같다.

$$\int_{t_1}^{t_2} f\,dt = Integral\,(f,\,t)$$

[Parametric Table]과의 의존관계와는 다른 이 함수의 2가지 기본 형식이 있다.

1. Table-based Integral Function

Table-based Integral 함수는 적분 변수의 한계 및 적분 간격을 제공하기 위해 [Parametric Table]을 사용한다. 이 함수의 형식은 Integral(f, t)이다. Integral 함수의 이 형식은 단지 [Parametric Table]과 결합되어 사용된다. 적분 변수 t는 [Parametric Table]의 열들 중 하나에서 지정된 값을 갖는 변수명이어야만 하고, 그 범위는 $t1$에서 $t2$의 값을 갖는다. f는 변수 또는 적분 변수, 상수, 변수들과 연관된 음해법/양해법 대수 표현이 될 수 있다.

2. Equation-based Integral Function

Equation-based Integral 함수는 Table-based Integral 함수와 동일한 목적으로 제공되지만, [Parametric Table]의 사용은 필요하지 않다. 이 함수의 기본 형식은 다음과 같다.

$$F = Integral(f,\,t,\,t1,\,t2,\,tStep)$$

$$F = Integral(f,\,t,\,t1,\,t2\,)(automatic\ step\ size)$$

$t1$과 $t2$는 적분 변수의 상·하위 범위이다. 이 범위는 상수 또는 EES 표기법으로 지정되어야 한다. 그러나 이 범위는 적분 변수 t에 관한 함수 또는 적분과정동안 변하는 다른 변수로써 지정될 수는 없다. $tStep$은 증분으로 EES는 지정된 범위에서 적분을 수치적으로 평가하는 과정에서 적분 변수에 대하여 사용할 것이다. $tStep$은 적분이 진행되는 동안에 변경될 수 없다. 그리고 $tStep$의 지정은 선택사항이고, 이 값이 지정되지 않으며, 자동으로 적절한 값을 사용하여 방정식을 해석하게 될 것이다.

EES는 적분을 계산하기 위하여 'Second-Order Predictor-Corrector Algorithm'을

사용한다. 이 알고리즘은 적분이 복소수에 대한 것일 때도 결과를 얻을 수 있으며, 여러 가지가 결합된 대수 방정식과 미분 방정식 해석을 위해 디자인되었다. 특히 이 알고리즘은 Stiff 방정식들에 적합하다.

EES는 초기값 미분 방정식을 해석하기 위해 Integral 함수를 사용한다. 어떤 1차 미분 방정식은 양측 모두를 적분함으로써 적절한 형식으로 전환될 수 있다. 예를 들어 미분 방정식 $dy/dx = f(x, y)$는 다음과 같이 동일한 표현으로 나타낼 수 있다.

$$y = y0 + \int f(x, y)dx$$

여기서, $y0$는 y의 초기값이다. 이 방정식은 앞에서 설명된 2가지 방법 중 하나를 이용하여 해석될 수 있다. Table-based 형식은 [Equations window]에서 다음과 같이 입력될 수 있다.

```
y = y0 + INTEGRAL(fxy, x)
```

여기서, fxy는 EES 변수 또는 표현식이다. 이 방정식을 해석하기 위해 변수 x에 대한 열을 포함하는 [Parametric Table]을 생성해야 한다. x의 값들이 첫 번째 열에 이 값의 하한 범위에 대응하는 값을 마지막 열에 상한 범위에 대응하는 값을 입력해야 한다. 간격은 연속되는 열에서 x값 사이의 차에 의해 결정되며, 고정된 값은 필요하지 않다. 그런 다음 [Solve Table] 명령을 이용하여 이 적분을 계산하면 된다.

3. Solving First-Order Initial Value Differential Equations

(1) Method 1 : Solving Differential Equations with the Table-based Integral Function

이 예제는 EES에서 미분 방정식을 해석하기 위해 Integral 함수와 [Parametric Table]을 사용하는 방법에 관하여 설명하는 것이다. 초기온도 400℃를 갖는 고체 덩어리가 20℃의 유체 매질에 노출되어 있다. 이 경우 시간에 따른 고체 덩어리의 온도변화를 계산하는 것이다.

```
"!Physical properties"
r = 0.005 [m]
A = 4*pi*r^2        "area of lump in m^2"
V = 4/3*pi*r^3      "volume of lump in m^3"
```

```
"!Material properties"
rho = 3000 [kg/m3]; c = 1000 [J/kg-K]

"!Constants"
T_infinity=20 [C]; T_i=400 [C]; h = 10 [W/m2-K]

"!Energy balance to determine dTdt"
rho*V*c*dTdt = -h*A*(T-T_infinity)

"!Integrate dTdt to find T as a function of time"
T = T_i+integral(dTdt,Time)

"!Exact solution"
(T_exact-T_infinity)/(T_i-T_infinity) = exp(-h*A/(rho*c*V)*Time)
```

위와 같이 [Equations window]에 방정식을 입력한 후, [그림 7-15]와 같이 [Parametric Table]을 생성한 다음, [Solve Table] 명령을 통해 실행시키면 [그림 7-16]과 같은 결과를 얻게 된다. 이를 [Plot] 명령을 이용하여 도식화시키면 [그림 7-17]과 같은 그래프 분석 결과를 얻을 수 있다.

Parametric Table — Table 1

1..11	T [C]	T_{exact} [C]	Time [sec]
Run 1			
Run 2			
Run 3			
Run 4			
Run 5			
Run 6			
Run 7			
Run 8			
Run 9			
Run 10			
Run 11			

[그림 7-15] [Parametric Table] 생성

Parametric Table — Table 1

1..11	T [C]	T_{exact} [C]	Time [sec]
Run 1	400	400	0
Run 2	300.9	301.5	150
Run 3	227.6	228.5	300
Run 4	173.4	174.5	450
Run 5	133.4	134.5	600
Run 6	103.8	104.8	750
Run 7	81.96	82.81	900
Run 8	65.8	66.53	1050
Run 9	53.85	54.47	1200
Run 10	45.02	45.54	1350
Run 11	38.49	38.92	1500

[그림 7-16] 실행 결과

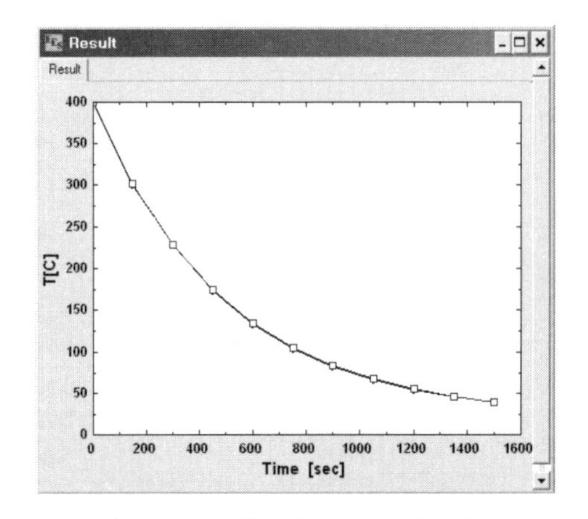

[그림 7-17] 결과의 그래프화

위의 예제를 상세히 설명하면 다음과 같다. 지름 $r = 5\,\mathrm{mm}$인 구(球)가 초기 400℃로 일정하기 유지되고 있다. 이 구는 20℃의 공기 중에 노출되어 있으며, 대류 열전달 계수 $h = 10\,\mathrm{W/m^2 \cdot {}^\circ K}$라고 하자. 구의 물성값은 다음과 같다.

밀도 : $\rho = 3000\,\mathrm{kg/m^3}$

열전도율 : $k = 20\,\mathrm{W/m \cdot {}^\circ K}$

비열 : $c = 1000\,\mathrm{J/kg \cdot {}^\circ K}$

이 예제는 시간에 따른 구의 온도 변화 계산이고, 이를 에너지 평형식으로 나타내면 다음과 같다.

$$-h \cdot A(T - T_\infty) = \rho \cdot c \cdot V \cdot \frac{dT}{dt}$$

여기서, h는 대류 열전달 계수이며, T는 특정 시간이 경과한 후의 구의 온도(℃), T_∞는 주변 공기의 온도로 20℃로 일정한 값이며, A는 구의 표면적($\mathrm{m^2}$), V는 구의 체적($\mathrm{m^3}$)을 나타낸다. 끝으로 t는 시간이다.

전도 열전달 수업을 통해 이러한 형태의 미분 방정식의 해는 다음과 같음을 쉽게 찾을 수 있을 것이다.

$$\frac{T - T_\infty}{T_i - T_\infty} = \exp\left(\frac{-hA}{\rho \cdot c \cdot V}t\right)$$

(2) Method 2 : Use of the $Integral Directive & the Equation-based Integral Function

Method 1과 동일하며 Integral 함수를 정의할 때, 다음과 같은 형식으로 지정하면 된다.

```
F = Integral (Integrand, VarName, LowerLimit, UpperLimit, StepSize)
ex) T = T_i + integral(dTdt,Time,0,1000)
```

그리고 제일 마지막에 다음의 $IntegralTable Directive를 추가하면 된다.

```
$IntegralTable Time:100, T, T_exact
```

이상과 같이 지정한 후 실행시키면, 자동으로 [Integral Table]이 생성되는 것을 볼 수 있을 것이다.

(3) Method 3: Solving Differential Equations with the TableValue Function

기본적인 것은 Method 1과 동일하지만, 여기서는 1차 미분 방정식

$$-h \cdot A(T - T_{\infty}) = \rho \cdot c \cdot V \cdot \frac{dT}{dt}$$

의 시간항을 다음과 같이 근사하여 계산하도록 한다.

$$\frac{dT}{dt} \approx \frac{T^{new} - T^{old}}{\Delta t}$$

수치해석-유한 차분법을 통해 위와 같이 근사됨을 쉽게 알 수 있으며, 이는 Taylor 급수를 통해 얻어진다.

본 절에서는 양해법인 Euler's Method과 음해법인 Crank-Nicolson Method를 이용한 해석 결과를 엄밀해와 비교 검토하기로 한다.

Euler 방법에서는 단지 이전 온도만이 우측의 미분 방정식의 계산에 사용되지만, Crank-Nicolson 방법에서는 온도의 이전값과 현재값의 평균이 사용되며, 현재의 온도값은 미지의 값이므로 이 기법을 음해법이라 한다. EES는 음해법 해석을 위해 디자인된 프로그램이기 때문에 해석에 아무런 문제가 없다.

방정식들의 대부분은 Method 1과 동일하다. Euler's Method에 의해 계산되는 온도를 T_Euler라 하고, Crank-Nicolson Method에 의해 계산되는 온도를 T_CN이라 한다.

그리고 새로이 추가되는 변수로 시간 간격 delta = 100 sec가 있다.

이상과 같은 과정을 [Equations window]에 추가한 형식은 다음과 같다.

```
"Physical properties"
r = 0.005 [m]
A = 4*pi*r^2        "area of lump in m^2"
V = 4/3*pi*r^3      "volume of lump in m^3"

"Material properties"
rho = 3000 [kg/m^3]
c = 1000 [J/kg-K]

"Constants"
T_infinity = 20 [C]; T_i = 400 [c]; h = 10 [W/m2-K]; delta = 100 [sec]

"Finite difference energy balance"
Row = 1+Time/delta "this is the row number in the table"

"!Euler Method"
T_Euler_old = tablevalue(Row-1,#T_Euler)          "retrieves previous T_Euler"
```

```
rho*V*c*(T_Euler-T_Euler_old)/delta = -h*A*(T_Euler_old-T_infinity)

"!Crank-Nicolson Method"
T_CN_old=tablevalue(Row-1,#T_CN)       "retrieves previous T_CN"
rho*V*c*(T_CN-T_CN_old)/delta = -h*A*((T_CN_old+T_CN)/2-T_infinity)

"!Exact solution"
(T_exact-T_infinity)/(T_i-T_infinity) = exp(-h*A/(rho*c*V)*Time)
```

다음으로 [Parametric Table]을 11행으로 추가한다. 각 열에 추가되는 값으로는 Time, T_Euler, T_CN 그리고 T_Exact로 하며, Time 열은 0~1000 sec까지 100초씩 증가한 값을 기입하고, 나머지 변수들에 대한 초기값을 [그림 7-18]과 같이 400℃로 입력한다.

Parametric Table

Result

2..11	Time [sec]	T_{CN} [C]	T_{Euler} [C]	T_{exact} [C]
Run 1	0	400.0	400.0	400.0
Run 2	100			
Run 3	200			
Run 4	300			
Run 5	400			
Run 6	500			
Run 7	600			
Run 8	700			
Run 9	800			
Run 10	900			
Run 11	1000			

Solve Table

Table: Result

First Run Number: 2

Last Run Number: 11

- [x] Update guess values
- [ ] Stop if warning occurs
- [ ] Use input from Diagram
- [x] Show unit checking warnings

OK

Cancel

[그림 7-18] [Parametric Table] 생성 [그림 7-19] 계산 방식 설정

다음으로 [그림 7-19]와 같이 [Calculate] 메뉴의 [Solve Table] 명령을 이용하여 2행에서부터 11행까지 계산 범위를 지정한 후, [OK] 버튼을 클릭하면, [그림 7-20], [그림 7-21]과 같은 계산 결과를 얻을 수 있을 것이다. 결과에 대한 분석은 생략하도록 한다.

Parametric Table

Result

2..11	Time [sec]	T_{CN} [C]	T_{Euler} [C]	T_{exact} [C]
Run 1	0	400.0	400.0	400.0
Run 2	100	330.9	324.0	331.1
Run 3	200	274.4	263.2	274.7
Run 4	300	228.1	214.6	228.5
Run 5	400	190.3	175.6	190.7
Run 6	500	159.3	144.5	159.8
Run 7	600	134.0	119.6	134.5
Run 8	700	113.3	99.7	113.7
Run 9	800	96.3	83.8	96.7
Run 10	900	82.4	71.0	82.8
Run 11	1000	71.1	60.8	71.4

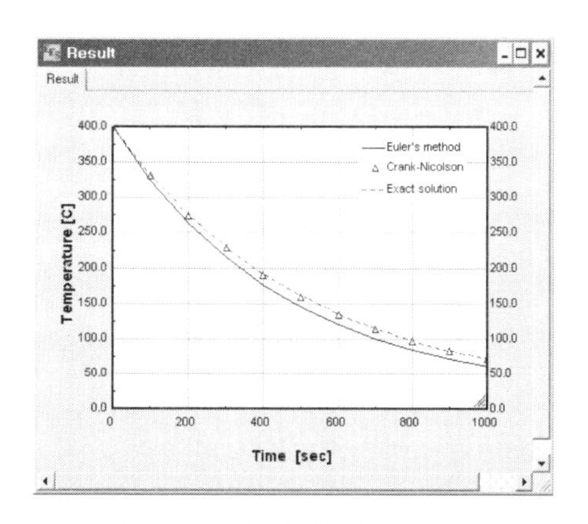

[그림 7-20] 도표를 이용한 분석 결과 [그림 7-21] 결과의 그래프화

4. Solving Second & Higher Order Differential Equations

고차 미분 방정식들 또한 Integral 함수의 반복 이용으로 계산될 수 있다.

다음의 예제는 자유 낙하하는 물체의 위치와 속도를 계산하기 위한 2차 미분 방정식 해석에 관한 것이다.

```
"!This program demonstrates the use of the Integral functions to solve second order equations.
"

D = 0.25 [ft]
m = 1.0 [lb_m]     "mass of sphere"
v_o = 0 [ft/s]     "initial velocity."
z_o = 0 [ft]       "initial position"
time = 5 [s]       "time period for analysis"
g = 32.17 [ft/s^2] "gravitational acceleration"
F = m*g*Convert(lbm-ft/s^2,lbf)                  "Newton's Law"
m*a*Convert(lbm-ft/s^2,lbf) = F-F_d              "force balance"
Area =pi*D^2/4                           "frontal area of sphere"
F_d = Area*C_d*(1/2*rho*v^2)*Convert(lbm-ft/s^2,lbf)      "definition of drag coefficient"
"Find Reynolds number"
mu = viscosity(air, T=70)*Convert(1/hr,1/s)
rho = density(Air,T=70,P=14.7)
Re = rho*abs(v)*D/mu
C_d = exp(interpolate1( 'LnRe', 'LnCd', LnRe=Ln(max(.01, Re))))
"Use EES integral function to determine velocity and position given the acceleration."
v = v_o+integral(a,t,0,time)   "velocity after 5 seconds"
z = z_o+integral(v,t,0,time)   "vertical position after 5 seconds"

$integraltable t:0.2,  v,z, C_d
$tabstops 1 in
```

[Solve] 명령을 실행시키면, [그림 7-22]와 같은 [Solution] 창이 화면에 표시될 것이다. 그 결과들은 [그림 7-23]~[그림 7-25]와 같이 나타낼 수 있다.

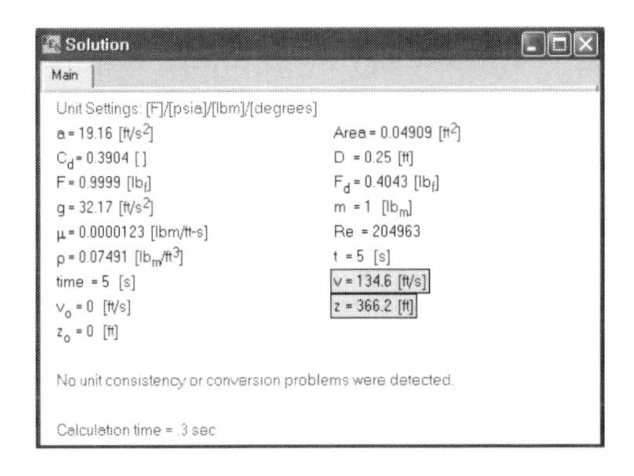

[그림 7-22] [Solution] 창의 분석 결과

Integral Table

	t [s]	v [ft/s]	z [ft]	C_d [ ]
Row 1	0	0	0	5628
Row 2	0.2	6.431	0.6834	0.3975
Row 3	0.4	12.85	2.612	0.4212
Row 4	0.6	19.24	5.822	0.4448
Row 5	0.8	25.59	10.31	0.4495
Row 6	1	31.89	16.05	0.4495
Row 7	1.2	38.12	23.06	0.4449
Row 8	1.4	44.28	31.3	0.4397
Row 9	1.6	50.35	40.76	0.4353
Row 10	1.8	56.33	51.43	0.4315
Row 11	2	62.21	63.28	0.4285
Row 12	2.2	67.97	76.3	0.4269
Row 13	2.4	73.62	90.47	0.4256
Row 14	2.6	79.14	105.7	0.4243
Row 15	2.8	84.53	122.1	0.4231
Row 16	3	89.78	139.5	0.4221
Row 17	3.2	94.89	158	0.4212
Row 18	3.4	99.86	177.5	0.4203
Row 19	3.6	104.7	198	0.4195
Row 20	3.8	109.3	219.4	0.4179
Row 21	4	113.9	241.7	0.4128
Row 22	4.2	118.3	264.9	0.4076
Row 23	4.4	122.6	289	0.4028
Row 24	4.6	126.7	313.9	0.3984
Row 25	4.8	130.7	339.7	0.3942
Row 26	5	134.6	366.2	0.3904

[그림 7-23] 도표 상의 분석 결과

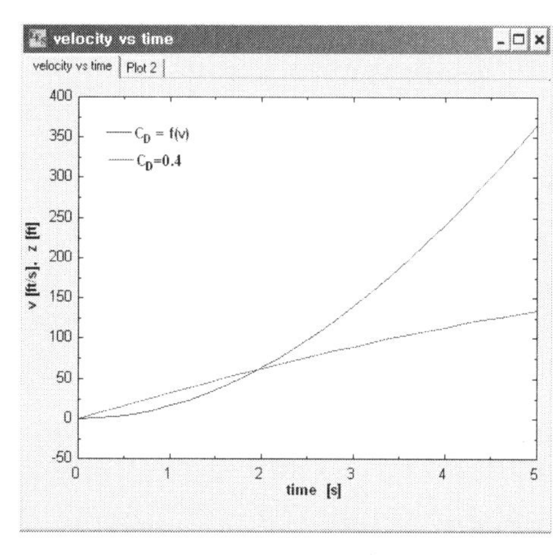

[그림 7-24] 그래프 분석 결과 1

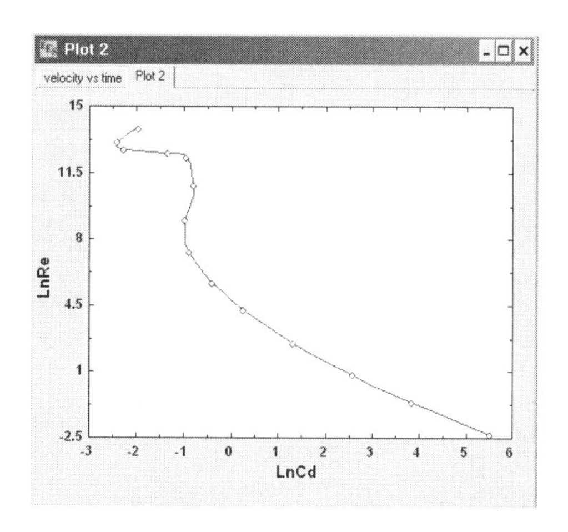

[그림 7-25] 그래프 분석 결과 2

5. Multiple-Variable Integration

다중 적분 또한 Integral 함수를 여러 번 사용하여 계산할 수 있다. 6개의 함수까지 사용이 가능하며, 다음의 예제는 이중 적분의 예로, Equation-Based Integral 함수를 이용하여 계산한 것이다.

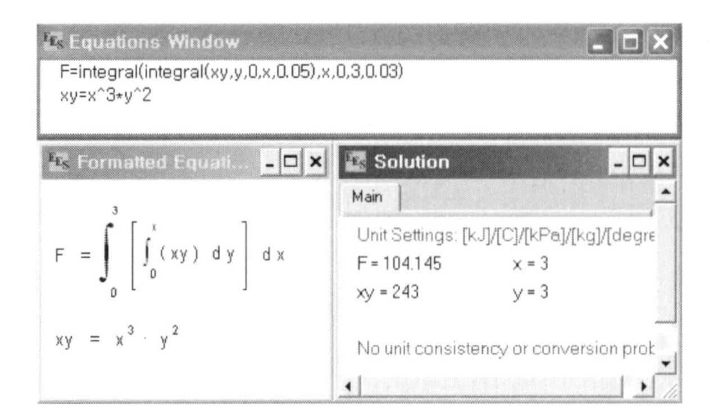

[그림 7-26] EES 입력 항목, 수학적 표현 및 분석 결과

7-8 Directives

Directive는 [Equations window]에 위치하는 특별한 EES 명령이다. Directive는 '$'에 의해 일반 방정식들과 구분된다. EES의 Directive 명령을 알파벳 순서로 살펴보면 다음과 같다.

1. $Arrays On/Off Directive

EES는 앞에서 설명한 것과 같이 [Preferences] 대화상자에서 배열 변수들을 어디에([Solution] 창 또는 [Array window]) 표시할 것인지를 선택하는 옵션을 제공한다.

이 옵션과 다른 [Preferences] 옵션들은 EES 프로그램 내부에 저장되기보다는 사용자 [Preferences]에 저장된다. 상황에 따른 [Arrays] 창의 사용 여부가 결정되며, 이러한 작업을 쉽게 하기 위해 [Equations window]에서 $Array On/Off Directive를 통해 직접 입력하는 것이 편리하다.

2. $Bookmark Name

$Bookmark Directive는 첫 번째 열에 $ 문자와 함께 단독으로 위치해야 한다. 명칭은 $Bookmark Directive에 뒤따르는 문장과 관련이 있는 어떠한 것도 가능하다. 사용자가 제공하는 명칭은 [Equations 또는 Formatted Equations window]에서 오른쪽 마우스 버튼을 클릭할 경우 화면에 표시되는 pop-up 메뉴의 제일 하단에 나타난다. 만약

여러 개의 $Bookmark Directive 명령을 사용하여 프로그램을 작성한 경우, 그 중 하나의 명칭을 선택하게 되면, [Equations 또는 Formatted Equations window]에서 선택한 명칭이 있는 $Bookmark Directive에 커서가 위치하게 됨을 볼 수 있을 것이고, 그 $Bookmark Directive가 창의 제일 상단에 위치하게 된다.

3. $Checkunits On/Off/AutoOn/AutoOff

EES가 $Checkunits Off Directive에 직면하게 되면, 그 다음의 방정식들은 단위 검사에 영향을 받지 않으며, 다시 $Checkunits On Directive에 직면하게 되면, 그 다음의 방정식들은 단위 검사에 영향을 받도록 복구된다.

[Preferences] 대화상자의 [General] 탭에서 Check Units Automatically 옵션이 선택되었다면 자동으로 단위 검사를 실시하게 된다.

4. $Common Directive

$Common Directive는 메인 프로그램으로부터 내부의 Functions, Procedures 그리고 Modules로 정보를 전달하는 수단을 제공한다. $Common의 사용은 인수의 값들을 지정하는 대안을 제공한다. 이 Directive는 Fortran의 Common문의 개념과 유사하다. 단지 정보의 흐름이 한 방향이라는 점만이 차이점이다. 변수값들은 메인 프로그램에서 Function/Procedure로 전달될 수 있다. 그러나 Function/Procedure는 이러한 값들을 변경하거나 부여하지는 않을 것이다.

$Common Directive는 독립된 행에 단독으로 Function, Procedure 또는 Module 선언의 뒤에 위치해야 한다. $Common문에 표시되는 변수들은 다음의 예와 같이 ', '로 구분된다.

```
FUNCTION TESTCOMMON(X)
$COMMON B, C, D {variables B,C, and D are from the main program}
TESTCOMMON : = X + B + C + D
END
B = 4 ; C = 5 ; D = 6
G = TESTCOMMON(3)
```

Common은 [Equations window]에 표시되는 Functions, Procedures 그리고 Modules과 함께 사용되며, 라이브러리 Function들과는 같이 사용할 수 없다.

5. $Complex On/Off Directive

EES는 복소수 계산이 가능하며, 이는 [Preferences] 대화상자의 [Complex] 탭을 통해 지정할 수 있으며, 이와 동일한 기능을 [Equations window]에서 $Complex On/Off directive를 이용하여 변경할 수 있다.

6. $Export Directive

$Export Directive는 선택된 변수들은 ASCII 파일로 변환시키는 간단한 방법을 제공한다. 이 파일은 EES의 [Open Lookup Table] 명령이나 Excel과 같은 다른 스프레드시트(spreadsheet) 프로그램에 의해 읽을 수 있다.

만약 파일의 확장자가 [*.CSV]이면, 데이터는 CSV ASCII 텍스트 파일로 작성될 것이며, 스프레드시트 프로그램에서 쉽게 인식될 것이다. 만약 확장자가 [*.TXT]이면, EES는 EES Lookup 파일 형식으로 머리말 정보와 함께 작성될 것이며, [Open Lookup Table] 명령에 의해 바로 읽을 수 있다. 머리말 정보에는 변수명, 단위 그리고 표시 형식이 포함될 것이다.

$Export Directive의 기본 형식은 다음과 같다.

```
$EXPORT /A /T 'FileName', Var1, Var2, X[1..5], ...
```

/A는 선택사항이다. 만약 /A가 존재한다면, 이것은 값들에 기존 파일이 존재할 경우 그 값들을 덧붙이라고 지시하게 된다.

/T 또한 선택사항이다. 정상적으로 결과들은 [Parametric Table]에서 각각 실행되어 불러온다. 만약 /T가 존재하면, [Parametric Table]의 최종 실행된 결과만을 불러오게 된다. 이 옵션은 계산이 [Parametric Table]과 상관없이 진행될 경우에는 무시된다.

FileName은 문자 상수 또는 문자 변수를 포함할 수 있다.

Var1, Var2, X[1..5]는 사용자의 EES 메인 프로그램에서 사용된 변수들을 표현한다. 배열 범위 표기법이 지원된다.

$Export Directive는 [Equations window]의 어느 곳에든지 위치 가능하며, 여러 개를 동시에 사용할 수 있다.

Lookup 명령은 [Lookup Table]에 값들을 표시하는데 사용될 수 있다.

```
T$ = 'C:₩temp₩junk.csv'
A = 5
B = A^2
C = A^3
$Export T$ A,B,C
```

이 예제를 실행하면, 다음의 값들을 갖는 파일 C:\temp\junk.csv이 생성될 것이다.

```
5.00000000E + 00,2.50000000E + 01,1.25000000E + 02
```

7. $Import Directive

$Import Directive는 ASCII 파일로부터 지정된 변수를 편리하게 읽을 수 있다.

```
$IMPORT FileName, Var1, Var2, X[1..5], S$...
```

파일 [text.csv]는 다음의 형식을 포함한다.

```
1.2, 3.4 5 'string 1' 'string 2' 6
$IMPORT 'text.csv' X[1..3], A$, B$, C
```

실행 결과, 변수 X[1], X[2], X[3], A$, B$ 그리고 C에 각각 1.2, 3.4, 5, 'string 1', 'string 2', 6 값들로 설정될 것이다.

8. $Include Directive

$Include Directive는 EES 방정식들에 포함된 라이브러리 파일이나 ASCII 텍스트 파일을 자동으로 불러오는 방법을 제공한다.

```
$INCLUDE FILENAME
```

Filename은 [*.TXT, *.LIB, *.FDL, *.DLF, *.DLP, *.PRF.] 중 하나의 확장자를 포함하는 파일명이어야 한다.

9. $Integraltable Directive

$Integraltable Directive는 Equation-Based Integral Function과 연계되어 사용된다. Equation-Based Integral Function는 적분 변수의 값을 지정하기 위해 [Parametric Table]을 사용하지 않는다. 대신에 다음과 같은 형식으로 사용된다.

```
F = INTEGRAL(Integrand, VarName, LowerLimit, UpperLimit, StepSize)
$INCLUDE FILENAME
```

일반적으로 EES는 수치 적분이 진행되는 동안에 사용되는 변수의 중간값들을 유지하지 않는다.

$Integraltable Directive는 EES 프로그램에게 [Integral Table]을 이용하여 변수들의 중간값들을 저장하도록 지시하며, 이 값들은 다양하게 이용될 수 있다.

```
$INTEGRALTABLE t : 0.1, x, y, z
```

여기서, t는 적분 변수이다.

기타 자세한 내용은 매뉴얼을 참고하기 바란다.

10. $Localvariables On/Off Directive

$Localvariables On/Off는 Functions, Procedures, Modules 그리고 Subprograms에서 사용된 국소 변수들의 값을 [Solution과 Residuals window]에 표시할 것인지를 조정한다.

11. $Openlookup Directive

$Openlookup Directive는 지정한 이름을 갖는 파일을 열어, [Lookup Table]에 그 파일을 읽어 들인다.

12. $Private Directive

라이브러리 파일들은 EES Functions, Procedures, Modules 그리고/또는 Subprograms을 포함할 수 있다. 이러한 라이브러리 파일들은 [Load Library] 명령을 통해 수동으로 불러오거나 Userlib 폴더에 라이브러리 파일을 위치시킴으로써 자동으로 불러올 수 있다.

$Private Directive가 포함되면 [Function Info] 표시에서 그 경로가 제거될 것이다.

13. $Reference Directive

$Reference Directive는 지정된 유체의 기본값을 변경할 수 있도록 한다.

14. $Savelookup Directive

$Savelookup Directive는 지정된 [Lookup Table]을 계산이 완료된 후 디스크 파일로 저장할 것이다.

```
$SAVELOOKUP LookupTableName 'C:₩EES32₩myTable.lkt'
```

LookupTableName은 저장되는 [Lookup Table]의 이름이며, 작은 따옴표를 포함하는 문자 상수 또는 문자 변수가 될 수 있다.

15. $Sumrow On/Off Directive

[Equations window]에 포함된 Sumrow On/Off Directive는 [Parametric Table]의 열들의 합을 표시할 것인지를 나타낸다.

16. $Tabstops Directive

$Tabstops은 [Equations window]에 사용되며, 기본 형식은 다음과 같다.

```
$Tabstops TabStop1 TabStop2 ... TabStop5 Units
```

여기서, TabStop1에서 5는 수치값이어야 하며, 하나 또는 그 이상의 공백으로 구분된다. 그리고 이 값들은 순서대로 증가해야 한다. Units는 [in 또는 cm]으로 지정되어야 한다.

17. $Tabwidth Directive

$Tabwidth는 $Tabstops Directive와 정확히 일치되는 능력을 제공하며, 매뉴얼을 통해 자세한 내용을 참고하기 바란다.

18. $Unitsystem Directive

단위 체계를 지정하는 것으로 기본 형식은 다음과 같다.

```
$UNITSYSTEM SI[or ENG] MASS[or MOLE] DEG[or RAD] KPA[or PSIA] BAR[or ATM] C[or F]
K[or R]
```

19. $Warnings On/Off Directive

$Warnings On/Off Directive는 EES의 계산 도중 오류가 발생할 경우, 경고 메시지를 표시할 것인지를 지정하는 것이다.

이상과 같이 여러 가지 Directive에 관하여 간단히 살펴보았다. 여기서 알 수 있듯이 Directives는 [Preferences] 대화상자의 다양한 Tab에서 설정하는 내용을 [Equations window]에서 직접 조작할 수 있도록 하는 것들이다.

Chapter

8. Hints for Using EES

(1) [Option] 메뉴의 [Variable Information] 명령은 [Equations window]에 보이는 모든 변수들을 알파벳 순서로 나열한다. 사용자는 잘못된 변수명이 없는지 이 항목들을 검사해야 한다.

(2) [Residuals] 창은 [Equations window]의 각 방정식의 해석 순서와 해석 정확도 그리고 단위 검사 결과들을 요약하여 제공한다. 오차 검사는 EES가 해를 찾을 수 없는 경우, 방정식들이 해석되지 않는 것들을 나타낸다.

(3) 만약 사용자의 방정식들이 수렴되지 않는다면, 그것은 아마도 추정값(guess value)들이 잘못되었기 때문일 것이다. 이 경우, 하나 또는 그 이상의 미지의 변수들에 대한 추정값을 방정식에 설정함으로써 종종 해결될 수 있다.

(4) 만약 EES가 사용자의 비선형 방정식들을 해석할 수 없다면, 몇 개의 독립변수와 의존변수들을 변경해 보자. 그럼 쉽게 해석될 수 있을 것이다. 예를 들어, EES가 다음의 기본값과 범위를 갖는 NTU를 계산하는 열교환기 방정식을 해석할 수 없다면,

```
Eff = .9
Cmax = 432
Cmin = 251
eff = (1 - exp(-NTU * (1 - (Cmin/Cmax))))/(1 - (Cmin/Cmax)
      * exp(-NTU  * (1 - (Cmin/Cmax))))
```

그러나, 만약 NTU의 값이 Eff 대신에 지정된다면, 이 방정식들은 쉽게 해석될 것이다.

```
NTU = 5
Cmax = 432
Cmin = 251
eff = (1 - exp(-NTU * (1 - (Cmin/Cmax))))/(1 - (Cmin/Cmax)
      * exp(-NTU * (1 - (Cmin/Cmax))))
```

약간의 시도들은 Eff = 0.9에 대한 3~5 사이의 NTU 값에 대한 시도가 필요할 것이다. NTU의 추정값 4는 EES 프로그램을 통해 3.729라는 최종값을 빠르게 결정할 것이다.

(5) EES를 이용하여 난해한 문제들을 해석하기 위한 확실한 방법은 문제가 하나 이상의 자유도(degree of freedom)를 갖도록 하기 위한 추가 변수(additional variable)를 첨가하는 것이다. 그리고 추가 변수가 0의 값을 갖는 해를 찾기 위한 암시적인 변수들(implicit variables) 중 하나의 값을 변화시키기 위해 [Parametric Table]을 이용한다.

예를 들어, T의 값을 결정하기 위한 다음의 복사 계산을 고려해 보자. 처음 3개의 방정식들은 T가 4제곱에 비례하기 때문에 비선형이므로 동시에 해석되어야 한다. EES는 해를 계산하는데 어려움을 갖게 될 것이며 추정값에 의존하게 된다.

QL = AL * Sigma * (T^4 − TL^4)

QB = AH * Sigma * (TH^4 − T^4)

QL = QB

Sigma = 0.1718E − 8 ; AL = .5 ; AH = 1 ; TL = 300 ; TH = 1000

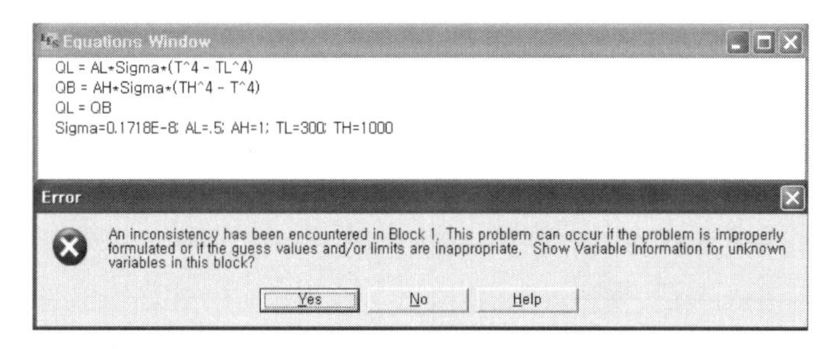

[그림 8-1] 첫 번째 방법을 통한 계산 결과

Variable Information for Block 1

Variable	Guess	Lower	Upper	Display	Units
QB	1	-infinity	infinity	A 3 N	
QL	1	-infinity	infinity	A 3 N	
T	1	-infinity	infinity	A 3 N	

OK Print Update Cancel

[그림 8-2] 수렴되지 않은 해

대신에, Delta라는 변수를 추가하자. 그러면,

QL = AL * Sigma * (T^4 − TL^4)

QB = AH * Sigma * (TH^4 − T^4) + Delta

QL = QB

Sigma = 0.1718E − 8 ; AL = .5 ; AH = 1 ; TL = 300 ; TH = 1000

과 같이 된다. 그럼 변수 T와 Delta를 포함하는 [Parametric Table]을 설정하자.

T값의 범위를 설정하기 위해 [Alter Values] 명령을, Delta의 대응값(corresponding value)을 계산하기 위해 [Solve Table] 명령을 사용하자. Delta = 0에 대한 T의 값은 일련의 방정식의 해를 만들어 낸다. [New Plot Window] 명령은 T와 Delta의 관계를 시각적으로 쉽게 표현할 수 있다.

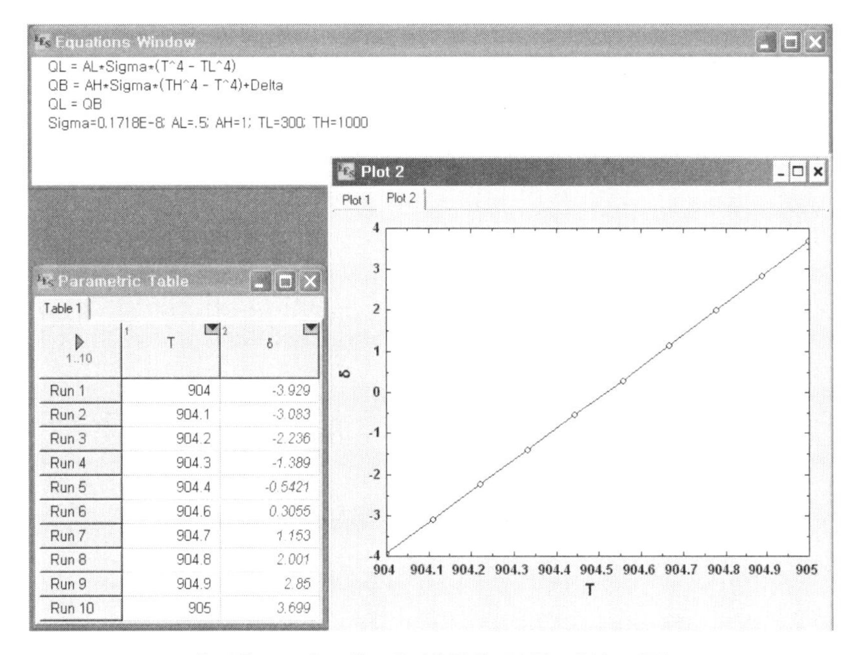

1..10	T	δ
Run 1	904	-3.929
Run 2	904.1	-3.083
Run 3	904.2	-2.236
Run 4	904.3	-1.389
Run 5	904.4	-0.5421
Run 6	904.6	0.3055
Run 7	904.7	1.153
Run 8	904.8	2.001
Run 9	904.9	2.85
Run 10	905	3.699

[그림 8-3] 새로운 방법을 통한 계산 과정

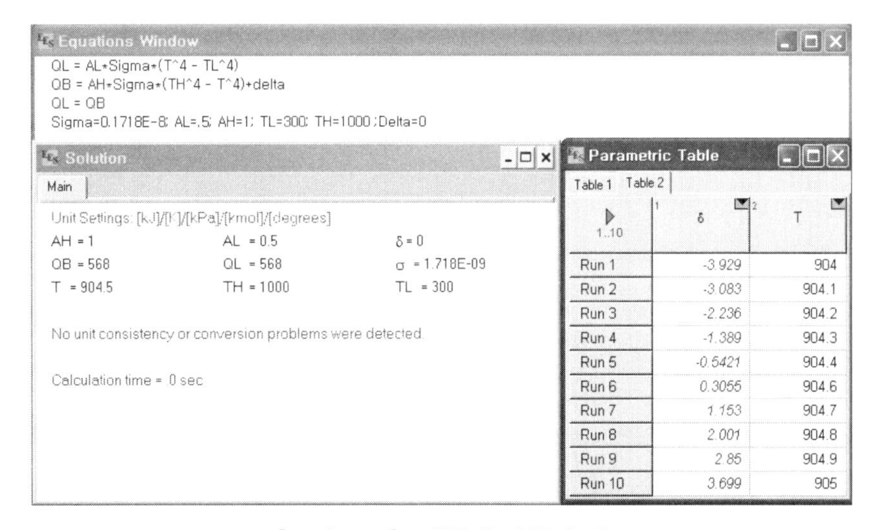

1..10	δ	T
Run 1	-3.929	904
Run 2	-3.083	904.1
Run 3	-2.236	904.2
Run 4	-1.389	904.3
Run 5	-0.5421	904.4
Run 6	0.3055	904.6
Run 7	1.153	904.7
Run 8	2.001	904.8
Run 9	2.85	904.9
Run 10	3.699	905

[그림 8-4] 새롭게 계산된 해

만약 Delta의 값이 0과 교차되지 않는다면, T값의 범위에 대한 일련의 방정식의 해는 없는 것이다. 일단 T의 합리적인 값을 찾으면, [Equations window]에 방정식이 입력될 수 있으며, 이 T값에 대응하는 근사해를 찾을 수 있다. 마지막으로 [Calculate] 메뉴의 [Update Guesses] 명령을 선택한 후, [Yes] 버튼을 클릭한다. 그런 다음 [Equations window]에 [그림 8-4]와 같이 Delta = 0을 입력한 후, [Solve] 명령을 실행하면, [그림 8-4]와 같은 계산된 해를 찾을 수 있을 것이다. 이것은 아마도 난해한 비선형 방정식을 해석하기 위한 가장 유용한 방법이 될 것이다.

(6) 만약 사용자가 전형적인 학술어(nomenclature)를 사용하여 사용자 변수명을 지정하고자 할 경우, [Default Info] 대화상자의 [Store] 버튼이 도움을 줄 것이다. 예를 들어, 종종 문자 T로 시작되는 변수들은 온도를 나타낸다면, 문자 T에 대한 범위와 형식 그리고 단위를 설정한 후, 기본 정보로 저장하면 된다.

(7) 화살표 키들은 다양한 [window]들에서 그 키들이 갖는 기본적인 역할을 수행하는 것이다.

(8) [Equations window]에서 [Tab] 키의 사용은 방정식들의 시각적 가독성을 향상시킬 수 있을 것이다.

(9) [Arrays] 창은 다양한 상들을 갖는 열역학 문제에 대한 물성 정보를 조직화하는데 매우 유용하게 사용될 수 있다. 각 상에 대한 물성값으로 T1, P1, h1 보다는 T[1], P[1] 그리고 h[1]과 같은 배열 변수들을 사용하는 것이 편리하다. 상 물성값들은 [Arrays] 창에서 깔끔한 표로서 보일 것이다. 이것은 [Display Options] 대화상자의 [Use Arrays window option]이 선택된 경우에만 사용된다.

(10) 어떠한 환경 조건에서 예기치 않게 EES 프로그램이 멈춰버리는 것을 막기 위해, EES 디자인을 위한 상당한 노력이 있었다. 그러나 여전히 이러한 문제들은 발생한다. 이 경우, EES는 프로그램이 멈춰버리기 전에 ESSError라 불리는 파일에 사용자의 작업을 저장하려고 할 것이다. 사용자는 EES를 재실행시켜, EESError 파일을 불러오면 사용자의 작업 중 어떠한 것도 잃어버리지 않게 되는 것이다.

(11) [Equations window]에 있는 다른 방정식, 단위 조작, 상수 등을 불러오는데는 일반적으로 [$Include] Directive를 사용한다. 사용자는 그들을 볼 수는 없으나, 그들은 거기에 있으며 이용할 수 있다. 또한 [$Include] Directive를 갖는 라이브러리 파일들도 불러올 수 있다.

(12) 만약 사용자가 내장된 열역학적 또는 삼각법에 의한 함수들 중 어떠한 것을 호출하는 EES Library Function을 작성한다면, 현재의 단위 체계 설정을 위한 [Unit System] 명령을 사용해야 한다. 그러면 사용자는 열역학적 또는 삼각법에 의한 함수들이 정확한 값들을 갖는 인수들임을 보증하기 위해 [If Then Else Statements] 문을 사용할 수 있다.

(13) [Parametric Table]의 열에 대한 배경색 옵션을 사용하여 다양한 결과들에 대한 시각적 효과를 나타낼 수 있다.

(14) 만약 사용자가 [Complex Mode]에서 작업하고 있다면, [Equations window]의 맨 위에 [$Complex On] Directive를 사용하면 된다. 이것은 [Preferences Dialog]의 변경하는 것보다 훨씬 편리하다.

(15) μm를 입력하기 위해서는 [Alt] 키를 누른채, [230]을 입력하면 된다. [Alt] 키를 놓으면 μ가 나타날 것이다. 다음에 [m]을 입력하면 된다. 그 외 [Alt] + [248] → °, [Alt] + [250] → dot(·)를 입력하게 된다.

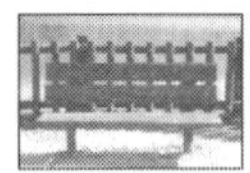

Chapter

9. Numerical Methods Used in EES

EES는 비선형 대수 방정식들을 해석하기 위해 다양한 Newton's Method를 사용한다. Newton's Method에 필요한 Jacobian Matrix는 각 반복 계산에서 수치적으로 계산된다.

Sparse Matrix 방법들은 계산 효율의 향상과 개인용 컴퓨터의 제한된 용량에서 해석될 수 없는 다소 큰 문제들에서 채택된다.

해석 방법의 효율성과 수렴성은 Tarjan Blocking Algorithm의 수행(implementation)과 step-size 개선(alteration)에 의해 더욱 향상되었다. Tarjan Blocking Algorithm이란 하나의 큰 문제에 대하여 해석하기 쉬운 작은 문제들로 나눠 해석하는 방법이다. 몇몇 알고리즘들은 지정된 변수의 최대 또는 최소값을 결정하도록 개선되었다.

다음의 설명들은 EES에서 사용되는 다양한 해석 방법들에 관한 설명이다.

9-1 Solution to Algebraic Equations

하나의 미지의 변수를 갖는 다음의 방정식을 고려해 보자.

$$x^3 - 3.5 \cdot x^2 + 2 \cdot x = 10$$

이 방정식의 해를 구하기 위해 Newton's Method를 적용하면, 다음과 같은 오차항 ε을 포함하는 식으로 다시 쓰는 것이 최선의 방법이다.

$$\varepsilon = x^3 - 3.5 \cdot x^2 + 2 \cdot x - 10$$

이 방정식에 의해 설명되는 함수는 [그림 9-1]과 같다. 여기에는 $x = 3.69193$의 단지 하나의 실수해가 있다.

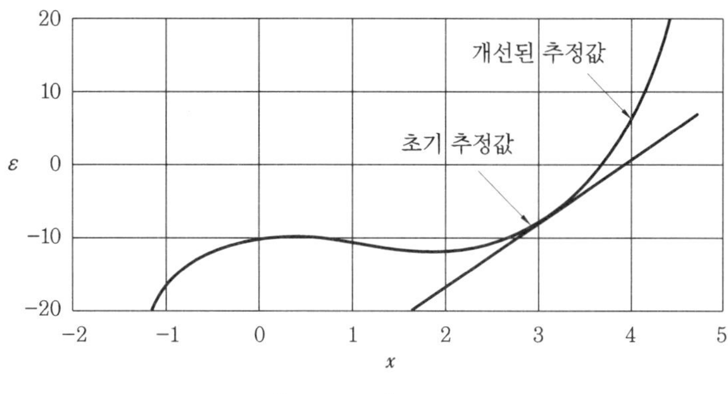

[그림 9–1] $x^3 - 3.5x^2 + 2x = 10$**의 오차**

Newton's Method는 오차 J의 전체 도함수의 평가를 요구한다. 이 방정식의 경우, 도함수는

$$J = \frac{d\varepsilon}{dx} = 3x^2 - 7x + 2$$

이 방정식을 풀기 위해, Newton's Method는 다음과 같은 방법으로 접근한다.

① An initial guess is made for x(e.g., 3).

② The value of ε is evaluated using the guess value for x.
With x = 3, $\varepsilon = -8.5$.

③ The derivative J is evaluated. With x = 3, J = 8.

④ The change to the guess value for x, i.e., .x, is calculated by solving J .x = ε. In this example, .x is −1.0625.

⑤ A(usually) better value for x is then obtained as x − .x. In the example, the improved value for x is 4.0625(which results in $\varepsilon = 7.4084$).

ε 또는 Δx의 절대값이 [Stop Criteria Dialog]에서 지정한 오차보다 작게 될 때까지 2~5단계가 반복된다. 이 방법은 방정식이 수렴되는 경우에는 매우 빨리 수렴된다. 그러나 부적절한 초기 추정값은 발산 또는 매우 느리게 수렴되는 원인이 될 수 있다. 예를 들어 초기 추정값이 2인 경우 이러한 문제가 발생하는 것을 볼 수 있을 것이다.

Newton's Method는 비선형 방정식들을 해석하는 데에도 확장될 수 있다. 이 경우, 도함수의 개념은 "Jacobian Matrix"의 개념으로 일반화된다.

다음의 2개의 미지수를 갖는 2개의 방정식을 고려해 보자.

$$x_1^2 + x_2^2 - 18 = 0$$

$$x_1 - x_2 = 0$$

방정식들은 오차 ε_1, ε_2항에 대하여 다음과 같이 정리될 수 있다.

$$\varepsilon_1 = {x_1}^2 + {x_2}^2 - 18 = 0$$

$$\varepsilon_2 = x_1 - x_2 = 0$$

이 행렬에 대한 Jacobian은 2×2이다. 첫 번째 열은 각 변수에 대한 처음 방정식의 도함수를 포함한다. 위의 예제의 경우, x_2에 대한 ε_1의 도함수는 $2\,x_2$이다.

$$J = \begin{bmatrix} 2\,x_1 & 2\,x_2 \\ 1 & -1 \end{bmatrix}$$

앞에서 설명된 것과 같이 Newton's Method는 선형과 비선형 방정식 모두에 적용된다. 만약 방정식들이 선형이라면, 초기 추정값이 잘못된 경우라도 수렴은 한 번의 반복계산으로 달성된다. 비선형 방정식들은 많은 반복 계산을 필요로 한다. 다음의 초기 추정값을 고려해 보자.

$$x = \begin{bmatrix} 2 \\ 2 \end{bmatrix}$$

이 초기 추정값에 대한 ε, J의 값은 다음과 같다.

$$\varepsilon = \begin{bmatrix} -10 \\ 0 \end{bmatrix} \qquad J = \begin{bmatrix} 4 & 4 \\ 1 & -1 \end{bmatrix}$$

x벡터에 대한 개선된 값들은 Jacobian와 오차 벡터와 관련된 다음의 행렬 문제를 해석함으로써 얻어진다.

$$\begin{bmatrix} 4 & 4 \\ 1 & -1 \end{bmatrix} \begin{bmatrix} \Delta\,x_1 \\ \Delta\,x_2 \end{bmatrix} = \begin{bmatrix} -10 \\ 0 \end{bmatrix}$$

이 선형 방정식의 해석 결과는

$$\begin{bmatrix} \Delta\,x_1 \\ \Delta\,x_2 \end{bmatrix} = \begin{bmatrix} -1.25 \\ -1.25 \end{bmatrix}$$

x_1, x_2의 개선된 해가 추정값으로부터 각각 Δx_1, Δx_2를 빼줌으로써 얻어진다.

$$\begin{bmatrix} x_1 \\ x_2 \end{bmatrix} = \begin{bmatrix} 3.25 \\ 3.25 \end{bmatrix}$$

이 문제의 엄밀해는 $x_1 = x_2 = 3.0$이다. x_1, x_2의 계산된 값들은 추정값보다는 엄밀해에 근접해 있다. 계산은 추정값으로 앞에서 계산된 x_1, x_2값을 사용하여 반복되며, 이러한 과정이 수렴이 될 때까지 반복된다.

Jacobian 행렬은 대수 방정식들의 해석에 있어 중요한 역할을 한다. Jacobian 행렬은 상징적 또는 수치적으로 얻을 수 있다. Jacobian의 상징적 평가는 보다 정확하지만 많은 진행과정이 필요하다. 그러나 Jacobian의 정확도는 해에 있어 보다 정확성을 이끌어낼 필요는 없으며, 단지 최소한의 반복 계산이 중요하다. EES는 Jacobian의 수치적으로 평가한다. EES는 96비트 정밀도로 모든 계산을 행하기 때문에, Jacobian의 평가는 거의 오차없이 문제들의 수렴 결과를 얻을 수 있다.

대부분의 방정식 조합에서 Jacobian 행렬의 요소들 대부분은 0(zero)이다. 많은 요소들이 0값을 갖는 행렬은 Sparse Matrix라고 한다. 특별한 순서와 처리 방법들에 있어 Sparse Matrix로 취급하는 것은 매우 효과적이다. 사실상, 현재 EES에서 동시에 해석될 수 있는 방정식들의 개수는 Sparse Matrix 방법으로 처리하지 않는다면, 6000개 미만이 될 것이다.

Newton's Method는 특히 x벡터에 대한 잘못된 초기 추정값이 제공된 경우에 항상 작동되지는 않는다. 정확한 Δx를 이전의 x벡터에 적용한 후에 얻어지는 해는 보다 정확하다. EES는 이러한 조건들을 항상 검사하고, 이것을 만족하지 않는다면, Δx를 반으로 줄여 다시 오차를 검사한다.

만약 해가 개선되지 않는다면, 또다시 Δx가 반으로 줄어든다. 이러한 과정은 최대 20번까지 반복된다. 이렇게 얻어진 해가 여전히 선행된 정확도보다 나아진 해가 얻어지지 않는다면, EES는 Jacobian을 재평가할 것이고, 계산을 강제로 종료시키는 범위까지 반복해서 시도할 것이다. 잘못된 초기 추정값이 제공된 경우 Δx를 반으로 줄이는 것은 매우 도움이 된다.

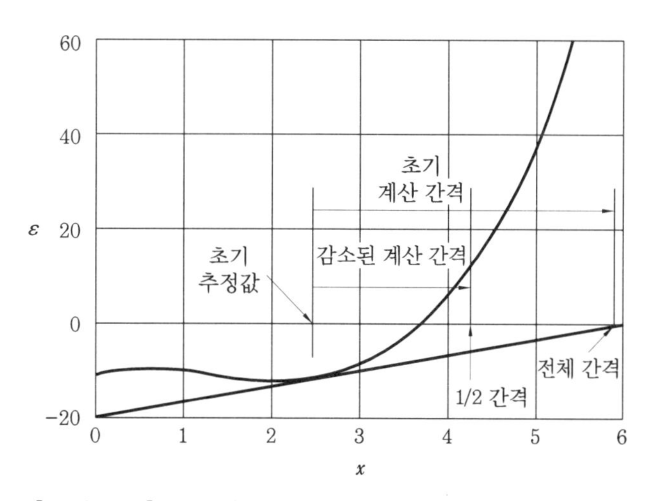

[그림 9-2] 수렴을 향상시키기 위한 1/2 간격의 활용

[그림 9-2]는 $x = 2.5$의 추정값으로부터 시작된 하나의 방정식의 해를 찾는 과정을 나타낸 것이다. 이 경우, 계산 간격을 1/2로 감소시키는 것은 매우 유용한 작업임을 알 수 있다.

9-2 Blocking Equation Sets

비록 사용자가 일련의 방정식들처럼 보이는 것을 가지고 있더라도, 하나의 집단으로써 모두 해석하는 것보다는 한 번에 하나씩(그룹화하여) 이러한 방정식들을 해석하는 것이 가능하다. 그룹화된 방정식들을 해석하기 위해 보다 믿을만한 Newton's Method를 이용한다. 이러한 이유로 EES는 해석하기 전에 방정식들을 그룹으로 조직화한다.

다음의 방정식들을 고려해 보자.

$$x_1 + 2x_2 + 3x_3 = 11$$

$$5x_3 = 10$$

$$3x_2 + 2x_3 = 7$$

이 방정식들은 동시에 해석될 수 있다. 그러나, 만약에 이들이 재배치되고 블록화된다면 보다 쉽게 해석될 수 있으므로, 먼저 재배치하는 것이 좋다. EES는 자동적으로 두 번째 방정식의 x_3이 직접적으로 해석될 수 있다는 것을 인식한다. 일단 이것이 계산되면, 세 번째 방정식의 x_2에 대하여 해석된다. 끝으로 첫 번째 방정식에서 x_1에 대하여 해석된다. 이것은 하나의 방정식에서 하나의 변수가 직접적으로 해석되는 방정식의 세 블록의 결과이다. 위의 예제 방정식들은 선형이며, 완전히 분리될 수 있기 때문에 이 과정이 매우 사소한 것처럼 보인다.

블록이 다소 불명확한 다음의 8개의 미지수를 갖는 8개의 선형 방정식들을 고려해 보자.

$$x_3 + x_8 = 11$$

$$x_7 = 7$$

$$x_5 - x_6 - x_7 = -8$$

$$x_1 + x_4 - x_6 = -1$$

$$x_2 + x_8 = 10$$

$$x_3 - x_5 + x_8 = 6$$

$$x_4 = 4$$

$$x_1 + x_6 + x_7 = 14$$

이 방정식들과 변수들은 재배치되고 블록화될 수 있다. 각 블록은 교대로 해석되기도 하며 위의 경우에서 블록화는 방정식들이 다음과 같이 6개 블록으로 해석될 수 있도록 한다.

Block 1 : Equation 7

$x_4 = 4$

Block 2 : Equation 2

$x_7 = 7$

Block 3 : Equations 4 and 8

$x_1 + x_4 - x_6 = -1$로부터 $x_1 = 1$

$x_1 + x_6 + x_7 = 14$로부터 $x_6 = 6$

Block 4 : Equation 3

$x_5 - x_6 - x_7 = -8$로부터 $x_5 = 5$

Block 5 : Equations 1 and 6

$x_3 + x_8 = 11$로부터 $x_3 = 3$

$x_3 - x_5 + x_8 = 6$으로부터 $x_8 = 8$

Block 6 : Equation 5 :

$x_2 + x_8 = 10$으로부터 $x_2 = 2$

처음 2개의 블록들은 하나의 변수를 갖는 단일 방정식을 포함한다. 이러한 블록들은 간단히 상수로써 정의된다. EES는 시작 단계부터 단일 변수에 의존하는 방정식들은 실제로 매개 변수 또는 상수로 정의되는 것으로 인식할 것이다. 이러한 매개 변수들은 남은 방정식들의 해를 계산하기 이전에 결정된다.

매개 변수들에 대한 추정값들의 상·하위 범위는 필요하지 않다. 왜냐하면 이러한 변수들의 값들은 즉시 계산되기 때문이다. 나머지 방정식들의 해는 매우 간단하지만, 진행 시작 단계부터 그러한 것은 아니다.

방정식들의 그룹화는 선형인 경우에 유용하지만 필수적인 것은 아니다. 방정식들이 비선형인 경우 방정식들의 그룹화는 거의 절대적이다. 그렇지 않으면 나중에 방정식들의 그룹들은 선행 변수들의 완전히 부정확한 값들을 가지고 반복 계산을 시작하게 된다. 그 결과 종종 발산하게 된다. EES는 해를 찾기 이전에 Tarjan 알고리즘을 이용한 Jacobian 행렬을 조사함으로써 방정식들의 그룹들을 인식할 수 있다.

9-3 Determination of Minimum or Maximum Values

EES는 1~10까지의 자유도를 갖는 변수의 최대/최소값을 찾는 능력이 있다. 하나의 자유도를 갖는 문제의 경우, EES는 최대/최소값을 찾는 2개의 기본적인 알고리즘을 이용할 수 있다. 즉, Brent's Method로써 알려진 회귀 2차 근사법(recursive quadratic approximation)과 Golden Section Search법이 그것이다.

사용자는 방법을 지정하고, 최적화될 수 있는 변수와 독립 변수들은 지정된 상/하한 범위 내에서 값이 조절될 것이다. 2 또는 그 이상의 자유도를 갖는 경우, EES는 반복적으로 Brent's Method를 사용하여 특별한 명령에 따른 최대 또는 최소값을 결정한다. 이 명령은 Powell's Method로 알려진 Direct Search Algorithm 또는 Conjugate Gradient Method에 의해 결정된다.

회귀 2차 근사 알고리즘은 독립변수의 3개의 다른 값들에 대하여 최적화하여 변수값을 결정함으로써 진행된다. Quadratic Function은 이러한 3점들을 통해 적절하게 된다. 그리고 이 함수는 극값의 판정을 위한 위치를 정하기 위해 미분된다. 만약 최적화되는 변수와 독립 변수 사이의 관계가 명백히 2차이면, 최적화는 직접적으로 발견된 것이다. 그렇지 않은 경우, 알고리즘은 가장 가까운 2점과 새로이 얻어진 최적 위치의 판정은 Quadratic fit에 반복적으로 사용될 것이다. 이러한 과정은 수렴이 될 때까지 계속될 것이다.

사용자에 의해 지정된 독립 변수의 상/하한에서의 국지 소거법(region-elimination method)인 Golden Section Search Method는 매 반복마다 서로서로 가깝게 이동하게 될 것이다. 범위 사이의 영역은 [그림 9-3]과 같이 2개의 섹션으로 나눠진다.

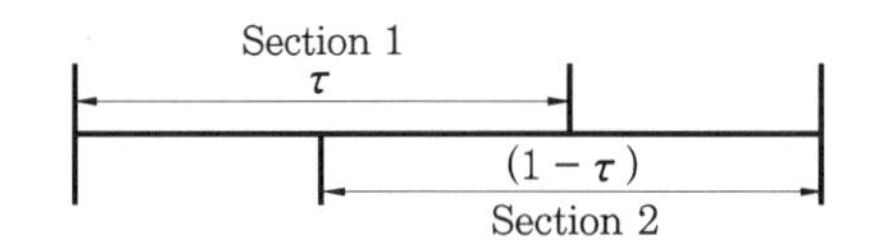

[그림 9-3] 황금 분할을 사용한 국지 소거법

의존 변수의 값은 각 섹션에서 결정된다. 최대 또는 최소값의 의존 변수를 포함하는 이 섹션에 대한 범위는 다음 반복에 대한 계산 범위로 대체된다. 매 반복은 황금 분할비율(golden section ratio)로 알려진 $\tau = 0.1803$의 $1 - \tau$의 요소에 의한 2개 범위 사이의 거리가 감소된다.

9-4 Numerical Integration

EES는 함수를 적분하고 Predictor-Corrector 알고리즘과 함께 다양한 사다리꼴 법칙(trapezoid rule)을 사용하여 미분 방정식들을 해석한다. 이 방법을 설명할 때, 사실적으로 적분의 값을 결정하기 위해 사용되는 방법과 수치 방법을 비교하는 것이 도움이 된다.

다음의 x는 0~1 사이 함수 적분의 실제적인 평가 문제를 고려해 보자.

$$f = 5 - 5x + 10x^2$$

그래프식의 적분에 있어, x에 대한 함수 f의 도표가 준비되어야 한다. 이 도표의 가로 좌표는 [그림 9-4]와 같이 나눠진다. 각 분할에서 곡선 아래의 면적은 각 분할의 간격과 이 분할에서의 평균 좌표값을 높이로 하는 사각형의 면적으로써 평가된다. 예를 들면, 도표의 0과 0.2 사이에서의 좌표값들은 각각 5와 4.4이다. 그럼 첫 번째 분할의 면적은 $0.2 * (5 + 4.4)/2 = 0.94$가 된다. 0과 1 사이의 적분값의 평가는 5개의 분할 면적의 합과 같다. 이 방법의 정확도는 분할의 수가 증가될수록 향상된다.

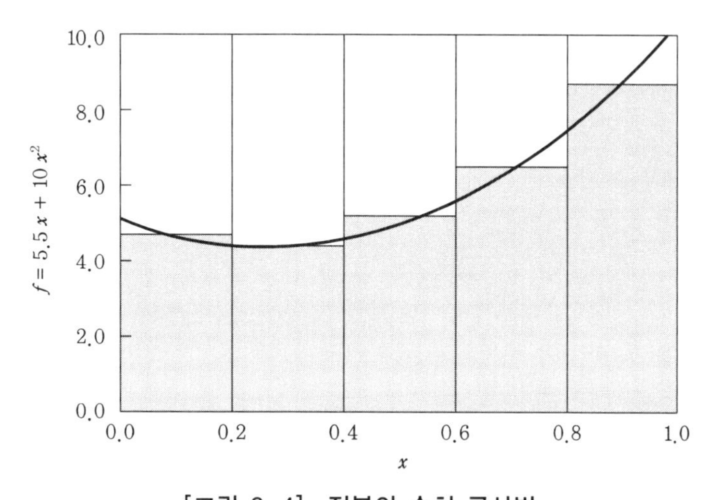

[그림 9-4] 적분의 수치 근사법

EES에서 적분은 그래프를 통한 설명과 같이 매우 해석적인 방법으로 이루어진다. 위의 예에서 가로축 변수 x는 [Parametric Table]에 위치할 수 있다. 각 분할의 폭에 맞게 x의 값들이 테이블에 입력된다. EES에서 각 분할은 같은 폭을 갖을 필요는 없다. 함수 f의 수치값은 각 x의 값에 의해 결정되며, 적분함수 [Integral(f, x, 0, 1)]를 통해 EES에 제공된다.

Chapter

10. Adding Property Data to EES

10-1 Background Information

EES는 유체의 물성값 계산을 위한 내부의 도표 자료들을 사용하기보다는 상태 방정식 접근법을 이용한다. 어떤 물질들과 조건에 대하여 이상기체 법칙은 적용될 수 있다. EES는 이상 기체와 실제 유체 물질들을 구분하기 위해 Naming Convention을 채택한다. N2와 같은 화학적 기호에 의해 표현되는 물질들은 이상 기체 법칙에 따라 모델링되지만, Nitrogen과 같은 전체 이름으로 표현되는 물질들은 실제 유체들로 간주된다. 단, Air와 $AirH_2O$는 Naming Convention에 있어 예외이다.

이상 기체 물질들은 298°K, 1기압의 기준 조건에서의 절대 엔트로피와 엔탈피를 제공하는 JANAF table data [Stull, 1971]에 의존한다. 이러한 기체들과 관련된 비열과 이상 기체의 법칙은 기준 조건보다는 주어진 조건들에서의 열역학적 물성값을 계산하기 위해 사용된다. 이상 기체 물질들의 대부분은 EES에 내장되어 있다. 외부 JANAF 프로그램은 수많은 추가 물질들에 대한 열역학적 물성값 정보를 제공한다. 그리고 다음의 방법을 통해 새로운 이상 기체 유체들의 데이터를 [*.IDG] 파일로 추가할 수 있다.

실제 유체들의 물성값들은 상태(state)에 따른 몇 가지 다른 방정식에 의해 충족된다. EES의 초기 버전에서는 Water를 제외한 모든 실제 유체들에 대하여 Martin-Hou [1955]의 상태 방정식을 사용하였다. Martin-Hou Property Data 원리는 여전히 EES에 지원된다. 그러나 이 상태 방정식은 임계점이나 매우 높은 압력 근처에서는 상태에 대한 정확한 결과를 제공할 수 없다. 이러한 이유로, 매우 정확한 상태 방정식이 Fundamental Equation of State(Tillner-Roth [1998])의 형태로 충족된다. Fundamental Equation of State는 모든 영역에 걸쳐 매우 정확한 물성값들을 제공한다. 몇몇 경우에 있어, Carbon Dioxide와 같은 유체의 물성값들은 Martin-Hou와 Fundamental Equation of State 모두 충족된다. 이 경우는 유체명 다음에 R134a_ha와 같이 '_ha' 문자가 추가된다.

Water에 대하여 몇 가지 상태 방정식들이 제공되며, Harr, Gallagher 그리고 Kell

[1984]에 의해 제안된 상태방정식은 보다 정확한 값을 계산한다. Ice의 물성값들은 Hyland와 Wexler [1983]에 의해 개발된 상관 관계에 의존한다.

열역학적 물성값의 상호 관계는 상태 방정식과 온도의 함수로써 유체의 밀도, 수증기압, 비열에 대한 추가적인 상관 관계에 기초한 엔탈피, 내부에너지, 엔트로피를 결정하는데 이용된다.

Bivens et al. [1996]에 의해 제안된 Martin-Hou 상태 방정식의 수정은 R400과 같은 냉매와 같은 혼합물에도 적용될 수 있다.

유체의 점성과 열전도율 그리고 저압 기체들은 유체의 기준량과의 관계(fluid specific relation)들로 연결된다. 상당수의 유체들이 온도에 대한 다항식에 의존한다. 독립된 온도는 이상 기체들의 수송 물성값들을 결정한다. 실제 유체들의 경우, 기체의 수송 물성값들에 대한 압력의 영향은 Reid et al. [1977] 또는 유체의 기준량과의 관계에 포함된 상호 관계들을 이용하여 평가된다. 예를 들어 Carbon Dioxide 유체의 수송 물성값들은 Vesovic et al. [1990]의 수송 물성값들을 사용한다. EES에서 충족되는 모든 자료들의 근원은 [Options] 메뉴의 [Function Info Dialog]의 [Fluid Info] 버튼을 사용하여 볼 수 있다.

10-2 Adding Fluid Properties to EES

EES는 새로운 유체의 물성값을 추가할 수 있도록 디자인되었다. 현재에는 Martin-Hou [1949]의 상태 방정식에 의해 표현되는 이상 기체 유체들과 실제 유체들의 물성 정보를 추가할 수 있다. Fundamental Equation of State에 의해 표현된 실제 유체들은 사용자에 의해 추가될 수 없다.

물성 정보를 추가하기 위해, 사용자는 열역학과 수송 물성값의 상호 관계에 대한 필요한 매개 변수들을 제공해야 한다. 이 매개 변수들은 EES\Userlib의 하부 디렉토리에 위치해야만 하는 ASCII 텍스트 파일 내에 위치해야 한다. EES는 시작과 동시에 EES\Userlib 하부 디렉토리에서 발견되는 모든 유체 파일들을 불러올 것이다. 추가된 유체들도 내장된 유체들과 동일하게 보일 것이다.

1. Ideal Gas Files

이상 기체 파일들은 [*.IDG]의 확장자를 가지고 있어야 한다. 유체가 이상 기체의 상태 방정식에 지배된다고 가정되므로 상태 방정식은 필요하지 않다. 그러나 만약에 기체가 화학 반응과 관련된 계산에 사용된다면, 기준 조건에 특별히 주의를 해야 한다.

이 경우에는 298°K, 1기압 조건에서의 구성물의 엔탈피와 Third-law 엔트로피값이 제공되어야 한다.

[Sample Test]

CO2.IDG File

```
TestCO2
44.01     {Molar mass of fluid}
100.0     {Tn Normalizing value in K}
250       {Lower temperature limit of Cp correlation in K}
1500      {Upper temperature limit of Cp correlation in K}
-3.7357 0         {a0, b0 Cp=sum(a[i]*(T/Tn)^b[i], i=0,9 in kJ/kgmole-K}
30.529 0.5        {a1, b1}
-4.1034 1.0       {a2, b2}
0.02420 2.0       {a3, b3}
0 0       {a4, b4}
0 0       {a5, b5}
0 0       {a6, b6}
0 0       {a7, b7}
0 0       {a8, b8}
0 0       {a9, b9}
298.15    {TRef in K}
100       {Pref in kPa}
-393520 {hform - enthalpy of formation in kJ/kgmole at TRef}
213.685 {s0 - Third law entropy in kJ/kgmole-K at Tref and PRef}
0         {reserved - set to 0}
0         {reserved - set to 0}
200       {Lower temperature limit of gas phase viscosity correlation in K}
266 1000          {Upper temperature limit of gas phase viscosity correlation in K}
-8.09519E-7       {v0 Viscosity = sum(v[i]*T^(i-1)) for i=0 to 5 in Pa/m^2}
6.039533E-8       {v1}
-2.8249E-11       {v2}
9.84378E-15       {v3}
-1.4732E-18       {v4}
0         {v5}
200       {Lower temperature limit of gas phase thermal conductivity correlation in K}
1000      {Upper temperature limit of gas phase thermal conductivity correlation in K}
-1.1582E-3        {t0 Thermal Conductivity = sum(t[i]*T^(i-1)) for i=0 to 5 in W/m-K}
3.9174E-5         {t1}
8.2396E-8         {t2}
-5.3105E-11       {t3}
3.1060E-16        {t4}
0         {t5}
0         {Terminator - set to 0}
```

2. Real Fluid Files Represented by the Martin-Hou Equation of State

순수한 실제 유체는 [*.MHE] 확장자를 갖는 파일명으로 확인된다. XFLUID. MHE로 명명된 예제 파일이 마지막 부분에 소개된다. 파일은 75행으로 구성된다. 첫 번째 행은 EES에서 물성 함수문으로써 인식할 수 있는 유체의 명칭을 입력한다. 예를 들어, 예제에서는 UserFluid로 첫 번째 행이 작성되어 있다. 이 물질에 대한 엔탈피는 다음의 관계에서 얻어진다.

```
h=Enthalpy(UserFluid,T=T1, P=P1)
```

유체의 명칭은 [Function Information Dialog] 창에서 다른 유체의 명칭들과 함께 알파벳 순서로 표시될 것이다.

나머지 74행 각각은 하나의 숫자를 포함하며, 이를 설명하는 주석문이 뒷부분에 표시된다. 압력-체적-온도의 관계를 제외한 모든 상호 관계들의 형식은 XFLUID.MHE 파일에 지시된다. 압력, 체적 그리고 온도는 다음 형식의 Martin-Hou 상태 방정식과 관련이 된다.

- Martin-Hou Equation of State(Parameters in lines 18-36)

$$P = \frac{RT}{\nu - b} + \frac{A_2 + B_2 T + C_2 e^{-\beta T/T_c}}{(\nu - b)^2} + \frac{A_3 + B_3 T + C_3 e^{-\beta T/T_c}}{(\nu - b)^3}$$

$$+ \frac{A_4 + B_4 T + C_4 e^{-\beta T/T_c}}{(\nu - b)^4} + \frac{A_5 + B_5 T + C_5 e^{-\beta T/T_c}}{(\nu - b)^5}$$

$$+ \frac{A_6 + B_6 T + C_6 e^{-\beta T/T_c}}{e^{\alpha\nu}(1 + C' e^{\alpha\nu})}$$

여기서, $P\,[=]\,psia$, $T\,[=]\,R$ 그리고 $\nu\,[=]\,\mathrm{ft^3/lbm}$이다.

사용자는 계산된 자료들을 적절하도록 만족시킬 필요가 있으며, 대부분의 상호 관계들은 선형 감쇠에 의해 결정될 수 있기 때문에 변수들에 대하여 선형이 된다.

[Sample for pure fluids]

XFLUID.MHE File

```
UserFluid
58.1      { molecular weight}
0         { not used}
12.84149          { a} Liquid
       Density=a+b*Tz^(1/3)+c*Tz^(2/3)+d*Tz+e*Tz^(4/3)+f*sqrt(Tz)+g*(Tz)^2}
33.02582          { b}       where Tz=(1-T/Tc) and Liquid Density[=]lbm/ft3
-2.53317          { c}
-0.07982          { d}
9.89109 { e}
0         { f}
0         { g}
-6481.15338       { a} Vapor pressure fit: lnP=a/T+b+cT+d(1-T/Tc)^1.5+eT^2
15.31880          { b} where T[=]R and P[=]psia
-0.0006874        { c}
4.28739 { d}
0         { e}
0         { not used}
0.184697          { Gas constant in psia-ft3/lbm-R}
1.5259e-2         { b} Constants for Martin-Hou EOS/English_units
-20.589 { A2}
9.6163e-3         { B2}
-314.538          { C2}
0.935527          { A3}
-3.4550e-4        { B3}
19.0974 { C3}
-1.9478e-2        { A4}
0         { B4}
0         { C4}
0         { A5}
2.9368e-7         { B5}
268 -5.1463e-3    { C5}
0         { A6}
0         { B6}
0         { C6}
5.475     { Beta}
0         { alpha}
0         { C'}
-7.39053E-3       { a} Cv(0 pressure) = a  + b T + c T^2 + d T^3 + e/T^2
6.4925e-4         { b} where T[=]R and Cv[=]Btu/lb-R
9.0466e-8         { c}
-1.1273e-10       { d}
5.2005e3          { e}
124.19551         { href offset}
0.0956305         { sref offset}
550.6     { Pc [=] psia}
765.3     { Tc [=] R}
0.07064 { vc [=] ft3/lbm}
0         { not used}
0         { not used}
2         { Viscosity correlation type: set to 2: do not change}
260       { Lower limit of gas viscosity correlation in K}
535       { Upper limit of gas viscosity correlation in K}
-3.790619e6       { A} GasViscosity*1E12=A+B*T+C*T^2+D*T^3
```

```
5.42356586e4      { B} where T[=]K and GasViscosity[=]N-s/m2
-7.09216279e1     { C}
5.33070354e-2     { D}
115       { Lower limit of liquid viscosity correlation in K}
235       { Upper limit of liquid viscosity correlation in K}
2.79677345e3      { A} Liquid Viscosity*1E6=A+B*T+C*T^2+D*T^3
-2.05162697e1     { B} where T[=]K and Liquid Viscosity[=]N-s/m2
5.3698529e-2      { C}
-4.88512807e-5    { D}
2         { Conductivity correlation type: set to 2: do not change}
250       { Lower limit of gas conductivity correlation in K}
535       { Upper limit of gas conductivity correlation in K}
7.5931e-3         { A} GasConductivity=A+B*T+C*T^2+D*T^3
-6.3846e-5        { B} where T[=]K and GasConductivity[=]W/m-K
3.95367e-7        { C}
-2.9508e-10       { D}
115       { Lower limit of liquid conductivity correlation in K}
235       { Upper limit of liquid conductivity correlation in K}
2.776919161e-1    { A} LiquidConductivity=A+B*T+C*T^2+D*T^3
-8.45278149e-4    { B} where T[=]K and LiquidConductivity[=]W/m-K
1.57860101e-6     { C}
-1.8381151e-9     { D}
0         { not used: terminator}
```

3. Fluid Properties for Blends

Martin-Hou 상태 방정식은 Bivens et. al.에 의해 제안된 식을 이용하여 혼합물에도 채택될 수 있다. 혼합물에 적용시키기 위해 순수한 성분의 상태 방정식의 몇 가지 수정 작업이 필요하다. 왜냐하면, 상태 방정식은 기포, 노점 온도에서의 수증기압 그리고 증기의 엔탈피에 대한 상호 관계 등에 관한 정보를 제공하지 않기 때문이다. 다음의 예제는 R410A.MHE 파일의 구성을 주석과 함께 보여주고 있다.

```
R410A
72.584  {molecular weight Bivens and Yokozeki}
400     {Indicator for blend}
30.5148 {a} Liquid density = a+b*Tz^(1/3)+c*Tz^(2/3)+d*Tz
60.5637 {b}                 +e*Tz^(4/3)+f*sqrt(Tz)+g*(Tz)^2}
-5.39377          {c} where Tz=(1-T/Tc) and Liquid Density[=]lbm/ft3
55.5360815        {d}
-21.88425         {e}
0       {f}
0       {g}
-5.9789E+03 -5.9940E+03   {a} Bubble and Dew Pt Vapor pressure fit:
24.06932 24.04507         {b} lnP=a/T+b+cT+d(1-T/Tc)^1.5+eT^2
-2.1192E-02 -2.1084E-02   {c} where T[=]R and P[=]psia fit
```

```
-5.5841E-01 -4.4382E-01   {d}
1.3718E-05 1.3668E-05     {e}
0 0      {not used}
0.1478   {Gas constant in psia-ft3/lbm-R}
0.006976          {b} Constants for Martin-Hou EOS/English_units from Bivens
-6.40764E+00      {A2}
3.40372E-03       {B2}
-2.34220E+02      {C2}
1.41972E-01       {A3}
4.84456E-06       {B3}
9.13546E+00       {C3}
-4.13400E-03      {A4}
0        {B4}
0        {C4}
-9.54645E-05      {A5}
1.17310E-07       {B5}
2.45370E-02       {C5}
0        {A6}
0        {B6}
0        {C6}
5.75     {Beta}
0        {alpha}
0        {C'}
0.036582          {a} Cv(0 pressure) = a + b T + c T^2 + d T^3 + e/T^2
2.808787E-4       {b} where T[=]R and Cv[=]Btu/lb-R from Bivens
-7.264730E-8      {c}
2.6612670E-12     {d}
0        {e}
270 65.831547     {href offset}
-0.082942         {sref offset}
714.5    {Pc [=] psia}
621.5    {Tc [=] R}
0.03276  {vc [=] ft3/lbm}
0        {not used}
7        {# of coefficients which follow - used for blends}
1        {DeltaH Correlation type}
0.5541498         {Xo}
87.50197          {A} DeltaH_vap=A+B*X+C*X^2+D*X^3+E*X^4 Bivens
185.3407          {B} where X =(1-T/Tc)^.333-X0, T in R and enthalpy in Btu/lb
13.75282          {C}
0        {D}
0        {E}
2        {Viscosity correlation type: set to 2: do not change}
200      {Lower limit of gas viscosity correlation in K}
500      {Upper limit of gas viscosity correlation in K}
-1.300419E6       {A} GasViscosity*1E12=A+B*T+C*T^2+D*T^3
5.39552e4         {B} where T[=]K and GasViscosity[=]N-s/m2
-1.550729e1       {C}
0        {D}
-999     {Lower limit of liquid viscosity correlation in K}
-999     {Upper limit of liquid viscosity correlation in K}
0        {A} Liquid Viscosity*1E6=A+B*T+C*T^2+D*T^3
0        {B} where T[=]K and Liquid Viscosity[=]N-s/m2
```

```
0         {C}
0         {D}
2         {Conductivity correlation type: set to 2: do not change}
200       {Lower limit of gas conductivity correlation in K}
500       {Upper limit of gas conductivity correlation in K}
-8.643088e-3      {A} GasConductivity=A+B*T+C*T^2+D*T^3
7.652083e-5       {B} where T[=]K and GasConductivity[=]W/m-K
2.144608e-9       {C}
0         {D}

-999      {Lower limit of liquid conductivity correlation in K}
-999      {Upper limit of liquid conductivity correlation in K}
0         {A} LiquidConductivity=A+B*T+C*T^2+D*T^3
0         {B} where T[=]K and LiquidConductivity[=]W/m-K
0         {C}
0         {D}
0         {terminator}
{The forms of the correlations and in some cases the coefficients have been adapted from
D.B. Bivens and A. Yokozeki, "Thermodynamics and Performance Potential of R-410a," 1996
Intl. Conference on Ozone Protection Technologies Oct, 21-23, Washington, DC.}
```

Chapter

11. 건축 환경·설비 해석

11-1 열과 습기 환경

1. 의복 저항 I [clo]의 계산

$$I = \frac{33 - \theta_i}{6.84} - 0.72$$

θ_i는 실온[℃]으로 이 값이 약 28.1℃일 때 0 clo, 21.2℃일 때 1 clo, 14.4℃일 때 2 clo가 되며, 쾌적하기 위해서는 실온이 약 6.8℃ 내려갈 때마다 1 clo의 의복을 겹쳐 입을 필요가 있다.

위의 방정식은 단순한 실온과 의복 저항의 관계를 나타내고 있으므로, [그림 11-1]과 같이 하나의 방정식만이 필요하다. 그런 다음 [New Parametric Table]을 이용하여, 실온 변화에 따른 의복 저항값의 변화를 계산하면 된다.

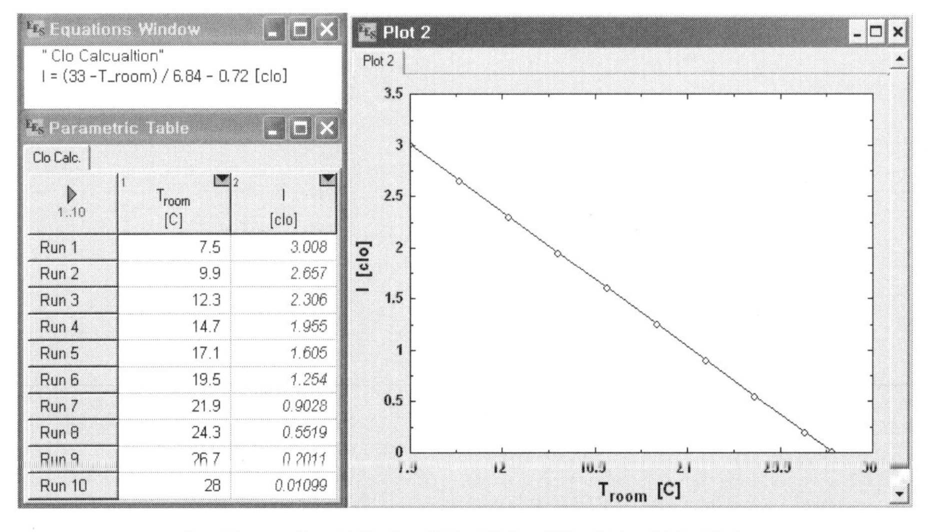

1..10	T_{room} [C]	I [clo]
Run 1	7.5	3.008
Run 2	9.9	2.657
Run 3	12.3	2.306
Run 4	14.7	1.955
Run 5	17.1	1.605
Run 6	19.5	1.254
Run 7	21.9	0.9028
Run 8	24.3	0.5519
Run 9	26.7	0.2011
Run 10	28	0.01099

[그림 11-1] 실온에 따른 의복 저항 I의 계산 결과

2. 섭씨 온도와 화씨 온도의 계산

섭씨 온도와 화씨 온도의 관계는 다음과 같다.

$$°F = \frac{9}{5}℃ + 32$$

이 관계식을 단순한 식과 단위 변화 함수인 Convert 함수를 이용하여 바꾸어 보자.

[그림 11-2]와 같이 [Equations window]에 방정식을 입력한 후, [New Parametric Table]을 이용하여 변수 3개에 대한 도표를 생성한다. 그런 다음 섭씨 온도값을 0℃부터 10℃ 간격으로 입력한 후 계산한 결과이다. 정확히 값이 일치하는 것을 볼 수 있을 것이다.

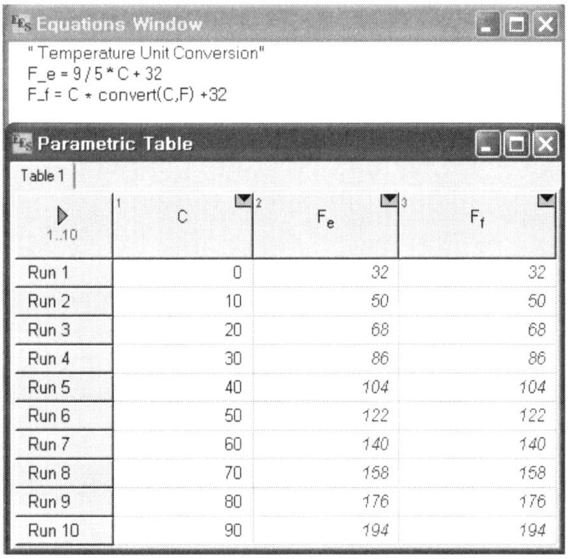

Equations Window

```
"Temperature Unit Conversion"
F_e = 9/5*C + 32
F_f = C * convert(C,F) +32
```

Parametric Table

Table 1

1..10	C	F_e	F_f
Run 1	0	32	32
Run 2	10	50	50
Run 3	20	68	68
Run 4	30	86	86
Run 5	40	104	104
Run 6	50	122	122
Run 7	60	140	140
Run 8	70	158	158
Run 9	80	176	176
Run 10	90	194	194

[그림 11-2] 온도 단위의 변환

3. 평균 복사 온도(MRT)의 계산

$$MRT = \frac{\sum_{i=1}^{n} T_i \cdot A_i}{\sum_{i=1}^{n} A_i}$$

여기서, T_i, A_i는 각각 i번째 벽체의 표면 온도[℃]와 표면적[m^2]을 나타낸다.
이 수식 또한 위와 같은 단순한 방법으로 계산되지만, 이번에는 [Diagram] 창을 이용하여 계산하도록 하자.

먼저 [Equations window]에 MRT 계산과 관련된 방정식을 [그림 11-3]과 같이 입력한다. [그림 11-3]에서 볼 수 있듯이 배열 변수 A[i]와 T[i]를 사용하였으며, 이것의 누적 계산을 위한 'Duplicate …End'문을 이용하였다.

이러한 방정식들의 입력이 완료되면, [Windows] 메뉴에서 [Diagram] 창을 선택하여 각 벽체의 온도와 면적을 입력하도록 한다. [Diagram] 창의 작성 방법에 관해서는 앞에서 설명된 내용을 참고하면 될 것이다.
끝으로 [New Parametric Table] 명령을 선택하여, 벽체의 온도와 면적에 관한 변수들을 나열하도록 한다.

[그림 11-3]의 [Calculate] 버튼을 클릭하면, 주어진 온도와 면적에 대한 MRT 값을 얻을 수 있을 것이다.

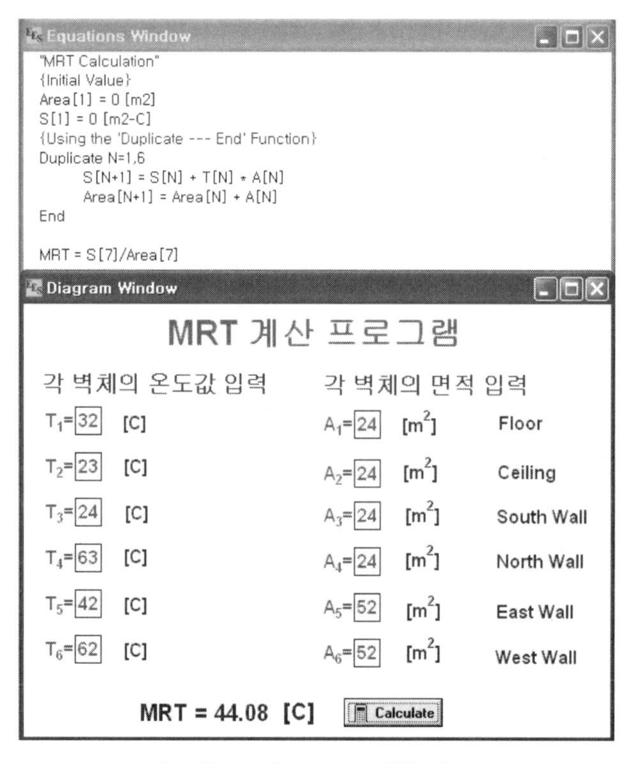

[그림 11-3] MRT 계산 화면

11-2 태양의 위치 계산

1. 대기권 밖 일사량의 계산

대기권 밖의 법선면 일사량은 일수에 따라 그 값이 조금씩 변화한다.

$$G_{on} = G_{SC}\left(1 + 0.033 \times \cos\frac{360n}{365}\right)$$

G_{SC}는 태양 상수로 태양으로부터 태양과 지구가 평균 거리에 있을 때 대기권 밖의 법선면에 도달하는 단위 면적(1 m²)에 대해 단위 시간(1 hour)당 태양 복사 에너지의 조사율로 정의되며, 다음과 같은 다양한 연구가 진행되었다.

본 교재에서는 (6) WRC(World Radiation Center) : 1367 W/m² ± 1%의 값으로 계산을 진행하도록 한다.

(1) C. G. Abbot : 1322 W/m²
(2) Johnson : 1395 W/m²(1954)
(3) NASA & ASTM : 1353 W/m²(1971년 채택)
(4) Frohlich : 1373 W/m²(1978)
(5) Willson et al. : 1368 W/m²(1982)
(6) WRC(World Radiation Center) : 1367 W/m² ± 1%

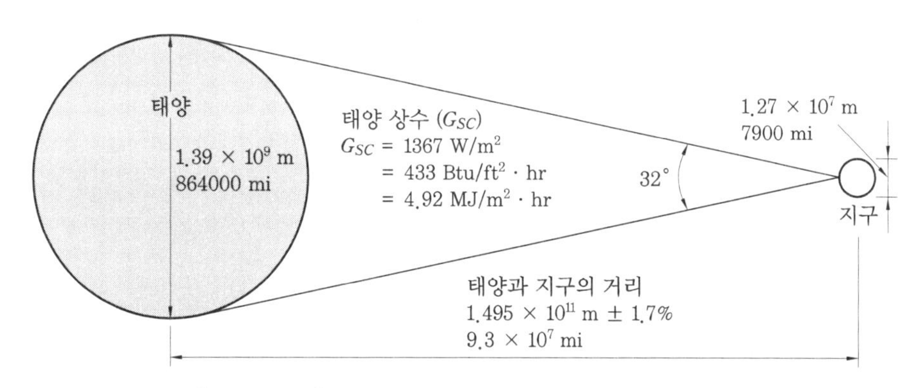

[그림 11-4] 태양과 지구와의 관계 및 태양 상수

위의 식을 EES를 이용하여 작성하여 분석한 것이 [그림 11-5]이다.

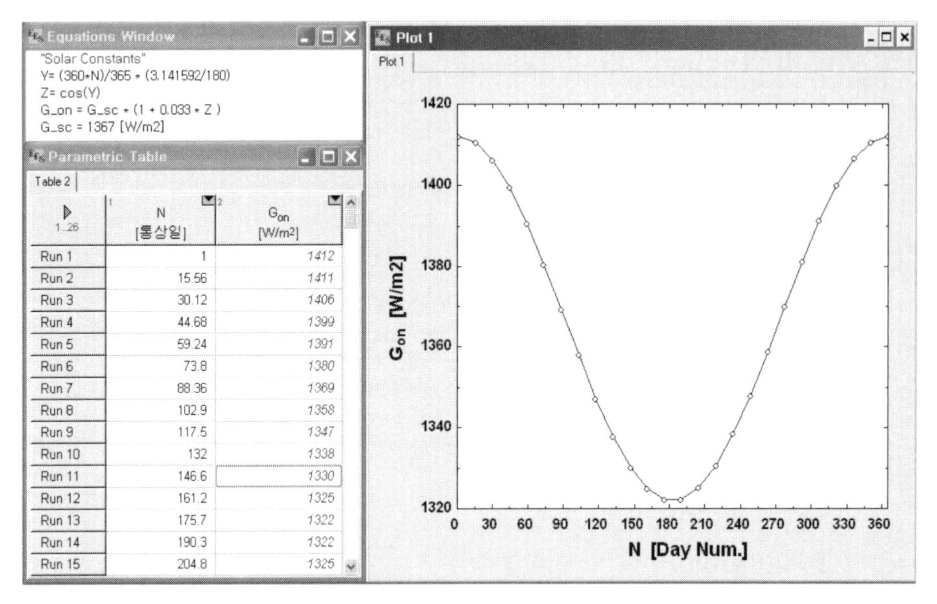

1..26	N [통상일]	G_{on} [W/m2]
Run 1	1	1412
Run 2	15.56	1411
Run 3	30.12	1406
Run 4	44.68	1399
Run 5	59.24	1391
Run 6	73.8	1380
Run 7	88.36	1369
Run 8	102.9	1358
Run 9	117.5	1347
Run 10	132	1338
Run 11	146.6	1330
Run 12	161.2	1325
Run 13	175.7	1322
Run 14	190.3	1322
Run 15	204.8	1325

[그림 11-5] 일수(통상일)에 따른 대기권 밖 법선면 일사량 계산 결과

2. Solar Time

Solar Time(진 태양시)은 천공을 가로지르는 태양의 각운동에 기초한 시간으로, 관찰자의 자오선을 가로지르는 태양의 시간을 나타내는 것이다. 태양이 남중할 때의 시간을 12시로 하여 15°를 1시간각으로 하여 동쪽은 −, 서쪽은 +를 한다.

진 태양시와 표준시와의 관계를 살펴보면 다음과 같다.

$$\text{진 태양시(solar time)} - \text{표준시(standard time)} = 4(L_{st} - L_{loc}) + E$$

여기서, L_{st}는 그 지역의 시간의 기준이 되는 표준 자오선을 나타내며, L_{loc}는 계산하고자 하는 해당 지역의 경도를 나타낸다. 그리고 E는 균시차로 다음의 식으로부터 계산된다.

$$E = 229.2 \times (0.000075 + 0.001868 \cos B - 0.032077 \sin B$$
$$- 0.014615 \cos 2B - 0.04089 \sin 2B)$$

$$B = (n - 1)\frac{360}{365}$$

균시차의 계산 또한 통상일 n에 대한 값의 분포로 표시할 수 있다.

계산 결과가 [그림 11-6]의 [E]와 같이 표시되지 않는다면, 단위 설정을 검토해 보면 될 것이다. 본 예제에서는 [Radian] 표기법을 사용한 것을 알 수 있을 것이다.

3. 태양 적위의 계산

적위란 적도에서 태양이 남중할 때, 수평면에 대한 태양의 각위치로 춘·추분은 0, 하지는 23.45°, 동지는 −23.45°이다.

적위 δ는 Cooper(1969)의 방정식으로 쉽게 계산할 수 있다.

$$\delta = 23.45 \times \sin\left(360 \cdot \frac{284 + n}{365}\right)$$

계산 결과가 [그림 11-6]의 [δ]와 같이 표시되지 않는다면, 단위 설정을 검토해 보면 될 것이다. 본 예제에서는 [Radian] 표기법을 사용한 것을 알 수 있을 것이다.

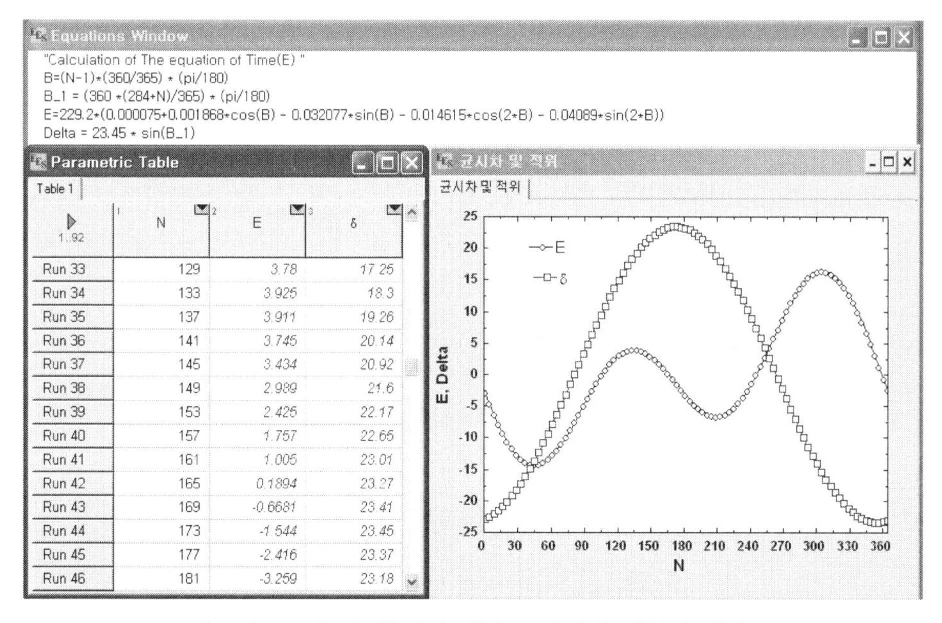

1..92	N	E	δ
Run 33	129	3.78	17.25
Run 34	133	3.925	18.3
Run 35	137	3.911	19.26
Run 36	141	3.745	20.14
Run 37	145	3.434	20.92
Run 38	149	2.989	21.6
Run 39	153	2.425	22.17
Run 40	157	1.757	22.65
Run 41	161	1.005	23.01
Run 42	165	0.1894	23.27
Run 43	169	-0.6681	23.41
Run 44	173	-1.544	23.45
Run 45	177	-2.416	23.37
Run 46	181	-3.259	23.18

[그림 11-6] 통상일에 따른 균시차와 적위의 계산

4. 태양 방위각 및 고도

(1) 태양 고도각 (h)

태양 고도각이란 수평면과 태양의 고도와의 사이 각도이며, 천공각과 합하면 90°가 된다.

(2) 태양 방위각 (A)

태양 방위각이란 어떤 시간에 대한 태양의 위치에서 수평면에 투영했을 때, 정남향과의 각도이다. 이 값은 방위각과 마찬가지로 서쪽은 +, 동쪽은 −값을 갖게 된다.

끝으로 태양 방위각과 고도를 계산하는 방정식은 다음과 같다.

$$\sin h = \sin\phi \cdot \sin\delta + \cos\phi \cdot \cos\delta \cdot \cos w$$

$$\sin A = \cos\delta \cdot \sin w \cdot \sec h$$

$$\cos A = (\sin h \cdot \sin\phi - \sin\delta) \sec h \cdot \sec\phi$$

이상의 관계로부터 일수와 시간에 따른 태양 고도와 방위각을 계산하는 EES 프로그램을 앞에서 작성한 예와 같이 쉽게 계산할 수 있을 것이다.

5. 기타 다양한 각도 계산

(1) 경사각(傾斜角) (β)

경사각이란 수평면에 대한 경사면의 기울어진 정도를 나타내는 각도로, 이 값은 $0° \leq \beta \leq 180°$을 가지며, 90°보다 큰 경우는 그 면이 아래쪽을 향하고 있음을 나타낸다.

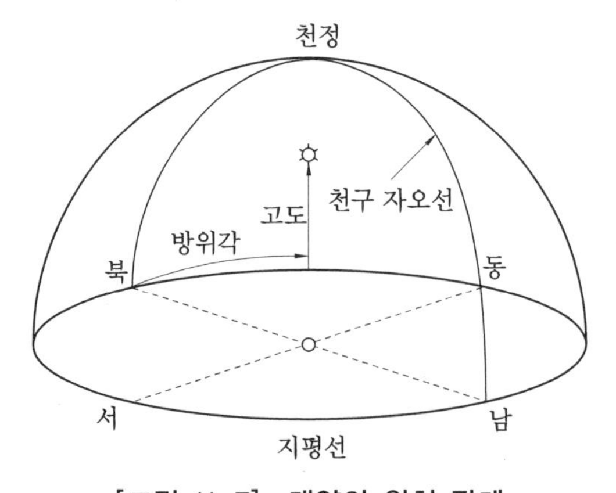

[그림 11-7] 태양의 위치 관계

(2) 표면 방위각(方位角) (γ)

표면 방위각이란 경사면을 수평면에 투영했을 때 정남향에 대하여 어긋난(치우친) 정도를 나타낸 각으로, 서쪽 방향은 +, 동쪽 방향은 −로 하며, $-180° \leq \gamma \leq 180°$의 범위를 갖는다.

(3) 시간각 (ω)

시간각이란 태양이 그 지역의 자오선에 남중했을 때를 기준으로 한 태양 위치에 대한 각도로, 오전은 −, 오후는 +값을 가지며, 1시간당 15°의 각도를 갖는다.

(4) 입사각 (θ)

입간각이란 표면에 입사하는 직달 일사와 그 표면의 법선 방향 사이의 각도이다.

(5) 천공각 (θ_z)

천공각이란 수직 방향과 태양의 고도와의 사이 각도로 수평면에 대한 직달 일사의 경사각을 나타낸다.

$$\cos\theta = \sin\delta\cdot\sin\phi\cdot\cos\beta - \sin\delta\cdot\cos\phi\cdot\sin\beta\cdot\cos\gamma$$
$$+ \cos\delta\cdot\cos\phi\cdot\cos\beta\cdot\cos\omega + \cos\delta\cdot\sin\phi\cdot\sin\beta\cdot\cos\gamma\cdot\cos\omega$$
$$+ \cos\delta\cdot\sin\beta\cdot\sin\gamma\cdot\sin\omega$$

$$\cos\theta = \cos\theta_z\cdot\cos\beta + \sin\theta_z\cdot\sin\beta\cdot\cos(\gamma_s - \gamma)$$

이상의 각도들을 종합적으로 계산하는 예제를 한 번 고려해 보자.

본 예제에서는 앞에서 설명한 Procedure를 활용하여 일수에 따른 균시차와 적위를 계산하고, 계산된 결과를 위의 입사각을 구하는 식에 대입하여 각도를 계산하는 프로그램이다.

먼저 [Equations window]에 [그림 11-8]과 같은 방정식들을 입력하자.

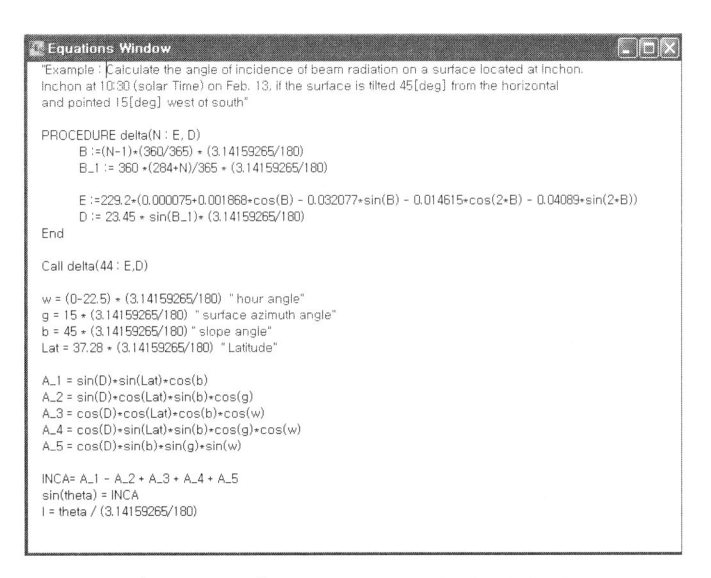
```
Equations Window
"Example : Calculate the angle of incidence of beam radiation on a surface located at Inchon.
Inchon at 10:30 (solar Time) on Feb. 13, if the surface is tilted 45[deg] from the horizontal
and pointed 15[deg] west of south"

PROCEDURE delta(N : E, D)
        B :=(N-1)*(360/365) * (3.14159265/180)
        B_1 := 360 *(284+N)/365 * (3.14159265/180)

        E :=229.2*(0.000075+0.001868*cos(B) - 0.032077*sin(B) - 0.014615*cos(2*B) - 0.04089*sin(2*B))
        D := 23.45 * sin(B_1)* (3.14159265/180)
End

Call delta(44 : E,D)

w = (0-22.5) * (3.14159265/180)  " hour angle"
g = 15 * (3.14159265/180)  " surface azimuth angle"
b = 45 * (3.14159265/180) " slope angle"
Lat = 37.28 * (3.14159265/180)  " Latitude"

A_1 = sin(D)*sin(Lat)*cos(b)
A_2 = sin(D)*cos(Lat)*sin(b)*cos(g)
A_3 = cos(D)*cos(Lat)*cos(b)*cos(w)
A_4 = cos(D)*sin(Lat)*sin(b)*cos(g)*cos(w)
A_5 = cos(D)*sin(b)*sin(g)*sin(w)

INCA= A_1 - A_2 + A_3 + A_4 + A_5
sin(theta) = INCA
I = theta / (3.14159265/180)
```

[그림 11-8] 예제 문제의 수식 입력 예

다음으로 입력된 내용의 계산 결과를 살펴보면 다음과 같다.

Solution

Main | delta

Unit Settings: [kJ]/[K]/[kPa]/[kmol]/[radians]

A_1 = -0.1032 [-] A_2 = -0.131 [-] A_3 = 0.5045 [-] A_4 = 0.3709 [-]

A_5 = -0.06797 [-] b = 0.7854 [-] D = -0.2434 [rad] E = -14.26 [-]

g = 0.2618 [rad] I = 56.64 [C] INCA = 0.8352 [-] Lat = 0.6507 [rad]

θ = 0.9885 [-] w = -0.3927 [rad]

1 potential unit problem was detected Check Units

Calculation time = .0 sec

[그림 11-9] 입사각 θ의 계산 결과

끝으로 이상의 방정식에서 통상일을 나타내는 '44'를 변수 'N'으로 변경한 다음, [Tables] 메뉴의 [New Parametric Table] 명령을 선택한다. 다음으로 계산하고자 하는 행을 92행으로 지정하고, 나타내고자 하는 변수로 N과 I를 선택한다. 이렇게 선택하면 새로운 도표가 화면에 생성된다. 이때, 변수 N의 시작값으로 1을, 증분으로 4를 설정하면 된다. 그런 다음 [Solve] 메뉴의 [Solve Table] 명령을 실행하면, [그림 11-10]의 좌측 도표와 같은 결과를 얻을 수 있다.

끝으로 [Polts] 메뉴를 이용하여 [그림 11-10]의 우측과 같은 그래프를 생성할 수 있을 것이다.

그래프의 결과에서 볼 수 있듯이 주어진 값들에 대한 통상일에 따른 입사각도의 분포는 결국 태양 적위의 분포에 따라 영향을 받음을 알 수 있다. 이를 보다 명확히 보여주는 것이 [그림 11-11]이다.

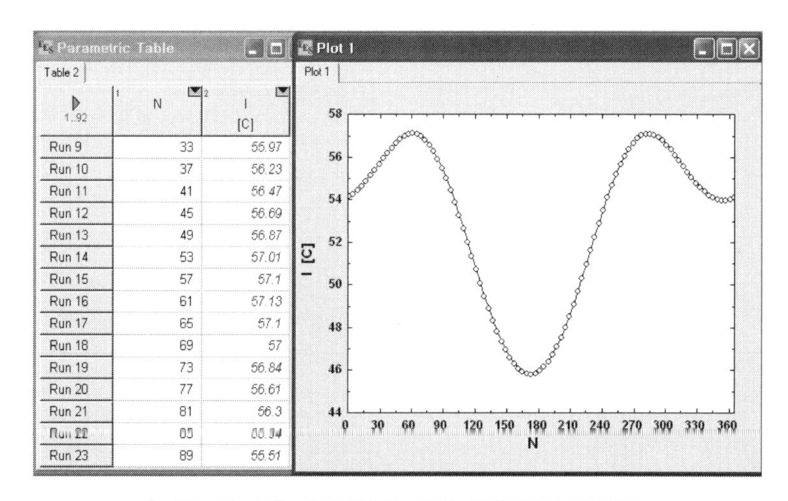

Parametric Table — Table 2

1..92	N	I [C]
Run 9	33	55.97
Run 10	37	56.23
Run 11	41	56.47
Run 12	45	56.69
Run 13	49	56.87
Run 14	53	57.01
Run 15	57	57.1
Run 16	61	57.13
Run 17	65	57.1
Run 18	69	57
Run 19	73	56.84
Run 20	77	56.61
Run 21	81	56.3
Run 22	[illegible]	[illegible]
Run 23	89	55.51

[그림 11-10] 통상일에 따른 입사각도의 변화

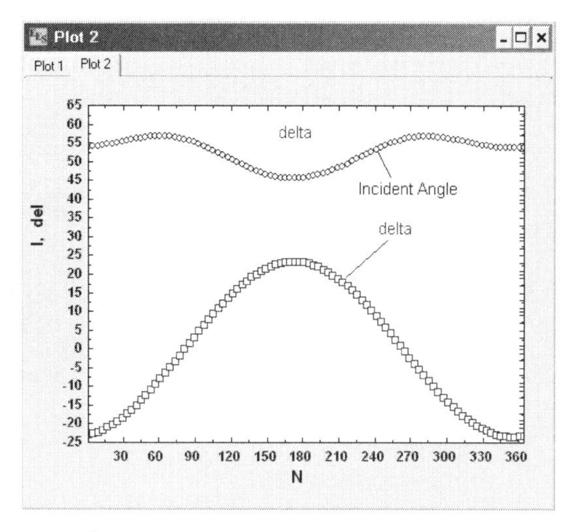

[그림 11-11] 적위와 입사각의 변화

이상과 같은 다양한 조작을 통해 여러 가지 결과를 얻을 수 있으며, Function이나 Procedure 등을 활용한 프로그램을 작성해 보기 바라며, 또한 변수들에 대한 다양한 민감도 분석도 연습해 보기 바란다.

다음으로 경사면에 대한 태양의 위치를 계산하는 프로그램을 작성해 보도록 한다.

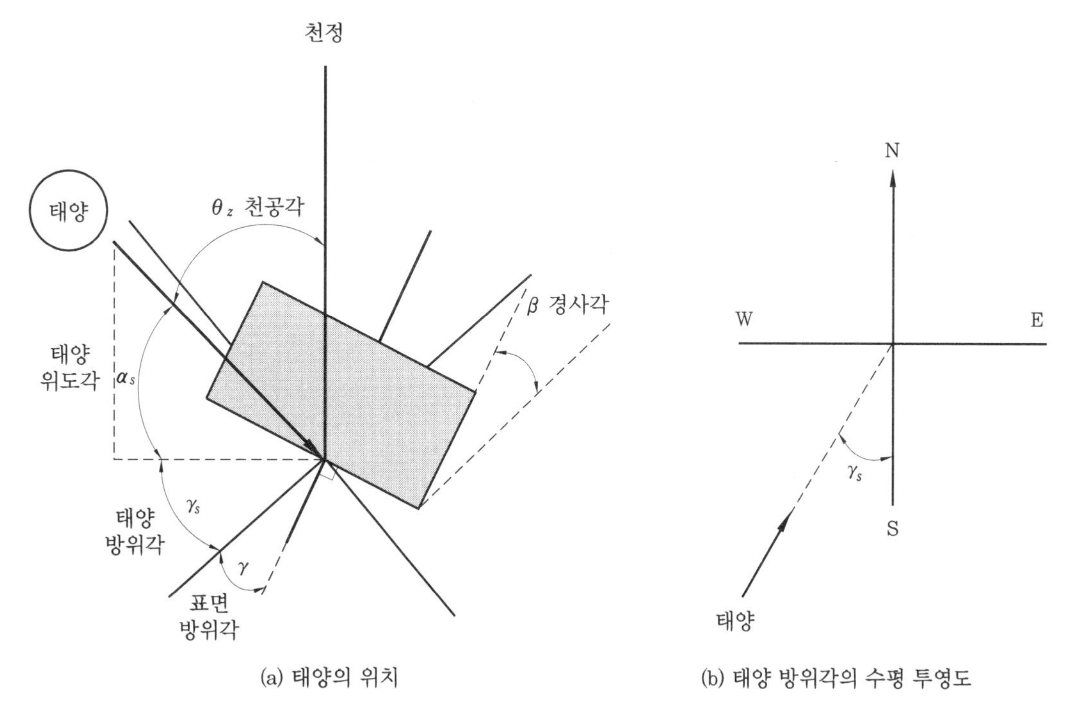

(a) 태양의 위치 (b) 태양 방위각의 수평 투영도

[그림 11-12] 경사면에 대한 태양의 위치 및 수평 투영도

경사면에 대한 태양의 고도와 방위각은 다음 식으로부터 계산된다.

$$\sin h' = \sin h \cdot \sin\beta + \cos h \cdot \sin\beta \cdot \cos(A - \gamma)$$

$$\cos A' = (\sin\beta \cdot \sin h' - \sin h) / (\sin\beta \cdot \cos h')$$

앞에서 생략한 수평면에서의 태양의 위치와 함께 EES 프로그램을 작성하면 다음과 같다. 먼저 [Equations window]에 입력되는 방정식을 Procedure를 이용하여 작성한다.

```
Procedure solargeo(N,H,M,L,Theta,Alpha : SHD, CAD)

T := 0.2618 *(H+M/60 -12)
Lat := L * 0.017453
Tilt := Theta * 0.017453
Azim := Alpha * 0.017453

delta := 0.4093 * sin(0.01698*(N-80))

"Case 1.  Horizontal Surface"
SL := sin(Lat)
CL := cos(Lat)
SS := sin(delta)
CS := cos(delta)
ST := sin(T)
CT := cos(T)
SH := SL * SS +CL *CS *CT
CH := sqrt(1-SH*SH)
SA := CS*ST/CH
CA := (SH+SL-SS)/(CH*CL)

"Case 2.  Tilted Surface"
CTH := cos(Tilt)
STH := sin(Tilt)
CAL := cos(Azim)
SAL := sin(Azim)
CAAL := CA*CAL+SA*SAL
SHD := SH *CTH +CH*STH*CAAL
CHD := sqrt(1-(SHD*SHD))
CAD := (CTH*SHD-SH)/(STH*CHD)

End

N = 180 [-]
H = 9 [hour]
M = 0 [Min]
L = 30 [C]
Theta = 30 [C]
Alpha = 90 [C]

Call solargeo(N,H,M,L,Theta,Alpha : SHD,CAD)

" Results of Calculation, HP, AP"
HP = arcsin(SHD) / 0.017453
AP = arccos(CAD) / 0.017453
```

Function은 하나의 결과를 생성하지만, Procedure는 여러 개의 결과를 생성할 수 있기 때문에 선택된 것이며, 여기서는 SHD와 CAD 값을 계산하기 위함이다.

이렇게 정리된 방정식을 실행시키면 다음과 같은 결과를 얻을 수 있다.

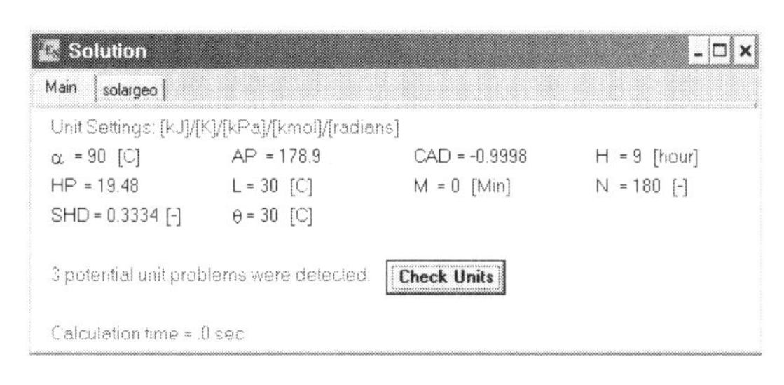

[그림 11-13] 경사면의 태양 고도와 방위각

이상의 프로그램은 다양한 응용이 가능하다. [New Parametric Table]을 이용하여 변수들에 따른 결과도 얻을 수 있으며, [Diagram] 창을 이용하여 통상일, 시간, 경사면의 방위각 및 경사각을 입력하면, 자동으로 경사면의 태양 고도와 방위각을 생성해 주도록 할 수 있다.

이러한 응용들은 앞에서 배운 내용을 토대로 직접 작성해 보기 바란다.

11-3 일사량(Solar Radiation) 계산

1. 직달 일사량

지상에서 경사면의 각도를 θ, 방위각을 A라고 하는 경사면에 입사되는 직달 일사량을 계산해 보자(다음부터 일사와 관련된 모든 변수들은 I로 나타낸다. 즉, $G_{on} = I_0$이다).

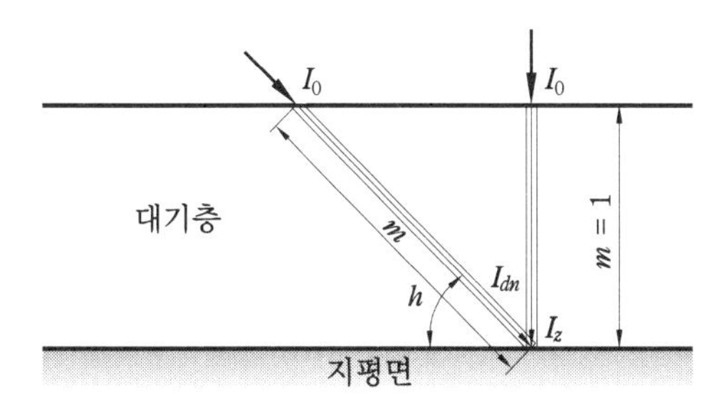

[그림 11-14] 대기 노정

[그림 11-14]와 같이 대기층 중의 어느 한 점의 법선면 직달 일사량을 I라고 하고, 대기 노정[2](air mass : 대기의 밀도 ρ는 높이에 따라 크게 바뀌므로 산란량은 $\rho(x)\,dx$에 비례하므로 이를 dm이라 하고, 질량 통과 거리를 일컫는다.) $\rho dx = dm$만큼 나가는 것과 산란, 흡수에 의해 dI만큼 감쇠한다고 하면 다음 식이 성립된다.

$$dI = -\alpha\, I dm$$

α는 대기의 혼탁도를 나타내는 비례 상수로 유리 투과율 계산의 경우와 같이 소산 계수라 일컫는다.

위의 식에서 $m = 0$일 때 I_0, 대기 노정을 m이라 하여 적분하면, 지표면에서 법선면 직달 일사량 I_{dn}은 다음 식으로 계산할 수 있다.

$$I_{dn} = I_0\, e^{-\alpha \cdot m} \tag{a}$$

태양이 천정에 있을 때의 I_{dn}을 $I_{dn}{}'$이라 하면

$$I_{dn}{}' = I_0 \cdot e^{-\alpha \cdot m'} \tag{b}$$

식 (a)와 (b)에서 α를 소거하면

$$\frac{1}{m}\ln\left(\frac{I_{dn}}{I_0}\right) = \frac{1}{m'}\ln\left(\frac{I_{dn}{}'}{I_0}\right)$$

$$\therefore\ I_{dn} = I_0\left(\frac{I_{dn}}{I_0}\right)^{m/m'} \tag{c}$$

여기서, I_{dn}/I_0는 태양이 천정에 있을 때의 지표면 직달 일사량의 대기권 밖 법선면 일사량 I_0에 대한 비로 대기의 투명도를 나타내므로, 대기투과율[3] P라 하고, m/m'은 고도 h일 때와 쾌청할 때의 대기 노정의 비로 $m/m' = \operatorname{cosec} h = 1/\sin h$이므로 식 (c)는 위와 같다.

$$I_{dn} = I_0 \cdot P^{1/\sin h} \tag{d}$$

식 (d)를 Bouger의 식이라 한다.

태양 상수(G_{SC})는 앞에서 설명되었으므로 생략하도록 한다.

건물의 외피를 구성하는 각 면, 즉 지붕의 수평면 또는 경사면, 외벽체의 수직면이 받

---

2) air mass : $h = 90°$에서 1, $h = 30°$에서 2이다. 이 값은 일사의 스펙트럼 분포가 서로 다르므로 태양 에너지 이용의 분야에 활용된다.

3) 태양이 천정에 있을 때의 지상 법선면 일사량과 태양 상수와의 비이다. 이 값은 대기 중의 수증기, 공기 분자나 먼지의 흡수, 산란에 따른다. 그리고 지역에 따라 다소 차이는 있으나 0.6~0.75로 겨울은 크고 여름에는 작다. 그리고 일반적으로 시골보다 도시가 작다.

는 직달 일사량은 지표면의 법선면 직달 일사량 I_{dn} 값을 이용하여 다음과 같이 계산할 수 있다.

(1) 수평면 직달 일사량

$$I_{dh} = I_{dn} \cdot \sin h$$

(2) 수직면 직달 일사량

$$I_{dh} = I_{dn} \cdot \cos h \cdot \cos (A - A_w)$$

(3) 경사면 직달 일사량

$$I_{dh} = I_{dn} \cdot \sin i$$

여기서, A는 태양의 방위각, A_w는 수직 벽체의 방위각, i는 경사면에 대한 입사각을 나타낸다.

입사각 i는 다음 식을 이용하여 계산할 수 있다.

$$\cos i = \cos \theta \cdot \cos h + \sin \theta \cdot \sin h \cdot \cos (A - A_\theta)$$

여기서, θ는 경사면의 경사각, A_θ는 경사면의 방위각을 나타낸다.

2. 천공 일사

쾌청한 날 수평면 천공 일사량 I_{sh}는 관측에 의해 천공을 등휘도 확산면이라 가정하여 유도한 Berlage의 식으로부터 계산할 수 있다.

$$I_{sh} = \frac{1}{2} I_0 \cdot \sin h \cdot \left(\frac{1 - P^{1/\sin h}}{1 - 1.4 \ln P} \right) \qquad \text{(e)}$$

식 (e)에서 볼 수 있듯이 천공 일사량은 대기 투과율이 클수록 그 값이 작아짐을 알 수 있다.

경사각 θ의 경사면이 받는 천공 일사량 $I_{s\theta}$는 천공이 등휘도 확산면이므로, 그 면에서 본 천공의 형태계수에 비례하고 다음 식과 같다.

$$I_{s\theta} = F_s \cdot I_{sh} \qquad \text{(f)}$$

으로부터 계산된다. F_s는 경사면의 천공에 대한 형태계수이며, 다음 식과 같다.

$$F_s = \frac{1 + \cos \theta}{2} \qquad \text{(g)}$$

수직면에서는 $\cos 90° = 0$으로부터 $F_s = 0.5$이며, 수평면의 경우는 $F_s = 1$이다.

천공 일사량은 그 지역의 위도나 대기 투과율, 태양 고도 등으로 미묘한 영향을 받아 반드시 Berlage의 식이 적용되는 것이 아님을 기억하기 바란다.

3. 반사 일사

반사 일사는 경사면 앞면의 지면에 입사하는 일사가 반사하여 경사면에 입사되는 것으로 간주되며, 다음 식으로 계산할 수 있다.

$$I_{r\theta} = \rho_g \cdot F_g \cdot I_h$$

ρ_g는 지면의 일사에 대한 반사율(albedo), F_g는 경사면의 지면에 대한 형태계수로서

$$F_g = 1 - F_s$$

이다. ρ_g는 흙이나 풀의 경우 0.05~0.3 정도이지만, 눈의 경우에는 0.5~0.8이 되며, 다음 〈표 11-1〉은 각종 지표면 상태에 따른 반사율을 나타낸 것이다.

〈표 11-1〉 각종 지표면의 반사율

지표면의 상태	반사율	지표면의 상태	반사율
건조한 흙	0.147	삼림	0.04~0.10
습한 흙	0.08	건조한 모래땅	0.18
건조 회색 지표면	0.25~0.30	습한 모래땅	0.09
습한 회색 지표면	0.10~0.12	새로운 눈	0.81
건조한 초지	0.15~0.25	오래된 눈	0.46~0.70
습한 초지	0.14~0.26		

그리고 수평면의 전일사량 I_h는

$$I_h = I_{dn} \cdot \sin h + I_{sh}$$

이 된다.

4. 전일사량

특정 방위각 A와 경사각 θ인 면에 입사되는 전일사량 I_θ는 [직달 일사량 + 천공 일사량 + 반사 일사량]이므로 다음 식과 같다.

$$I_\theta = I_{d\theta} + I_{s\theta} + I_{r\theta}$$

이상과 같이 이론적인 전일사량(직달 일사량 + 천공 일사량 + 반사 일사량)을 계산하

는 프로그램을 EES를 이용하여 작성해 보도록 하자.

본 예제에서는 수평면에 관한 일사량만을 계산하므로, 반사 일사 성분은 생략된다. EES의 [Equations window]에 작성한 방정식은 다음과 같으며, 그 결과는 [그림 11-15]와 같다.

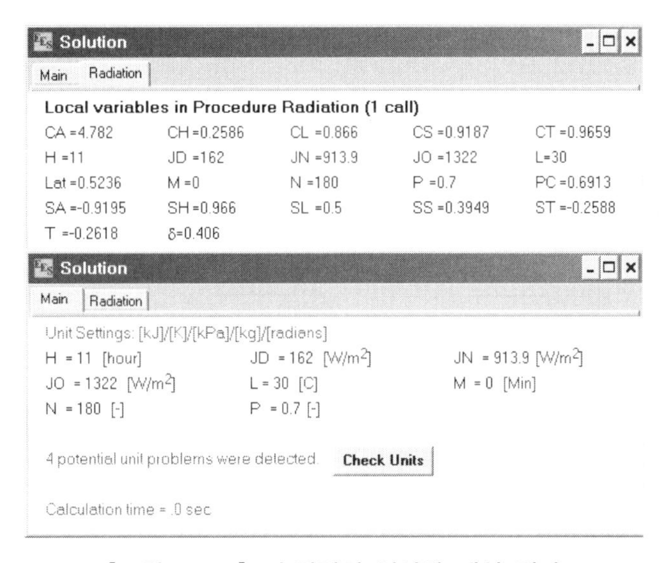

[그림 11-15] 수평면의 일사량 계산 결과

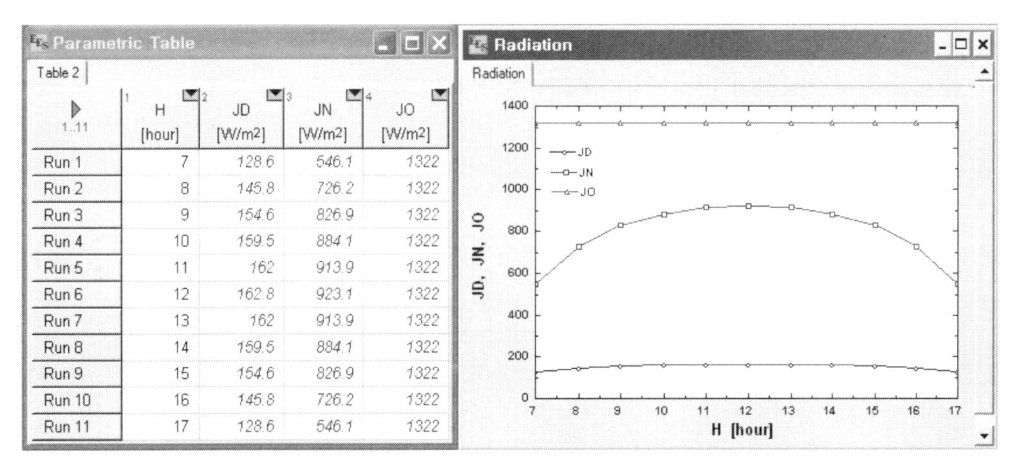

Parametric Table — Table 2

1..11	H [hour]	JD [W/m2]	JN [W/m2]	JO [W/m2]
Run 1	7	128.6	546.1	1322
Run 2	8	145.8	726.2	1322
Run 3	9	154.6	826.9	1322
Run 4	10	159.5	884.1	1322
Run 5	11	162	913.9	1322
Run 6	12	162.8	923.1	1322
Run 7	13	162	913.9	1322
Run 8	14	159.5	884.1	1322
Run 9	15	154.6	826.9	1322
Run 10	16	145.8	726.2	1322
Run 11	17	128.6	546.1	1322

[그림 11-16] 시간에 따른 수평면 일사량 분포

다음으로 [그림 11-16]과 같이 [Parametric Table]과 [Plot]을 이용하여 시간에 따른 일사량을 계산한 결과를 보여준다. 이러한 경우, 시간을 나타내는 변수인 H는 다음의 프로그램에서 { }로 묶어 두어야 한다. 또한 [Diagram] 창을 이용하여 특정일, 특정 시간에 대한 일사량값을 계산하는 프로그램도 작성할 수 있을 것이다.

```
"Calculation of the Solar Radiation"
Procedure Radiation(L, N, H, M, P : JO, JN, JD)
        Lat := L*0.017453
        T := (H+M/60-12)*0.2618

        delta := 0.4093 * sin(0.01698*(N-80))

        "Case 1. Horizontal Surface"
        SL := sin(Lat)
        CL := cos(Lat)
        SS := sin(delta)
        CS := cos(delta)
        ST := sin(T)
        CT := cos(T)
        SH := SL * SS +CL *CS *CT
        CH := sqrt(1-SH*SH)
        SA := CS*ST/CH
        CA := (SH*SL-SS)/(CH*CL)

        "Case 2. Solar Radiation"
        JO :=1367 * (1+0.033*cos(N*0.01698))
        IF (SH<0) Then
                JN :=0
                JD :=0
                goto 10
        Else
                PC = P**(1/SH)
                JN := JO * PC
                JD := 0.5*JO*SH*(1-PC)/(1-1.4*log10(P))
        Endif
10: END

N = 180 [-]
H = 9 [hour]
M = 0 [Min]
L = 30 [C]
P = 0.7

Call Radiation(L, N, H, M, P : JO, JN, JD)
```

위의 [Equations window]에 작성된 내용을 간단히 살펴보면 다음과 같다.

① Procedure를 이용한 일사량의 계산

② 여러 행으로 구성된 IF ... Then ... Else문의 사용

③ 조건에 따른 GoTo문의 사용

유사한 내용을 앞에서 많이 살펴보았으므로 자세한 설명은 생략하도록 한다.

5. 대기 복사

대기는 일사를 흡수하면 온도가 상승하고, 그 온도에 따른 복사를 한다. 이것이 대기 복사(반반사 또는 역반사)이다. Brunt에 의한 쾌청 시의 대기 복사 I_b [kcal/m^2·h]는 다음 식과 같다.

$$I_b = C_b \left(\frac{T_a}{100} \right)^4 (0.526 + 0.075 \sqrt{f})$$

여기서, C_b는 흑체의 복사 계수($C_b = 4.88\,\text{kcal/m}^2 \cdot \text{h} \cdot ℃^4$), T_a는 지표면 부근의 공기의 절대 온도[°K], f는 같은 공기의 수증기압[mmHg]이다.

6. 지면 복사

지표면은 태양으로부터의 직달 일사, 천공 복사, 대기 복사 등을 받아 온도가 상승하고, 이 지표면과 천공과의 온도차에 의해 저온 복사를 한다. 이것이 지면 복사이다. 지표면을 흑체로 보고 그 표면 온도는 기온과 같다고 가정하면, 지면 복사 I_G [kcal/m^2·h]는 다음 식과 같다.

$$I_g = C_b \left(\frac{T_a}{100} \right)^4$$

7. 유효 복사

지면 복사와 대기 복사의 차를 유효 복사 또는 야간 복사라고 한다. 유효 복사 I_e [kcal/m^2·h]는 다음 식과 같다.

$$I_e = I_g - I_b = C_b \left(\frac{T_a}{100} \right)^4 (0.474 - 0.075 \sqrt{f})$$

위의 식은 구름이 없는 경우의 값이며, 운량이 증가하면 그 값은 감소한다.

이상으로 이론적인 일사량 계산을 위해 필요한 기본적인 수식들에 관하여 모두 살펴보았다.

다음으로 경사면에 대한 이론적 일사량 계산 프로그램을 작성해 보도록 한다. 실제 건축에서 가장 많이 이용하는 것이 이와 관련된 프로그램이므로 꼭 EES 프로그램이 아니더라도 Fortran, C^{++}, Visual Basic 등의 프로그램을 이용하여 작성해 보기 바란다.

앞에서 작성된 수평면 일사량 프로그램과 경사면에서의 태양의 위치 계산 프로그램을 결합한 후, 경사면에 대한 일사량 계산식을 추가하면 된다.

```
"Calculation of the Solar Radiation"
Procedure Radiation(L,N,H,M,P,Theta,Alpha, Rho : JO, JN, JD, JTN, JTD, JTR, JTT)
        Lat := L*0.017453
        T := (H+(M/60)-12)*0.2618

        delta := 0.4093 * sin(0.01698*(N-80))

        "Case 1.  Horizontal Surface"
        SL := sin(Lat)
        CL := cos(Lat)
        SS := sin(delta)
        CS := cos(delta)
        ST := sin(T)
        CT := cos(T)
        SH := (SL * SS) +(CL *CS *CT)
        CH := sqrt(1-(SH*SH))
        SA := CS*ST/CH
        CA := (SH*SL-SS)/(CH*CL)

        "Case 2.  Tilted Surface"
        CTH := cos(theta)
        STH := sin(theta)
        CAL := cos(alpha)
        SAL := sin(alpha)
        CAAL := CA*CAL + SA*SAL
        SHD := (SH*CTH)+(CH*STH*CAAL)
        CHD := sqrt(1-(SHD*SHD))
        CAD := (CTH*SHD-SH)/(STH*CHD)

        "Case 3. Solar Radiation"
        JO :=1367 * (1+0.033*cos(N*0.01698))
        IF (SH<0) Then
                JN :=0
                JD :=0
                goto 10
        Else
                PC = P**(1/SH)
                JN := JO * PC
                JD := 0.5*JO*SH*(1-PC)/(1-1.4*log10(P))
        Endif
10:     JTN := JN* SHD
        IF (SHD<0) Then JTN := 0
        JTD :=(1+CTH)*JD/2
        JTR := RHO * (1-CTH) * (JN*SH+JD)/2
        JTT := JTN+JTD+JTR
END
```

```
N = 200 [-]
H = 13 [hour]
M = 0 [Min]
L = 30 [C]
P = 0.7
Theta_1 = 90
alpha_1 = 10
rho = 0.2
theta = Theta_1 * 0.017453
alpha = Alpha_1 * 0.017453

Call Radiation(L,N,H,M,P,Theta,Alpha, Rho : JO, JN, JD, JTN, JTD, JTR, JTT)
```

이상의 내용을 [Equations window]에 작성한 후, 결과를 살펴보면 [그림 11-17]과 같다.

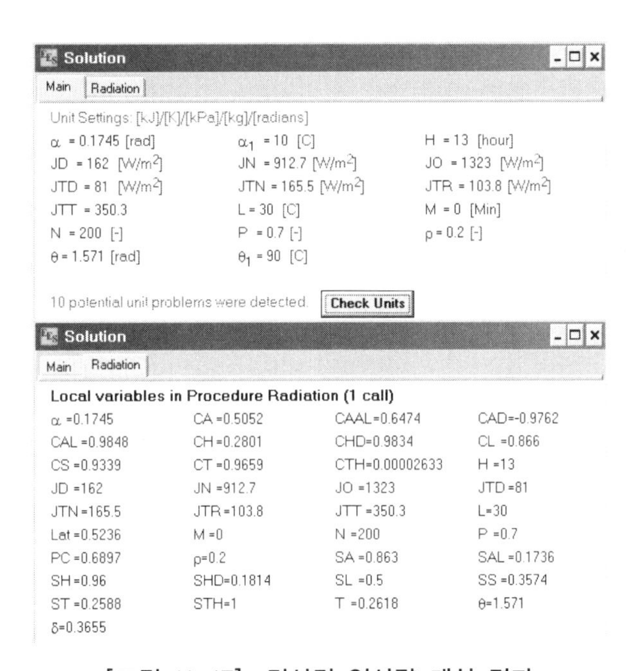

[그림 11-17] 경사면 일사량 계산 결과

이상의 EES 프로그램은 그 활용도가 매우 높기 때문에 [Diagram] 창을 이용하여 편리하게 계산할 수 있도록 프로그램을 작성해 보도록 하자. [Diagram] 창의 작성 순서에 관한 자세한 설명을 하도록 한다.

(1) [Windows] 메뉴의 [Diagram] 창 또는 [Ctrl + D]를 클릭하면, [그림 11-18]과 같은 창이 화면에 표시된다.

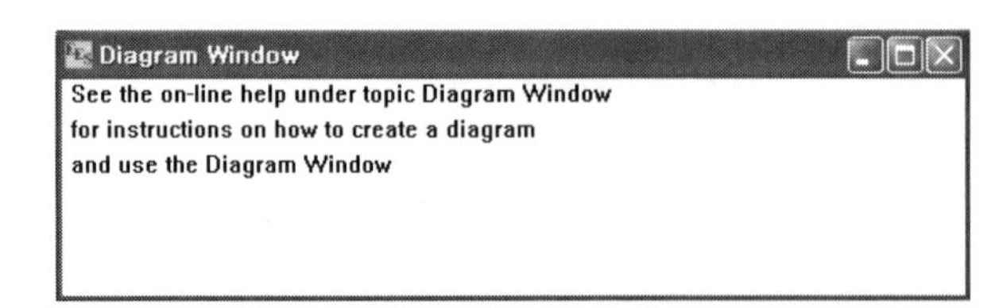

[그림 11-18] 초기 Diagram Window 화면

(2) 단축 아이콘 또는 [Options] 메뉴의 [Show Diagram Toolbar]를 선택하여 클릭하면, Diagram을 편집할 수 있는 도구모음이 화면에 표시될 것이다.

(3) 먼저 [abc] 버튼을 클릭하면, [그림 11-19]와 같은 텍스트 입력 상자가 표시되며, 본 예제 프로그램의 제목 '경사면 일사량 계산 프로그램'을 입력한다. 다음으로 [Apply], [OK] 버튼을 순서대로 클릭한다.

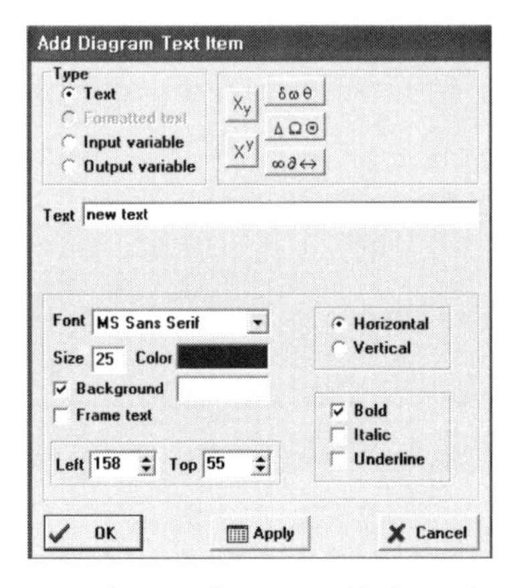

[그림 11-19] Text 입력 상자

(4) 이와 같은 과정을 입력 변수들과 출력 변수들에 대해서도 차례로 설정해 보면 다음과 같다.

〈표 11-2〉 Diagram Window의 텍스트, 입력 변수항, 출력 변수항

텍스트 기입 내용	입력 변수항 기입 내용	출력 변수항 기입 내용
경사면 일사량 계산 프로그램 입력 변수 항목 출력 변수 항목	통상일(N) 위도(L) 경사면의 경사각(theta_1) 경사면의 방위각(alpha_1) 지표면의 반사율(Rho) 대기 투과율(P)	대기권 밖 법선면 일사량(JO) 수평면 직달 일사량(JN) 수평면 확산 일사량(JD) 경사면 직달 일사량(JTN) 경사면 확산 일사량(JTD) 경사면 반사 일사량(JTR) 경사면 전일사량(JTT)

(5) [Calculate], [Show Plot] 버튼을 추가한다.

(6) [Parametric Table]에 시간에 따른 일사량값과 12시의 일사량값을 계산하는 Table을 만들며, [Calculate] -Action -Solve Table을 선택한 후, All Parametric Tables을 선택한다. 그리고 이름은 '프로그램 실행'이라고 입력한다.

(7) [Plot] 명령을 실행하여, 시간에 따른 경사면의 일사량값을 그래프로 표시하도록 하며, 이 그래프의 모든 값들은 자동으로 업그레이드되도록 설정한다. 그리고 Plot의 이름은 '경사면 일사량 분포'라고 지정해 준다.

(8) [Show Plot] 버튼의 이름은 '시간에 따른 경사면 일사량 분포 그래프'라고 입력하며, 앞에서 Plot으로 나타낸 '경사면 일사량 분포'를 선택하면 된다.

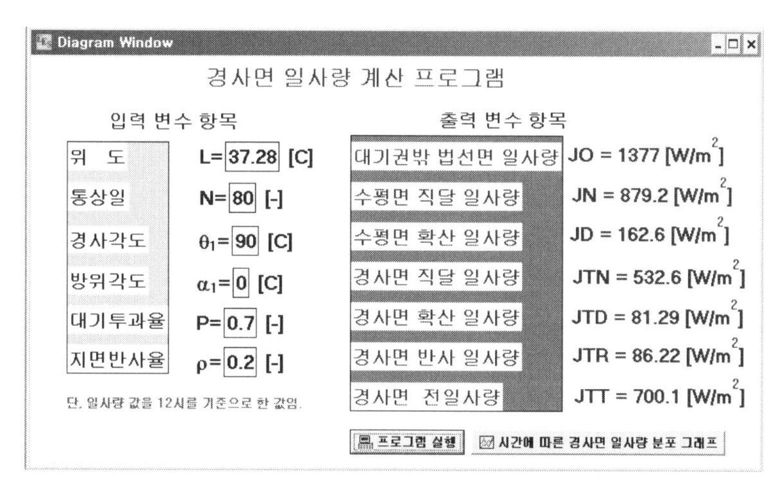

[그림 11-20] Diagram Window 완성 예

이상과 같이 완성된 프로그램을 이용하여 계산한 결과를 살펴보면 다음과 같다.

Parametric Table

경사면 일사량 분포 | Table 2

1..11	H [hour]	JO [W/m2]	JN [W/m2]	JTD [W/m2]	JTN [W/m2]	JTR [W/m2]	JTT [W/m2]
Run 1	7	1322	484.1	132.8	0	4.689	137.5
Run 2	8	1322	648.7	150.6	149.1	7.421	307.1
Run 3	9	1322	748	160.5	339	9.885	509.4
Run 4	10	1322	807	166.2	526.4	11.82	704.4
Run 5	11	1322	838.3	169.1	681.9	13.05	864.1
Run 6	12	1322	848.2	170	785.2	13.47	968.7
Run 7	13	1322	838.3	169.1	822.8	13.05	1005
Run 8	14	1322	807	166.2	788.4	11.82	966.4
Run 9	15	1322	748	160.5	682.5	9.885	852.9
Run 10	16	1322	648.7	150.6	513.9	7.421	672
Run 11	17	1322	484.1	132.8	302.4	4.689	439.9

[그림 11-21] 시간에 따른 경사면 일사량 분포 결과

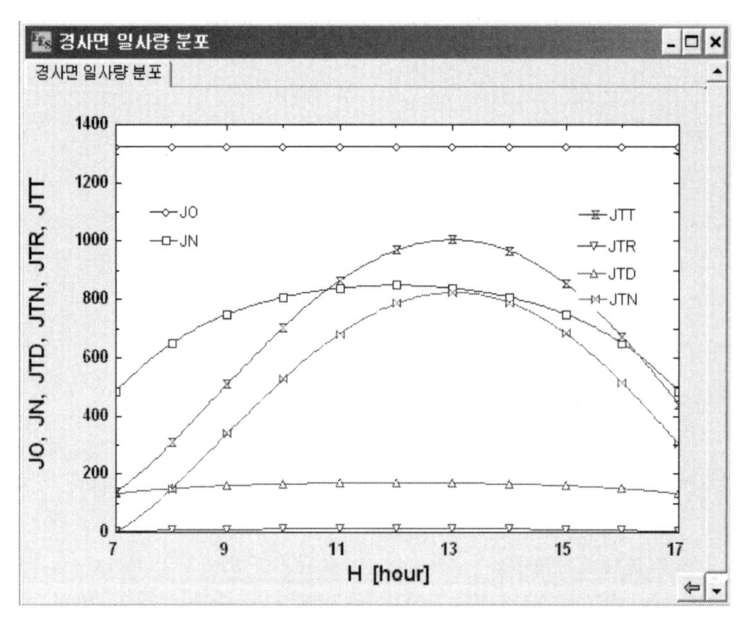

[그림 11-22] 시간에 따른 일사량 분포의 그래프화

[그림 11-22]는 방위각의 30°로 했을 경우의 결과로, 벽체의 방위각의 영향으로 오후 시간에서 경사면의 일사량이 높게 분포함을 볼 수 있다.

11-4 습공기

1. 포화 수증기압의 계산

포화공기의 수증기 분압을 포화 수증기압이라고 하고, p_s [Pa]로 표시하며, 습공기의 상태값을 계산하기 위한 기초 자료로써 사용된다.

포화수증기는 온도의 함수이며, Wexler-Hyland의 식으로 계산할 수 있다.

(1) 0~200℃의 물과 접하는 경우

$$p_s = \exp\left(\frac{a}{T_{ab}} + b + c \cdot T_{ab} + d \cdot T_{ab}^2 + e \cdot T_{ab}^3 + f \cdot \ln T_{ab}\right) \qquad (1)$$

$a = -5.8002206 \cdot 10^3$ $\qquad b = 1.3914993$

$c = -4.9640239 \cdot 10^{-2}$ $d = 4.1764768 \cdot 10^{-5}$

$e = -1.4452093 \cdot 10^{-8}$ $f = 6.5459673$

(2) −100~0℃의 얼음과 접하는 경우

$$p_s = \exp\left(\frac{a}{T_{ab}} + b + c \cdot T_{ab} + d \cdot T_{ab}^2 + e \cdot T_{ab}^3 + f \cdot T_{ab}^4 + g \cdot \ln T_{ab}\right) \tag{2}$$

$a = -5674535.9 \cdot 10^3$ $b = 6.3925247$

$c = -0.9677843 \cdot 10^{-2}$ $d = 6.2215701 \cdot 10^{-5}$

$e = 0.20747825 \cdot 10^{-8}$ $f = -0.9484024$

$g = 4.1635019$

여기서, T_{ab}는 절대온도[°K]이다.

습공기의 다양한 상태값을 하나의 도표로 정리한 것을 습공기표라 하며, 〈표 11-3〉과 같다. 〈표 11-3〉은 표준 대기압에서의 건공기와 포화공기의 상태값을 정확하게 표시하고 있다.

2. 노점(이슬점)온도

습공기를 냉각하면 결국 포화공기가 되며, 이때의 온도를 노점온도라고 한다. 기호로 표시하면 T_{dp}이다.

노점온도는 계산에 다소 불편함이 있어 온도와 포화 수증기압의 관계를 이용하여 수증기 분압으로부터 노점온도를 계산하는 근사식을 이용하면 편리하다.

(1) $0.6112 \le p_v \le 12.350$(0~50℃)일 때

$$T_{dp} = -77.199 + 13.198 \cdot A - 0.63772 \cdot A^2 + 0.071098 \cdot A^3 \tag{3}$$

(2) $0.0039 \le p_v < 0.6112$(−50~0℃)일 때

$$T_{dp} = -60.662 + 7.4624 \cdot A - 0.20594 \cdot A^2 + 0.016321 \cdot A^3 \tag{4}$$

$A = \ln(1000 \cdot p_s)$

이 근사식의 최대오차는 0.04℃이다.

〈표 11-3〉 표준 대기압에서의 습공기표

온 도	포화공기			건공기		포화 수증기압
T [℃]	절대습도 x_s [kg/kg]	비엔탈피 h_s [kJ/kg]	비체적 v_s [m^3/kg]	비엔탈피 h_s [kJ/kg]	비체적 v_s [m^3/kg]	p_s [kPa]
-10	0.001606	-6.072	0.7469	-10.06	0.7450	0.2599
-5	0.002486	1.163	0.7622	-5.029	0.7592	0.4018
0	0.003790	9.473	0.7781	0.000	0.7734	0.6112
5	0.005424	18.64	0.7944	5.029	0.7876	0.8725
10	0.007661	29.35	0.8116	10.06	0.8018	1.228
15	0.010690	42.11	0.8300	15.09	0.8160	1.705
20	0.014760	57.55	0.8498	20.12	0.8302	2.339
25	0.020170	76.50	0.8717	25.15	0.8444	3.169
30	0.027330	100.0	0.8962	30.19	0.8586	4.246
35	0.036750	129.4	0.9242	35.22	0.8728	5.628
40	0.049140	166.7	0.9568	40.25	0.8870	7.383
45	0.065410	214.2	0.9955	45.29	0.9012	9.593
50	0.086850	275.3	1.043	50.33	0.9154	12.35

(주) 정광섭, 홍희기 공역, 공기선도 읽는 법 · 사용법, 성안당(2001)

3. 절대습도와 수증기분압

습공기에 포함되어 있는 수증기와 건공기의 질량비를 절대습도라고 하며, x로 표시하고, 단위는 [kg/kg]이다.

$$x = \frac{\text{수증기의 질량}}{\text{건공기의 질량}} \tag{5}$$

습공기를 이상 기체로 가정하면, Dalton의 법칙에 의해 절대습도와 수증기압과의 관계는 다음 식과 같다.

$$x = 0.62198 \times \frac{p_v}{p - p_v}, \; p_v = \frac{x\,p}{x + 0.62198} \tag{6}$$

$$p = p_0 \times (1 - 2.2558 \times 10^{-5} \times Z)^{5.256}$$

$p_0 = 101.325$ kPa(760 mmHg)

Z는 해발 고도[m]이다.

표준 대기압(101.325 kPa)에서, 25℃인 포화공기의 절대습도 x_s는 〈표 11-3〉과 식 (6)을 이용하여 계산하면,

$$x = 0.62198 \times \frac{3.169}{101.325 - 3.169} = 0.0201 \text{ kg/kg(DA)}$$가 된다.

4. 상대습도와 포화도 (= 비교습도)

상대습도 ϕ [%]는 수증기 분압과 포화 수증기압의 백분율이다.

$$\phi = \frac{p_v}{p_s} \times 100 \quad (7)$$

포화도 ψ [%]는 절대습도 x와 동일 온도에서 포화공기의 절대습도(포화 절대습도, kg/kg) x_s의 백분율이다.

$$\psi = \frac{x}{x_s} \times 100 \quad (8)$$

그리고 표준 대기압에서 건구온도가 30℃이고, 상대습도가 60%인 습공기의 수증기 분압은 〈표 11-3〉에서 $p_s = 4.245$ kPa, (식 8)을 이용하여 계산하면,

$$60 = \frac{p_v}{4.245} \times 100 = 2.547 \text{ kPa}$$이 된다.

5. 엔탈피

습공기의 엔탈피 $h(= i)$[kcal/kg]는 0℃의 건공기를 기준으로 한 습공기의 보유 열량이다.

$$h = c_p \cdot T + (c_v \cdot T + \gamma_0) \cdot x, \quad h = c_s \cdot T + \gamma_0 \cdot x \quad (9)$$

여기서,

c_p : 건공기의 정압비열(0.240 kcal/kg · ℃ = 1006 J/kg · °K)

c_v : 수증기의 정압비열(0.441 kcal/kg · ℃ = 1846 J/kg · °K)

γ_0 : 0℃ 물의 증발잠열(597.5 kcal/kg = 2501 × 103 J/kg)

c_s : 습비열($c_p + c_v \cdot x$)

예를 들어, 건공기 1 kg에 대하여 0.01 kg의 수증기를 포함하고 있는 습공기에 대해 건구 온도가 26℃일 때의 비엔탈피를 계산하면,

$h = 1.006 \times 26 + 0.01 \times (2501 + 1.846 \times 26) = 51.6$ kJ/kg(DA)가 된다.

6. 습구온도

습구 온도계의 지시값이 습구온도 T_{wb} [℃]이며, 다음과 같이 단열 포화온도와 같다고 가정한다.

$$h_x{}' - h = (x_s{}' - x)\cdot h_c{}' \tag{10}$$

여기서, $h_s{}'$: 습구온도인 포화공기의 엔탈피 [J/kg]

$x_s{}'$: 습구온도인 포화공기의 절대습도 [kg/kg(DA)]

$h_c{}'$: 습구온도인 물 혹은 얼음의 비엔탈피 [J/kg]

$h_c{}'$은 T_{wb}가 0℃ 이상 및 과냉각수에 관한 경우에는 (식 11)을, 0℃ 이하에서 얼음으로 존재할 경우에는 식 (12)를 이용하여 계산한다.

(1) $T_{wb} \geqq 0$℃(물)일 때

$$h_c{}' = c_w \cdot T_{wb} \tag{11}$$

여기서, c_w : 1.0 kcal/kg·℃(= 4186 J/kg·°K)

(2) $T_{wb} \leq 0$℃(얼음)일 때

$$h_c{}' = -\gamma_c + c_c \cdot T_{wb} \tag{12}$$

여기서, γ_c : 79.7 kcal/kg(= 333600 J/kg·°K)

c_c : 0.5 kcal/kg·℃(= 2093 J/kg·°K)

$$h_s{}' = c_s \cdot T_{wb} + \gamma_0 \cdot x_s{}' \tag{13}$$

이며, $x_s{}'$가 포함되어 있다. $x_s{}'$는 습구온도로부터 포화 수증기압을 계산한 후, (식 6)을 이용하여 계산하므로 상당히 복잡하고, 식 (10)은 습구온도에 대한 대수식을 풀 수 없으며 반복법을 이용하여 습구온도를 계산할 수 있다.

그러나 (식 10)은 습구온도가 주어질 경우에 절대습도와 건구온도에 관하여 계산할 수 있으므로 다음 식과 같다.

$$x = \frac{(\gamma_0 + c_v \cdot T_{wb} - h_c{}')\cdot x_s{}' - c_p(T - T_{wb})}{c_v \cdot T + \gamma_0 - h_c{}'} \tag{14}$$

$$T = \frac{c_p \cdot T_{wb} + (c_v \cdot T_{wb} + \gamma_0 - h_c') \cdot x_s' - (\gamma_0 - h_c') \cdot x}{c_p + c_v \cdot x} \tag{15}$$

7. 비체적

습공기의 비체적 v [m^3/kg]은 다음 식과 같다.

$$v = \frac{T_{ab} \cdot R_a}{p} \times (1 + 1.6078 \cdot x) \tag{16}$$

R_a는 건공기의 기체 상수로 0.287055 kJ/kg·°K(= 2.153 mmHg·m^3/kg·°K)이다.

습공기와 관련된 모든 내용들은 습공기 선도를 정의하는 프로그램 하나에 표시할 수 있다. 주어진 상태값들을 통해 나머지 미지의 상태값을 계산하는 EES 예제 프로그램을 통해 방정식 (1)~(16)까지의 모든 내용을 포함시킬 수 있다.

앞에서 배운 다양한 EES 기법들을 최대한 활용하여 이 프로그램을 작성해 보도록 한다.

```
"This problem is an exercise in determining the properties of atmoshperic air given the
atmospheric pressure and any other two compatible independent intensive properties from the
following list: relative humidity, dry-bulb temperature, wet-bulb temperature, specific humidity
(humidity ratio), and dew point temperature."

"After specifying the atmospheric pressure on the diagram window, we select two independent
intensive properties, and EES determines the other properties."
$checkUnits off
$local off
Procedure Find(Prop1$,Prop2$,Value1,Value2,P:Tdb,Twb,Tdp,h,v,Rh,w,pl)

"Due to the very general nature of this solution, a large number of 'if-then-else' statements
are necessary."
k=StringPos('//',Prop1$);
if (k>0)  then  Prop1$:=copy$(Prop1$,1,k-1)
k=StringPos('//',Prop2$)
if (k>0)  then  Prop2$:=copy$(Prop2$,1,k-1)
If Prop1$='Dry-bulb Temperature' Then
        Tdb=Value1
        pl=1
        If Prop2$='Dry-bulbTemperature' then Call Error('Both properties cannot be Dry-bulb
Temperature, Tdb=xxxF2',Tdb)
        if Prop2$='Relative Humidity, 0 to 1' then
                Rh=Value2
                pl=2
                h=enthalpy(AirH2O,T=Tdb,P=P,R=Rh)
```

```
            v=volume(AirH2O,T=Tdb,P=P,R=Rh)
            Twb=wetbulb(AirH2O,T=Tdb,P=P,R=Rh)
            Tdp=dewpoint(AirH2O,T=Tdb,P=P,R=Rh)
            w=humrat(AirH2O,T=Tdb,P=P,R=Rh)
      endif
      if Prop2$='Wet-bulb Temperature' then
            Twb=value2
            pl=3
            if Twb>Tdb then Call Error('These values of Dry-bulb Temperature and
Wet-bulb Temperature are incompatible, Tdb=xxxF2',Tdb)

            h=enthalpy(AirH2O,T=Tdb,P=P,B=Twb)
            v=volume(AirH2O,T=Tdb,P=P,B=Twb)
            Tdp=dewpoint(AirH2O,T=Tdb,P=P,B=Twb)
            w=humrat(AirH2O,T=Tdb,P=P,B=Twb)
            Rh=relhum(AirH2O,T=Tdb,P=P,B=Twb)
      endif

      if Prop2$='Dew Point Temperature' then
            Tdp=value2
            pl=4
            if Tdp>Tdb then Call Error('These values of Dry-bulb Temperature and Dew
Point Temperature are incompatible, Tdb=xxxF2',Tdb)

            h=enthalpy(AirH2O,T=Tdb,P=P,D=Tdp)
            v=volume(AirH2O,T=Tdb,P=P,D=Tdp)
            Twb=wetbulb(AirH2O,T=Tdb,P=P,D=Tdp)
            w=humrat(AirH2O,T=Tdb,P=P,D=Tdp)
            Rh=relhum(AirH2O,T=Tdb,P=P,D=Tdp)
      endif

      if Prop2$='Enthalpy' then
            h=value2
            pl=5
            Twb=wetbulb(AirH2O,T=Tdb,P=P,H=h)
            w=humrat(AirH2O,T=Tdb,P=P,H=h)
            Rh=relhum(AirH2O,T=Tdb,P=P,H=h)
            Tdp=dewpoint(AirH2O,T=Tdb,P=P,w=w)
            v=volume(AirH2O,T=Tdb,P=P,R=Rh)
      endif

      if Prop2$='Humidity Ratio' then
            w=value2
            pl=6
            h=enthalpy(AirH2O,T=Tdb,P=P,W=w)
            v=volume(AirH2O,T=Tdb,P=P,W=w)
            Twb=wetbulb(AirH2O,T=Tdb,P=P,W=w)
            Tdp=dewpoint(AirH2O,T=Tdb,P=P,w=w)
            Rh=relhum(AirH2O,T=Tdb,P=P,w=w)
      endif
Endif

If Prop1$='Dew Point Temperature' Then
```

```
	Tdp=Value1
	pl=7
	If Prop2$='Dew Point Temperature' then Call Error('Both properties cannot be Dew Point Temperature, Tdp=xxxF2',Tdp)
	if Prop2$='Relative Humidity, 0 to 1' then
		Rh=Value2
		pl=8
		h=enthalpy(AirH2O,D=Tdp,P=P,R=Rh)
		Tdb=temperature(AirH2O,h=h,P=P,R=RH)
		v=volume(AirH2O,T=Tdb,P=P,R=Rh)
		Twb=wetbulb(AirH2O,T=Tdb,P=P,R=Rh)
		w=humrat(AirH2O,B=Twb,P=P,R=Rh)
	endif

	if Prop2$='Wet-bulb Temperature' then
		Twb=value2
		pl=9
		if Tdp>Twb then Call Error('These values of Dew Point Temperature and Wet-bulb Temperature are incompatible, Tdp=xxxF3',Tdp)
		Pw=pressure(steam,T=Twb ,x=1)
		Pv=pressure(steam,T=Tdp ,x=1)
		"Pv=Pw-(P-Pw)*(Tdb-Twb)*1.8/(2800 -1.3*(1.8*Twb+32))  Carrier Equation"
		Tdb=Twb+(Pw-Pv)/(P-Pw)*(2800-1.3*(1.8*Twb+32))/1.8
		h=enthalpy(AirH2O,T=Tdb,P=P,D=Tdp)
		Rh=relhum(AirH2O,T=Tdb,P=P,D=Tdp)
		v=volume(AirH2O,T=Tdb,P=P,D=Tdp)
		w=humrat(AirH2O,T=Tdb,P=P,D=Tdp)
	endif

		if Prop2$='Enthalpy' then
		h=value2
		pl=10
		Tdptest=temperature(AirH2O,h=h,P=P,R=1)
		if Tdp>Tdptest then Call Error('These values of Dew Point Temperature and Enthalpy are incompatible, Tdp=xxxF3',Tdp)
		Pv = pressure(steam, T=Tdp, x=1)
		w=molarmass(steam)/molarmass(air)*Pv/(P-Pv)
		Tdb=temperature(airH2O,h=h,P=P,w=w)
		Twb=wetbulb(AirH2O,T=Tdb,P=P,D=Tdp)
		Rh=relhum(AirH2O,T=Tdb,P=P,D=Tdp)
		v=volume(AirH2O,T=Tdb,P=P,R=Rh)
	endif

	if Prop2$='Humidity Ratio' then
	w=Value2
	pl=11
	Call Error('The properties cannot be Dew Point Temperature and Humidity Ratio, Tdp=xxxF3',Tdp)
	endif
Endif

If Prop1$='Wet-bulb Temperature' Then
	Twb=Value1
	pl=12
```

```
        If Prop2$='Wet-bulbTemperature' then Call Error('Both properties cannot be Wet-bulb
Temperature, Twb=xxxF2',Twb)
        if Prop2$='Relative Humidity, 0 to 1' then
                Rh=Value2
                pl=13
                Tdb=temperature(AirH2O,B=Twb,P=P,R=RH)
                h=enthalpy(AirH2O,T=Tdb,P=P,R=Rh)
                v=volume(AirH2O,T=Tdb,P=P,R=Rh)
                Tdp=dewpoint(AirH2O,T=Tdb,P=P,R=Rh)
                w=humrat(AirH2O,B=Twb,P=P,R=Rh)
        endif

        if Prop2$='Dew Point Temperature' then
                Tdp=value2
                pl=14
              if Tdp>Twb then Call Error('These values of Wet-bulb Temperature and Dew
Point Temperature are incompatible, Twb=xxxF3',Twb)
                Pw=pressure(steam,T=Twb ,x=1)
                Pv=pressure(steam,T=Tdp ,x=1)
                "Pv=Pw-(P-Pw)*(Tdb-Twb)*1.8/(2800 -1.3*(1.8*Twb+32))  Carrier Equation"
                Tdb=Twb+(Pw-Pv)/(P-Pw)*(2800-1.3*(1.8*Twb+32))/1.8
                h=enthalpy(AirH2O,T=Tdb,P=P,D=Tdp)
                Rh=relhum(AirH2O,T=Tdb,P=P,D=Tdp)
                v=volume(AirH2O,T=Tdb,P=P,D=Tdp)
                w=humrat(AirH2O,T=Tdb,P=P,D=Tdp)
        endif

        if Prop2$='Enthalpy' then
        pl=15
        Call Error('The properties cannot be Wet-bulb Temperature and Enthalpy,
Twb=xxxF3',Twb)
        endif

        if Prop2$='Humidity Ratio' then
                w=value2
                pl=16
                Tdb=temperature(AirH2O,B=Twb,P=P,w=w)
                h=enthalpy(AirH2O,T=Tdb,P=P,W=w)
                v=volume(AirH2O,T=Tdb,P=P,W=w)
                Twb=wetbulb(AirH2O,T=Tdb,P=P,W=w)
                Tdp=dewpoint(AirH2O,T=Tdb,P=P,w=w)
                Rh=relhum(AirH2O,T=Tdb,P=P,w=w)
        endif
Endif

If Prop1$='Relative Humidity, 0 to 1' Then
        Rh=Value1
        pl=17
        If Prop2$='Relative Humidity, 0 to 1' then Call Error('Both properties cannot be Relative
Humidity, Rh=xxxF2',Rh)
        if Prop2$='Wet bulb Temperature' then
                Twb=value2
                pl=18
```

```
                Tdb=temperature(AirH2O,B=Twb,P=P,R=RH)
                h=enthalpy(AirH2O,T=Tdb,P=P,B=Twb)
                v=volume(AirH2O,T=Tdb,P=P,B=Twb)
                Tdp=dewpoint(AirH2O,T=Tdb,P=P,B=Twb)
                w=humrat(AirH2O,T=Tdb,P=P,B=Twb)

        endif

        if Prop2$='Dew Point Temperature' then
                Tdp=value2
                pl=19
                h=enthalpy(AirH2O,R=Rh,P=P,D=Tdp)
                Tdb=temperature(AirH2O,h=h,P=P,R=Rh)
                v=volume(AirH2O,T=Tdb,P=P,D=Tdp)
                Twb=wetbulb(AirH2O,T=Tdb,P=P,D=Tdp)
                w=humrat(AirH2O,T=Tdb,P=P,D=Tdp)
        endif

        if Prop2$='Enthalpy' then
                h=value2
                pl=20
                Tdb=temperature(AirH2O,h=h,P=P,R=Rh)
                w=humrat(AirH2O,h=h,P=P,R=Rh)
                Twb=wetbulb(AirH2O,T=Tdb,P=P,H=h)
                Tdp=dewpoint(AirH2O,T=Tdb,P=P,w= w)
                v=volume(AirH2O,T=Tdb,P=P,R=Rh)
        endif

if Prop2$='Humidity Ratio' then
                w=value2
                pl=21
                Tdb=temperature(AirH2O,R=Rh,P=P,w=w)
                h=enthalpy(AirH2O,T=Tdb,P=P,W=w)
                v=volume(AirH2O,T=Tdb,P=P,W=w)
                Twb=wetbulb(AirH2O,T=Tdb,P=P,W=w)
                Tdp=dewpoint(AirH2O,T=Tdb,P=P,w=w)
        endif
Endif

If Prop1$='Enthalpy' Then
        h=Value1
        pl=22
        If Prop2$='Enthalpy, kJ/kga' then Call Error('Both properties cannot be Enthalpy,
h=xxxF2',h)
        if Prop2$='Relative Humidity, 0 to 1' then
                Rh=Value2
                pl=23
                Tdb=temperature(AirH2O,h=h, P=P,R=Rh)
                v=volume(AirH2O,T=Tdb,P=P,R=Rh)
                Twb=wetbulb(AirH2O,T=Tdb,P=P,R=Rh)
                Tdp=dewpoint(AirH2O,T=Tdb,P=P,R=Rh)
                w=humrat(AirH2O,T=Tdb,P=P,R=Rh)
        endif
```

```
	if Prop2$='Wet-bulb Temperature' then
		pl=24
		Call Error('The properties cannot be Wet-bulb Temperature and Enthalpy,
h=xxxF2',h)
	endif

	if Prop2$='Dew Point Temperature' then
		Tdp=value2
		pl=25
		Tdptest=temperature(AirH2O,h=h,P=P,R=1)
		if Tdp>Tdptest then Call Error('These values of Dew Point Temperature and
Enthalpy are incompatible h=xxxF2', h)
		Pv = pressure(steam, T=Tdp, x=1)
		w=molarmass(steam)/molarmass(air)*Pv/(P-Pv)
		Tdb=temperature(airH2O,h=h,P=P,w=w)
		Twb=wetbulb(AirH2O,T=Tdb,P=P,D=Tdp)
		Rh=relhum(AirH2O,T=Tdb,P=P,D=Tdp)
		v=volume(AirH2O,T=Tdb,P=P,R=Rh)
	endif
	if Prop2$='Humidity Ratio' then
		w=value2
		pl=26
		wtest=humrat(AirH2O,h=h,P=P,R=1)
		If w>wtest then Call Error('These values of Humidity Ratio and Enthalpy are
incompatible, h=xxxF2', h)
		Tdb=temperature(airH2O,h=h,P=P,w=w)
		Twb=wetbulb(AirH2O,T=Tdb,P=P,w=w)
		Rh=relhum(AirH2O,T=Tdb,P=P,H=h)
		Tdp=dewpoint(AirH2O,T=Tdb,P=P,w=w)
		v=volume(AirH2O,T=Tdb,P=P,R=Rh)
	endif
Endif

If Prop1$='Humidity Ratio' Then
	w=Value1
	pl=27
	If Prop2$='Humidity Ratio' then Call Error('Both properties cannot be  Humidity Ratio,
w=xxxF3',w)
	if Prop2$='Relative Humidity, 0 to 1' then
		Rh=Value2
		pl=28
		Tdb=temperature(AirH2O,R=Rh,P=P,w=w)
		h=enthalpy(AirH2O,T=Tdb,P=P,W=w)
		v=volume(AirH2O,T=Tdb,P=P,W=w)
		Twb=wetbulb(AirH2O,T=Tdb,P=P,W=w)
		Tdp=dewpoint(AirH2O,T=Tdb,P=P,w=w)
	endif
	if Prop2$='Wet-bulb Temperature' then
		Twb=value2
		pl=29
		wtest=humrat(airH2O,B=Twb,P=P,R=1)
		If w>wtest then Call Error('These values of Wet-bulb Temperature and
Humidity Ratio are incompatible, w=xxxF3',w)
```

```
			Tdb=temperature(airH2O,B=Twb,P=P,w=w)
			h=enthalpy(AirH2O,T=Tdb,P=P,w=w)
			v=volume(AirH2O,T=Tdb,P=P,B=Twb)
			Tdp=dewpoint(AirH2O,T=Tdb,P=P,B=Twb)
			Rh=relhum(AirH2O,T=Tdb,P=P,B=Twb)
	endif

	if Prop2$='Dew Point Temperature' then
			pl=30
			Call Error('The properties Humidity Ratio and Dew Point Temperature are
incompatible, w=xxxF3',w)
	endif
	if Prop2$='Enthalpy' then
			h=value2
			pl=31
			wtest=humrat(AirH2O,h=h,P=P,R=1)
			If w>wtest then Call Error('These values of Humidity Ratio and Enthalpy are
incompatible, w=xxxF3',w)
			Tdb=temperature(airH2O,h=h,P=P,w=w)
			Twb=wetbulb(AirH2O,T=Tdb,P=P,w=w)
			Rh=relhum(AirH2O,T=Tdb,P=P,H=h)
			Tdp=dewpoint(AirH2O,T=Tdb,P=P,w=w)
			v=volume(AirH2O,T=Tdb,P=P,R=Rh)
	endif
Endif
end
"Input from the diagram window"
{P=101.3"kPa"
Prop1$='Dry-bulb Temperature'
Prop2$='Relative Humidity, 0 to 1'
Value1=24
Value1=0.5}
"For debuging, the variable pl gives the location in the procedure."
{UnitStr$='SI'}
{PUnits$='kPa'
TUnits$='C'
hUnits$='kJ/kg'
vUnits$='m^3/kg'}

Call Find(Prop1$,Prop2$,Value1,Value2, P:Tdb,Twb,Tdp,h,v,Rh,w,pl)
T[1] = Tdb; w[1] =w

$TabWidth 0.5 cm

{$NC$ 324 324 324 324 324 324 324 324 325 326 327 328 329 330 325 325 }
```

[Equations window]에 위의 방정식들을 추가하면 된다. 다소 복잡한 내용이지만, 그 구성을 하나씩 살펴보면 거의 모든 내용이 앞에서 언급된 내용들이므로 충분히 이해할 수 있다. 또한 물성값 계산을 위해서는 내장된 열역학적 함수들을 사용하여 쉽게 계산한 것을 볼 수 있을 것이다. 즉,

Tdb = temperature(AirH_2O, h = h, P = P, w = w) : 건구온도 계산
Twb = wetbulb(AirH_2O, T = Tdb, P = P, w = w) : 습구온도 계산
Rh = relhum(AirH_2O, T = Tdb, P = P, H = h) : 상대습도 계산
Tdp = dewpoint(AirH_2O, T = Tdb, P = P, w = w) : 노점온도 계산
v = volume(AirH_2O, T = Tdb, P = P, R = Rh) : 비체적 계산
이러한 것들이 그 예이다.

이상의 내용을 [Diagram] 창에 나타낸 것이 [그림 11-23]이다.

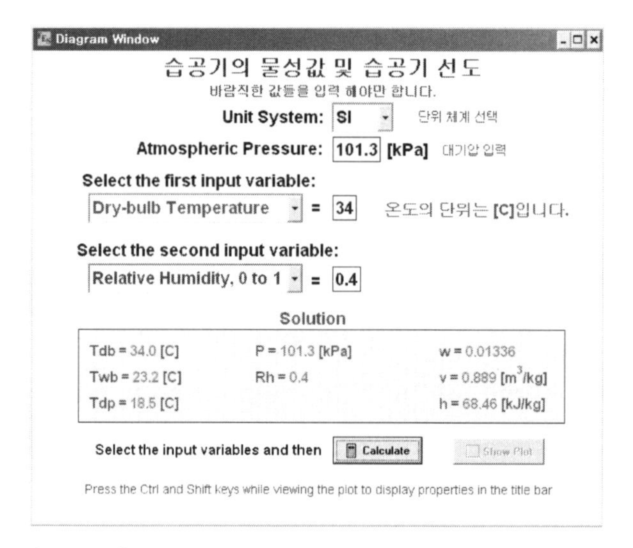

[그림 11-23] Diagram Window를 통한 습공기 물성값 계산

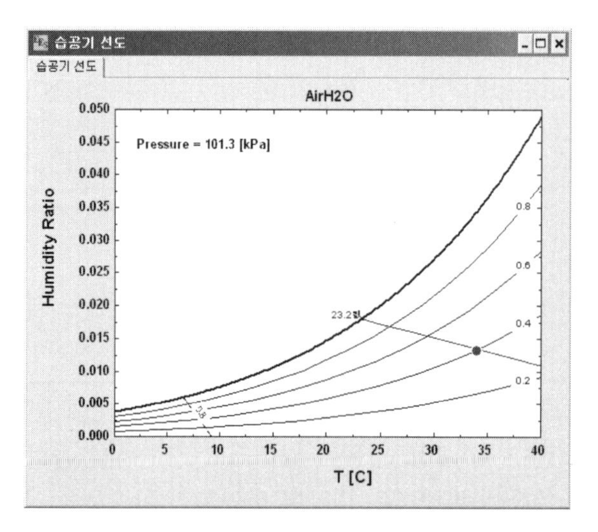

[그림 11-24] 계산 결과의 습공기 선도 표시

또한 [그림 11-23]의 [Calculate] 버튼을 클릭하면, 주어진 조건에 따른 나머지 물성값들이 계산됨을 볼 수 있을 것이다. 그리고 [Show Plot] 버튼을 클릭하면, [그림 11-24]와 같이 습공기 선도가 그려진다.

11-5 건물의 전열 이론

건물에 있어서 어느 시각에서부터 일정한 열공급을 시작하면 실온은 차츰 상승하고, 외기온도가 변하지 않으면 실온은 장시간 후에는 일정한 값에 도달하여 변화하지 않는다. 또 실온의 상승에 따라 그 실의 외벽 내의 온도는 서서히 상승하고, 온도 구배도 커지나, 장시간 경과하면 온도 구배도, 외기로 손실되는 열류도 일정하게 된다. 이와 같이 온도 및 열류가 시간과 더불어 변동하는 상태를 비정상상태(unsteady-state)라고 하고, 시간에 대하여 일정·불변의 상태를 정상상태(steady-state)라고 한다.

여기서는 건축 디자인에 실질적으로 관련이 있는 벽체의 정상상태 열전도 현상의 해석을 다루고 있으며, 열의 흐름(heat flow)은 1차원인 x-축으로만 이동한다고 가정한다. 그리고 복사 패널과 같이 내부에서 열이 발생하는 것과 같은 내부 발열이 있는 벽체의 경우 또한 고려한다.

전도 형상계수는 지중에 매설된 파이프의 정상상태 열손실 계산에 사용된다. 그리고 일사에 따른 벽체의 온도는 정상상태 조건에서 결정되며, 환기가 발생하는 다락 공간(attic space)의 열손실과 온도 계산에 관하여 살펴보기로 한다.

그럼 먼저 다층 벽체의 열전도에 관하여 살펴보자.

1. 다층 벽체의 열전도

다음의 예제들은 1차원 정상상태일 때의 벽체 내부의 온도 분포가 어떻게 되는지를 계산으로 증명하는 것이다. 먼저 기본 방정식을 살펴보고, 다음으로 이것을 확장하여 다층 벽체의 경우 온도 분포를 살펴봄으로써 가장 기본적인 열관류율의 개념과 열전달 저항의 개념을 익히도록 한다.

(1) 기본 방정식

두께가 L이고, 표면적이 A이며, 열전도율이 k인 단일 벽체를 통한 열류 q는 다음 식과 같이 주어진다.

$$q = \frac{T_{hot} - T_{cold}}{R}, \quad R = \frac{L}{k \cdot A}$$

대류나 복사에 의한 열류 q는 열전달 계수 h에 의해 대략적으로 설명된다.

$$q = \frac{T_{hot} - T_{cold}}{R}, \quad R = \frac{1}{h \cdot A}$$

경로 a를 통한 열전달 저항 R_a는 내표면의 열전달 저항과 각 벽체의 열전달 저항 그리고 외표면의 열전달 저항의 합으로 주어진다. 만약 다른 경로의 열전달 저항 R_b를 갖는다면, 평행한 열류의 흐름에 근거한 총 벽체의 열전달 저항은 다음 식과 같이 주어진다.

$$R = \frac{A}{\frac{A_a}{R_a} + \frac{A_b}{R_b}}, \quad A = A_a + A_b$$

[그림 11-25]와 같은 구성으로 된 벽체가 있다고 가정하자. 벽체의 두께 및 열전도율과 내·외표면의 열전달 계수는 주어진 것과 같다.

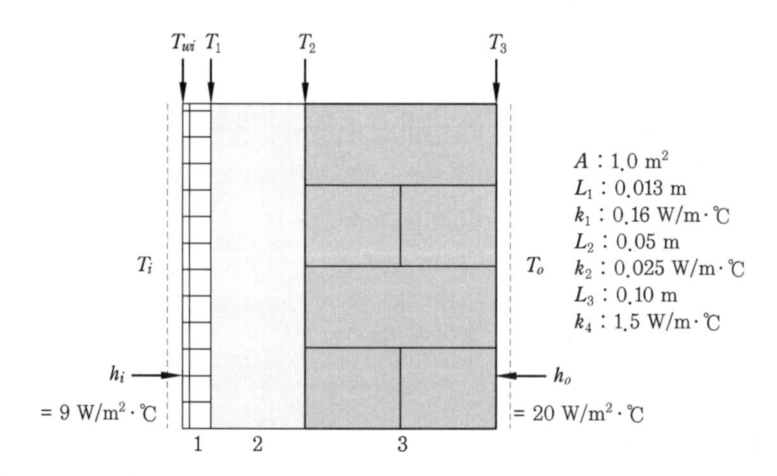

[그림 11-25] 내·외표면 열전달 계수를 고려한 3층으로 된 벽체 개략도

이때, 외기온도 $T_o = -20$℃, 실내온도 $T_i = 20$℃라고 할 때, 각 절점의 온도를 계산하면 다음과 같다.

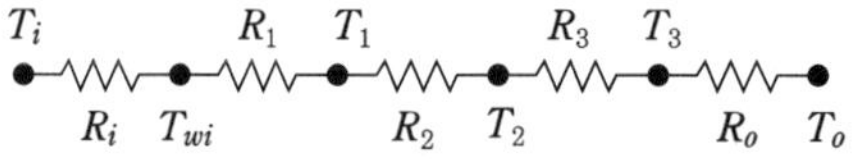

T_i R_1 T_1 R_3 T_3
R_i T_{wi} R_2 T_2 R_o T_o

[그림 11-26] [그림 11-25]의 Thermal Network

$R_i = \dfrac{1}{h_i \cdot A}$: 벽체의 내표면 열전달 저항

$R_1 = \dfrac{L_1}{k_1 \cdot A}$: 벽체 1의 열전달 저항

$R_2 = \dfrac{L_2}{k_2 \cdot A}$: 벽체 2의 열전달 저항

$R_3 = \dfrac{L_3}{k_3 \cdot A}$: 벽체 3의 열전달 저항

$R_o = \dfrac{1}{h_o \cdot A}$: 벽체의 외표면 열전달 저항

따라서, 벽체의 총 열전달 저항은

$$R_{tot} = R_i + \sum_i \frac{L_i}{k_i \cdot A} + R_o$$

이 된다.

그러므로 주어진 값들을 대입하여 계산하면, $R_{tot} = 2.309$ ℃/W이다.

실내에서 실외로의 손실열량 Q는 다음과 같이 계산한다.

$$Q = \frac{T_i - T_o}{R_{tot}} = K(T_i - T_o)$$

$$K = \frac{1}{R_{tot}} = \frac{1}{R_i + \sum_1^n \frac{l_n}{k_n \cdot A} + R_o}$$

여기서, K를 열관류율(heat transmission coefficient ; kcal/m^3 · h · ℃)이라고 한다.

$$Q = \frac{T_i - T_o}{R_{tot}} = \frac{20 - (-20)}{2.309} = 17.323 \text{ W}$$

여기서, 각 절점의 온도 분포는 다음과 같이 계산한다.

① $T_{wi} = T_i - Q \cdot R_i = 18.075$ ℃

② $T_1 = T_{wi} - Q \cdot R_1 = 16.668$ ℃

③ $T_2 = T_1 - Q \cdot R_2 = -17.979$ ℃

④ $T_3 = T_2 - Q \cdot R_3 = -19.134$ ℃

이상과 같이 계산한 결과를 정리하여 나타낸 것이 〈표 11-4〉이다.

〈표 11-4〉 주어진 벽체의 온도 분포 및 손실 열량

	T_i	T_{wi}	T_1	T_2	T_3	T_o
온도 분포	20.0℃	18.075℃	16.668℃	−17.979℃	−19.134℃	−20.0℃
두 께			0.013 m	0.05 m	0.10 m	
열전도율			0.16 W/m·℃	0.025 W/m·℃	1.5 W/m·℃	20 W/m·℃
대류 열전달 계수		9 W/m^2·℃				
실내에서 실외로의 벽체를 통한 손실 열량 Q					17.323 W	

위의 벽체 온도 분포에 관한 예제를 EES를 이용하여 해석하면 다음과 같다.

[Equations window] 방정식 입력 예

```
"Conduction Heat Transfer Calculation"        주석문
"1-D, Steady-State"
A= 1 [m2]                                     벽체의 면적
L[1] = 0.013 [m]                              벽체의 두께 1
L[2] = 0.05 [m]                               벽체의 두께 2
L[3] = 0.10 [m]                               벽체의 두께 3
k[1] = 0.16 [W/m-C]                           벽체 1의 열전도율
k[2] = 0.025 [W/m-C]                          벽체 2의 열전도율
k[3] = 1.5 [W/m-C]                            벽체 3의 열전도율
h_i = 9 [W/m2-C]                              내표면 열전달 계수
h_o = 20 [W/m2-C]                             외표면 열전달 계수
T[0] = 20 [C]                                 실내 온도
T[5] = -20 [C]                                외기 온도

R[0] = 1/(h_i *A)                             내측 열전달 저항
R_tot[0] = R[0]

Duplicate N=1, 3
        R[N] = L[N]/(k[N]*A)                  열전달 저항의 계산 및
        R_tot[N] = R_tot[N-1]+R[N]            총 열전달 저항의 계산
End

R[4] = 1/(h_o *A)                             외측 열전달 저항
R_tot[4] = R_tot[3] + R[4]

Q = (T[0]-T[5])/R_tot[4]                      손실열량의 계산

Duplicate M=0,3                               각 벽체의 경계면 온도 계산
        T[M+1] = T[M] - Q*R[M]
End
```

이상과 같이 입력된 내용을 실행시키면 다음과 같은 결과를 얻을 수 있다.

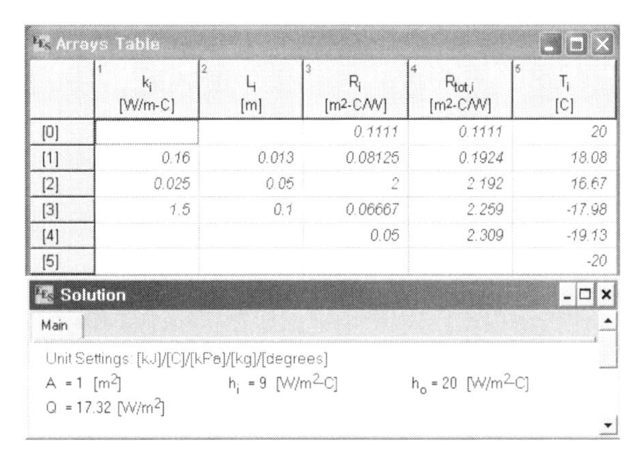

Arrays Table

	k_i [W/m-C]	L_i [m]	R_i [m2-C/W]	$R_{tot,i}$ [m2-C/W]	T_i [C]
[0]			0.1111	0.1111	20
[1]	0.16	0.013	0.08125	0.1924	18.08
[2]	0.025	0.05	2	2.192	16.67
[3]	1.5	0.1	0.06667	2.259	-17.98
[4]			0.05	2.309	-19.13
[5]					-20

Solution

Main

Unit Settings: [kJ]/[C]/[kPa]/[kg]/[degrees]
A = 1 [m2] h_i = 9 [W/m2-C] h_o = 20 [W/m2-C]
Q = 17.32 [W/m2]

[그림 11-27] 계산 결과

앞에서 계산될 결과와 동일한 값을 얻을 수 있음을 알 수 있다.

예제 1

[다양한 예제를 통한 풀이 방법 이해]

실내 온도 20℃, 실외 온도 −10℃일 경우, 다음 그림과 도표와 같은 벽체의 총합 열전달 저항, 열관류율, 손실열량을 계산하시오 (단, 전열 면적은 $1\ m^2$이다).

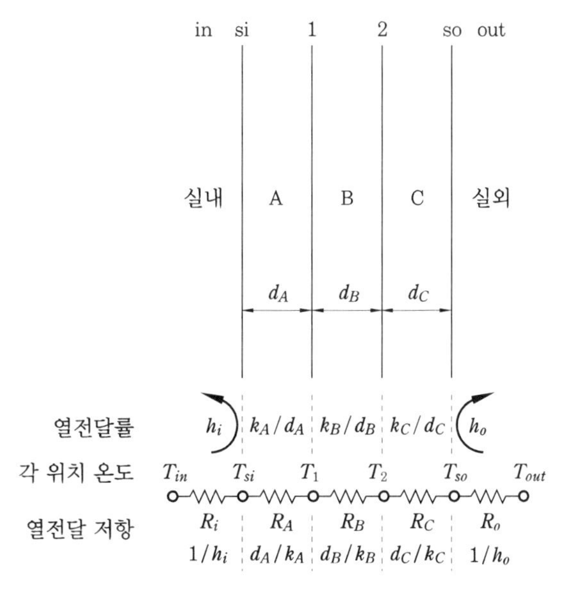

[예제 1 그림] 벽체에서의 열전달 개념

〈예제 1 도표〉 벽체 재료 물성

번 호	재료명	열전달률 [W/m^2·℃]			열전달 저항 [m^2·℃/W]
si	실내 표면	8.3(h_i)			0.12(R_i)
A	석고 보드	열전도율 [k_A, W/m·℃]	0.33	33.00	0.03(R_A)
		두께 [d_A, mm]	10		
B	스티로폼	열전도율 [k_B, W/m·℃]	0.04	0.57	1.75(R_B)
		두께 [d_B, mm]	70		
C	콘크리트	열전도율 [k_C, W/m·℃]	1.72	9.56	0.10(R_C)
		두께 [d_C, mm]	180		
so	실외 표면	34(h_o)			0.03(R_o)

▌풀 이▌ 총합 열전달 저항($R_T = R_i + R_A + R_B + R_C + R_o$) : 2.03 m^2·℃/W

열관류율($K = 1/R_T$) : 0.49 W/m^2·℃

손실열량($q = K \cdot A \cdot \Delta T = 0.49 \times 1 \times 30$) : 14.70 W

예제 2

[예제 1]의 그림과 도표와 같은 벽체의 열관류율은 법규상 0.3 W/m^2·℃ 이하여야 한다고 가정할 때, 법규의 규준을 만족시키기 위해 추가해야 하는 단열재(스티로폼)의 최소 두께를 계산하시오.

▌풀 이▌ 다음과 같은 단계로 진행하면 쉽게 값을 계산할 수 있다.

① 필요 총합 열전달 저항

$R_{T필요}(1/K_{법규}) \geq 1/0.3 = 3.33$ m^2·℃/W

② 현재 총합 열전달 저항

$R_{T현재} = 2.03$ m^2·℃/W

③ 추가로 필요한 스티로폼의 최소 열전달 저항

$R_{T추가}\ R_{T필요}\ R_{T현재} = 3.33 - 2.03 = 1.3$ m^2·℃/W

④ 추가해야 할 스티로폼의 최소 두께

$d_{스티로폼}\ k_{스티로폼}\ R_{T추가} = 0.04$ W/m·℃ $\times$ 1.3 m^2·℃/W = 0.052 m

예제 3

[예제 1]의 그림과 도표와 같은 벽체에서 B재료를 같은 두께의 공기층으로 교체할 경우의 열관류율을 계산하시오 (단, 공기층의 재료 열전달율은 9.1 W/m^2 · ℃이다).

풀 이 ① 공기층의 열전달 저항

R_{air} = 1/컨덕턴스 = 0.11 m^2 · ℃/W

② 총합 열전달 저항

$R_T = R_i + R_A + R_{air} + R_C + R_o = 0.39$ m^2 · ℃/W

③ 열관류율

$K = 1/R_T = 2.56$ W/m^2 · ℃

****

[온도 구배 계산 과정]

$$q_{in \to out} = q_{in \to si} = q_{si \to 1} = q_{1 \to 2} = q_{2 \to so} = q_{so \to out}$$

전열량 [W]	열전달률 [W/m^2 · ℃]		전열 면적 [m^2]		온도차 [℃]
$q_{in \to out}$ =	K	×	A	×	$(T_{in} - T_{out})$
$q_{in \to si}$ =	h_i	×	A	×	$(T_{in} - T_{si})$
$q_{si \to 1}$ =	k_A/d_A	×	A	×	$(T_{si} - T_1)$
$q_{1 \to 2}$ =	k_B/d_B	×	A	×	$(T_1 - T_2)$
$q_{2 \to so}$ =	k_C/d_C	×	A	×	$(T_2 - T_{so})$
$q_{so \to out}$ =	h_o	×	A	×	$(T_{so} - T_{out})$

여기서, q : 전열량 [W], K : 열관류율 [W/m^2 · ℃], A : 전열 면적 [m^2]
T : 온도 [℃], h : 표면 열전달률 [W/m^2 · ℃], k : 열전도율 [W/m · ℃]
d : 두께 [m]

① 실내 표면 온도(T_{si})의 계산

$$q_{in \to out} = q_{in \to si}$$

$$KA(T_{in} - T_{out}) = h_i A(T_{in} - T_{si})$$

$$T_{si} = T_{in} - \frac{K}{h_i}(T_{in} - T_{out})$$

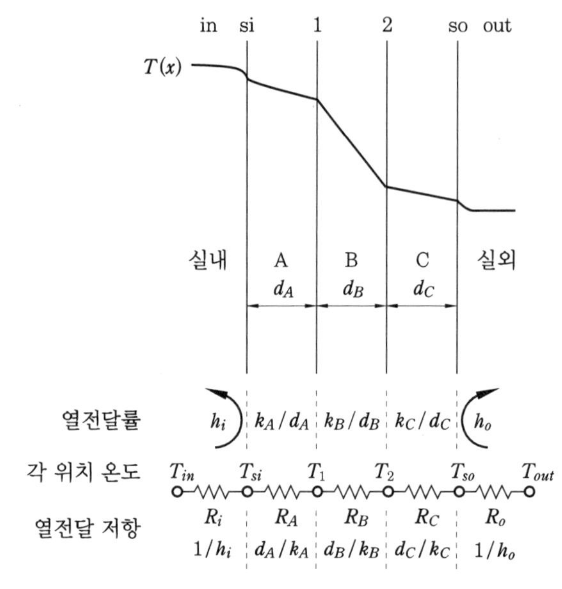

[예제 4 그림] 벽체 온도 구배

② A재료 우측 경계면 온도(T_1)의 계산

$$q_{in \to out} = q_{si \to 1}$$

$$KA(T_{in} - T_{out}) = \frac{k_A}{d_A}A(T_{si} - T_1)$$

$$T_1 = T_{si} - \frac{d_A}{k_A}K(T_{in} - T_{out})$$

③ B재료 우측 경계면 온도(T_2)의 계산

$$q_{in \to out} = q_{1 \to 2}$$

$$KA(T_{in} - T_{out}) = \frac{k_B}{d_B}A(T_1 - T_2)$$

$$T_2 = T_1 - \frac{d_B}{k_B}K(T_{in} - T_{out})$$

④ 실외 표면 온도(T_{so})의 계산

$$q_{in \to out} = q_{2 \to so} \qquad q_{in \to out} = q_{so \to out}$$

$$KA(T_{in} - T_{out}) = \frac{k_C}{d_C}A(T_2 - T_{so}) \text{ 혹은 } KA(T_{in} - T_{out}) = h_o A(T_{so} - T_{out})$$

$$T_{so} = T_2 - \frac{d_C}{k_C}K(T_{in} - T_{out}) \qquad T_{so} = T_{out} + \frac{K}{h_o}(T_{in} - T_{out})$$

예제 4

실내 온도 20℃, 실외 온도 0℃일 경우, [예제 1]의 도표와 [예제 4] 그림과 같은 벽체에서 T_{si}, T_1, T_2, T_{so}를 구하시오.

풀 이 T_{in} : 20℃, T_{out} : 0℃, K : 0.49 W/m^2·℃, h_i : 8.3 W/m^2·℃

h_o : 34 W/m^2·℃

k_A : 0.33 W/m·℃, k_B : 0.04 W/m·℃, k_C : 1.72 W/m·℃

d_A : 0.01 m, d_B : 0.07 m, d_C : 0.18 m

T_{si} = 18.82℃, T_1 = 18.52℃, T_2 = 1.37℃, T_{so} = 0.34℃

2. 단열된 파이프를 통한 열전도

다층 벽체의 경우에서처럼, 전도는 1차원(1-dimension)이라고 가정한다. 안지름이 r_i이고, 바깥지름이 r_o인 단열되지 않은 실린더의 열전달 저항은 다음과 같이 주어진다.

$$R = \frac{\ln\left(\frac{r_o}{r_i}\right)}{2 \cdot \pi \cdot k \cdot L}$$

단열된 단일 재료로 구성된 파이프(열전도율 k_{ins})의 경우에도, 단열재로 둘러쌓인 파이프의 안지름이 r_i, 바깥지름이 r_o이지만 열전달 저항은 비슷한 방법으로 계산된다. 단열된 파이프의 총 열전달 저항은 내표면과 외표면의 열전달 저항값과 파이프와 단열재의 열전달 저항값을 더함으로써 계산된다.

[그림 11-28]과 같은 구성으로 된 단열된 파이프가 있다고 가정하자. 파이프의 안지름은 0.025 m이고 바깥지름은 0.026 m이다.

기타 자세한 사항은 주어진 것과 같다. 이때, 단열재의 두께를 0.001~0.006 m로 0.01 m씩 증가시킬 때, 표면의 온도 분포는 어떻게 나타나는지 계산하면 다음과 같다.

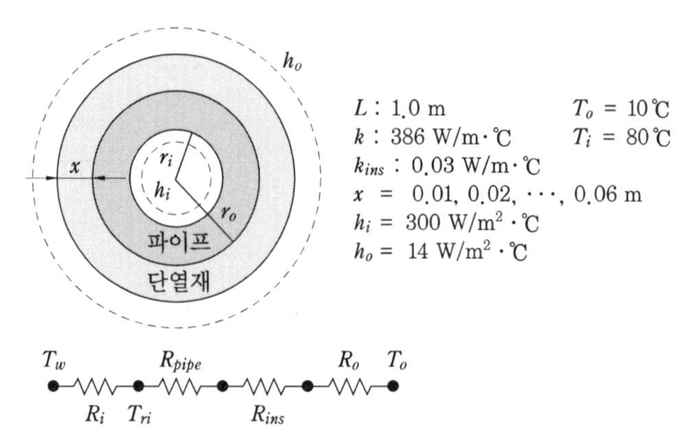

[그림 11-28] 내·외 표면 열전달 계수를 고려한 단열된 파이프 개략도

이 경우 또한 벽체의 온도 구배 해석과 마찬가지로 각 절점의 열전달 저항값의 계산부터 시작하면 된다.

$$R_i = \frac{1}{2 \cdot \pi \cdot r_i \cdot h_i \cdot L} \quad \text{: 내표면 열전달 저항}$$

$$R_{pipe} = \frac{\ln\left(\frac{r_o}{r_i}\right)}{2 \cdot \pi \cdot k \cdot L} \quad \text{: 파이프의 열전달 저항}$$

$$R_{ins}(x) = \frac{\ln\left(\frac{r_o + x}{r_o}\right)}{2 \cdot \pi \cdot k_{ins} \cdot L} \quad \text{: 단열재의 열전달 저항}$$

$$R_o(x) = \frac{1}{2 \cdot \pi \cdot (r_o + x) \cdot h_o \cdot L} \quad \text{: 외표면의 열전달 저항}$$

$$R_{tot} = R_i + R_{pipe} + R_{ins}(x) + R_o(x) \quad \text{: 총 열전달 저항}$$

파이프에서 외부로의 손실 열량 Q는 $Q = \frac{T_w - T_o}{R_{tot}}$와 같이 계산하고, 이렇게 정리된 식들을 토대로 Excel 프로그램을 이용하여, 단열재의 두께에 따른 절점의 온도 분포 및 손실 열량 Q를 계산할 수 있다.

먼저 총 열전달 저항값에 따른 손실 열량은 〈표 11-5〉와 같이 정리할 수 있다. 이것을 그래프로 나타낸 것이 [그림 11-29]이다.

〈표 11-5〉 단열재 두께에 따른 총 열전달 저항 및 손실 열량

x	R_{in}	R_{pipe}	R_{ins}	R_{out}	R_{tot}	손실 열량 [Q]
0.01	0.0212	0.00001617	1.7264	0.3158	2.0634	33.924
0.02	0.0212	0.00001617	3.0268	0.2471	3.2952	21.243
0.03	0.0212	0.00001617	4.0704	0.2030	4.2947	16.299
0.04	0.0212	0.00001617	4.9421	0.1722	5.1356	13.630
0.05	0.0212	0.00001617	5.6905	0.1496	5.8613	11.943
0.06	0.0212	0.00001617	6.3463	0.1322	6.4997	10.770

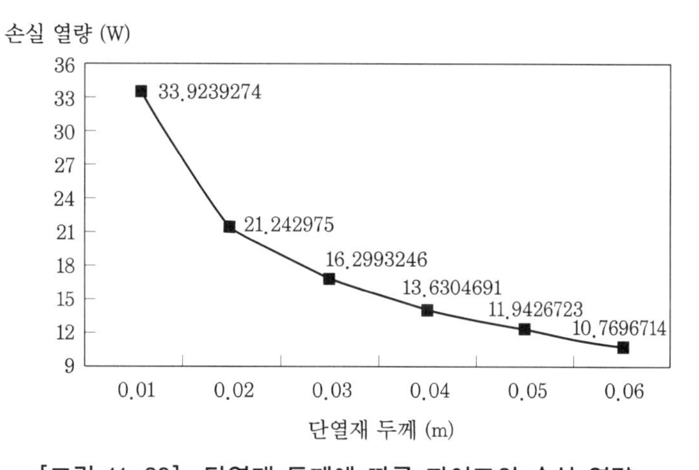

[그림 11-29] 단열재 두께에 따른 파이프의 손실 열량

〈표 11-5〉에서 알 수 있듯이 단열재의 두께가 증가함에 따른 손실 열량이 감소하고 있음을 알 수 있다. 그러나 두께가 증가할수록 손실 열량의 감소폭이 점차 완만하게 진행되고 있음을 알 수 있다. 이상과 같은 방법으로 최적의 단열재 두께를 찾을 수 있을 것이다.

이렇게 손실 열량 계산이 끝나면, 외표면의 단열재 두께에 따른 온도를 계산할 수 있다.

$$T_{surface}(x) = T_o + Q \cdot R_o(x)$$

온도 계산에 사용되는 식은 벽체와 유사한 식이 이용됨을 알 수 있다.

이렇게 계산된 온도 분포를 그래프로 나타낸 것이 [그림 11-30]이다.

이상의 내용을 EES를 이용하여 프로그램으로 작성하는 방법은 앞에서 설명한 내용에서 크게 변화하지 않는다. EES를 숙달하는 과정으로 꼭 실습해 보기 바란다.

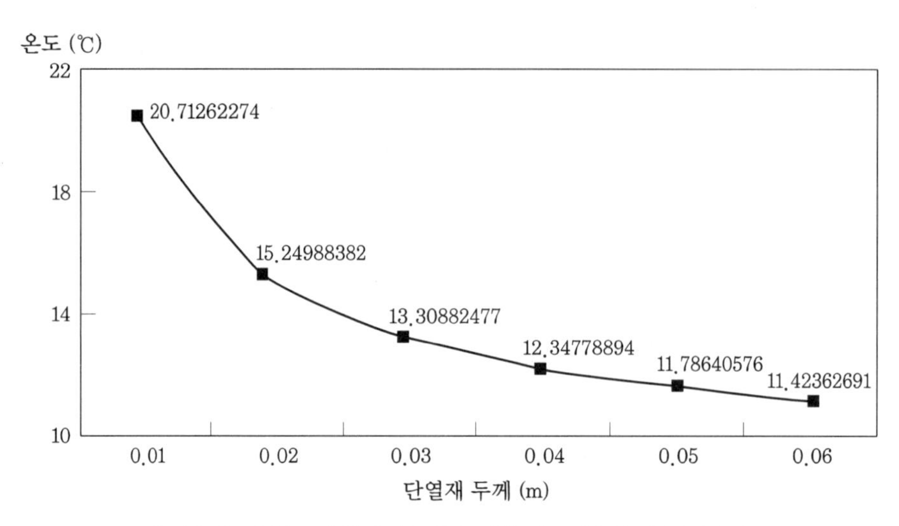

[그림 11-30] 단열재 두께에 따른 외표면의 온도 분포

3. 내부 발열을 갖는 벽체

벽체 내부에서도 열이 발생될 수 있다. 예를 들면, 복사 난방을 위한 벽체나 천장의 표면에 전기 복사 패널을 설치하는 경우가 그러하다. 이러한 경우, 내부 발열로 간주하여 계산할 수 있다.

먼저 1차원 정상상태로 가정하면, 적절한 에너지 평형 방정식은 다음과 같이 정리할 수 있다.

$$k\frac{d^2T}{dx^2} + Q_g = 0$$

여기서, k는 벽체의 열전도율이며, Q_g는 내부 발열량을 나타낸다.

면적이 $1\,m^2$인 복사 패널이 두께가 13 mm인 석고 보드로 마감이 되었으며, 실외 측은 완전 단열이 된다고 하자. 그리고 총 출력(total power output)이 250 W로 일정하게 발열이 일어난다고 가정한다.

이때, 최대 벽체의 온도와 벽체의 거리에 따른 온도 분포를 계산하면 다음과 같다.

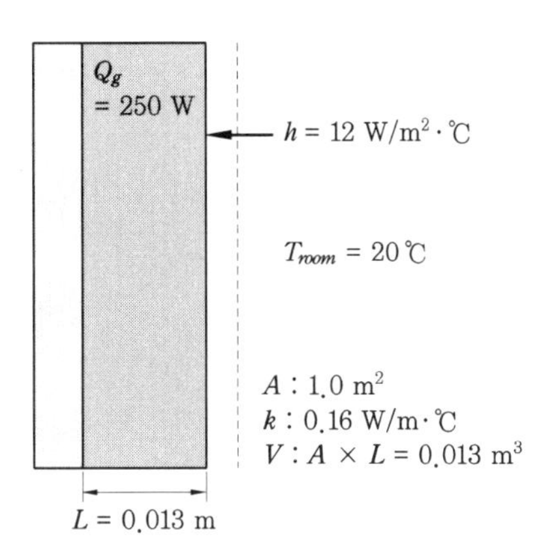

[그림 11-31] 예제 복사 패널의 개략도

개략적인 시스템은 [그림 11-31]을 통해 알 수 있으며, 이 시스템의 해석을 위해서는 먼저 경계조건(boundary condition)에 관하여 살펴보아야 한다.

경계조건(boundary condition)

㉮ 단열 경계조건

$$x = 0\text{에서,}\quad \frac{d}{dx}T = 0$$

㉯ 대류 경계조건

$$x = L\text{에서,}\quad -k\cdot\frac{d}{d\,x}T = h\cdot(T - T_{room})$$

따라서, 벽체 길이에 따른 온도 $T(x)$는 다음과 같이 주어진다.

$$T(x) = T_{room} + \left(\frac{Q_g\cdot L}{h} + Q_g\cdot\frac{L^2 - x^2}{2\cdot k}\right)$$

여기서, $Q_g = \dfrac{250\text{ W}}{\text{Volume}} = \dfrac{250\text{ W}}{A\cdot L} = 19230.77\text{ W/m}^3$이다.

이렇게 거리에 따른 온도 분포 계산 결과를 살펴보면 〈표 11-6〉과 같다.

〈표 11-6〉 복사 패널 거리에 따른 온도 분포

거리[m]	온도[℃]	거리[m]	온도[℃]	거리[m]	온도[℃]
0	50.990	0.005	49.487	0.010	44.980
0.001	50.929	0.006	48.826	0.011	43.718
0.002	50.749	0.007	48.045	0.012	42.336
0.003	50.449	0.008	47.143	0.013	40.833
0.004	50.028	0.009	46.122		

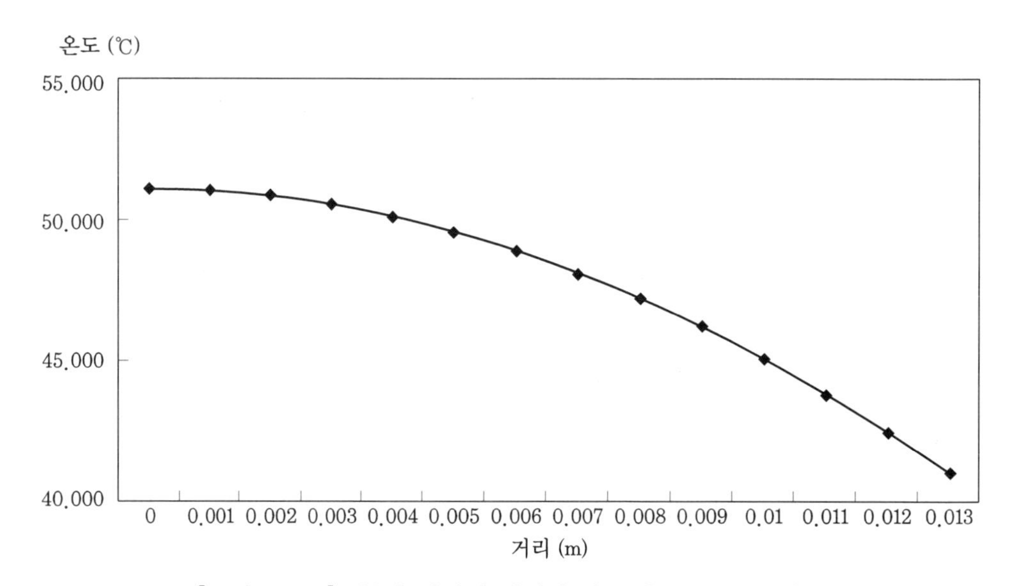

[그림 11-32] 복사 패널의 거리에 따른 온도 분포 그래프

〈표 11-6〉과 [그림 11-32]를 통해 볼 수 있듯이 최고점의 온도는 단열재와 접하는 부분($x = 0$)에서 약 50.990℃로 나타나고 있음을 알 수 있다.

4. 전도 형상계수–지중에 매설된 파이프

전도 형상계수는 일반적으로 source와 sink와 관련된 2차원 열전달 문제에 있어서 기하학적 영향(effect of geometry)을 표현하기 위한 편리한 매개 변수(parameter)이다. 전도 형상계수 S는 다음의 방정식에 기초하여 정의된다.

$$q = k \cdot S \cdot \Delta T$$

여기서, q는 열류, k는 열전도율, ΔT는 source와 sink의 온도차를 나타낸다. 형상계수 S는 해석적 기법에 의해 다양한 상황에 의해 결정된다.

[그림 11-33]과 같이 일정한 온도 T_s를 갖는 토양에 깊이 z에 수평으로 묻혀있는 지름이 D이고, 길이가 L, 온도가 T_p인 매우 긴 파이프를 고려하자.

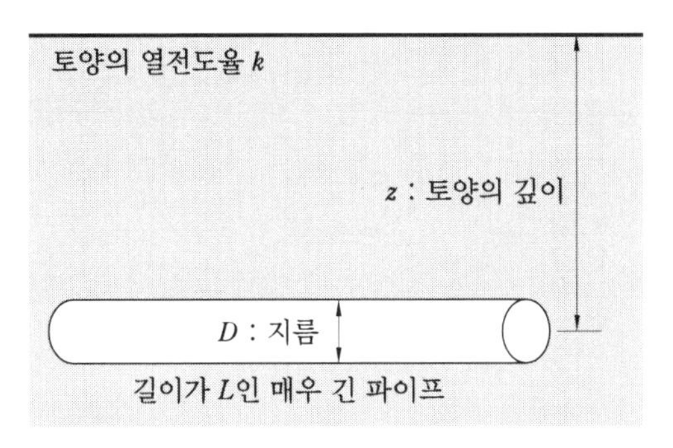

[그림 11-33] 깊이 z에 묻힌 파이프 개략도

여기서, $L = 10\,\text{m}$, $D = 0.1\,\text{m}$, $k = 0.4\,\text{W/m}\cdot℃$이며, $T_p = 60℃$, $T_s = 0℃$라고 한다. 이때, 토양의 깊이(z)에 따른 파이프 손실 열량을 계산하면 다음과 같다.

이를 계산하기 위해서는 먼저 전도 형상계수 S를 다음의 관계식을 통해 계산하여야 한다.

$$S(z) = 2 \cdot \pi \cdot \frac{L}{acosh\left(2 \cdot \dfrac{z}{D}\right)}$$

따라서, 토양 깊이에 따른 손실 열량 $q(z)$는 다음의 식으로부터 계산된다.

$$q(z) = k \cdot S(z) \cdot (T_p - T_s)$$

〈표 11-7〉 깊이에 따른 전도 형태계수 및 손실 열량

z[m]	0.100	0.200	0.300	0.400	0.500	0.600	0.700	0.800	0.900	1.000
$S(z)$	47.710	30.450	25.357	22.694	20.991	19.781	18.863	18.135	17.537	17.036
$q(z)$ [W]	1145.07	730.80	608.57	544.66	503.79	474.75	452.72	435.23	420.90	408.86

이렇게 계산된 결과를 정리하면 〈표 11-7〉과 같으며, [그림 11-34]는 이것을 그래프화한 것이다.

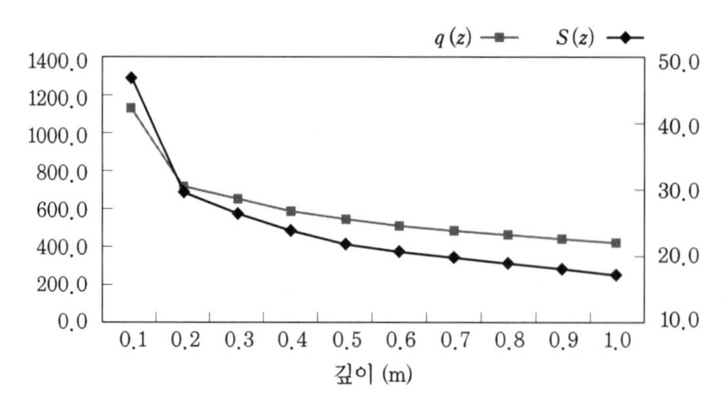

[그림 11-34] 깊이에 따른 전도 형태계수 및 손실 열량 그래프

5. 외벽에 대한 일사의 영향

여기서는 주간(day time)에 외벽 표면이 받는 일사에 대하여 고려한 경우를 예제를 통하여 익히도록 한다.

다음의 [그림 11-35]와 같은 벽체를 고려하자.

주어진 조건이 이러할 경우, 외표면의 온도를 계산하고, 일사가 없을 때의 외표면 온도와 비교하면 다음과 같다.

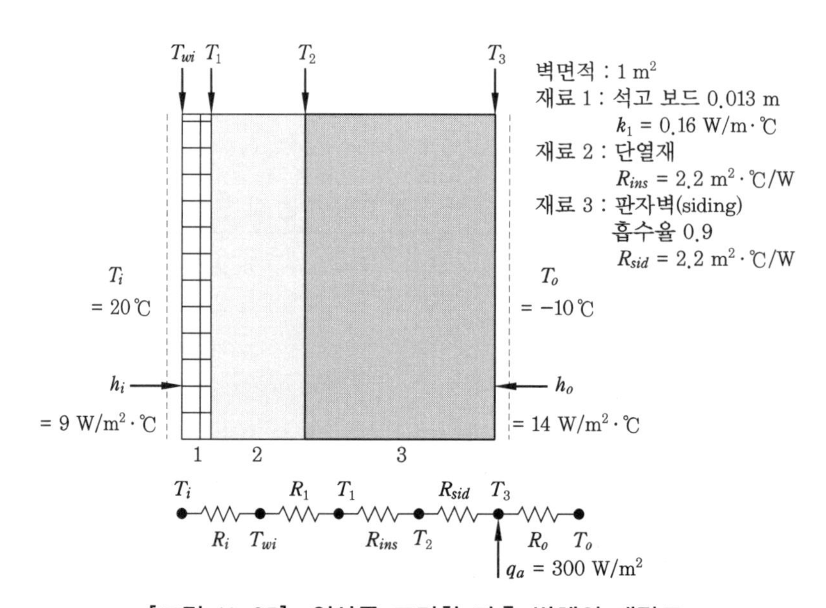

[그림 11-35] 일사를 고려한 다층 벽체의 개략도

먼저 일사가 없는 다층 벽체에 대하여 살펴보면, 11-5-1절에 설명된 동일한 방법으로 계산할 수 있다.

$$R_i = \frac{1}{h_i \cdot A} = 0.11\ \mathrm{m^2 \cdot ℃/W}$$: 벽체의 내표면 열전달 저항

$$R_1 = \frac{L_1}{k_1 \cdot A} = 0.08125\ \mathrm{m^2 \cdot ℃/W}$$: 벽체 1의 열전달 저항

$$R_{ins} = 2.2\ \mathrm{m^2 \cdot ℃/W}$$: 벽체 2의 열전달 저항

$$R_{sid} = 0.3\ \mathrm{m^2 \cdot ℃/W}$$: 벽체 3의 열전달 저항

$$R_o = \frac{1}{h_o \cdot A} = 0.07143\ \mathrm{m^2 \cdot ℃/W}$$: 벽체의 외표면 열전달 저항

따라서, 벽체의 총 열전달 저항은 $R_{tot} = 2.7638\ \mathrm{m^2 \cdot ℃/W}$이 된다.

실내에서 실외로의 손실 열량 Q는 다음과 같이 계산한다.

$$Q = \frac{T_i - T_o}{R_{tot}} = \frac{20 - (-10)}{2.7638} = 10.855\mathrm{W}$$

또한 각 절점의 온도 분포는 다음과 같이 계산한다.

① $T_{wi} = T_i - Q \cdot R_i = 18.794℃$

② $T_1 = T_{wi} - Q \cdot R_1 = 17.912℃$

③ $T_2 = T_1 - Q \cdot R_2 = -5.969℃$

④ $T_3 = T_2 - Q \cdot R_3 = -9.225℃$

다음으로 일사를 고려한 경우의 온도 분포에 관하여 살펴보기로 한다.

이 경우도 마찬가지로 총 열전달 저항값의 계산으로부터 시작하며, 계산 방법은 위와 동일한 방법으로 행하면 된다. 따라서, 벽체의 총 열전달 저항은 $R_{tot} = 2.7638\ \mathrm{m^2 \cdot ℃/W}$이 된다.

여기서, 외표면의 열전달 저항을 뺀 나머지 값을 R_a라 하자. 그리고 이때의 외표면 열전달 저항을 R_b라 하면, 절점 T_3에서의 에너지 평형은 다음과 같이 주어진다.

$$\left(\frac{T_i - T_3}{R_a}\right) + q_a \cdot A = \frac{T_3 - T_o}{R_b}$$

그러므로,

$$T_3 = \frac{T_i \cdot R_b + R_a \cdot T_o + q_a \cdot A \cdot R_a \cdot R_b}{R_a + R_b}$$

$$= 9.563℃$$

만약 $q_a = 0$이라면,

$$T_{3,\ nonsol} = \frac{T_i \cdot R_b + R_a \cdot T_o}{R_a + R_b}$$

$$= -9.225℃$$

이다. 이것은 일사가 없을 때의 위에서 계산한 값과 동일한 것을 알 수 있다.

그러므로 일사에 따른 외표면의 온도는 일사를 고려하지 않았을 때의 온도보다 약 18.79℃ 높게 나타남을 알 수 있다.

6. 비난방 공간의 열적 해석

여기서는 간단히 주어진 비난방 실(attic)의 온도를 계산하는 방법에 관하여 예제를 통해 설명된다.

외기온이 $T_o = -13$℃이며, 환기량 $Q = 0.007\ m^3/sec$인 다락(attic)을 고려하자. 주어진 지붕의 면적 $A_{roof} = 240\ m^2$이고, 지붕의 총합 열관류율 $U_{roof} = 0.9\ W/m^2 \cdot$℃이며, 천장의 면적은 $A_{ceil} = 200\ m^2$이고, 천장의 총합 열관류율 $U_{ceil} = 1.7\ W/m^2 \cdot$℃이다. 이 때, 주어진 실온 $T_i = 22$℃라면, 천장을 통한 손실 열량 및 온도를 계산하면 다음과 같다.

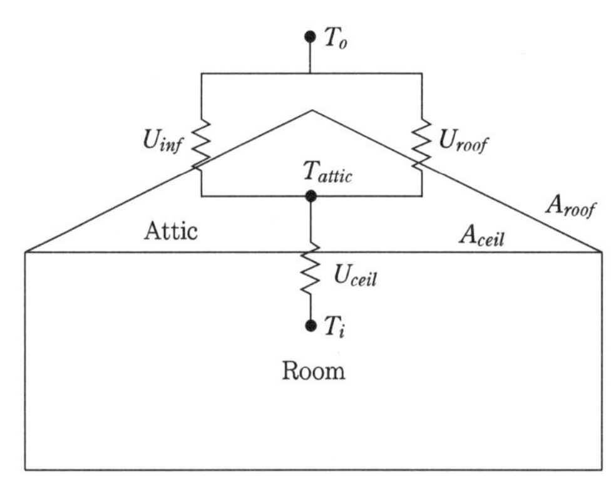

[그림 11-36] 비난방 공간의 열손실 경로 개략도

먼저 주어진 기본 자료들을 정리하면 다음과 같다.

$T_o = -13$℃, $T_i = 22$℃ : 외기온 및 실내온도

$A_{roof} = 240\ m^2$, $A_{ceil} = 200\ m^2$: 지붕 및 천장 면적

$U_{roof} = 0.9\ W/m^2 \cdot$℃, $U_{ceil} = 1.7\ W/m^2 \cdot$℃ : 지붕 및 천장의 총합 열관류율

$Q = 0.007\ m^3/sec$: 비난방 공간의 침기량

먼저 실내와 외기와의 총 열전달 저항값을 계산해야 한다. 이를 위해 침기 컨덕턴스를 결정해야 하므로 다음의 식을 이용하여 U_{inf}를 계산할 수 있다.

$$U_{inf} = Q \cdot 1200\ \text{J/m}^3 \cdot ℃ \qquad (2-41)$$

그리고 총 열전달 저항 R_{tot}는

$$R_{tot} = \left(\frac{1}{A_{ceil} \cdot u_{ceil}} + \frac{1}{A_{roof} \cdot u_{roof} + U_{inf}} \right) \qquad (2-42)$$

$$R_{tot} = \left(\frac{1}{A_{ceil} \cdot u_{ceil}} + \frac{1}{A_{roof} \cdot u_{roof} + U_{inf}} \right) = 7.398 \times 10^{-3}\ ℃/\text{W}$$

따라서, 손실 열량 q_{ceil}은

$q_{ceil} = \dfrac{T_i - T_o}{R_{tot}} = 4.731 \times 10^3\ \text{W}$가 된다.

여기서, 우리는 결로에 대한 판정을 할 경우, 비난방 공간의 온도를 체크할 필요가 있으므로, 이 공간의 온도를 계산해 보면 다음과 같다.

$$T_{attic} = T_i - \frac{q_c}{A_{ceil} \cdot U_{ceil}} = 8.084 ℃$$

보충설명

앞에서 우리는 벽체의 1차원 전도 현상에 관하여 몇 가지 예제를 통해 그 계산 방법들에 관하여 살펴보았다. 이에 이러한 계산을 위한 기본 이론적으로 보다 상세히 기술하면 다음과 같다.

(1) 정상과 비정상상태

온도 및 열류가 시간과 더불어 변동하는 상태를 비정상상태(unsteady state)라 하고, 시간에 대해 일정불변의 상태를 정상상태(steady state)라고 한다.

(2) 벽체의 관류 열량

실내 표면에서 외표면에 전도에 의해 전달되는 열류 q[W/m^2, kcal/m$^2 \cdot$h]는 벽내의 온도 구배에 비례하고 다음 식과 같이 나타낼 수 있다.

$$q = k \cdot \frac{T_1 - T_2}{L} = \frac{T_1 - T_2}{R}$$

그러므로, $\dfrac{k}{L} = R$의 관계가 성립된다.

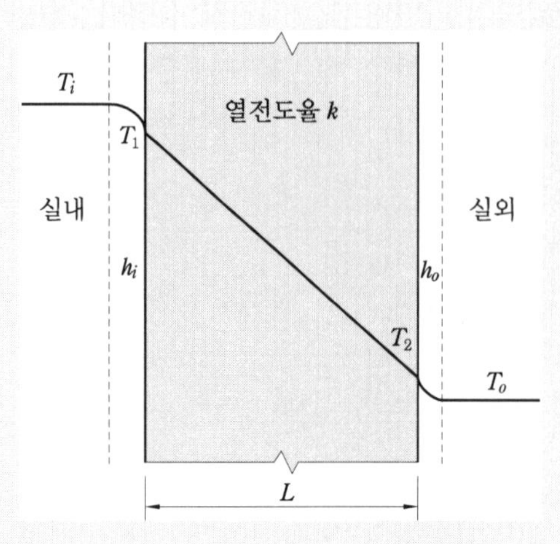

[그림 (a)] 단층벽의 온도 분포

다음으로 실내·외 표면으로부터 공기로 대류에 의해 전달되는 열류는 공기와 표면의 온도차에 비례하고 다음 식과 같이 나타낼 수 있다.

$q_i = h_i \cdot (T_i - T_1)$: 내표면의 대류에 의한 열류

$q_o = h_o \cdot (T_2 - T_o)$: 외표면의 대류에 의한 열류

여기서, h_i, h_o는 각각 내·외표면의 대류 열전달 계수(heat transfer coefficient, $W/m^2 \cdot ℃$, $kcal/m^2 \cdot h \cdot ℃$)이다.

[그림 (b)]와 같은 3층으로 된 다층 벽체를 생각하자.

기온이 정상상태이면 각 층을 흐르는 단위 면적당의 열류는 같아야 하므로, 열류 q는 다음 식과 같이 나타낼 수 있다.

$$q = h_i \cdot (T_i - T_1)$$

$$q = \frac{k_1}{L_1} \cdot (T_1 - T_2)$$

$$q = \frac{k_2}{L_2} \cdot (T_2 - T_3)$$

$$q = \frac{k_3}{L_3} \cdot (T_3 - T_4)$$

$$q = h_o \cdot (T_4 - T_o)$$

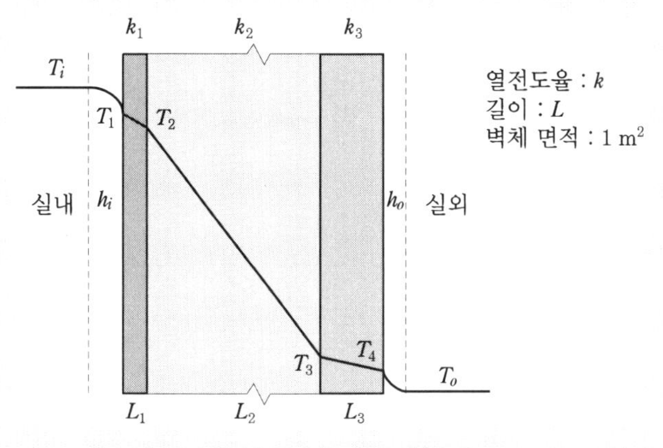

[그림 (b)] 다층벽의 온도 분포

여기서, $T_i \sim T_4$를 소거하여, $K = \dfrac{1}{\dfrac{1}{h_i} + \dfrac{L_1}{k_1} + \dfrac{L_2}{k_2} + \dfrac{L_3}{k_3} + \dfrac{1}{h_o}}$ 라 놓으면

$$q = K \cdot (T_i - T_o)$$

이때, K를 열관류율(heat transmission coefficient : K [m^2·℃, kcal/m^2·h·℃]) 이라고 한다.

n층 벽의 경우의 열관류율은 3층 벽의 경우, 다음 식과 같이 나타낼 수 있다.

$$K = \frac{1}{\dfrac{1}{h_i} + \displaystyle\sum_{i=1}^{n} \frac{L_i}{k_i} + \dfrac{1}{h_o}}$$

$\dfrac{1}{h_i} = R_i$, $\dfrac{1}{h_o} = R_o$, $\dfrac{L_n}{h_n} = R_n$, $\dfrac{1}{K} = R_{tot}$ 라고 놓으면,

$$R_{tot} = R_i + \sum_{1}^{n} R_n + R_o$$

R_i, R_o를 열전달 저항, R_n을 열전도 저항, R_{tot}를 열관류 저항이라고 한다. $1/R_n = k_n/L_n$을 열 컨덕턴스(heat conductance, C [m^2·℃/W, m^2·h·℃/kcal]), $1/k_n = R_n/L_n$을 열전도 비저항(R [m·℃/W, m·h·℃/kcal])이라고 하고, R은 재료의 단위 두께당의 열전도 저항을 나타낸다.

열류에 관한 식을 열전도 저항에 의해 나타내면,

$$q = \frac{(T_i - T_o)}{R_{tot}} = \frac{(T_i - T_1)}{R_i} = \frac{(T_1 - T_2)}{R_1} = \frac{(T_2 - T_3)}{R_2}$$

$$= \frac{(T_3 - T_4)}{R_3} = \frac{(T_4 - T_o)}{R_o}$$

벽체 속 온도 구배 G는 일반적으로 다음 식과 같이 주어진다.

$$G = \frac{T_n - T_{n+1}}{L_n} = \frac{T_n - T_{n+1}}{\frac{L_n}{k_n}} \cdot \frac{1}{k_n} = \frac{T_n - T_{n+1}}{R_n} \cdot \frac{1}{k_n} \quad \frac{T_n - T_{n+1}}{R_n}$$은

모든 층에서 같으므로 결국 k_n이 큰 층일수록 온도 구배는 작다.

(3) 열전도율 (heat conductivity : k [W/m·℃, kcal/m·h·℃])

두께 1 m인 재료의 양쪽 표면 온도차가 1℃일 때 단위 표면적당, 단위 시간에 흐르는 열량을 일컫는다. 이 값은 재료에 따라 고유한 값을 나타낸다.

은, 동 등의 금속의 열전도율은 일반적으로 크고, 유리면, 암면 등의 단열 재료의 열전도율은 작다. 주요한 건축 재료의 개략적인 열전도율값은 동판 320, 대리석 2.4, 콘크리트 1.3~1.5, 유리 및 토벽 0.7, 목재 0.10~0.15, 유리면 0.03~0.04 정도이다.

금속을 제외한 일반 건축 재료는 실질부와 공극으로 구성된 다공질체이다. 공극에 차 있는 정지상태의 공기의 열전도율은 상온에 있어서 약 0.02로서 매우 작으나, 보통 건축 재료의 실질부의 열전도율은 공기보다 크다. 따라서, 공기가 정지하고 있는 정도로 작은 공극이 많은 재료일수록 열전도율은 일반적으로 작다.

그러나 공극의 지름이 커지면 내부에 대류 현상이 생겨 전열량이 증가하고, 그 재료의 열전도율은 역으로 커진다. 공극이 많은 재료일수록 비중량은 작으므로 열전도율은 비중량에 비례한다.

(4) 열전달률 [W/m²·℃, kcal/m²·h·℃]

공기가 자체 온도와 다른 벽체를 따라 흐를 때, 그 벽면에 수직 방향으로 온도 구배가 있는 엷은 기류층이 생긴다. 이 층을 온도 경계층이라고 한다. 이때의 벽 표면에서부터 유체에의 열류는 양자의 온도차에 비례하고, 그 비례 상수를 대류 열전달률 h_c라고 한다. 이 h_c는 벽 표면의 형상이나 기울기, 공기의 특성이나 기류의 상태 등에 따라 변화한다. 일반적으로 벽면 풍속이 커지면 경계층의 두께는

작아지고, 대류 열전달률은 커진다.

건물 벽면과 같은 표면이 매끄럽지 않은 면에 대한 h_c의 풍속 V[m/s]에 의한 변화는 Jürges의 실험식에 의해 다음과 같이 나타낸다.

$$h_c = 5.3 + 3.6V \ (V \leqq 5)$$

$$= 6.47V^{0.78} \ (V \geqq 5)$$

벽면과 그것을 둘러싸는 다른 면 및 공기 간의 열류는 다른 면의 표면 온도가 기온과 같으면 벽 표면과 공기와의 온도차에 비례하고 그 비례 상수 h를 총합 열전달률이라고 한다. h는 대류 열전달률 h_c와 복사 열전달률 h_r과의 합으로 나타낸다.

(5) 단실(single room)의 실온

겨울철 난방을 하면 실내의 열은 마루, 벽, 천장 등의 주벽(周壁)을 관류하여 실외로 유출된다. 이것을 관류 열손실이라고 하며, 그 열류는 $q = K \cdot (T_i - T_o)$로 나타낸다.

또 창문, 출입구 등의 틈새로부터 공기가 유입되면 그것과 같은 양의 공기가 다른 틈새로부터 유출되며, 그것과 함께 실내의 열이 실외로 유출되게 된다. 이것을 환기 열손실(換氣熱損失)이라고 한다. 이 열량은 유입 공기온도에 좌우되며, 유입 공기가 그 기온에서 실온으로 높여지는 데 필요한 열량에 의해 표시된다. 따라서, 실의 전(仝)손실 열량은 관류 손실 열량과 환기 손실 열량의 합으로 주어지게 된다.

기온 T_o의 외기에 둘러싸인 단실의 단위 시간당의 손실 열량 Q[W, kcal/h]의 계산 방법은 다음과 같다.

실온을 T_i라고 하고, 단실의 주벽의 평균 열관류율을 $\overline{K}$, 주벽의 전 면적을 A, 환기량을 Q_{inf}라고 하면, Q는 다음 식으로부터 얻어진다.

$$Q = (\overline{K} \cdot A + C_{p,\, air} \cdot \gamma_{air} \cdot Q_{inf}) \cdot (T_i - T_o)$$

여기서, $C_{p,\, air}$는 공기의 비열, γ_{air}는 공기의 비중량[kg/m²]이며, 실의 열손실 계수를 W[W/m²·℃, kcal/m²·h·℃]라고 하면, $W = (\overline{K} \cdot A + C_{p,\, air} \cdot \gamma_{air} \cdot Q_{inf})$이다. 그리고 손실 열량 Q는 실온을 T_i로 유지하기 위해 공급해야 할 열량을 나타낸다.

(6) 인접실을 갖는 실의 실온과 공급열

다음 [그림 (C)]와 같이 2개의 실이 인접하고, 각 실이 외기를 내포한 인접실과 환기를 하고 있는 경우의 각 실의 실온을 계산해 보자.

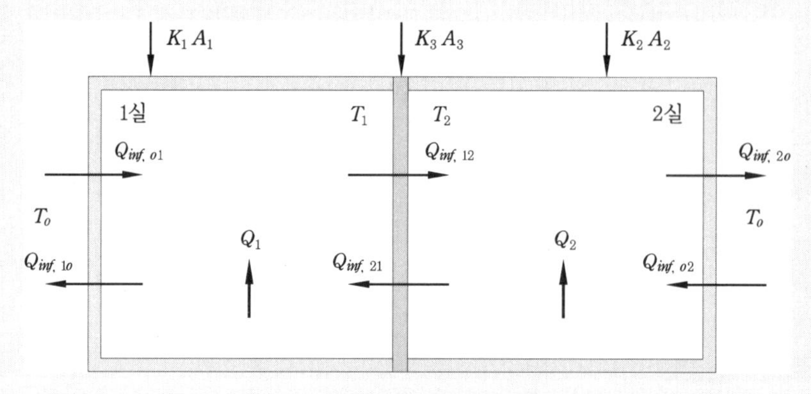

[그림 (c)] 실온과 손실열량

외기 온도 T_o, 2실의 실온 T_2, 1실에의 단위 시간당의 공급 열량 Q_1을 이미 알고 있는 경우의 1실의 실온 T_1은 1실에 대한 에너지 평형 방정식에서 유도된다.

에너지 평형 방정식을 세우기 위해서는, 1실의 온도를 0으로 했을 때의 1실의 유입 열량과, 1실에의 공급 열량의 합이 인접실(외기 및 2실)을 0으로 했을 때의 1실에서부터의 유출 열량과 같다고 하면 된다.

$$[(\overline{K_1}\cdot A_1 + C_{p,\,air}\cdot\gamma_{air}\cdot Q_{inf,\,o1})\cdot T_o + (\overline{K_3}\cdot A_3 + C_{p,\,air}\cdot\gamma_{air}\cdot Q_{inf,\,21})\cdot T_2] + Q_1$$
$$= (\overline{K_1}\cdot A_1 + \overline{K_3}\cdot A_3 + C_{p,\,air}\cdot\gamma_{air}\cdot Q_{inf,\,1o} + C_{p,\,air}\cdot\gamma_{air}\cdot Q_{inf,\,12})\cdot T_1$$

이 방정식으로부터 1실의 실온 T_1이 구해진다. 그리고

$$Q_1 = \overline{K_1}\cdot A_1(T_1 - T_o) + \overline{K_3}\cdot A_3(T_1 - T_2) + C_{p,\,air}\cdot\gamma_{air}\cdot T_1\cdot(Q_{inf,\,1o} + Q_{\infty,\,12})$$
$$- C_{p,\,air}\cdot\gamma_{air}\cdot(Q_{inf,\,o1}\cdot T_o + Q_{inf,\,21}\cdot T_2)$$

일반적으로 $Q_{inf,\,o1} \neq Q_{inf,\,1o}$, $Q_{inf,\,12} \neq Q_{inf,\,21}$이나, 1실의 전유출입 공기량은 같으므로,

$$Q_{inf,\,o1} + Q_{inf,\,21} = Q_{inf,\,1o} + Q_{inf,\,12}$$

이다. 따라서, 이 식을 위의 식에 대입하면,

$$Q_1 = (\overline{K_1} \cdot A_1 + C_{p,\,air} \cdot \gamma_{air} \cdot Q_{inf,\,o1}) \cdot (T_1 - T_o)$$

$$(\overline{K_3} \cdot A_3 + C_{p,\,air} \cdot \gamma_{air} \cdot Q_{inf,\,21}) \cdot (T_1 - T_2)$$

이 된다. 이 방정식은 T_o, T_1, T_2가 주어졌을 때, 1실에 공급해야 할 단위 시간당의 열량 Q_1, 즉 손실 열량을 나타내고 있다.

환기량을 인접실로부터의 유입 공기량으로 생각하면, 환기 손실 열량도 관류 손실 열량과 동일한 온도차에 비례한 형태로 표현할 수 있다. 즉, 환기 손실 열량은 유입 공기온도에 의해 좌우되고, 유입한 만큼의 공기가 그 기온에서 실온으로 높혀지기 위해 소요되는 열량이다. 따라서, 실내 공기의 유출량이나, 그 공기가 어디로 유출하는지는 실의 손실 열량과는 무관하다.

2실에서의 단위 시간당의 공급 열량 Q_2도 위의 방정식과 마찬가지로

$$Q_2 = (\overline{K_2} \cdot A_2 + C_{p,\,air} \cdot \gamma_{air} \cdot Q_{inf,\,o2}) \cdot (T_2 - T_o)$$

$$(\overline{K_3} \cdot A_3 + C_{p,\,air} \cdot \gamma_{air} \cdot Q_{inf,\,12}) \cdot (T_2 - T_1)$$

가 된다.

따라서, 일반적으로 n개의 실에 인접한 1실의 에너지 평형 방정식은

$$Q_i = \sum_{o=1}^{n} (\overline{K}_{o,\,i} A_{o,\,i} + C_{p,\,air} \cdot \gamma_{air} \cdot Q_{inf,\,oi}) \cdot (T_i - T_o)$$

가 된다. 여기서, $\overline{K}_{o,\,i}$, $A_{o,\,i}$는 각각 i실과 o실과의 경계면의 평균 열관류율 및 면적, Q_i는 i실에의 단위 시간당의 공급 열량을 나타낸다. o실에는 외기도 포함된다.

이상으로 정상상태에 관한 다양한 열전달 현상에 관하여 여러 가지 풀이 방법들과 수식들에 관하여 살펴보았다. 자신에게 맞는 가장 손쉬운 방법을 이용하여 계산하면 원하는 결과를 얻을 수 있을 것이다.

정상상태 벽체의 열전도 현상에 대한 기본 이론 설명과 그 응용에 따른 계산법은 이것으로 충분하다고 생각된다. 또한 이상의 내용들은 쉽게 EES 프로그램을 작성할 수 있는 것이므로 그 설명을 생략하도록 한다. 그렇지만 EES를 처음 배우는 사람들은 반드시 프로그램을 작성해 봐야 한다. 이를 통해 단계적으로 다양한 방법들을 숙지해 나갈 수 있기 때문이다.

11-6 건물의 비정상상태에서의 열전도

본 절에서는 집중 용량법과 같은 간단한 해석적 모델에 근거한 비정상 열전도 문제들을 다루고 있다. 열 컨덕턴스(thermal conductance)와 열전달 저항과 관련있는 Thermal Network 법은 이미 앞에서 소개되었다. 따라서, 반무한 모델(semi infinite model)과 간단한 벽체에서의 비정상 R-C 모델들을 중심으로 설명하고자 한다.

그리고 이와 관련된 EES 프로그램에 관한 설명은 본 장의 마지막 부분에서 설명하도록 한다.

1. 집중 용량법과 Thermal Network 법

모든 재료들은 열을 저장할 수 있다. 그러므로 온도나 열유속(heat flux) 변화가 발생되면, 정상상태에 도달하는 데에는 약간의 시간이 소요된다. 이 시간 동안, 우리는 온도와 열류를 계산하기 위해서는 비정상 해석을 해야 한다. 무시할 수 있는 열저항을 갖는 대부분의 시스템에서는 단순화된 해석을 해도 무방하다.

이러한 해석 방법 중의 하나가 집중 용량법이며, 이 방법은 비정상 열전도 문제를 계산하는 데 사용될 수 있는 가장 간단하고 편리한 방법이다.

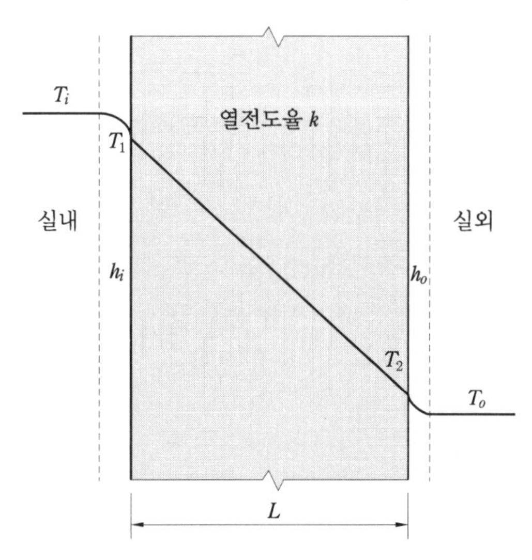

[그림 11-37] 단층벽의 정상상태 온도 분포

[그림 11-37]과 같이 표면에서의 에너지 평형식은 다음과 같이 나타낼 수 있다.

$$\frac{k \cdot A}{L}(T_1 - T_2) = h_o \cdot A \cdot (T_2 - T_o)$$

이 식을 다시 정리하면 다음과 같다.

$$\frac{T_1 - T_2}{T_2 - T_o} = \frac{L/k \cdot A}{1/h \cdot A} = \frac{R_{cond}}{R_{conv}} = \frac{h \cdot L}{k} = Bi$$

여기서, Biot Number(Bi)는 무차원수이며, 내부 열전도 저항과 표면의 열전달 저항의 비(比)와 같으며, 표면 대류 효과가 포함되는 전도 문제에서 기본적인 역할을 수행한다.

정리하면,

$$Bi = \frac{h \cdot L_c}{k}$$

여기서, L_c는 특성길이(characteristic length)로서 다음과 같다.

$$L_c = \text{체적}\,[\mathrm{m}^3] / \text{면적}\,[\mathrm{m}^2]$$

만약 $Bi \ll 0.1$이면 고체 내의 전도에 대한 저항은 유체 경계층을 가로지르는 대류저항보다 훨씬 작다. 따라서, 온도 분포가 균일하다는 가정이 합리적이다. $Bi \gg 1$에 대해서는 고체를 가로지르는 온도차가 표면과 유체 사이의 온도차보다 훨씬 크다는 것에 유의해야 한다.

예 제

초기 온도가 T_o인 전기 히터가 외기 온도 T_e에 노출된 저항 부분의 냉각에 대하여 고려하자. 이 노출된 저항 요소는 원형 실린더 형태의 와이어라고 가정하고, 다음과 같은 조건에서의 시간에 따른 와이어의 온도 분포를 계산하면 다음과 같다.

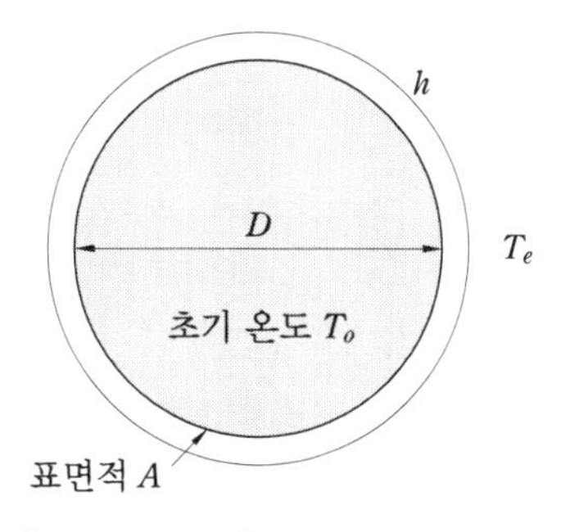

[그림 11-38] 와이어의 단면

(1) 기본 조건

와이어 ;

길이 : $L = 0.5\ \mathrm{m}$

지름 : $D = 0.001\ \mathrm{m}$

열전도율 : $k = 374\ \mathrm{W/m\cdot ℃}$

비열 : $c_p = 383\ \mathrm{J/kg\cdot ℃}$

밀도 : $\rho = 8930\ \mathrm{kg/m^3}$

외표면 대류 열전달 계수 : $h = 10\ \mathrm{W/m^2\cdot ℃}$

표면의 면적 : $A = \pi\cdot D\cdot L\,[\mathrm{m^2}]$

체적 : $V = \pi\cdot\frac{D^2}{4}\cdot L\,[\mathrm{m^3}]$

특성길이 : $L_c = \frac{V}{A}$

$Bi = \frac{h\cdot L_c}{k} = 6.684\times 10^{-6}$

$T_o \equiv 150℃,\ T_e = 40℃$

| 풀 이 | $Bi \ll 0.1$이므로, 표면에서의 에너지 평형 방정식을 정리하여 나타내면,

$$-\,C\cdot dT = (T - T_e)\cdot\frac{dt}{R}$$

여기서,

$C = c_p\cdot\rho\cdot V$: 체적의 열용량

$R = \frac{1}{h\cdot A}$: 표면의 열전달 저항

그러므로,

$$\frac{d(T - T_e)}{T - T_e} = \frac{dt}{R\cdot C}$$

이 방정식을 풀기 위해서는 먼저 시간 간격을 정해야 한다.

$i = 0.5$

$t_i = i\cdot R\cdot C = 85.508\ \mathrm{sec}$: 시간 상수

$\theta = \frac{T - T_e}{T_o - T_e}$라 놓으면, 위의 방정식의 양변을 적분하고, 초기 온도 조건을 대입하여 정리하면 다음과 같다.

$$\theta_i = \exp\left(\frac{t_i}{R \cdot C}\right)$$

$$T_i = \theta_i \cdot (T_o - T_e) + T_e$$

이렇게 계산된 결과를 살펴보면 [그림 11-39]와 [그림 11-40]과 같이 정리된다.

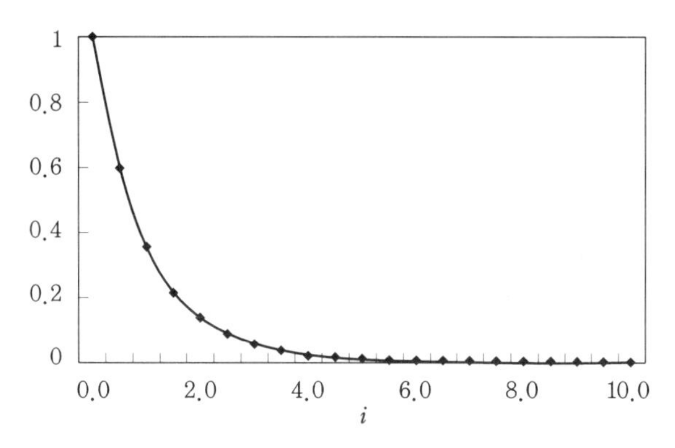

[그림 11-39] 시간에 따른 θ_i의 분포

[그림 11-39] 그래프에서 한 번의 시간이 지난 후($t = 0 \rightarrow t = 1$), 약 63%의 온도 변화가 발생하였다.
즉, 온도가 63% 하락한 것이다.

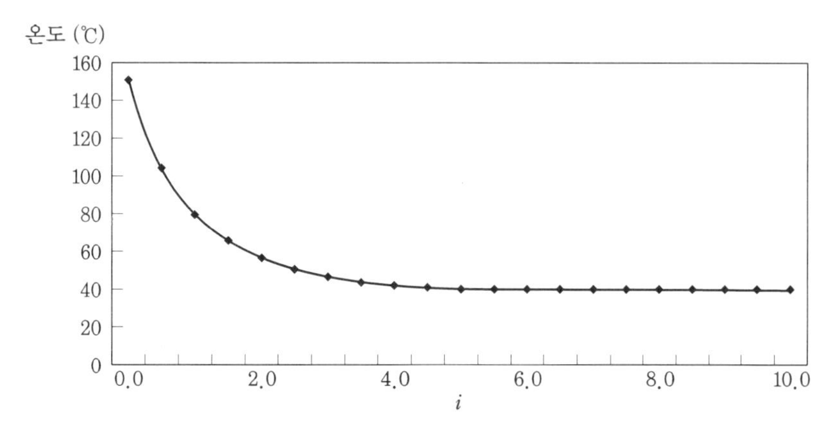

[그림 11-40] 시간에 따른 와이어 표면(T_i)의 온도 분포

$$\theta_0 - \theta_1 = 63.212\%, \quad \frac{T_0 - T_1}{T_0 - T_5} = 63.641\%$$

(2) **Thermal Network 법**

위의 예제에서 설명된 물체는 주어진 외기온도 T_e와 연결된 열전달 저항($= 1/h \cdot A$)과 나란히 등온의 열용량 C를 갖는 모델이 될 수 있다.

Thermal Network 법에서의 열용량은 주어진 외기의 온도와 물체 자체의 온도가 항상 연계되어 모델화된다. 열용량에서의 열류는 T에서 T_e로의 흐름을 의미한다.

초기 조건 $T(t = 0) = T_o$는 각 절점과 연결되고, 열용량 C에 스위치 S를 통해 연결된 '전지' $T_o - T_e$로서 모형화될 수 있다.

열전달 저항에 대한 구성 방정식을 간단히 하면, $q = \dfrac{T_{hot} - T_{cool}}{R}$이다.

유사한 방법으로 열용량에 대한 방정식으로 쓰면,

$$q = C \cdot \frac{d}{dt} \cdot (T - T_e)$$

여기서, $T_e = Constant$(상수)

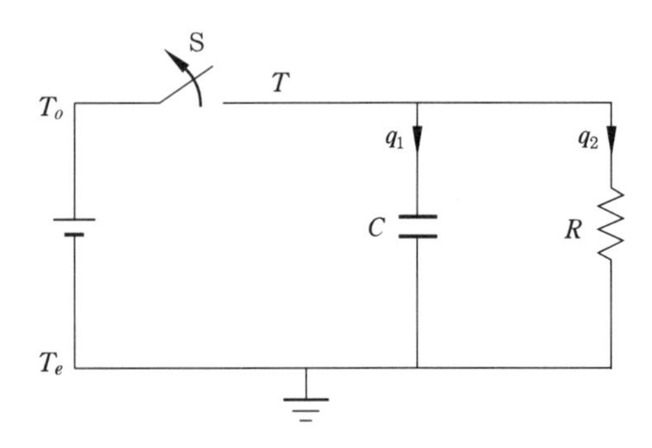

[그림 11-41] Thermal Network 구성 예

스위치 S는 $t = 0$에서 열린다. 온도 T에 대한 에너지 평형식은 (C에서의 열류) + ($R = 0$에서의 열류) 또는 $q_1 + q_2 = 0$이 된다.

위에서 언급한 방정식 $q = C \cdot \dfrac{d}{dt} \cdot (T - T_e)$를 이용하여 다시 정리하면,

$$C \cdot \frac{d}{dt} \cdot (T - T_e) + \frac{T - T_e}{R} = 0, \quad \frac{d}{dt}(T - T_e) + \frac{T - T_e}{R \cdot C} = 0$$

이다.

따라서, 집중 용량법에서 얻어진 해와 동일한 해를 얻을 수 있다.

2. 반무한 고체에서의 비정상상태 전도

일반적으로 해석적 해를 얻을 수 있는 또 다른 간단한 기하학적인 형태가 반무한 고체(semi infinite solid)이다. 이러한 고체는 한 방향을 제외하고는 모든 방향으로 무한히 뻗어 있기 때문에, 하나의 고유한 표면으로 특징짓는다.

이 표면에 조건들의 급격한 변화가 생기면 고체 내부에 비정상 1차원 전도가 일어날 것이다. 반무한 고체로 많은 실제적인 문제들을 유용하게 모델화할 수 있다. 이는 지구 표면 근처의 비정상 열전달을 구하거나, 또는 두꺼운 슬래브와 같은 유한한 고체의 비정상 응답을 근사화하는 데 사용될 수 있다.

다음으로 이 근사화는 슬래브 내부의 온도들이 표면 조건의 변화에 의하여 영향을 받지 않는 비정상상태의 초기 부분에 대해서는 합리적일 것이다.

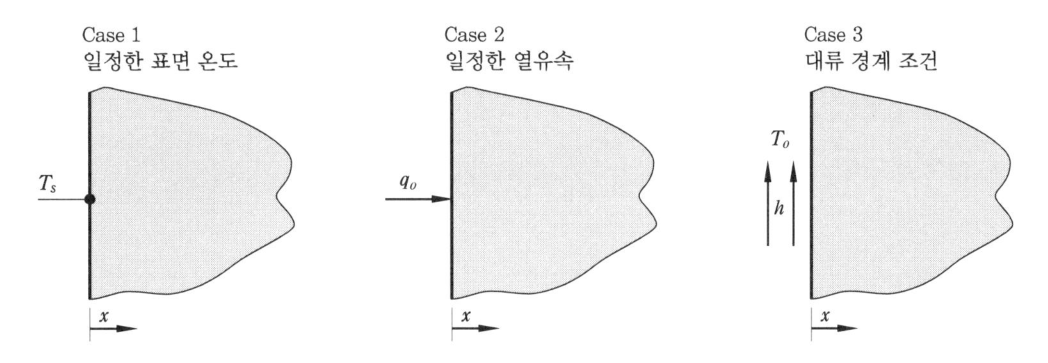

[그림 11-42] 세 가지 표면 조건에 대한 반무한 고체

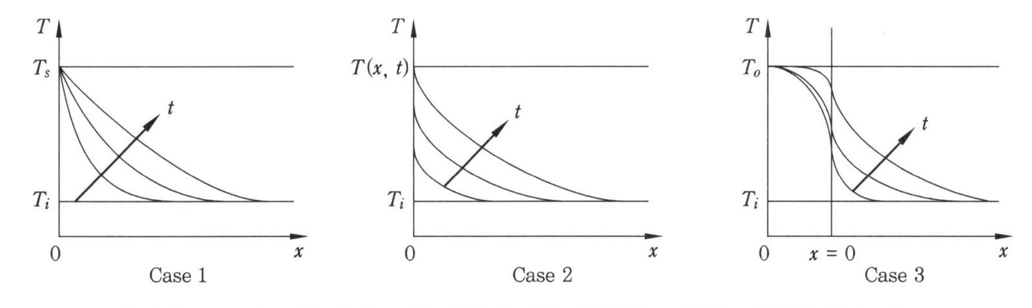

[그림 11-43] 세 가지 표면 조건에 대한 반무한 고체의 비정상 온도 분포

반무한 고체에서의 비정상 열전도에 대한 방정식은 다음과 같다.

$$\frac{\partial^2 T}{\partial x^2} = \frac{1}{\alpha} \cdot \frac{\partial T}{\partial t}$$

초기 조건은 $T(x, o) = T_i$와 같이 주어지며, 내부의 경계 조건은 다음의 형태를 갖는다.

$$T(x \to \infty, t) = T_i$$

$t = 0$일 때 가해지는 세 가지의 중요한 표면 조건들에 대한 완전해는 구해져 있으며, 이 조건들이 [그림 11-42]와 [그림 11-43]에 표시되어 있다. 이 조건들은 일정한 표면온도의 적용, 일정한 표면 열유속의 적용, 대류 열전달 계수 h로 특성이 표시되는 유체에 대한 표면의 노출이다.

Case 1에 대한 해는 상사 변수(similarity variable) η의 존재를 인식함으로써 얻을 수 있는데, 이 변수를 통해 열평형 방정식이 두 개의 독립 변수들(x, t)을 포함하는 편미분 방정식으로부터 하나의 상사 변수로 표시되는 상미분 방정식으로 변환될 수 있다. 이와 같은 요구사항이 $\eta \equiv x/(4 \cdot \alpha \cdot t)^{1/2}$에 의하여 만족되는 것을 확인하려면, 우선 이에 관한 적절한 미분 연산자들이 다음과 같이 변환한다.

$$\frac{\partial T}{\partial x} = \frac{dT}{d\eta}\frac{\partial \eta}{\partial x} = \frac{1}{(4 \cdot \alpha \cdot t)^{1/2}}\frac{dT}{d\eta}$$

$$\frac{\partial^2 T}{\partial x^2} = \frac{d}{d\eta}\left[\frac{\partial T}{\partial x}\right]\frac{\partial \eta}{\partial x} = \frac{1}{(4 \cdot \alpha \cdot t)}\frac{d^2 T}{d\eta^2}$$

$$\frac{\partial T}{\partial t} = \frac{dT}{d\eta}\frac{\partial \eta}{\partial t} = -\frac{x}{2 \cdot t\,(4 \cdot \alpha \cdot t)^{1/2}}\frac{dT}{d\eta}$$

식 $\frac{\partial^2 T}{\partial x^2} = \frac{1}{\alpha} \cdot \frac{\partial T}{\partial t}$에 위의 식을 대입하면,

$$\frac{d^2 T}{d\eta^2} = -2\eta\frac{dT}{d\eta}$$

$x = 0$은 $\eta = 0$에 해당하므로, 표면 경계 조건은 다음과 같이 표시된다.

$$T(\eta = 0) = T_s$$

그리고 $x \to \infty$와 $t = 0$은 $\eta \to \infty$에 해당하고, 초기 조건과 내부 경계 조건은 다음의 단일한 요구 조건에 해당한다.

$$T(\eta \to \infty) = T_i$$

변환된 열평형 방정식과 초기 및 경계 조건들은 x, t에 독립적이므로, $\eta \equiv x/(4 \cdot \alpha \cdot t)^{0.5}$는 정말로 상사 변수이다. 그것의 존재는 매체 내에서 온도 분포 $T(x)$의 형상이 시간에 대해 독립적이며, x, t의 값들과 무관하게 온도는 η의 유일한 함수로서 표시될 수 있다는 것을 의미한다.

온도 의존성의 구체적인 형태인 $t(\eta)$는 식 $\frac{d^2T}{d\eta^2} = -2\eta\frac{dT}{d\eta}$을 변수들을 분리함으로써 얻을 수 있다.

$$\frac{d(dT/d\eta)}{(dT/d\eta)} = (-2 \cdot \eta)d\eta$$

이를 적분하면 다음과 같다.

$\ln(dT/d\eta) = -\eta^2 + C_1'$ 또는 $(dT/d\eta) = C_1 e^{(-\eta^2)}$

두 번째 적분을 하게 되면,

$$T = C_1\int_0^{\eta} e^{-u^2}du + C_2$$

여기서, u는 임시 변수이다. $\eta = 0$에서의 경계 조건인 $T(\eta = 0) = T_s$를 적용하면 $C_2 = T_s$이므로, 다음과 같이 된다.

$$T = C_1\int_0^{\eta} e^{-u^2}du + T_s$$

두 번째 경계 조건인 $T(\eta \to \infty) = T_i$로부터 다음을 얻는다.

$$T_i = C_1\int_0^{\infty} e^{-u^2}du + T_s$$

또는 정적분을 계산하게 되면,

$$C_1 = \frac{2(T_i - T_s)}{\pi^{1/2}}$$

그러므로 온도 분포는 다음과 같이 표시된다.

$$\frac{T - T_s}{T_i - T_s} = (2/\pi^{1/2})\int_0^{\eta} e^{(-u^2)}du \equiv erf\,\eta$$

여기서, Gauss 오차 함수인 $erf\,\eta$는 표준 수학적 함수이며, 본 장 마지막 부분에 도표로 정리되어 있다. 표면 열유속은 $x = 0$에서 Fourier's Law를 적용하여 얻을 수 있는데 다음과 같다.

$$q_s' = -k\frac{\partial T}{\partial x}\bigg|_{x=0} = -k(T_i - T_s)\frac{d(erf\,\eta)}{d\eta}\ \frac{d\eta}{\partial x}\bigg|_{\eta=0}$$

$$q_s'' = k(T_s - T_i)\ \frac{2}{\pi^{1/2}}\ \frac{e^{-\eta^2}}{(4\cdot\alpha\cdot t)^{1/2}}\bigg|_{\eta=0}$$

$$q_s'' = \frac{k(T_i - T_s)}{(\pi\cdot\alpha\cdot t)^{1/2}}$$

해석적인 해들은 Case 2와 Case 3의 표면 조건들에 대해서도 얻을 수 있으며, 세 가지 경우 모두에 대한 결과를 다음과 같이 요약한다.

Case 1 일정한 표면 온도 : $T(0,\ t) = T_s$

$$\frac{T(x,\ t) - T_s}{T_i - T_s} \equiv erf\left(\frac{x}{2\sqrt{\alpha\cdot t}}\right)$$

$$q_s'' = \frac{k(T_i - T_s)}{(\pi\cdot\alpha\cdot t)^{1/2}}$$

Case 2 일정한 표면 열유속 : $q_s'' = q_o''$

$$T(x,\ t) - T_i = \frac{2q_o''(\alpha t/\pi)^{1/2}}{k}\ e^{\left(\frac{-x^2}{4\alpha t}\right)} - \frac{q_o''\cdot x}{k}\ erfc\left(\frac{x}{2\sqrt{\alpha\cdot t}}\right)$$

Case 3 표면 대류 : $-k\dfrac{\partial T}{\partial x}\bigg|_{x=0} = h(T_o - T(0,\ t))$

$$\frac{T(x,\ t) - T_i}{T_o - T_i} = erfc\left(\frac{x}{2\sqrt{\alpha\cdot t}}\right) - \left[e^{\left(\frac{hx}{k} + \frac{h^2\alpha t}{k^2}\right)}\right] \times \left[erfc\left(\frac{x}{2\sqrt{\alpha\cdot t}} + \frac{h\sqrt{\alpha\cdot t}}{k}\right)\right]$$

$erfc\ \omega$는 $erfc\ \omega \equiv 1 - erf\ \omega$로 정의되는 여오차 함수(complementary error function)이다.

보충설명

(1) 비정상 열전도의 미분 방정식

열전도율 k의 등방성 벽체 내의 임의의 점 (x, y, z), 임의의 시각 t에 있어서의 온도를 $T(x, y, z, t)$로 나타낸다.

미소 고체 (x, y, z)에 변 길이 dx, dy, dz의 미소한 격자를 생각하자. x방향의 단위 면적당의 열류 q_x는 Fourier's Law에 의해 온도 구배에 비례하므로,

$$q_x = -k\frac{\partial T}{\partial x}$$

이 격자에 x, y, z의 각 방향으로부터 유입되는 열류와 유출되는 열류와의 차는 $\left[\partial/\partial x\cdot\left(k\frac{\partial T}{\partial x}\right)+\partial/\partial y\cdot\left(k\frac{\partial T}{\partial y}\right)+\partial/\partial z\cdot\left(k\frac{\partial T}{\partial z}\right)\right]dx\cdot dy\cdot dz$로 표시된다. 한편, 이 열류로 말미암아 격자의 온도는 상승하고 그것에 소요되는 단위 시간당 열량은 $C_p\gamma\, dx\cdot dy\cdot dz(\partial T/\partial t)$이므로, 격자의 에너지 평형식은

$$C_p\gamma\frac{\partial T}{\partial x} = \left[\partial/\partial x\cdot\left(k\frac{\partial T}{\partial x}\right)+\partial/\partial y\cdot\left(k\frac{\partial T}{\partial y}\right)+\partial/\partial z\cdot\left(k\frac{\partial T}{\partial z}\right)\right]$$

이 식에서 만약 벽체가 등방성이고 고르면, k는 일정하므로

$$\frac{\partial T}{\partial x} = \frac{1}{\alpha}\left[\frac{\partial^2 T}{\partial x^2}+\frac{\partial^2 T}{\partial y^2}+\frac{\partial^2 T}{\partial z^2}\right]$$

여기서, α를 벽체의 열확산 계수라고 하며, $k/C_p\cdot\gamma$와 같다.

만약 y, z 방향으로 온도가 고르고 열류가 없다고 가정하면,

$$\frac{\partial T}{\partial x} = \frac{1}{\alpha}\left(\frac{\partial^2 T}{\partial x^2}\right)$$

가 되며, 이것을 1차원 비정상 열전도의 미분 방정식이라 한다.

1차원 열전도인 경우의 벽체 내의 온도 분포 및 시간적 변동은 여러 가지 경계조건 및 초기 조건하에서 식 $\frac{\partial T}{\partial x} = \frac{1}{\alpha}\left(\frac{\partial^2 T}{\partial x^2}\right)$을 풀이함으로써 얻어진다. 벽체 내에 온도 변화가 생기지 않는 정상상태 열전도의 미분 방정식은 위의 식에서 $\partial T/\partial t = 0$로 놓으면 된다.

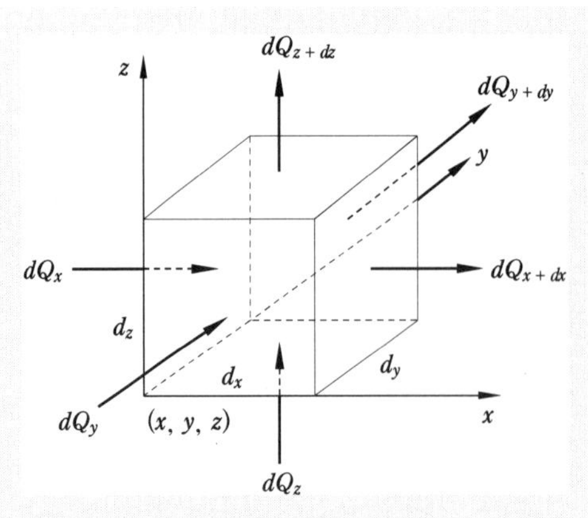

[그림 (a)] 미소 고체

(2) 반무한 고체의 주기적 열전도

지반과 같이 한 면만 있고 그 다른 쪽 면은 무한한 넓이를 가진 물체를 반무한체라고 한다. 이것과 접하는 기온 T_e가 주기적 변동을 하는 경우의 반무한 고체 내의 온도 $T(x)$와 단위 면적당의 열류 $q(x)$를 계산하여 보자.

$T(x)$는 $\frac{\partial T}{\partial x} = \frac{1}{\alpha}\left(\frac{\partial^2 T}{\partial x^2}\right)$를 반무한 고체 표면에 있어서의 경계 조건 하에서 풀이함으로써 얻어진다. 지금 기온 변동이 $T_e = T_m + T_a \cdot \cos\omega t$로 표시된다고 가정하자. 여기서, T_m은 평균 기온, T_a는 기온 변동의 진폭, t는 시간을 나타내며, ω는 각소도$(1/h)$로서 t_0를 주기(h)로 하면 $\omega = 2 \cdot \pi / t_0$이다.

벽표면 $x = 0$에 있어서의 경계 조건은

$$\left.\frac{\partial T}{\partial x}\right|_{x=0} = h\left\{T|_{x=0} - (T_m + T_a \cdot \cos\omega t)\right\}$$

여기서, $h = \alpha / k$이고, α는 열전달률이다.

이 조건으로 $\frac{\partial T}{\partial x} = \frac{1}{\alpha}\left(\frac{\partial^2 T}{\partial x^2}\right)$을 풀면 반무한체 내의 임의의 위치 x에 있어서의 온도 $T(x)$는

$$T(x) = T_m + \eta \cdot e^{-Ax} \cdot T_a \cdot \cos(\omega t - \varepsilon - Ax)$$

여기서,

$$A = \sqrt{\frac{\pi}{\alpha \cdot t_0}},\ \eta = \frac{1}{\sqrt{1 + 2\frac{A}{h} + 2\frac{A^2}{h^2}}},\ \varepsilon = \tan^{-1}\frac{\frac{A}{h}}{\left(\frac{A}{h}\right) + 1}$$

x가 증가하는 방향으로 열류의 +값을 취하면, x점의 단위 면적당의 열류 $q(x)$는

$$q(x) = -k\frac{\partial T(x)}{\partial x} = \sqrt{k \cdot C_p \cdot \gamma \cdot \omega}\ \eta \cdot e^{-A\omega}\ T_a \cdot \cos\left\{\omega t - \left(\varepsilon + Ax - \frac{\pi}{4}\right)\right\}$$

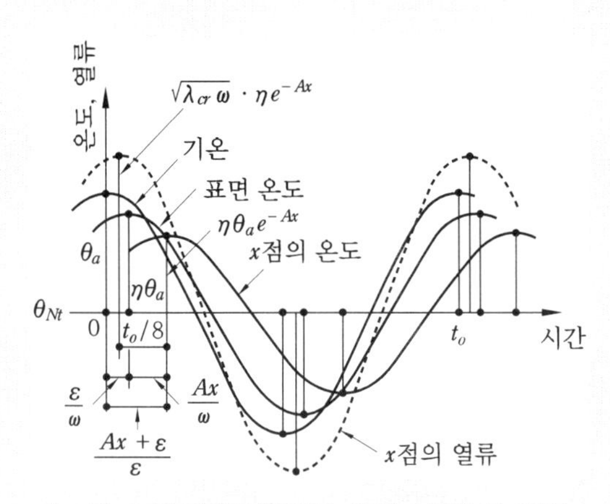

[그림 (b)] 반무한체의 온도, 열류의 변동

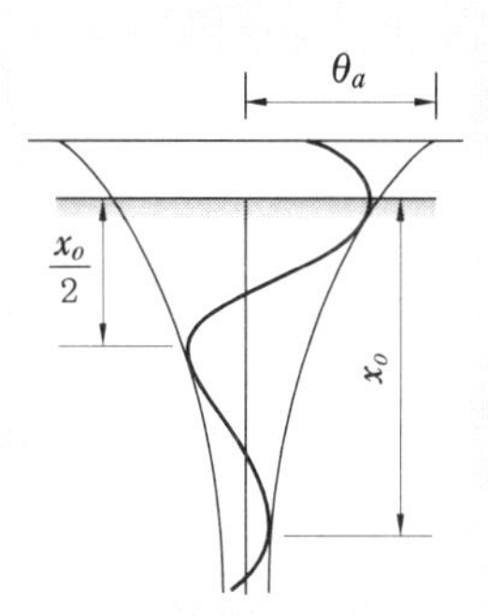

[그림 (c)] 온도 진폭의 감소

(3) 비정상 실온 변동

열적 박벽(薄壁)의 온도는 정상 분포로 생각되고, 이와 같은 벽으로 둘러싸인 단실에 열공급을 개시한 후의 실온 변동에 대해 생각해 보자.

최초의 실내·외 기온은 0℃라 하고, 열공급 개시 후의 실온을 $T(t)$라고 한다. $t > 0$ 이후, H[kcal/h]의 일정한 열공급을 했을 때의 실의 열평형 방정식은 다음과 같다.

$$Q\frac{dT(t)}{dt} + W \cdot T(t) = H$$

여기서, W는 실의 열손실 계수[W/℃, kcal/h·℃]이고, Q는 실온을 1℃ 상승시켰을 때에 주벽 및 실내 공기에 비축되는 열량이며, 이것을 실의 열용량[kcal/℃]이라고 한다.

벽의 비열, 비중량을 각각 $C_{p,\,w}$, γ_w, 벽 두께를 l, 면적을 A_w, 공기의 비열, 비중량을 각각 C_p, γ, 실용적을 V라고 하면,

$Q = C_{p,\,w} \cdot \gamma_w \cdot A_w \cdot l/2 + C_p \cdot \gamma \cdot V$이다.

최초의 실온이 외기온도와 같다고 한다면, $t = 0$에 있어서 $T(t) = 0$의 초기 조건으로 위의 식을 풀게 되면,

$$T(t) = \frac{H}{W}\left(1 - e^{-\frac{W}{Q}t}\right)$$

정상상태의 실온은 $t = \infty$라고 놓으면, $T(t) = \frac{H}{W}$가 된다.

정상상태에 있어서 열공급을 정지한 후의 실온 강하 $T(t')$는

$Q\frac{dT(t)}{dt} + W\cdot T(t) = H$에 있어서 $H = 0$라고 하고, 정지 시각 $t' = 0$에 있어서 $T(t') = H/W$의 조건으로 풀면 다음 식과 같다.

$$T(t') = \frac{H}{W}e^{-\frac{W}{Q}t'}$$

다음의 [그림 (d)]는 실온 변동을 그림으로 표시한다. H/W가 크면 정상 실온은 높아지고, W/Q가 크면 실온 상승 및 강하는 함께 급격하고, 실온 변동은 크다.
따라서,

$$\alpha = \frac{W}{Q}$$

라고 놓고, α를 실온 변동률$(1/h)$이라고 한다.

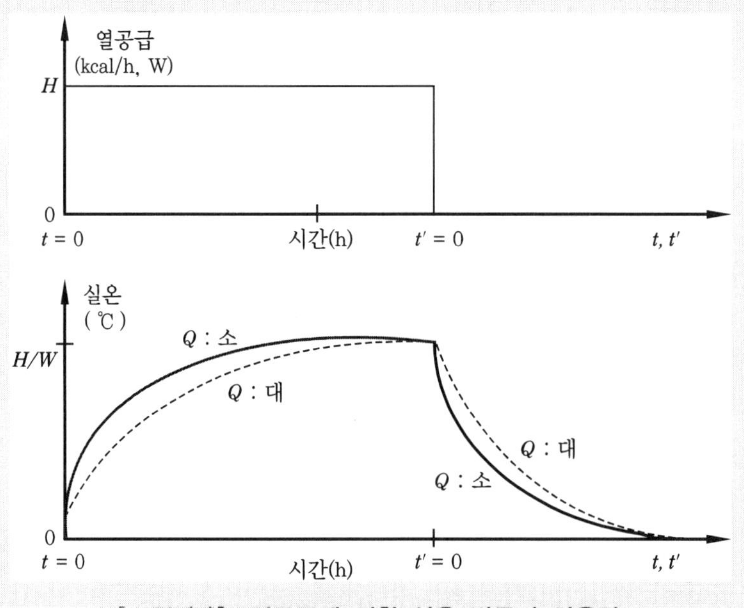

[그림 (d)] 열공급에 의한 실온 변동과 열용량

주벽만을 고려한 실온 변동률은 두께 20 cm의 벽체에 대해, 벽돌 및 ALC로는 0.04, 콘크리트로는 0.07 정도이다.

실온 변동을 작게 하기 위해서는 열손실이 적고, 열용량이 큰 주벽을 설계할 필요가 있으며, 난방을 필요로 하는 주택의 실온 변동률은 0.05~0.06이 적당하다고 한다.

(4) Gaussian Error Function

Gaussian 오차 함수는 다음과 같이 정의된다.

$$erf\,\omega = (2/\sqrt{\pi})\int_0^{\omega} e^{(-u^2)}\,du$$

여오차 함수는 다음과 같이 정의된다.

$$erfc\,\omega \equiv 1 - erf\,\omega$$

〈표 (a)〉 ω에 따른 erf 함수값

ω	$erf\,\omega$	ω	$erf\,\omega$	ω	$erf\,\omega$	ω	$erf\,\omega$
0.00	0.00000000	0.36	0.38932970	0.70	0.67780119	1.04	0.85864990
0.02	0.02256457	0.38	0.40900945	0.72	0.69143283	1.08	0.87332612
0.04	0.04511111	0.40	0.42839235	0.74	0.70467783	1.12	0.88678785
0.06	0.06762159	0.42	0.44746762	0.76	0.71753653	1.16	0.89909617
0.08	0.09007813	0.44	0.46622511	0.78	0.73001024	1.20	0.91031396
0.10	0.11246292	0.46	0.48465539	0.80	0.74210079	1.30	0.93400793
0.12	0.13475835	0.48	0.50274967	0.82	0.75381059	1.40	0.95228511
0.14	0.15694703	0.50	0.52049988	0.84	0.76514256	1.50	0.96610514
0.16	0.17901181	0.52	0.53789863	0.86	0.77610012	1.60	0.97634838
0.18	0.20093584	0.54	0.55493925	0.88	0.78668722	1.70	0.98379046
0.20	0.22270259	0.56	0.57161576	0.90	0.79690811	1.80	0.98909050
0.22	0.24429591	0.58	0.58792290	0.92	0.80676762	1.90	0.99279043
0.24	0.26570006	0.60	0.60385609	0.94	0.81627095	2.00	0.99532226
0.26	0.28689972	0.62	0.61941146	0.96	0.82542357	2.20	0.99813715
0.28	0.30788007	0.64	0.63458583	0.98	0.83423142	2.40	0.99931149
0.30	0.32862676	0.66	0.64937668	1.00	0.84270074	2.60	0.99976397
0.32	0.34912599	0.68	0.66378219	1.02	0.85083795	2.80	0.99992499
0.34	0.36936453	0.70	0.67780119	1.04	0.85864990	3.00	0.99997791

11-7 유한 차분법을 이용한 건물의 열전도 해석

유한 차분 Thermal Network 법을 이용하여 2차원 건물의 열전도 해석에 관하여 살펴보자.

1. 정상상태 2차원 열교 해석

건물 외피의 열적 단락(short-circuit) 현상인 열교는 결로의 원인이 될 수 있는 낮은 온도와 열손실에 기인하며, 이를 계산하기 위해 2차원 Thermal Network 법을 이용하여 해석될 수 있다.

(1) 바닥 슬래브 해석

콘크리트 바닥 슬래브의 팽창이 있는 발코니에 열교가 발생한다고 하자. 이 벽 단면은 다음 [그림 11-44]와 같이 14개의 요소들로 나눠질 수 있다. 각 절점은 이 요소들의 중앙에 위치한다.

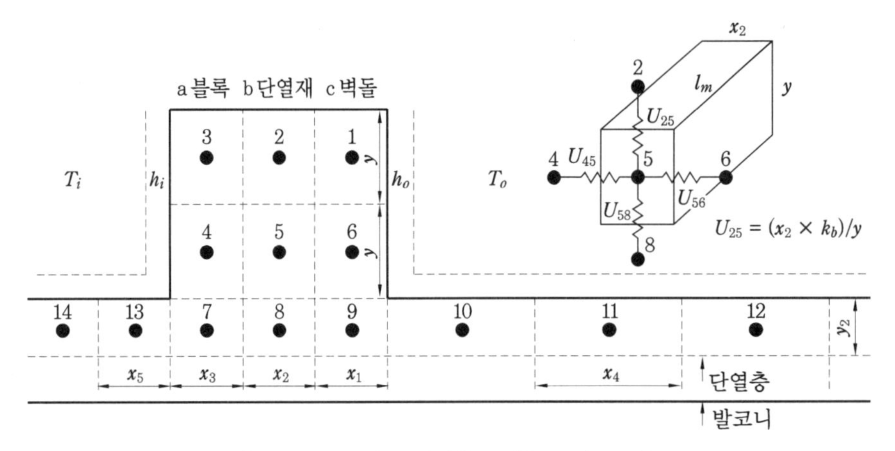

[그림 11-44] 절점을 통한 모델 분석

㉮ 기본 조건

벽체 재료의 열전도율 k

$k_a = 1\ \mathrm{W/m \cdot ℃}$: 블록, $k_b = 0.03\ \mathrm{W/m \cdot ℃}$: 단열재

$k_c = 1.5\ \mathrm{W/m \cdot ℃}$: 벽돌, $k_d = 1.7\ \mathrm{W/m \cdot ℃}$: 콘크리트

대류 열전달 계수 h

$h_i = 9\ \mathrm{W/m^2 \cdot ℃}$: 내표면 대류 열전달 계수

$h_o = 30\,\text{W/m}^2 \cdot ℃$: 외표면 대류 열전달 계수

온도 T

$T_i = 20℃$: 실내 온도, $T_o = -10℃$: 외기온도

길이

$x_1 = 0.1\,\text{m}$, $x_2 = 0.05\,\text{m}$, $x_3 = 0.1\,\text{m}$, $x_4 = 0.4\,\text{m}$

$x_5 = 0.3\,\text{m}$, $y = 0.3\,\text{m}$, $y_2 = 0.1\,\text{m}$

$l_m = 1\,\text{m}$: 단위 길이로 가정

㈏ 기본 가정

① 바닥으로부터 60 cm 거리에서(절점 1, 2, 3의 위쪽 표면 요소), 온도 분포는 1차원으로 가정한다.

② 바닥 슬래브의 중앙은 단열 경계 조건으로 가정한다.

위의 주어진 조건들과 가정을 이용하여, 가장 먼저 절점 i와 j 사이의 컨덕턴스 U_{ij}를 계산한다.

$$U_{1o} = \frac{1}{\left(\dfrac{x_1}{2 \cdot k_c \cdot y} + \dfrac{1}{y \cdot h_o}\right)}, \quad U_{12} = \frac{1}{\left(\dfrac{x_1}{2 \cdot k_c \cdot y} + \dfrac{x_2}{2 \cdot k_b \cdot y}\right)}$$

$$U_{56} = U_{12}, \quad U_{23} = \frac{1}{\left(\dfrac{x_3}{2 \cdot k_a \cdot y} + \dfrac{x_2}{2 \cdot k_b \cdot y}\right)}$$

$$U_{3i} = \frac{1}{\left(\dfrac{x_3}{2 \cdot k_a \cdot y} + \dfrac{1}{y \cdot h_i}\right)}, \quad U_{45} = U_{23}$$

$$U_{34} = k_a \cdot \frac{x_3}{y}, \quad U_{25} = k_b \cdot \frac{x_2}{y}$$

$$U_{16} = k_c \cdot \frac{x_1}{y}, \quad U_{6o} = U_{1o}$$

$$U_{4i} = U_{3i}, \quad U_{13\,14} = k_d \cdot \frac{y_2}{x_5}$$

$$U_{7\,13} = k_d \cdot \frac{2 \cdot y_2}{(x_5 + x_3)}, \quad U_{7\,8} = k_d \cdot \frac{2 \cdot y_2}{(x_3 + x_2)}$$

$$U_{8\,9} = k_d \cdot \frac{2 \cdot y_2}{(x_1 + x_4)}, \quad U_{10\,11} = U_{11\,12} = U_{13\,14}$$

$$U_{4\,7} = \frac{1}{\left(\frac{y}{2 \cdot k_a \cdot x_3} + \frac{y_2}{2 \cdot k_d \cdot x_3}\right)}$$

$$U_{5\,8} = \frac{1}{\left(\frac{y}{2 \cdot k_b \cdot x_2} + \frac{y_2}{2 \cdot k_d \cdot x_2}\right)}$$

$$U_{6\,9} = \frac{1}{\left(\frac{y}{2 \cdot k_a \cdot x_1} + \frac{y_2}{2 \cdot k_d \cdot x_1}\right)}$$

$$U_{10\,o} = \frac{1}{\left(\frac{y_2}{2 \cdot k_d \cdot x_4} + \frac{1}{x_4 \cdot h_o}\right)}$$

$$U_{11\,o} = U_{10\,o}, \quad U_{12\,o} = U_{10\,o} + \frac{1}{\left(\frac{x_4}{2 \cdot k_d \cdot y_2} + \frac{1}{y_2 \cdot h_o}\right)}$$

$$U_{o\,13} = k_d \cdot \frac{x_5}{y_2}, \quad U_{o\,i} = x_5 \cdot h_i$$

$$U_{14\,i} = \frac{1}{\left(\frac{y_2}{k_d \cdot x_5} + \frac{1}{x_5 \cdot h_i}\right)}, \quad U_{7\,13} = \frac{1}{\left(\frac{x_5}{2 \cdot k_d \cdot y_2} + \frac{x_3}{2 \cdot k_d \cdot y_2}\right)}, \quad U_{13\,i} = U_{14\,i}$$

이상으로 컨덕턴스 U_{ij}에 관한 모든 계산식에 관하여 살펴보았다.

다음으로 모든 절점에 대한 에너지 평형 방정식은 다음과 같은 N절점에 대한 행렬식 형태로 표현할 수 있다.

$[U]_{N \times N}\,[T]_N = [Q]_N$

여기서, $[U]$는 컨덕턴스 값에 대한 행렬이고, $[Q]$는 source term에 관한 행렬로 다음과 같이 정리된다.

① 대각 요소 $U(i,\ i)$는 절점 i와 연결된 모든 컨덕턴스의 합과 같다.

② 비 대각 요소 $U(i,\ j)$는 이전 시간의 절점 i와 j 사이의 전체 컨덕턴스와 같다.

컨덕턴스 행렬 U의 요소들을 초기화하면,

$i = 0,\ 1,\ 2 \cdots,\ 14 \quad j = 0,\ 1,\ 2 \cdots,\ 14 \quad U_{i,\ j} = 0\ \mathrm{W/℃ \cdot m}$

행렬 U의 대각 요소 - $U(i,\ i)\ \ i = 0,\ 1,\ 2 \cdots,\ 14$

$U_{0,\ 0} = U_{0\ 13} + U_{o\ i}$

$U_{1,\ 1} = U_{1\ 2} + U_{1\ 6} + U_{2\ 5}$

$U_{2,\ 2} = U_{2\ 3} + U_{1\ 2} + U_{3\ 4}$

$U_{3,\ 3} = U_{3\ i} + U_{2\ 3} + U_{3\ 4}$

$U_{4,\ 4} = U_{4\ 7} + U_{4\ 5} + U_{4\ i} + U_{3\ 4}$

$U_{5,\ 5} = U_{2\ 5} + U_{4\ 5} + U_{5\ 8} + U_{5\ 6}$

$U_{6,\ 6} = U_{5\ 6} + U_{6\ o} + U_{1\ 6} + U_{6\ 9}$

$U_{7,\ 7} = U_{4\ 7} + U_{7\ 8} + U_{7\ 13}$

$U_{8,\ 8} = U_{5\ 8} + U_{7\ 8} + U_{8\ 9}$

$U_{9,\ 9} = U_{6\ 9} + U_{8\ 9} + U_{9\ 10}$

$U_{10,\ 10} = U_{10\ o} + U_{9\ 10} + U_{10\ 11}$

$U_{11,\ 11} = U_{11\ o} + U_{10\ 11} + U_{11\ 12}$

$U_{12,\ 12} = U_{11\ 12} + U_{12\ o}$

$U_{13,\ 13} = U_{o\ 13} + U_{13\ 14} + U_{13\ 7}$

$U_{14,\ 14} = U_{14\ i} + U_{13\ 14}$

행렬 U의 비 대각 요소 - $U(i,\ j)\ \ i \neq j,\ \ \ i\ \&\ j = 0,\ 1,\ 2 \cdots,\ 14$

$U_{1,\ 2} = -\ U_{1\ 2},\ U_{2,\ 3} = -\ U_{2\ 3},\ U_{3,\ 4} = -\ U_{3\ 4}$

$U_{2,\ 5} = -\ U_{2\ 5},\ U_{1,\ 6} = -\ U_{1\ 6},\ U_{13,\ 14} = -\ U_{13\ 14}$

$U_{7,\ 13} = -\ U_{7\ 13},\ U_{7,\ 8} = -\ U_{7\ 8},\ U_{8,\ 9} = -\ U_{8\ 9}$

$U_{9,\ 10} = -\ U_{9\ 10},\ U_{10,\ 11} = -\ U_{10\ 11},\ U_{11,\ 12} = -\ U_{11\ 12}$

$U_{4,\ 7} = -\ U_{4\ 7},\ U_{5,\ 8} = -\ U_{5\ 8},\ U_{6,\ 9} = -\ U_{6\ 9}$

컨덕턴스 행렬 U는 대칭(symmetric)이므로, 다음과 같이 나타낼 수 있다.

$U_{i,\ j} = \mathrm{if}\,(i > j,\ U_{j,\ i},\ U_{i,\ j})$

Source 벡터 요소를 초기화하면,

$Q_j = 0\ \mathrm{W/m}$

$Q_0 = U_{0\,i} \cdot T_i,\ Q_1 = U_{1\,0} \cdot T_o,\ Q_6 = U_{6\,o} \cdot T_o$

$Q_3 = U_{3\,i} \cdot T_i,\ Q_4 = U_{4\,i} \cdot T_i,\ Q_{10} = U_{10\,o} \cdot T_o$

$Q_{11} = U_{11\,o} \cdot T_o,\ Q_{12} = U_{12\,o} \cdot T_o,\ Q_{14} = U_{14\,i} \cdot T_i$

$T = U^{-1} \cdot Q$

열손실 :

$q = U_{1\,o} \cdot (T_1 - T_o) + U_{6\,o} \cdot (T_6 - T_o) + \cdots$

$\quad + U_{10\,o} \cdot (T_{10} - T_o) + U_{1\,o} \cdot (T_1 - T_o) + U_{12\,o} \cdot (T_{12} - T_o)$

$q = 13.969\ \mathrm{W/m}$

이상과 같이 계산한 것을 위의 식 $T = U^{-1} \cdot Q$에 대입하여 계산하면 된다.

2. 지하실(basement)의 열류

단열재가 있거나 없는 지하실 벽체를 통한 열류는 2차원 thermal network나 유한 차분 격자(finite difference grid)에 의해 결정될 수 있다. 일반적으로 지중 온도는 매달 일정한 값으로 정의할 수 있으며, 1년을 주기로 sin 변화를 따른다고 가정할 수 있다.

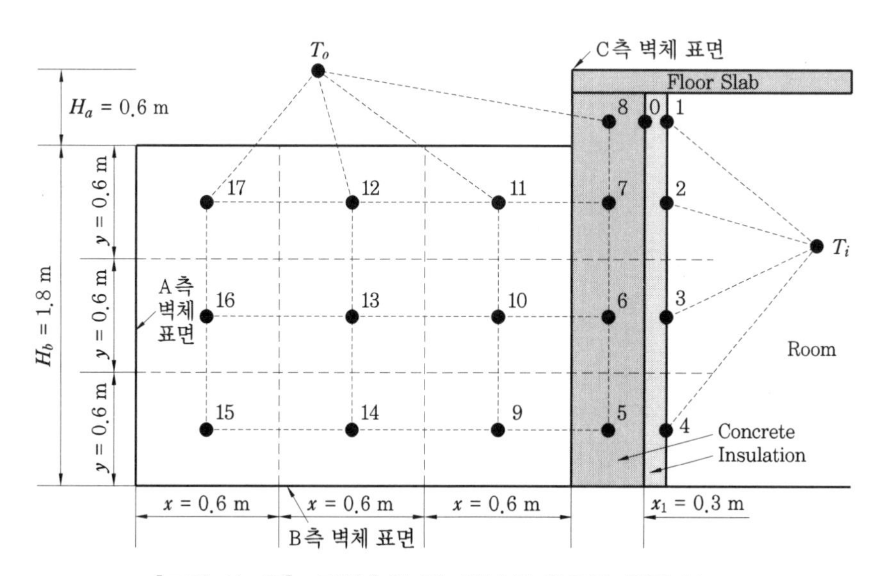

[그림 11-45] 지하층의 내·외부의 온도와 절점 분포

[그림 11-45]의 일례를 통해 지하층 열류 계산에 관하여 살펴보도록 하자.

(1) 기본 자료

각 재료의 물성 및 열전달 계수에 관하여 정리하면 다음과 같다.

① 외표면 대류 열전달 계수 : $h_i = 9\ W/m^2 \cdot ℃$

② 내표면 대류 열전달 계수 : $h_o = 20\ W/m^2 \cdot ℃$

③ 단열재의 열전도 저항 : $R_{ins} = 2\ m^2 \cdot ℃/W$

④ 콘크리트의 열전도율 : $k_c = 1.7\ W/m \cdot ℃$

⑤ 토양의 열전도율 : $k_i = 0.8\ W/m \cdot ℃$

[단위 벽체 및 격자의 크기]

① 지상에 노출된 벽체의 높이 : 0.6 m

② 흙 속에 묻힌 토양의 깊이 : 1.8 m

③ 격자 x의 길이 : 0.6 m

④ 격자 x_1의 길이 : 0.3 m

⑤ 격자 y의 길이 : 0.6 m

- 외기 온도 : −15℃
- 실내 온도 : 20℃

(2) 기본 가정

① 2차원 정상상태 열전달

② 표면 A, B, C를 통한 열손실을 없음(단열경계조건).

③ 절점 1, 2, 3, 4 사이의 열전달은 없음.

이상과 같은 조건일 때, 각 절점의 손실 열량과 온도 분포를 계산하면 다음과 같다.

실내와 접한 절점 1, 2, 3, 4를 제외한 나머지 절점들의 각 컨덕턴스 U_{ij}는 다음과 같은 열류 방정식으로 나타낼 수 있다.

$$q_{ij} = U_{ij} \cdot (T_i - T_j)$$

모든 절점 사이의 컨덕턴스를 계산하면,

$$U_{0-8} = \frac{k_c \cdot H_a \cdot 2}{x_1},\ U_{0-1} = \frac{H_a}{R_{ins}},\ U_{1-i} = H_a \cdot h_i$$

$$U_{2-i} = y \cdot h_i,\ U_{3-1} = U_{1-i},\ U_{4-i} = U_{1-i},\ U_{4-i} = U_{1-i}$$

$$U_{2-7} = \frac{1}{\dfrac{R_{ins}}{y} + \dfrac{x_1}{2 \cdot y \cdot k_c}},\ U_{3-6} = U_{2-7},\ U_{4-5} = U_{2-7}$$

$$U_{6-7} = \frac{x_1 \cdot k_c}{y},\ U_{7-8} = \frac{k_c \cdot x_1 \cdot 2}{y + H_a},\ U_{5-6} = U_{6-7}$$

$$U_{7-11} = \frac{1}{\dfrac{x_1}{2 \cdot y \cdot k_c} + \dfrac{x}{2 \cdot y \cdot k}},\ U_{5-9} = U_{7-11},\ U_{6-10} = U_{7-11}$$

$$U_{10-11} = \frac{x \cdot k}{y},\ U_{9-10} = U_{10-11},\ U_{12-13} = U_{9-10}$$

$$U_{13-14} = U_{9-10},\ U_{15-16} = U_{9-10},\ U_{16-17} = U_{9-10}$$

$$U_{9-14} = \frac{y \cdot k}{x},\ U_{10-13} = U_{9-14},\ U_{11-12} = U_{9-14}$$

$$U_{14-15} = U_{9-14},\ U_{13-16} = U_{9-14},\ U_{12-17} = U_{9-14}$$

$$U_{17-o} = \frac{1}{\dfrac{1}{x \cdot h_o} + \dfrac{y}{2 \cdot k \cdot x}},\ U_{12-o} = U_{17-o},\ U_{11-o} = U_{17-o}$$

$$U_{8-o} = \frac{1}{\dfrac{1}{H_a \cdot h_o} + \dfrac{1}{U_{0-8}}}$$

이상으로 모든 절점의 컨덕턴스 계산을 위한 관계식을 정리하였다. 다음으로 모든 절점들에 대한 에너지 평형 방정식은 절점 $i = 0$에 대한 열류의 합과 같이 정리하면 다음과 같다. 예를 들면, 절점 1에서는

$$U_{0-1} \cdot (T_1 - T_o) + U_{1-i} \cdot (T_1 - T_i) = 0$$

T_i는 이미 알고 있는 값이므로, 다음과 같이 위의 방정식은 다시 쓸 수 있다.

$$(U_{0-1} - U_{1-i}) \cdot T_1 - U_{0-1} \cdot T_o = U_{1-i} \cdot T_i$$

위의 식에서 볼 수 있듯이, 다음과 같은 형식으로 위의 방정식을 단순화시킬 수 있다.

$$[U] \cdot [T] = [Q]$$

여기서, 행렬식은 다음과 같이 결정된다.

① 대각 요소(diagonal element) U_{i-i}는 절점 i와 연결된 컨덕턴스의 합과 같다.
② 비대각 요소(non-diagonal element) U_{i-j}는 절점 i와 j에 -1배한 모든 컨덕턴스와 같다.
③ 생성 벡터 요소(source vector element) $Q(i)$는 절점 i에서의 지정된 온도에 기인한 열원을 플러스(+)한 열원(heat source)의 합과 같다.
; 즉, 위의 수식 중에서 $U_{1-i} \cdot T_i$이다.

위의 원칙에 따라, 각 행렬식 요소를 정리하면 다음과 같다.

$i = 1, 2, 3, \cdots, 17 \quad j = 1, 2, 3, \cdots, 17$

$$U_{i,j} = 0 \frac{\text{Watt}}{\text{m} \cdot ℃}$$

㉮ 대각 요소 정리

$U_{0,0} = U_{0-1} + U_{0-8}$, $U_{1,1} = U_{0-1} + U_{1-i}$

$U_{2,2} = U_{2-i} + U_{2-7}$, $U_{3,3} = U_{3-i} + U_{3-6}$

$U_{4,4} = U_{4-i} + U_{4-5}$, $U_{5,5} = U_{4-5} + U_{5-6} + U_{5-9}$

$U_{6,6} = U_{3-6} + U_{6-7} + U_{5-6} + U_{6-10}$

$U_{7,7} = U_{2-7} + U_{7-8} + U_{6-7} + U_{7-11}$

$U_{8,8} = U_{8-o} + U_{0-8} + U_{7-8}$

$U_{9,9} = U_{9-10} + U_{5-9} + U_{9-14}$

$U_{10,10} = U_{9-10} + U_{6-10} + U_{10-13} + U_{10-11}$

$U_{11,11} = U_{11-o} + U_{11-12} + U_{7-11} + U_{10-11}$

$U_{12,12} = U_{11-12} + U_{12-13} + U_{12-17} + U_{112-o}$

$U_{13,13} = U_{10-13} + U_{12-13} + U_{13-14} + U_{13-16}$

$U_{14,14} = U_{9-14} + U_{14-15} + U_{13-14}$

$U_{15,15} = U_{14-15} + U_{15-16}$

$U_{16,16} = U_{13-16} + U_{15-16} + U_{16-17}$

$U_{17,\ 17} = U_{17-o} + U_{16-17} + U_{12-17}$

㉯ 비대각 요소 정리

$U_{0,\ 1} = -U_{0-1}$, $U_{0,\ 8} = -U_{0-8}$

$U_{2,\ 7} = -U_{2-7}$, $U_{3,\ 6} = -U_{3-6}$

$U_{4,\ 5} = -U_{4-5}$, $U_{5,\ 6} = -U_{5-6}$

$U_{5,\ 9} = -U_{5-9}$, $U_{6,\ 7} = -U_{6-7}$

$U_{6,\ 10} = -U_{6-10}$, $U_{7,\ 11} = -U_{7-11}$

$U_{9,\ 10} = -U_{9-10}$, $U_{9,\ 14} = -U_{9-14}$

$U_{10,\ 11} = -U_{10-11}$, $U_{10,\ 13} = -U_{10-13}$

$U_{11,\ 12} = -U_{11-12}$, $U_{12,\ 13} = -U_{12-13}$

$U_{12,\ 17} = -U_{12-17}$, $U_{13,\ 14} = -U_{13-14}$

$U_{13,\ 16} = -U_{13-16}$, $U_{14,\ 15} = -U_{14-15}$

$U_{15,\ 16} = -U_{15-16}$, $U_{16,\ 17} = -U_{16-17}$

컨덕턴스 행렬 U는 대칭성(symmetric)이므로, 다음과 같은 특징을 나타낸다.

$U_{i,\ j} = \mathrm{if}(i > j,\ U_{j,\ i},\ U_{i,\ j})$

㉰ 생성 벡터 요소들을 초기화하면,

$Q_j = 0\ \frac{\mathrm{Watt}}{\mathrm{m}}$, $Q_1 = U_{1-i} \cdot T_i$, $Q_2 = U_{2-i} \cdot T_i$

$Q_3 = U_{3-i} \cdot T_i$, $Q_4 = U_{4-i} \cdot T_i$, $Q_8 = U_{8-o} \cdot T_o$

$Q_{11} = U_{11-o} \cdot T_o$, $Q_{12} = U_{12-o} \cdot T_o$, $Q_{17} = U_{17-o} \cdot T_o$

이상으로 행렬식 $[U] \cdot [T] = [Q]$의 각 요소들에 대한 값을 정리하였다.

여기서, $[T] = [U]^{-1} \cdot [Q]$로부터 온도 T를 계산하면 된다.

$$Q = \begin{bmatrix} 0 \\ 108 \\ 108 \\ 108 \\ 108 \\ 0 \\ 0 \\ 0 \\ -65.106 \\ 0 \\ 0 \\ -21.746 \\ -21.746 \\ 0 \\ 0 \\ 0 \\ 0 \\ -21.746 \end{bmatrix} \frac{\text{Watt}}{\text{m}} \qquad T = \begin{bmatrix} -10.573 \\ 18.391 \\ 18.678 \\ 18.874 \\ 18.961 \\ -0.567 \\ -2.291 \\ -5.99 \\ -11.85 \\ -3.768 \\ -5.689 \\ -10.045 \\ -12.221 \\ -8.758 \\ -7.029 \\ -8.561 \\ -10.092 \\ -12.958 \end{bmatrix} ℃$$

열손실 q_{aux}

$$q_{aux} = [U_{1-i}(T_i - T_1) + U_{2-i}(T_i - T_2) + U_{3-i}(T_i - T_3) + U_{4-i}(T_i - T_4)] \cdot L$$

$$= 27.471 \text{ Watt}$$

일반적으로 지하층 바닥을 통한 열손실은 벽체 요소를 통한 손실보다 작으며, 보통 0.12~0.18 $W/m^2 \cdot ℃$ 정도의 값이다.

3. 비정상 1차원 유한 차분 벽체 모델

벽체나 실의 비정상 해석은 다음의 목적에 의해 행하여진다.

① 최대 냉/난방 부하의 계산

② 일사를 고려한 벽체 내부의 동적 온도 변화, 실내 온도의 변화 및 내표면 벽체의 결로 등의 계산

비정상 유한 차분법에서는 하나 또는 그 이상의 하위층(sub-layer)에 의해 각 벽체를 나누어 나타낸다. 각 영역(region)은 2개의 열전달 저항과 연결된 절점(node)의 컨덕턴스 C에 의해 나타내며, 다음 [그림 11-46]에서와 같이 절점과 연결되는 열전달 저항의 1/2 값을 이용하게 된다.

다층 벽체의 경우, 시간의 함수로써 절점들의 온도를 얻기 위하여 일정한 시간 간격에 대하여 각 절점에 에너지 평형 방정식이 응용된다. 이러한 방정식들은 일련의 초기 조건으로부터 음해법(implicit method)이나 양해법(explicit method)에 의해 해석될 수 있다.

유한 차분의 양해법의 일반적인 형태는 다음과 같다.

$$T(i,\ p+1) = \left(\frac{\Delta t}{C_i}\right)\cdot\left(q_i + \sum_j \frac{T(j,\ p) - T(i,\ p)}{R(i,\ j)}\right) + T(i,\ p)$$

임계 시간 간격(critical time step)은

$$\Delta t_{critical} = \min\left(\frac{C_i}{\sum_j \frac{1}{R(i,\ j)}}\right)$$

: 모든 절점 i에 대하여

(1) 예 제

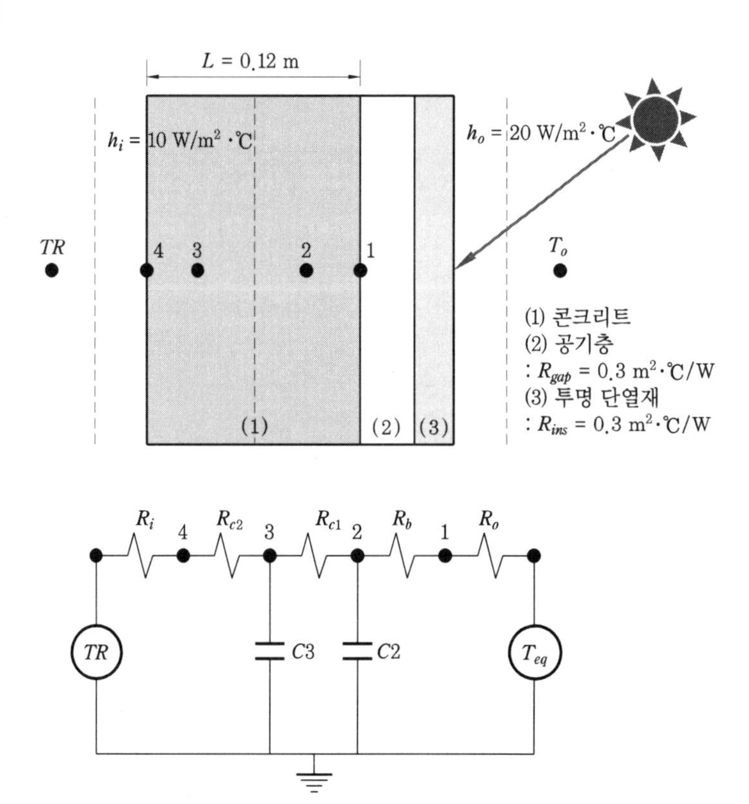

[그림 11-46] 2개의 층으로 구성된 외벽 모델

주어진 조건은 [그림 11-46]과 같으며, 이 벽체는 새로운 개념의 투명 단열재를 사용하여, 공기층, 콘크리트층으로 구성되어 있다. 콘크리트의 비열 c는 800 J/kg · ℃이고, 열전도율 k는 1.7 W/m · ℃ 그리고 밀도는 2200 kg/m^{3}이다.

그리고 투명 단열재의 유효 투과-흡수율(effective transmittance-absorptance)은 0.7일 때 절점의 온도 분포를 계산하면 다음과 같다.

㉮ 열전달 저항의 계산

$$R_{ins} = 0.3\ \mathrm{m^2 \cdot ℃/W},\ R_{gap} = 0.3\ \mathrm{m^2 \cdot ℃/W}$$

$$R_a = \frac{R_{ins} + R_{gap} + \dfrac{1}{h_o}}{A} = 0.65\ ℃/\mathrm{W}$$

$$R_c = \frac{1}{k \cdot A},\ R_b = \frac{R_c}{4} = 0.018\ ℃/\mathrm{W}$$

$$R_{c1} = \frac{R_c}{2} = 0.035\ ℃/\mathrm{W},\ R_{c2} = \frac{R_c}{4} = R_b$$

$$R_i = \frac{1}{A \cdot h_i} = 0.1\ ℃/\mathrm{W}$$

㉯ 컨덕턴스의 계산

$$C2 = \rho \cdot c \cdot \frac{L}{2} \cdot A = 1.056 \times 10^5\ \mathrm{J/℃},\ C3 = C2$$

㉰ 안정성 검사(stability test)

시간 간격 Δt는 벡터 TS의 값 중 최소값보다 작아야만 한다. 따라서,

$$TS = \left(\frac{C2}{\dfrac{1}{R_a + R_b} + \dfrac{1}{R_{c1}}} \quad \frac{C3}{\dfrac{1}{R_{c1}} + \dfrac{1}{R_{c2} + R_i}} \right)$$

임계 시간 간격(critical time step)은

$\Delta t_{critical} = \min(TS) = 2.867 \times 10^3\ \mathrm{sec}$: 모든 절점 i에 대하여

따라서, Δt를 임계 시간 간격보다 작게 결정하면 된다. 본 예제에서의 시간 간격 Δt는

$\Delta t = 1800\,\mathrm{sec}$

$Steps = 96$: 시간 간격의 개수

㉣ 기본 가정

$\omega = 2 \cdot \dfrac{\pi}{86400} \cdot \dfrac{rad}{\mathrm{sec}}$: 하루를 기준으로 한 주기

외기온도 변화 :

$$T_o(t) = \left(5 \cdot \cos\left(\omega \cdot t + 3 \cdot \frac{\pi}{4}\right) - 5\right) [℃]$$

$$f(t) = 500 \cdot \cos\,[\omega \cdot (t - 43200 \cdot \mathrm{sec})]\ [\mathrm{W}]$$

$$q_{solar}(t) = \mathrm{if}\,(f(t) > 0\,\mathrm{W},\ f(t),\ 0\,\mathrm{W})$$

등가 상당 외기온도(equivalent “sol-air” temperature)

$$T_{eq}(t) = T_o(t) + q_{solar}(t) \cdot \tau\alpha \cdot R_a$$

실내 온도 : $TR = 22℃$

㉤ 초기 온도 조건

$$T1_i = T2_i + R_b \cdot \frac{T_{eq} \cdot (i \cdot \Delta t) - T2_i}{R_b + R_a}$$

$$\begin{pmatrix} T2_0 \\ T3_0 \end{pmatrix} = \begin{pmatrix} 0 \\ 0 \end{pmatrix} ℃$$

$$\begin{pmatrix} T2_{i+1} \\ \\ T3_{i+1} \end{pmatrix} = \begin{pmatrix} \dfrac{\Delta t}{C2} \cdot \left(\dfrac{T_{eq}(i \cdot \Delta t) - T2_i}{R_a + R_b} + \dfrac{T3_i - T2_i}{R_{c1}}\right) + T2_i \\ \\ \dfrac{\Delta t}{C3} \cdot \left(\dfrac{TR - T3_i}{R_i + R_{c2}} + \dfrac{T3_i - T2_i}{R_{c1}}\right) + T3_i \end{pmatrix}$$

$$T4_i = TR + R_i \cdot \frac{T3_i - TR}{R_{c2} + R_i}$$

㉥ 이렇게 계산된 식을 행렬식 형태로 변환하여 계산하면, 시간에 따른 온도 분포를 계산할 수 있다.

11-8 실내와 중공층에서의 대류 및 틈새바람

건물의 열적 거동을 해석하는데 있어서 종종 강제 대류 및 자연 대류에 의한 열전달 계수들이 필요로 된다. 벽체와 유리창문의 열전도 저항값을 계산할 때, 일반적으로 비록 이 값들은 온도차에 의해 변화되지만, 일정한 값들의 열전달 계수를 사용한다.

따라서, 본 장에서는 이러한 중공층과 벽체의 열전달 계수들의 계산을 위한 일반적인 관계들을 증명한다. 끝으로 틈새바람에 의한 열손실은 전체 건물의 열손실에 있어서 중요한 요소이며, 이것의 컴퓨터를 이용한 해석 기법에 관하여 살펴보도록 한다.

1. 벽체 중공층과 유리 창문에서의 자연 대류

벽체나 창문 등에는 중공층이 존재한다. ASHRAE에서는 단위 중공층 컨덕턴스를 서로 다른 표면의 방사율로 주어진다. 이러한 컨덕턴스는 복사와 대류 열전달 계수들의 합과 같다. 여기서는 우선적으로 대류 열전달 계수만을 고려하기로 한다. 대류와 복사가 혼합된 형태는 다음 장에서 다루기로 한다.

사각 중공층에서의 대류에 의한 열전달에 대한 많은 관계식들이 존재한다. 이러한 것들은 3개의 무차원 수들(Nusselt number, Rayleigh number, Prandtl number)을 이용한 실험값들과 관계가 있다.

$$Nu = h\frac{L}{k}$$

: Nusselt number

$$Ra = \frac{g \cdot \beta \cdot \Delta T \cdot L^3}{\nu \cdot \alpha}$$

: Rayleigh number

$$Pr = \frac{\nu}{\alpha} = \frac{\text{동점성 계수}}{\text{열 확산율}}$$

: Prandtl number

L : 중공층의 폭

$$\beta = \frac{1}{T}$$

: 온도에 따른 공기(이상 기체)의 열팽창 계수

평행한 평판의 경우, Nusselt number Nu은 순수한 전도 저항과 대류 저항의 비율은 $Nu = ([L/k]/[1/h])$이다. 단일체(unity)의 Nusselt number는 공기층을 가로지르는 순수한 전도를 나타낸다.

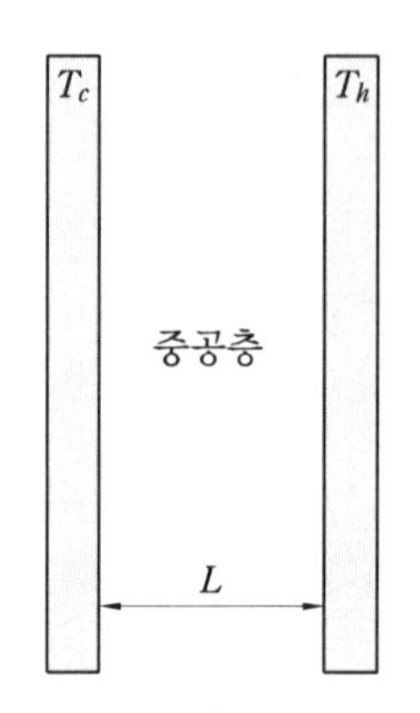

[그림 11-47] 수직 평판

수직 평판의 경우, 대류 열전달 계수(hc)는 El Sherbiny et al.(1982)에 의해 제시된 식에 따라 편리하게 결정되며, [그림 11-47]의 예를 통해 살펴보면 다음과 같다.

① 뜨거운 표면 : $T_h = 15℃$

② 차가운 표면 : $T_c = 0℃$

③ 대기 압력 : $p = 1$

④ 평균 온도 : $T_m = \dfrac{T_h + T_c}{2} + 273$

⑤ 공기의 열전도율 : $k_{air} = \dfrac{0.002528\ T_m^{\ 1.5}}{T_m + 200}$ [W/m · ℃]

⑥ Rayleigh 수 :

$$Ra_i = 2.737 \cdot (1 + 2 \cdot a)^2\, a^4 \cdot (T_h - T_c) \cdot \left(\frac{L_i}{\text{mm}}\right)^3 \cdot p^2$$

여기서, $i = 3,\ 4,\ \cdots,\ 20$이고, $L_i = i \cdot 1\,[\text{mm}]$이다.

또한, $a = \dfrac{100 \cdot ℃}{T_m}$이다.

⑦ Nusselt 수 : $Nu1_i = 0.0605 \cdot (Ra_i)^{1/3}$

$$Nu2_i = \left[1 + \frac{0.104 \cdot (Ra_i)^{0.293}}{\left[1 + \left(\dfrac{6310}{Ra_i}\right)^{1.36}\right]^3}\right]^{1/3}$$

⑧ 대류 열전달 계수 : $hc_i = \dfrac{k_{air}}{L_i} \cdot \max[Nu1_i,\ Nu2_i]$

위의 식을 계산해 보면, 대류 열전달 계수는 중공층의 폭이 13 mm 에서 최소값에 이르는 것을 알 수 있다.

즉, $hc_{13} = 1.939\ \mathrm{W/m^2 \cdot ℃}$이다.

⑨ $q_c = hc_{13} \cdot (T_h - T_c) = 29.091\ \mathrm{W/m^2}$가 된다.

2. 실내에서의 대류 열전달 계수

(1) 수평면의 경우

열류의 방향이 아래쪽이면, 공기층을 가로질러 전도만이 발생하며, 다음의 상관 관계가 성립된다(McAdams 1959).

이것을 차가운 표면에 적용한 예를 살펴보면,

바닥 표면 온도 : $T_S = 10℃,\ 11℃,\ \cdots,\ 18℃$

실내 공기 온도 : $T_{ai} = 20℃$

특성 길이 : $x = 2\ \mathrm{m}$

대류 열전달 계수 : $hc(T_S) = 0.59 \cdot \left(\dfrac{T_S - T_{ai}}{x}\right)^{0.25}$

층류 유동이라 가정할 수 있으므로, Rayleigh 수의 범위는 $3 \times 10^5 \sim 3 \times 10^{10}$이다.

가열된 표면의 경우와 같이 열류의 방향이 위쪽이면, 다음의 상관 관계와 같이 난류 유동에 따른 계산식이 사용된다.

바닥 표면 온도 : $T_S = 21℃,\ 22℃,\ \cdots,\ 30℃$

실내 공기 온도 : $T_{ai} = 20℃$

대류 열전달 계수 : $hc(T_S) = 1.52 \cdot (T_S - T_{ai})^{1/3}$

Rayleigh 수의 범위는 $3 \times 10^7 \sim 3 \times 10^{10}$로 가정할 수 있다.

(2) 수직면의 경우

다음의 난류 유동의 관계식을 이용하여 계산된다.

벽체 표면 온도 : $T_S = 21℃,\ 22℃,\ \cdots,\ 30℃$

실내 공기 온도 : $T_{ai} = 20℃$

대류 열전달 계수 : $hc(T_S) = 1.31 \cdot (T_S - T_{ai})^{1/3}$

Rayleigh 수의 범위는 $1 \times 10^4 \sim 1 \times 10^9$로 가정할 수 있다.

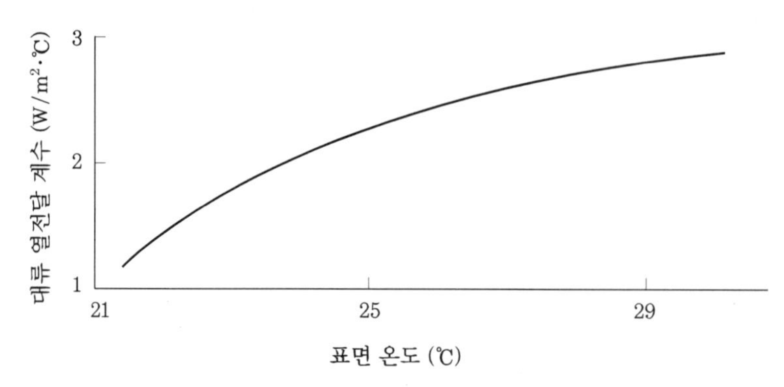

[그림 11-48] 가열된 표면에서의 대류 열전달 계수

위의 열전달 계수 값들은 복사의 영향을 포함하지 않은 값들이다. 만약 총 열전달 계수를 계산하고자 한다면, 다음과 같이 복사 열전달 계수 hr을 계산하여야 한다.

$$hr = \varepsilon \cdot \sigma \cdot 4 \cdot T_m^3$$

여기서, $T_m = \dfrac{T_S + T_{ai}}{2} = \dfrac{(T_S^2 + T_{ai}^2) \cdot (T_S + T_{ai})}{4}$이며, 4는 복사 열전달에 대한 선형화 요소(linearization factor)이다.

3. 풍속에 따른 열전달 계수

풍속에 따른 열전달 계수는 건물의 외표면이나 태양열 집열기의 표면에 대한 계산을 위해서 필요하다. 정지된 공기 조건에서 대류 열전달 계수는 5 W/m^2·℃이다. 바람에 따른 강제 대류의 경우 다음의 관계식이 이용된다(Duffie & Beckmann, 1983).

풍속 : V

특성 길이 : L

대류 열전달 계수 : $hc = 8.6 \cdot \left(\dfrac{V^{0.6}}{L^{0.4}} \right)$

$$h_{wind} = \max[hc,\ 5]$$

선형화된 복사 열전달 계수는

$$hr = \varepsilon \cdot \sigma \cdot 4 \cdot T_m^3$$

일례로, 풍속이 $V = 20\,\text{km/h}$이고, $L = 2\,\text{m}$, $\varepsilon = 0.9$, $\sigma = 5.67 \times 10^{-8}\,\text{W/m}^2\cdot{}^\circ\text{K}^4$이다. 이때, 외기온도($T_o$)는 -5℃, 벽체 표면 온도(T_S)는 5℃라고 할 때의 값을 계산해 보면 다음과 같다.

$$h_{wind} = 18.236\,\text{W/m}^2\cdot ℃$$

$$T_m = \frac{T_S + T_o}{2} = \frac{(T_S^2 + T_o^2)\cdot(T_S + T_o)}{4} = \left(273 + \frac{T_S + T_o}{2}\right)$$

$$hr = \varepsilon\cdot\sigma\cdot 4\cdot T_m^3 = 4.153\,\text{W/m}^2\cdot ℃$$

따라서, 총 열전달 계수는 $ho = h_{wind} + hr = 22.389\,\text{W/m}^2\cdot ℃$가 된다.

4. 틈새바람

틈새바람이란 건물 구조체의 공기 유동(air flow)의 원인이 되는 외기의 침투 현상(infiltration)과 실내 공기가 유출되는 현상(exfiltration)을 합쳐 부르는 말이다. 그러므로 틈새바람은 현열과 잠열을 모두 갖는 열손실/취득이다. 먼저 건물로 유입되는 공기의 체적이 주어졌을 때의 열전달을 계산한다.

현열 취득/손실 q_s 계산 ;

공기의 비열 : $C_p = 1000\,\text{J/kg}\cdot ℃$

공기의 밀도 : $\rho = 1.2\,\text{kg/m}^3$

이때, 건물로 유입되는 외부 공기의 체적 Q를 50 L/s 라고 하자.

실내 온도 : $T_i = 23℃$

외기 온도 : $T_o = 0℃$

따라서, 현열 손실 열량 q_s는

$q_s = \rho\cdot C_p\cdot Q\cdot(T_i - T_o) = 1.38 \times 10^3\,\text{W}$가 된다.

만약 쾌적 영역에 습도비를 상승시키기 위해 실내 공기에 습기가 추가되어야 한다면, 물의 양을 증발에 필요한 에너지는 틈새바람에 의한 손실과 같으며 다음과 같이 결정된다(단, 여기에서 실내 상대습도는 30%, 외기의 상대습도는 80%로 가정한다).

잠열 손실 q_l 계산 ;

물의 증발 잠열 : $h_{fg} = 2465\,\text{J}\cdot 1000/\text{kg}$

습공기 선도로부터 습도비를 결정하면,

실내의 습도비 : $W_i = 0.0052$

실외의 습도비 : $W_o = 0.003$

따라서, 잠열 손실 열량 q_l은

$q_l = \rho \cdot h_{fg} \cdot Q \cdot (W_i - W_o) = 325.38$ W가 된다.

위의 두 식은 단위를 kcal로 하였을 경우, 다음과 같이 정리하여 쓸 수 있다.

$q_s = 0.29 \cdot Q \cdot (T_i - T_o)$ [kcal/h] : 현열 손실

$q_l = 716 \cdot Q \cdot (x_i - x_o)$ [kcal/h] : 잠열 손실

여기서, 0.29 kcal/m^3·℃는 용적비열로 (공기의 중량 비열 0.24 × 공기의 비중 1.2)를 나타내며, 716 kcal/m^{3}은 수증기의 용적 증발 잠열로 (수증기의 증발 잠열 597 × 공기의 비중량 1.2)를 나타낸다. 또 틈새바람의 풍량 Q는 틈새법, 면적법, 환기회수법 등으로 계산하는 데 면접법과 환기회수법의 식은 각각 다음과 같다.

① 면적법 : $Q = B \cdot A$

창문으로부터의 틈새바람의 풍량은 틈새 길이를 나타내는 B와 창문 면적 A의 곱으로 계산한다.

② 환기회수법 : $Q = n \cdot V$

환기회수 n와 실의 용적 V의 곱과 같다.

그러나 틈새바람에 의한 외기부하를 정확하게 계산하는 데는 상당한 무리가 뒤따른다. 왜냐하면 틈새바람은 그 양이 풍속, 풍향, 건물의 높이, 구조, 창과 문의 기밀성 등 여러 가지 요소의 영향을 받기 때문이다. 그러므로 부하 계산에는 무엇보다도 정확한 데이터의 적용에 유의하여야 할 것이다.

만약 1시간당 1회 환기를 하는 바닥면적 200 m^2, 층고 2.5 m인 집에서의 틈새바람에 의한 현열 손실을 계산해 보자(단, 실내 온도는 20℃, 외기온도는 -10℃이다).

이 경우 먼저 다음과 같은 기본 자료들을 정리해야 한다.

실의 체적은 $200 \times 2.5 = 500$ m^3

공기의 용적 비열은 0.29 kcal/m^3·℃

온도차는 30℃

환기량은 1회/h이므로, 500 m^3/hour이다.

계산된 환기량을 통해 손실 열량을 계산하면 다음과 같다.

현열 손실은 $q_s = 0.29 \cdot Q \cdot (T_i - T_o)$이므로, 대입하면,

$q_s = 0.29 \cdot Q \cdot (T_i - T_o) = 0.29 \times 500 \times 30 = 4350\ \text{kcal/h}$이다.

이 값을 Watt로 환산(1 kcal/h = 1.163 W)하여 나타내면,

$q_s = 4350\ \text{kcal/h} = 5059\ \text{W}$이다.

11-9 건물에서의 복사 열전달

모든 건물의 표면에서는 흡수와 방사를 통한 열복사(thermal radiation)가 발생한다. 투명한 플라스틱과 같은 건축 재료들은 열복사를 투과시키기도 한다. 이것은 건물의 표면으로부터 빠져나가 또 다른 표면에 입사되는 확산 복사량의 비를 계산하는 데 필요하다.

앞에서의 11-3절을 통해 복사에 관한 자세한 내용을 설명하였으며, 본 절에서는 이를 응용하는 방법에 관하여 설명한다.

1. 하나의 창문이 있는 장방형 실의 형태계수 계산

표면 i에서 j로의 형태계수(view factor or shape factor) F_{ij}는 표면 i를 떠나 표면 j에 직접 입사되는 복사의 비율과 같다. 실내 표면들 사이의 형태계수에는 3가지 유형이 있다.

(1) 오른쪽에 위치한 표면과의 관계

(2) 서로 평행한 표면과의 관계

(3) 유리창과 표면(벽체)과의 관계

실내에서의 형태계수들은 서로 90°를 이루는 유한 평면에서의 형태계수 계산으로부터 출발한다.

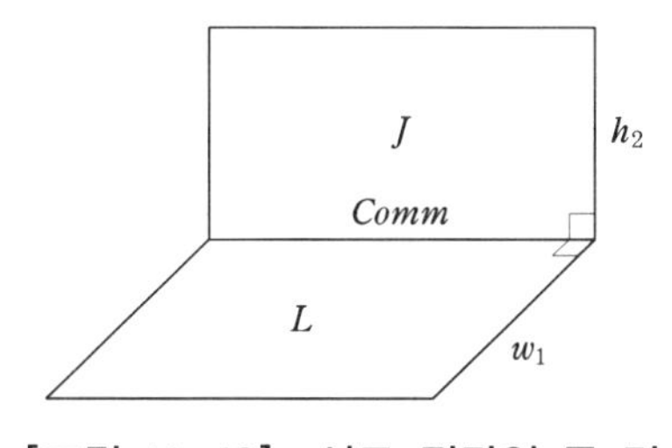

[그림 11-49] 서로 직각인 두 면

먼저 다음의 매개 변수(intermediate variable)들을 결정한다.

$$w = \frac{w_1}{Comm},\ h = \frac{h_2}{Comm}$$

$$A(h,\ w) = h^2 + w^2,\ B(w) = 1 + w^2$$

$$C(h) = 1 + h^2,\ D(h,\ w) = 1 + (h^2 + w^2)$$

$$E(w) = w^2,\ G(h) = h^2$$

형태계수 $F_{i,\ j}$는

$$F_{i,\ j} = \frac{\left\langle \left(w \cdot atan\left(\frac{1}{w}\right) + h \cdot atan\left(\frac{1}{h}\right)\right) + \sqrt{A(h,\ w)} \cdot atan\left(\frac{1}{\sqrt{A(h,\ w)}}\right) + 0.25 \cdot \ln\left[\left(\frac{E(w) \cdot D(h,\ w)}{B(w) \cdot A(h,\ w)}\right)^{E(w)} \cdot \left(\frac{G(h) \cdot D(h,\ w)}{C(h) \cdot A(h,\ w)}\right)^{G(h)} \cdot \left(\frac{B(w) \cdot C(h)}{D(h,\ w)}\right)\right] \right\rangle}{\pi \cdot w} \tag{17}$$

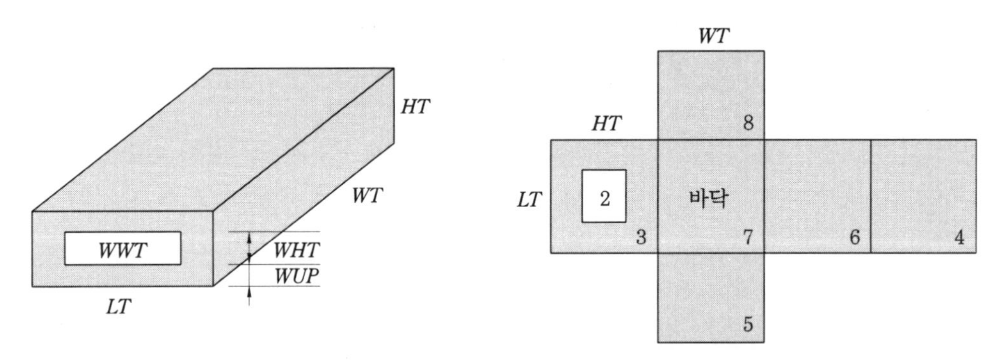

[그림 11-50] 유리창이 한 개 있는 실의 형태

실내 벽체 표면들 사이의 또 다른 형태계수는 다음의 원칙들을 적용함으로써 계산된다.

(1) 상호 관계(Reciprocity)

$$A_i \cdot F_{i,\ j} = A_j \cdot F_{j,\ i} \tag{18}$$

(2) 대칭성(Symmetry)

$$A_{7,\ 5} = A_{7,\ 8} \tag{19}$$

(3) 에너지 보존법칙(Energy conservation's law)

$$\sum_j F_{i,j} = 1 \tag{20}$$

$i = 1, 2, 3 \cdots, 8, \quad j = 1, 2, 3 \cdots, 8$

$$F_{i,j} = \frac{\left\langle \left(w \cdot atan\left(\frac{1}{w}\right) - h \cdot atan\left(\frac{1}{h}\right)\right) + \sqrt{A(h, w)} \cdot atan\left(\frac{1}{\sqrt{A(h, w)}}\right) + 0.25 \cdot \ln\left[\left(\frac{E(w) \cdot D(h, w)}{B(w) \cdot A(h, w)}\right)^{E(w)} \cdot \left(\frac{G(h) \cdot D(h, w)}{C(h) \cdot A(h, w)}\right)^{G(h)} \cdot \left(\frac{B(w) \cdot C(h)}{D(h, w)}\right)\right]\right\rangle}{\pi \cdot w} \tag{21}$$

먼저, $F_{6,7}$과 다른 관련된 형태 계수들을 계산 ;

단위 모델의 크기

$HT = 2.4\ \text{m}, \ LT = 4.0\ \text{m}, \ WT = 6.0\ \text{m}$

$WWT = 3.0\ \text{m}, \ WHT = 1.6\ \text{m}, \ WUP = 0.4\ \text{m}$

각 표면의 면적

$A_1 = LT \cdot HT, \ A_2 = WWT \cdot WHT, \ A_3 = A_1 - A_2$

$A_4 = LT \cdot WT, \ A_5 = WT \cdot HT, \ A_6 = A_1$

$A_7 = A_4, \ A_8 = A_5$

표면 2와 표면 3을 제외한 모든 표면에서의 형태계수의 계산

[그림 11-50]과 같은 단순 형태로 모델의 6, 7면을 바라보면,

$w_1 = HT, \ h_2 = WT, \ Comm = LT$

$$w = \frac{w_1}{Comm}, \ h = \frac{h_2}{Comm}$$

$$F_{6,7} = Fij(w, h), \ F_{7,6} = A_6 \cdot \frac{F_{6,7}}{A_7} \qquad \therefore F_{6,7} = 0.287$$

$$F_{4,6} = A_6 \cdot \frac{F_{6,7}}{A_4}, \ F_{6,4} = F_{6,7}$$; 대칭성으로부터…

$$F_{1,4} = A_4 \cdot \frac{F_{4,6}}{A_1}, \ F_{1,7} = F_{1,4}, \ F_{4,1} = A_1 \cdot \frac{F_{1,4}}{A_4}$$

$w_1 = LT,\ h_2 = WT,\ Comm = HT$

$w = \dfrac{w_1}{Comm},\ h = \dfrac{h_2}{Comm}$

$F_{6,5} = Fij(w, h),\ F_{5,6} = A_6 \cdot \dfrac{F_{6,5}}{A_5},\ F_{6,8} = F_{6,5},$

$F_{8,6} = F_{5,6},\ F_{1,5} = F_{6,8},\ F_{5,1} = F_{8,6},$

$F_{1,8} = F_{6,8},\ F_{8,1} = F_{8,6}$

$w_1 = HT,\ h_2 = LT,\ Comm = WT$

$w = \dfrac{w_1}{Comm},\ h = \dfrac{h_2}{Comm}$

$F_{8,4} = Fij(w, h),\ F_{4,8} = A_8 \cdot \dfrac{F_{8,4}}{A_4},\ F_{5,7} = F_{8,4},$

$F_{7,5} = F_{4,8},\ F_{4,5} = F_{4,8},\ F_{5,4} = F_{8,4},$

$F_{7,8} = F_{7,5},\ F_{8,7} = F_{5,7},\ F_{4,8} = F_{7,8},\ F_{8,4} = F_{8,7}$

서로 평행한 반대쪽 면의 형태계수를 계산하기 위해 $\sum_j F_{i,j} = 1$의 관계를 이용한다.

$F_{1,6} = 1 - 2 \cdot F_{6,8} - 2 \cdot F_{6,4},\ F_{6,1} = F_{1,6}$

$F_{5,8} = 1 - 2 \cdot F_{5,4} - 2 \cdot F_{5,6},\ F_{8,5} = F_{5,8}$

$F_{4,7} = 1 - 2 \cdot F_{4,8} - 2 \cdot F_{4,6},\ F_{7,4} = F_{4,7}$

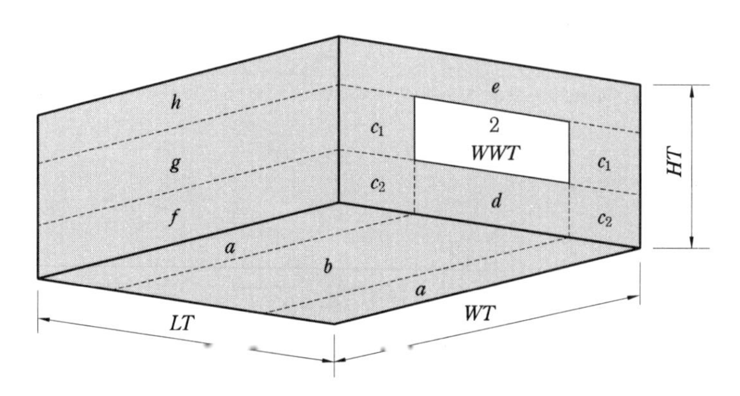

[그림 11-51] 유리창, 벽체 그리고 바닥과의 관계

끝으로 유리창과 바닥 사이의 형태계수를 계산하면 다음과 같다.

유리창의 맞은편 벽체(표면 6)을 제외하고는 앞에서 살펴본 방법과 동일한 방정식에 의해 형태계수가 결정된다. $F_{2,6}$은 모든 표면에 대한 형태계수의 합은 1이라는 사실로부터 계산될 수 있다.

유리창이 있는 벽체와 인접한 벽체와의 관계는 [그림 11-51]과 같이 구분하여 살펴볼 수 있다.

여기서,

$$A_b = WWT \cdot WT, \ A_2 = WWT \cdot WHT$$

$$A_d = WWT \cdot WUP, \ DIS = \frac{LT - WWT}{2}$$

$$A_{c_1} = WHT \cdot DIS, \ A_{c2} = WUP \cdot DIS$$

$$A_a = DIS \cdot WT, \ A_{ab} = WT \cdot (DIS + WWT)$$

$$w_1 = WT, \ h_2 = WHT + WUP, \ Comm = WWT$$

$$w = \frac{w_1}{Comm}, \ h = \frac{h_2}{Comm}$$

$F_{b-2d} = Fij(w, h)$: 표면 A_b에서 $A_2 + A_d$로의 형태계수

$$w_1 = WT, \ h_2 = WUP, \ Comm = WWT$$

$$w = \frac{w_1}{Comm}, \ h = \frac{h_2}{Comm}$$

$$F_{b-d} = Fij(w, h), \ F_{b-d} = 0.028$$

$$w_1 = WT, \ h_2 = WUP, \ Comm = DIS$$

$$w = \frac{w_1}{Comm}, \ h = \frac{h_2}{Comm}$$

$$F_{a-c_2} = Fij(w, h), \ F_{a-c_2} = 0.018$$

$$w_1 = WT, \ h_2 = WHT + WUP, \ Comm = DIS$$

$$w = \frac{w_1}{Comm}, \ h = \frac{h_2}{Comm}$$

$F_{a-(c_1+c_2)} = Fij(w,\ h)$: 표면 A_a에서 $A_{c_1} + A_{c_2}$로의 형태계수

$w_1 = WT,\ h_2 = WHT + WUP,\ Comm = DIS$

$$w = \frac{w_1}{Comm},\ h = \frac{h_2}{Comm}$$

$F_{(a+b)-(c_1+c_2+d_2)} = Fij(w,\ h)$

: 표면 $A_a + A_b$에서 $A_{c_1} + A_{c_2} + A_d + A_2$로의 형태계수

$w_1 = WT,\ h_2 = WUP,\ Comm = WWT + DIS$

$$w = \frac{w_1}{Comm},\ h = \frac{h_2}{Comm}$$

$F_{(a+b)-(2+d)} = Fij(w,\ h)$

: 표면 $A_a + A_b$에서 $A_d + A_2$로의 형태계수

$$F_{2-b} = (F_{b-(2+d)} - F_{b-d}) \cdot \frac{A_b}{A_2}$$

$$F_{a-(2+d)} = \frac{(A_{a+b} \cdot F_{(a+b)-(c_1+c_2+d+2)} - A_a \cdot F_{a-(c_1+c_2)} - A_b \cdot F_{b-(2+d)})}{2 \cdot A_a}$$

$$F_{2-a} = (F_{a-(2+d)} - F_{a-d}) \cdot \frac{A_a}{A_2}$$

$$F_{2-7} = 2 \cdot F_{2-a} + F_{2-b},\ F_{7-2} = A_2 \cdot \frac{F_{2-7}}{A_7}$$

F_{2-4}를 계산하기 위해, 위에서 계산한 $HT - WHT - WUP$를 WUP로 바꿔야 한다. 이 경우, 유리창은 표면 1의 중앙에 위치하기 때문에, $F_{2-4} = F_{2-7}$이 성립된다. 또한, $F_{3-7} = F_{1-7} - F_{2-7}$의 관계도 성립된다.

위 예제의 중요한 형태계수 몇 가지를 정리하면 다음과 같다.

$F_{6-4} = 0.287$: 뒤쪽 벽체로부터 천장 또는 지붕으로의 형태계수

$F_{5-6} = 0.118$: 오른쪽(또는 왼쪽) 벽체로부터 뒤쪽 벽체로의 형태계수

$F_{2-7} = 0.295$: 유리창에서 바닥으로의 형태계수

$F_{4-7} = 0.415$: 천장에서 바닥으로의 형태계수

$F_{4-8} = 0.178$

$F_{4-6} = 0.115$

$F_{5-8} = 0.171$

2. 복사의 열적 물성값의 계산

본 절에서는 파장이 다른 범위에 걸쳐 복사의 열적 물성값들을 계산하도록 한다. 예를 들어 우리는 종종 건물의 외표면에 얼마나 많은 양의 태양 복사 에너지(일사)가 흡수되는지를 필요로 한다.

이때 흡수된 일사량을 결정하기 위하여 표면의 태양 흡수율이 필요하고, 3 μm보다 작은 파장에 대한 대략적인 흡수된 비율을 필요로 하게 된다. 이와 유사하게, 우리는 일반적인 건물의 온도에서 벽체 표면의 방사율을 계산할 필요가 있다.
이 방사율은 같은 온도의 흑체(black body)에서 방사되는 복사 에너지에 대한 비율과 같다.

그럼 먼저 흑체에 대한 몇 가지 중요한 변수들에 관하여 살펴보도록 한다.

(1) Spectral Blackbody Emissive Power : $E_{b\lambda}$

$E_{b\lambda}$는 단위 파장 λ, 절대 온도 T에서, 단위 시간, 표면의 단위 면적당 흑체가 방사하는 복사 에너지의 양이다.

$$E_{b\lambda} = \frac{C_1}{\lambda^5 \cdot \exp\left(\dfrac{C_2}{\lambda \cdot T} - 1\right)}$$

여기서,

$C_1 = 3.743 \times 10^8\ \mathrm{W} \cdot \mu\mathrm{m}^4/\mathrm{m}^2$

$C_2 = 1.4387 \times 10^4\ \mu\mathrm{m} \cdot {}^\circ\mathrm{K}$

T : 절대 온도(°K)

(2) Stefan-Boltzmann Law

흑체의 방사 능력(emissive power)은 다음과 같이 주어진다.

$$E_b = \int_0^\infty E_{b\lambda}\, d\lambda$$

$$= \sigma \cdot T^4$$

여기서, $\sigma = 5.67 \times 10^{-8}\,\mathrm{W/m^2 \cdot {}^\circ K^4}$으로 Stefan-Boltzmann 상수이다.

우리는 종종 특정 파장 영역($\lambda_1 \sim \lambda_2$)에 대한 적분값으로부터 흑체의 파장에 따른 방사율의 비율 f_{12}를 계산할 필요성을 갖게 된다. 만약 더 작은 파장의 영역이 0에 가까우면, 수치 적분 오차(numerical integration error)를 피하기 위해 0.1 μm를 사용하고, 이와 유사하게 보다 큰 파장의 값도 100 μm까지 한계를 둔다.

$$f_{12} = \frac{\displaystyle\int_{\lambda_1}^{\lambda_2} \frac{C_1}{\lambda^5 \cdot \exp\left(\dfrac{C_2}{\lambda \cdot T} - 1\right)}\, d\lambda}{\sigma \cdot T^4}$$

$$= \frac{\displaystyle\int_0^{\lambda_2} E_{b\lambda}\, d\lambda - \int_0^{\lambda_1} E_{b\lambda}\, d\lambda}{\sigma \cdot T^4} = f_{0-\lambda_2} - f_{0-\lambda_1}$$

예를 들면 텅스텐으로 된 플라멘트가 2500°K까지 가열되었다고 하자. 이때, 가시광선 영역(0.4~0.7 μm)에서 복사 에너지의 비율은 얼마인지 계산해 보자.

위의 방정식을 이용하여 직접 계산하는 방법도 있지만, 통상 흑체 복사 함수표를 이용하여 쉽게 구할 수 있다.

먼저 $\lambda \cdot T$ 값을 계산하면,

$\lambda_1 \cdot T = 0.4 \cdot 2500 = 1000\ \mu\mathrm{m} \cdot {}^\circ\mathrm{K}$

$\lambda_2 \cdot T = 0.7 \cdot 2500 = 1750\ \mu\mathrm{m} \cdot {}^\circ\mathrm{K}$

이 값을 이용하여, 도표에서 값을 찾아 정리하면,

$f_{0-0.7\mu m} = 0.03443525$

$f_{0-0.4\mu m} = 0.000321$

이렇게 계산한 값은 $f_{12} = 0.03411425$이다. 즉, 가시광선 영역에서의 램프에 의해 방사되는 복사 에너지의 비율이 약 3.4%라는 것이다.

(3) Radiation Properties

표면의 흡수율(α)이란 전체 조사량(irradiation)에 대한 그 물체에 의해 흡수되는 비율이고, 표면의 반사율(ρ)은 표면으로부터 반사되어 조사량의 비율이며, 표면의 투과율(τ)은 표면을 투과하는 조사량의 비율을 나타낸다.

표면의 에너지 평형에 의해 $\alpha + \rho + \tau = 1$의 관계가 성립한다.

방사율, 흡수율, 투과율 그리고 반사율은 일반적으로 파장에 따라 변화한다. 이것은 단색 물체 표면의 방사율과 흡수율이 같은 것에서 알 수 있다. 표면의 전체 반구에 대한 방사율은 흑체의 전체 방사량에 대한 그 물체의 전체 방사량의 비율과 같다.

$$\varepsilon_\lambda = \frac{E_\lambda}{E_{b\lambda}}$$

$$\varepsilon = \frac{\int_0^\infty \varepsilon_\lambda \cdot E_{b\lambda}\, d\lambda}{\sigma \cdot T^4}$$

예를 들면 알루미늄 페인트의 전체 방사율이 파장이 3 μm 이하에서는 0.35이고, 그 이상의 파장 영역에서는 0.7이라고 한다. 이때, 실내 온도 25℃와 500℃에서의 전체 방사율을 계산해 보자.

$\varepsilon_s = 0.35$: 짧은 파장에서의 방사율

$\varepsilon_l = 0.7$: 긴 파장에서의 방사율

$T_1 = (25 + 273) \cdot {}^\circ K$, $\lambda_1 = 3\ \mu m$

$T_2 = (500 + 273) \cdot {}^\circ K$

따라서, 방정식 $\varepsilon = \dfrac{\int_0^\infty \varepsilon_\lambda \cdot E_{b\lambda}\, d\lambda}{\sigma \cdot T^4}$를 이용하여 계산하면 다음과 같다.

$$\varepsilon_1 = \frac{\int_{0.1}^{3} \varepsilon_s \cdot E_{b\lambda}\, d\lambda + \int_{3}^{100} \varepsilon_l \cdot E_{b\lambda}\, d\lambda}{\sigma \cdot T_1^4} = 0.69704$$

: 온도가 25℃일 때

$$\varepsilon_1 = \frac{\int_{0.1}^{3} \varepsilon_s \cdot E_{b\lambda}\, d\lambda + \int_{3}^{100} \varepsilon_l \cdot E_{b\lambda}\, d\lambda}{\sigma \cdot T_2^4} = 0.65685$$

: 온도가 500℃일 때

그러므로, 총 방사된 복사 에너지는

$q_1 = \varepsilon_1 \cdot \sigma \cdot T_1^4 = 311.67664\ \mathrm{W/m^2}$

$q_2 = \varepsilon_2 \cdot \sigma \cdot T_2^4 = 13297.33416\ \mathrm{W/m^2}$

가 된다.

3. 대류와 복사가 동시에 발생하는 경우

건물에서 복사 열전달 자체만이 발생하는 경우는 매우 드물다. 보통 건물에서는 대류와 복사에 의한 열전달 현상이 동시에 발생하게 된다. 따라서, 본 절에서는 그러한 몇 가지 경우를 살펴볼 것이다.

먼저 우리는 이중창의 총합 열전달률인 U값을 계산하고, 중공층의 복사와 대류 열전달 계수를 계산한다.
다음으로 공기의 온도를 측정하는 온도계를 고려하고, 복사의 영향으로 인하여 발생되는 측정 오차를 계산한다.
끝으로 노출된 파이프에서의 복사-대류 열손실을 계산한다.

(1) 중공층이 있는 이중창에서의 복사 및 대류 열전달

중공층의 총합 열전달 계수는 복사 및 대류 열전달 계수의 합과 같다. 앞에서 대류 열전달 계수를 계산하는 방법에 대하여 설명하였다.

대류 열전달 계수 hc를 계산하면,

$hc = 2\ \mathrm{W/m^2 \cdot ℃}$; 중공층의 폭이 0.013 m인 경우

주어진 온도에 대하여 ;
이때, 실내 온도(T_i)는 20℃이고, 외기온도(T_o)는 -5℃이다.
유리창의 온도는 모르기 때문에 계산해야 한다. 유리창의 초기온도를 가정한다.

$T_c = 0℃,\ T_h = 13℃$

$\varepsilon_1 = \varepsilon_2 = 0.9$: 유리창의 방사율

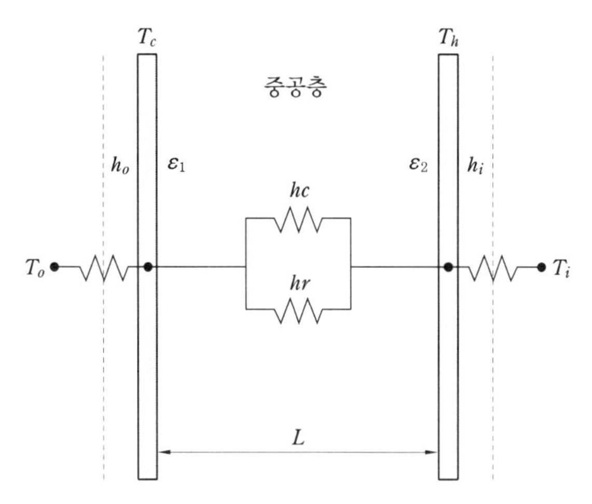

[그림 11-52] 중공층의 Thermal Network

유리창에 대한 선형화된 복사 열전달 계수 hr을 계산하기 위하여

$\sigma = 5.67 \times 10^{-8}\ \mathrm{W/m^2 \cdot {}^\circ K^4}$: 스테판-볼츠만 상수

$T_m = \left(273 + \dfrac{T_c + T_h}{2}\right)$: 중공층의 평균 온도

$$hr = \left(\frac{4 \cdot \sigma \cdot T_m^3}{\dfrac{1}{\varepsilon_1} + \dfrac{1}{\varepsilon_2} - 1}\right) = 4.052\ \mathrm{W/m^2 \cdot ℃}$$

유리창은 전체적으로 열손실이 매우 높은 건물 구성요소 중 하나이다. 따라서, 중공층과 면하는 표면 중 하나를 낮은 방사율을 갖는 물질로 코팅을 하게 되며, 상대적으로 복사 열손실을 줄일 수 있다.

예를 들어, 만약 $\varepsilon_1 = 0.1$이라면, 복사 열전달 계수는 다음과 같이 주어진다.

$$hr_{low_e} = \left(\frac{4 \cdot \sigma \cdot T_m^3}{\dfrac{1}{\varepsilon_1} + \dfrac{1}{\varepsilon_2} - 1}\right) = 0.49\ \mathrm{W/m^2 \cdot ℃}$$

따라서, 복사 열손실은 약 87.912% 감소하게 된다.

$$\frac{hr - hr_{low_e}}{hr} \times 100 = 87.912\%$$

유리창의 총 열전달 저항 R은 다음과 같이 계산된다.

$h_i = 9\ \mathrm{W/m^2 \cdot ℃}$, $h_o = 15\ \mathrm{W/m^2 \cdot ℃}$

$$R = \frac{1}{h_i} + \frac{1}{hc + hr} + \frac{1}{h_o} = 0.343\ \mathrm{m^2 \cdot ℃/W}$$

$$q = \frac{T_i - T_o}{R} = 72.882\ \mathrm{W/m^2}$$

다음으로 표면 온도에 대한 개선된 값을 계산하면,

$$T_c = \frac{q}{h_o} + T_o = -0.141\ ℃$$

$$T_h = T_i - \frac{q}{h_i} = -11.902\ ℃$$

끝으로 수정된 중공층의 평균 온도와 복사 열전달 계수는 다음과 같다.

$$T_{m_c} = \left(273 + \frac{T_c + T_h}{2}\right) = 278.854\ \mathrm{K}$$: 수정된 중공층의 평균 온도

$$hr_c = \left(\frac{4 \cdot \sigma \cdot T_m^3}{\frac{1}{\varepsilon_1} + \frac{1}{\varepsilon_2} - 1}\right) = 4.025\ \mathrm{W/m^2 \cdot ℃}$$

(2) 실내 공기 온도의 계산

실내 공기의 온도 T_m은 건물 내에 걸려있는 수은-유리 온도계의 값과 같다. 건물 벽체의 단열상태가 열악하고, 이때 벽체 내표면의 온도가 T_w라 한다. 이상과 같은 조건일 때, 온도계에 대한 에너지 평형 방정식과 실제 공기의 온도를 계산해 보자(단, 정상상태 열전달 현상으로 가정한다).

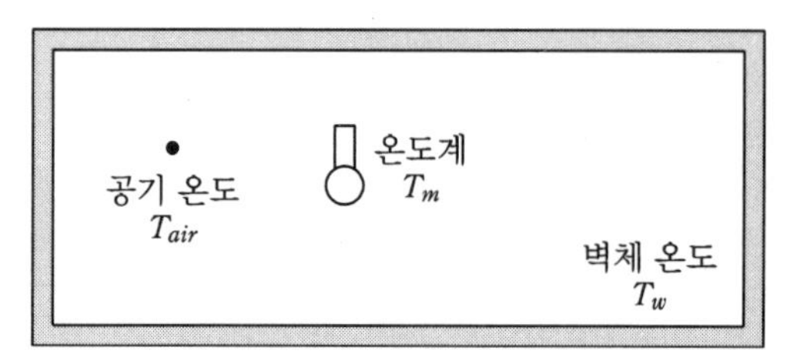

[그림 11-53] 실내 공기 온도

㉮ 기본 가정

벽체와 온도계의 방사율 : 0.9
온도계의 온도 : 16℃
벽체의 온도 : 12℃
실내의 대류 열전달 계수 : 6 W/m^2·℃

복사에 의한 손실은 대류에 의한 취득과 같으므로,

$$T_{air} = T_m + \frac{\varepsilon}{hc} \cdot \sigma \cdot \left[(273.1 + T_m)^4 - (273.1 + T_w)^4 \right] = 19.22℃$$

보다 정확한 공기의 온도 측정과 복사 열전달을 최소화하기 위하여 온도 센서(thermal sensor)에 낮은 방사율을 갖는 복사 보호막(radiation shield)이 사용된다.

(3) 파이프의 대류와 복사에 따른 열손실

바깥지름이 D인 수평으로 놓인 파이프가 온도 T_P로 유지된다고 하자. 외기 온도는 T_o이고, 천공 온도는 T_{sky}이며, 지표 온도는 T_g이다. 다음에 주어진 자료들을 이용하여 파이프의 총 열손실량을 계산하여 보자.

$T_P = 30℃$: 파이프의 온도
$T_o = 15℃$: 외기 온도
$T_{sky} = 0℃$: 천공 온도
$T_g = 10℃$: 지표 온도
$\varepsilon = 0.4$: 파이프의 방사율
$D = 0.3$ m : 파이프의 지름
$L = 1$ m : 파이프의 길이

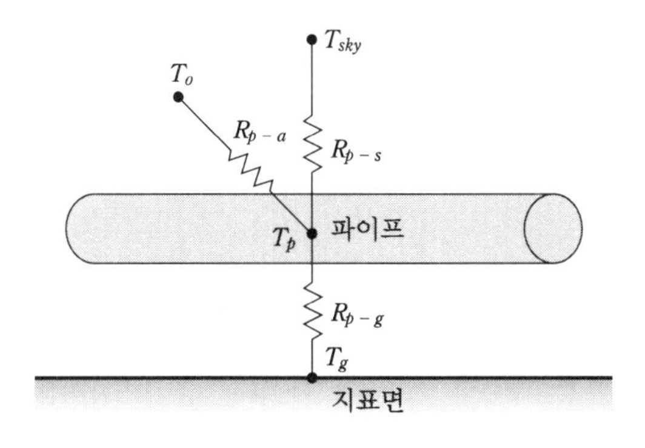

[그림 11-54] 지상에 위치한 파이프의 열전달

㉮ 대류 열손실은 1959년 McAdams에 의해 제안된 다음의 관계에 의해 계산될 수 있다.

평균 온도에 대한 공기의 물성값

$T_m = \dfrac{T_P + T_o}{2}$: 평균 온도

$\nu = 15 \times 10^{-6}\ \mathrm{m^2/s}$: 점성

$k = 0.033\ \mathrm{W/m \cdot ℃}$: 열전도율

$\beta = \dfrac{1}{273 + T_m}$: 열팽창 계수

$g = 9.81\ \mathrm{m/s^2}$: 중력 가속도

Prandtl Number ; $\mathrm{Pr} = 0.71$

Grashof Number ; $Gr = \beta \cdot g \cdot D^3 \cdot \dfrac{T_P - T_o}{\nu^3} = 5.976 \times 10^7$

$10^3 \sim 10^9$의 범위에서의 Grashof Number와 Prandtl Number가 0.5보다 큰 경우에 대하여, 층류 유동일 경우, Nusselt Number를 계산하기 위하여,

$Nu = 0.56 \times (Gr \times \mathrm{Pr})^{0.25}$, $hc = Nu \times \dfrac{k}{D}$

$hc = 4.972\ \mathrm{W/m^2 \cdot ℃}$: 대류 열전달 계수

$A = \pi \times L \times D$: 표면적

대류 열손실량은 $q_c = A \times hc \times (T_P - T_o) = 70.284\ \mathrm{W}$이다.

㉯ 복사 열손실을 계산하기 위해 먼저 천공과 지표면에 대하여 파이프와 평행한 무한 흑체 표면으로 가정해야 한다. 그러므로, 대칭성(symmetry)으로부터, 파이프로부터 천공과 지표면과의 형태계수는 각각 F_{PS}, F_{PG}이며, 그 값은 모두 0.5이다.

$\sigma = 5.67 \times 10^{-8}\ \mathrm{W/m^2 \cdot ℃}$: 스테판-볼츠만 상수

따라서, 복사 열손실은 $q_r = A \times \varepsilon \times \sigma \times [T_{EQ}] = 52.252\ \mathrm{W}$이다.

여기서,

$$T_{EQ} = F_{PS} \times [(273 + T_P)^4 - (273 + T_{sky})^4] + F_{PG} \times [(273 + T_P)^4 - (273 + T_g)^4]$$

마지막으로 총 열손실량은 $q = q_c + q_r = 122.535\ \mathrm{W}$이다.

11-10 실내 열환경과 그 평가

1. 열쾌적 지표

사람은 신체의 열수지 차이에 의해 더위와 추위의 정도를 느낀다. 열수지에 관계가 있는 인체주위의 열환경 요소들로는 물리적 변수인 공기 온도, 습도, 기류 및 평균복사온도(MRT)4)와 개인적 변수인 활동량, 착의량을 들 수 있다. 그리고 물리적 변수인 4요소를 보통 열환경의 요소라고 부른다.

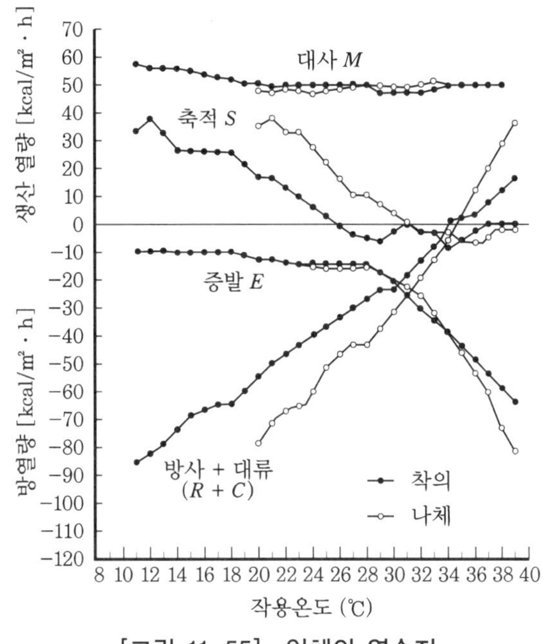

[그림 11-55] 인체의 열수지

열환경의 연구는 1910년경부터 시작되어 많은 지표가 연구 결과로 제시되었으나, 여기에서는 실내의 온열 환경과 공조 설계와 관계가 깊은 몇 가지 지표에 대하여 설명한다.

〈표 11-8〉은 각종 온열 환경 지표를 나타낸 것으로 대부분 개인적 변수인 활동량과 착의량을 일정 조건하에서 물리적 변수를 고려한 지표들이다.

4) MRT : 평균복사온도라고 한다. MRT는 실내 공간에서의 여러 복사의 영향을 가중 평균한 것이다. 이것은 다음 식에 의해 평가된다.

$$\mathrm{MRT} = \frac{\sum t \cdot \theta}{360} = \frac{t_1 \cdot \theta_1 + t_2 \cdot \theta_2 + \cdots + t_n \cdot \theta_n}{360}$$, t : 벽체표면온도, θ : 표면노출각도

〈표 11-8〉 온열 환경 지표

온열 환경 지표	DB T_{air}	RH	V	MRT T_{mr}	met	clo
유효온도	○	○	○		좌 업 경작업	약 1 clo
흑구온도	○		○	○		
합성온도	○	○	○	○	경작업	평상복
등가온도	○	○	○	○	안정 시	평상복
수정유효온도	○	○	○	○	좌 업 경작업	평상복
작용온도	○		○	○		
습작용온도	○	○	○	○	○	○
신유효온도	○	○	○	○	1 met	0.6 clo
불쾌지수	○	○				
생체기후도	○	○	○	○	좌 업	1 clo
P.M.V.	○	○	○	○	○	○
R.M.V.	○	○	○	○	○	○

(주) DB : 외기온, RH : 상대습도, V : 기류, MRT : 평균복사온도, met : 대사량, clo : 착의량
R.M.V. : Fanger가 채택했던 P.M.V.를 피험자의 쾌적도에 대한 응답을 토대로 하여 한국동력자원 연구소에서 연구한 온열 환경 지표임.

2. 작용온도 (OT : Operative Temperature ; T_{op})

작용온도는 효과온도라고도 하며 건구온도, 기류 및 주위의 벽(천장, 벽, 기타 난방, panels)과의 사이의 열복사의 종합효과를 나타내는 지표로서 1937년 Winslow 등에 의해 제안되었다.

이것은 흑구온도와 건구온도의 산술평균값으로서 표시되며, 다음 식과 같다.

$$\mathrm{OT} = \frac{\mathrm{MRT} + Ta}{2} \quad : hr = hc \text{일 때}$$

$$= \frac{hr \times \mathrm{MRT} + hc \times T_a}{hc + hr}$$

여기서, hr : 복사열에 대한 열전달 계수, hc : 대류 열전달 계수

습작용온도(Humid Operative Temperature)는 OT에 습도의 영향을 가미한 체감 지

표로서, 기온, MRT, 습도가 있는 실에 있어서 인체가 받는 열량과 동일한 수열을 하는 습도 100%에 있어서의 기온과 평균방사온도를 같게 한 실의 기온이다.

3. 유효온도(ET : Effective Temperature)

1923년 F.C. Houghton과 C.P. Yaglou 등에 의해 제안되었으며, 온도, 습도, 기류에 의해 인체의 온열감각에 영향을 미치는 총합 효과를 나타내는 단일지표이다.

무풍상태, 상대습도 100%일 때를 기준으로 하여 나타내는 것이며, 유효온도(체감온도) 변화상태는 〈표 11-9〉와 같다.

〈표 11-9〉 유효온도(체감온도) 변화상태

구 분	건구온도	상대습도	기 류
유효온도 상승	↑	↑	↓
유효온도 하락	↓	↓	↑

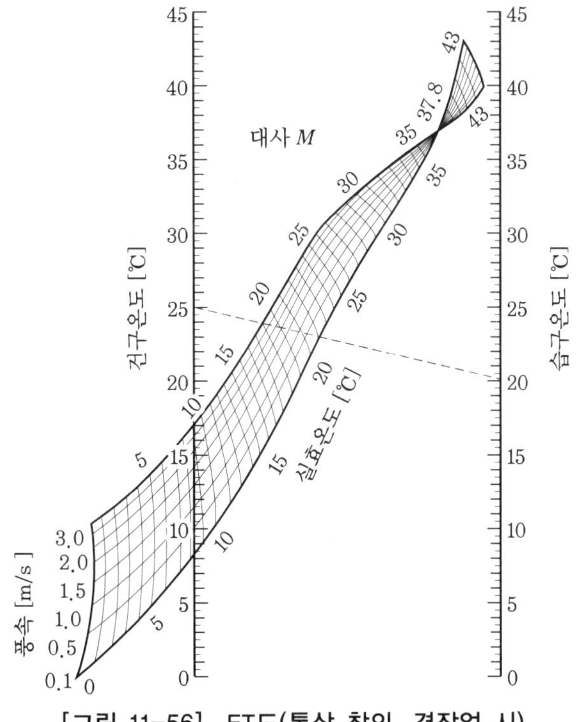

[그림 11-56] ET도(통상 착의, 경작업 시)
(사용 예) 실공기의 건구온도 25℃, 습구온도 20℃, 기류속도 0.1 m/s일 때 ET는 22.7℃이다

풍속, 착의상태 등의 조건에 대한 갖가지 유효온도를 구하는 도표가 발표되었으나, 그 중 풍속이 서로 다른 조건하에서 상의를 입은 통상 착의의 경작업자에 적용할 수 있는 유효온도를 나타내면 [그림 11-56]과 같다.

4. 불쾌지수 (DI : Discomfort Index)

1950년대에 미국의 J. F. Bosen은 종래의 유효온도에 의한 표시가 그 번거로움으로 인해 일반적으로 사용하기 어렵다는 점을 감안하여 제안한 것으로, 불쾌지수는 기후의 불쾌도를 표시하는 지수로서 기온과 습도만의 영향을 고려한 것으로 다음 식과 같으며, 그에 따른 영향은 〈표 11-10〉과 같다.

$$DI = 0.72(T_a + T_w) + 40.6$$

여기서, T_a : 기온, T_w : 습구온도

〈표 11-10〉 불쾌지수에 따른 쾌감상태

불쾌지수 (DI)	쾌감상태
86 이상	매우 견디기 어려운 무더위
80 이상	대부분 불쾌감을 느낌
75 이상	반 이상 불쾌감을 느낌
70 이상	일부 불쾌감을 느낌(불쾌감을 느끼기 시작)
70 미만	쾌적함을 느낌

5. 신유효온도 (ET* : New Effective Temperature)

유효온도는 오랜 세월에 걸쳐 사용되어 왔으나, 이에 대한 비판이나 그 이후의 많은 연구 결과 1971년 Gagge 등에 의해 신유효온도(ET*)가 제안되었다.

이것은 가벼운 옷차림의 낮은 자세로 있는 인체에 적응시키는 것으로서, 다음 해 ASHRAE(American Society of Heating Refrigerating and Air Conditioning Engineers)에 채용되었다.

[그림 11-57]은 신유효온도도를 나타낸 것이며, 거의 무풍상태인 실의 평균복사온도가 기온과 같으면 기온과 습도에 의해 ET*가 구해진다. ET가 습도 100%의 기온으로 정의된 것에 비하여 ET*는 보다 일상적인 습도 50%의 기온으로 정해져 있다. 등 ET* 선

은 기온 25℃ 이하에서는 발한에 의한 피부 습윤율 $w_s = 0$인 등습윤선에 평행한 직선이 50%의 등습도선과 교접하는 직선으로 표시되고, 기온 41℃ 이상에서는 습윤율(skin wettedness) $w_s = 1$의 등습윤선(constant wettedness line)에 평행한 직선이 50% 등습도선과 만나는 직선으로 표시된다.

그 사이 25~41℃ 간의 등 ET* 선은 각 기온에 따른 등습윤선과 일치한 직선으로 표시된다.

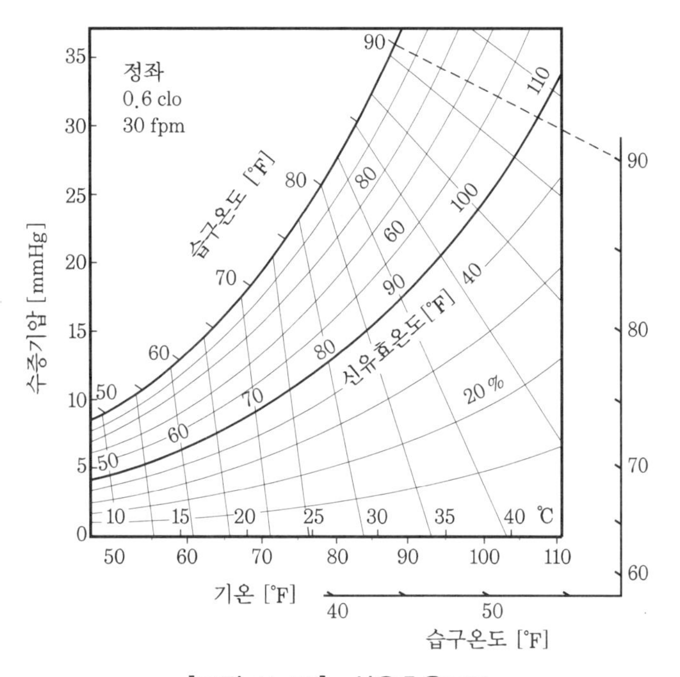

[그림 11-57] 신유효온도표

ET*는 인체의 열수지의 해석에 의해 유도된 합리적인 체감 지표로서, 피험자의 체감 경험에 의해 결정된 ET와는 기본적으로 다른 것이다.

6. 수정유효온도 (CET : Corrected ET)

수정유효온도는 온도, 습도, 기류속도의 유효온도에 복사열에 대한 영향을 고려한 온열감각 지표로서, 건구온도 대신에 글로브온도, 습구온도 대신에 상당습구온도(절대습도를 그대로 두고 기온이 건구온도에서 글로브온도까지 변화된 경우에 얻어진 습구온도)를 사용하여 평가하였다.

7. 표준유효온도(S.E.T. : Standard ET)

표준유효온도는 Gagge 등이 제안한 것으로, ET*를 보다 발전시킨 최신 쾌적 지표로서, ASHRAE에서 채택하여 세계적으로 널리 사용되고 있다.

상대습도 50%, 풍속 0.12 m/s, 활동량 1 met, 착의량 0.6 clo의 동일한 표준 환경 조건에서 환경변수들을 조합한 것으로, 활동량, 착의량 및 환경조건에 따라 달라지는 온열감, 불쾌감 및 생리적 영향을 비교할 때 매우 유용하게 이용된다.

8. PMV & PPD

P.O. Fanger에 의해 제안된 것으로 1984년 ISO 7730에 의해 채택되었다. Fanger의 열쾌적 방정식은 가장 큰 쾌적감을 줄 수 있는 열환경 요소의 조합을 계산할 수 있고, 또 주어진 열환경 조건에 대한 인체의 예상 평균 온열감(PMV : Predicted Mean Vote)을 구할 수 있다.

$f(\mathrm{met}, \mathrm{clo}, T_a, \mathrm{MRT}, P_v, V) = 0$

PMV 값에 대해 사람들이 느끼는 불만족 정도를 %로 나타내는 것이 PPD(Predicted - percentage of Dissatisfied)이다. ISO-7730에서는 쾌적한 PMV, PPD의 수치로서 $-0.5 < \mathrm{PMV} < +0.5$, $\mathrm{PPD} < 10\%$로 권장하고 있다.

PMV는 다른 온열 지표와 달리 직접 감각량을 표시하기 쉽고 PPD에 의해 불만족률도 쉽게 예측할 수 있기 때문에 광범위하게 사용되고 있다.

① PMV를 이용한 인간의 감각을 기본으로 한 온열 환경 제어로 이제까지 제어할 수 없었던 복사열 등을 포함한 종합적인 온열 환경의 제어가 가능하도록 하고 있다.

② PMV의 설정을 건물 용도에 맞추어 변경함으로써 최소한의 필요 에너지를 사용하면서도 쾌적한 온열 환경을 유지할 수 있다.

Fanger가 제시한 쾌적 방정식 (A)에서 인체의 쾌적 상태와 평균피복온도 t_a와 피복면의 증발열손실량은 다음 식과 관계가 있다.

$$t_a = 35.7 - 0.028 \times (M - W)$$

$$E_s = 0.42 \times (M - W - 58.15)$$

$$(M - W) - E_d - E_s - E_{re} - C_{re} = K = R + C \qquad \text{(A)}$$

여기서, t_a는 평균피복온도[℃], M은 대사량[W/m²], W는 기계적 사무량[W/m²], E_d는 불감증설량(不感蒸泄量) [W/m²], E_s는 피복면의 증발열손실량[W/m²], E_{re}는 호흡에 의한 잠열손실량[W/m²], C_{re}는 호흡에 의한 잠열손실량[W/m²], K는 피복을 통한 열손실량[W/m²], R은 복사열손실량[W/m²] 그리고 C는 대류열손실량[W/m²]을 나타낸다.

$$E_d = 3.05 \times 10^{-3}(5733 - 6.99(M - W) - P_a)$$

$$E_{re} = 1.7 \times 10^{-5} \cdot M(5867 - P_a)$$

$$C_{re} = 0.0014 \cdot M \cdot (34 - t_a)$$

$$K = \frac{t_s - t_{cl}}{0.155 \times I_{cl}} = \frac{35.7 - 0.028(M - W) - t_{cl}}{0.155 \times I_{cl}}$$

$$R = 3.96 \times 10^{-8} \times f_{cl}((t_{cl} + 273)^4 - (t_r + 273)^4)$$

$$C = f_{cl} \times h_c(t_{cl} - t_a)$$

여기서, t_{cl}은 착의 외표면 온도[℃], P_a는 수증기압[Pa]이다. 그리고 대류 열전달 계수 hc는

$$hc = \max\left[(2.38 \cdot (t_{cl} - t_{ai}))^{0.25},\ 12.1 \cdot \sqrt{V}\ \right]$$

$$f_{cl} = 1.0 + 0.2 \cdot I_{cl}\ (I_{cl} < 0.5\,\text{clo})$$

$$f_{c2} = 1.05 + 0.1 \cdot I_{cl}\ (I_{cl} > 0.5\,\text{clo})$$

V는 평균풍속[m/s]이다.

$$L = (M - W) - E_d - E_s - E_{re} - C_{re} - R - C$$

$$\begin{aligned} t_{cl} &= t_s - 0.155 \cdot I_{cl} \cdot (R + C) \\ &= M - W - [3.96 \cdot 10^{-8} \cdot f_{cl} \cdot \{(t_{cl} + 273)^4 - (t_r + 273)^4\} \\ &\quad + f_{cl} \cdot h_c \cdot (t_{cl} - t_a) + C_1 + C_2] \\ &= 35.7 - 0.028(M - W) - 0.155\, I_{cl}[3.96 \cdot 10^{-8} \cdot f_{cl} \\ &\quad \cdot \{(t_{cl} + 273)^4 - (t_r + 273)^4\} + f_{cl} \cdot h_c \cdot (t_{cl} - t_a)] \end{aligned}$$

$$C_1 = [3.05 \times \{5.73 - 0.007 \cdot (M - W) - P_a\}]$$

$$C_2 = [0.42 \cdot (M - W) - 58.15 + 0.0173 \cdot M \cdot (5.78 - P_a)] + [0.0014 \cdot M \cdot (34 - t_a)]$$

온냉감은 ASHRAE에서 사용되어 온 '7단계 온열감척도법' [그림 11-58]의 -3에서 +3의 수치를 Y로 나타낸다.

실험 자료를 이용하여 인체의 온냉감 Y의 열부하 L에 대한 변화율 $\delta Y/\delta L$과 대사량 M을 다음과 같이 연계시켰다.

$$\frac{\delta Y(=\mathrm{PMV})}{\delta L} = 0.303 \cdot e^{-0.036\,M} + 0.028$$

$$\begin{aligned}\mathrm{PMV} &= [0.303 \cdot \exp(-0.036 \cdot M) + 0.028] \cdot L \\ &= [0.303 \cdot \exp(-0.036 \cdot M) + 0.028] \cdot \\ &\quad \{(M - W) - E_d - E_s - E_{re} - C_{re} - R - C\}\end{aligned}$$

앞에서의 모든 식들을 대입하여 정리하면 식 (B)를 얻을 수 있다.

$$\begin{aligned}\mathrm{PMV} = \ & [0.303 \cdot \exp(-0.036 \cdot M) + 0.028] \\ & \times \{(M - W) \\ [E_d] \ & ① - 3.05 \times 10^{-3}(5733 - 6.99(M - W) - P_a) \\ [E_s] \ & ② - 0.42 \times (M - W - 58.15) \\ [E_{re}] \ & ③ - 1.7 \times 10^{-5} \cdot M(5867 - P_a) \\ [C_{re}] \ & ④ - 0.0014 \cdot M \cdot (34 - t_a) \\ [R] \ & ⑤ - 3.96 \times 10^{-8} \times f_{cl}[(t_{cl} + 273)^4 - (t_r + 273)^4] \\ [C] \ & ⑥ - f_{cl} \times h_c(t_{cl} - t_a)\}\end{aligned} \qquad \text{(B)}$$

끝으로 Fanger는 실험에 있어서 온냉감 −1, 0, +1 이외의 신고를 한 사람의 비율을 불만족률로서 PMV와 연관시켜 다음의 PPD 식 (C)를 도출하였다.

$$\mathrm{PPD} = 100 - 95 \cdot \exp[-(0.03353 \cdot \mathrm{PMV}^4 + 0.2179 \cdot \mathrm{PMV}^2)] \qquad \text{(C)}$$

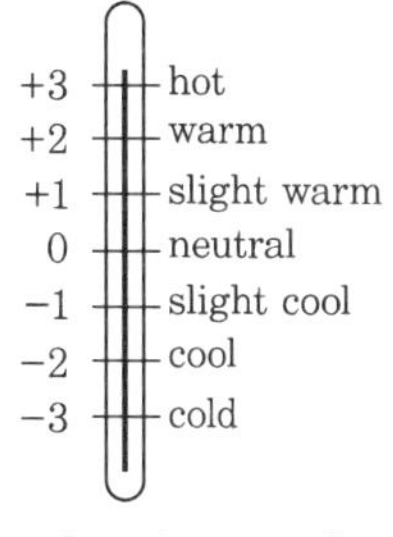

[그림 11-58] 7단계 온열감 척도

〈표 11-11〉 온열 환경에 대한 온냉감과 PMV값 사이의 관계

PMV	온냉감	PMV	온냉감
+3	덥다.	−1	조금 시원하다.
+2	따뜻하다.	−2	시원하다.
+1	조금 따뜻하다.	−3	춥다.
0	덥지도 춥지도 않다.		

9. 카타 냉각력(Kata Cooling Power)

1914년 L. Hill 등에 의하여 인체의 방열모형으로써 개발되었다. 알코올이 봉입된 온도계의 형을 하고 있으며, 감온부를 데우면 알코올이 관내를 상승시킨 후, 100°F에서 95°F의 눈금 사이를 하강하는 시간을 측정하여 환경의 냉각력을 알아내는 원리를 카타 온도계라고 하며, [그림 11-59]와 같다. 원래 이 냉각력의 체감지표로 할 목적이었지만, 감온부의 형상이 작고 풍속에 대한 감도가 높아 본래의 목적과는 달리 현재에는 미풍속계로서 사용되고 있다.

카타 온도계를 이용하여 냉각력과 풍속은 다음 식으로 구해진다.

$$H = \frac{F}{T}$$

여기서, H : 카타 냉각력($\mathrm{kcal/cm^2 \cdot s}$)

F : 카타율($\mathrm{kcal/cm^2}$)

T : 냉각시간(s)

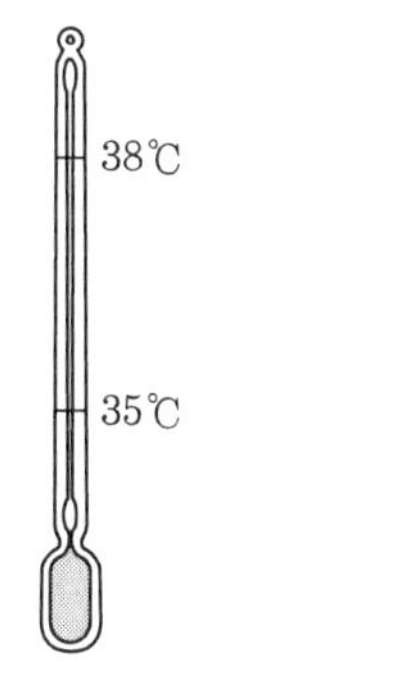

[그림 11-59] 카타 온도계

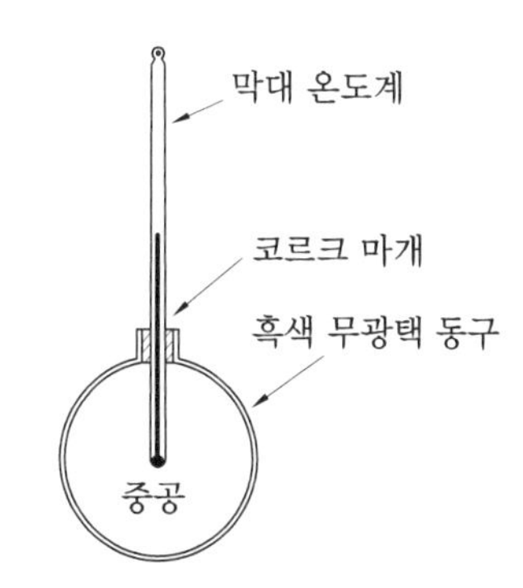

[그림 11-60] 글로브 온도계

$v \geq 1 : H = (0.13 + 0.47\sqrt{v})(36.5 - \theta)$

$v \leq 1 : H = (0.20 + 0.40\sqrt{v})(36.5 - \theta)$

여기서, θ : 기온(℃)

v : 풍속(m/s)

10. 글로브 온도계 (Globe Thermometer)

글로브 온도계는 기온과 복사의 총합 효과를 측정하는 것을 목적으로 한 것으로, 1930년 H. M. Vernon에 의해 고안되었다. 이것은 [그림 11-60]과 같이 외표면을 흑색 무광택으로 처리된 지름 15 cm의 속이 빈 밀폐 구리공 중심에 온도계의 구부(球部)가 위치하도록 만들어진 기구이다.

이것을 측정점에 매달아 두고 그 주위의 기온 및 주벽 표면 온도에 변화가 없다고 하면 약 15분이면 평형 온도에 가까워진다. 이때의 눈금을 글로브 온도 GT [℃]라고 한다. GT와 기온 DBT [℃]와의 차를 유효복사온도라고 한다.

평균복사온도 MRT(Mean Radiant Temperature)의 벽면의 실내에 매달아 놓은 글로브 온도계의 열수지는 MRT와 GT의 평균온도 T_m에 대한 k값을 k_m이라고 하면 근사값으로 다음의 식으로 표시된다.

$\varepsilon_g k_m (\mathrm{MRT} - \mathrm{GT}) = \alpha_c (\mathrm{GT} - \mathrm{DBT})$

여기서, ε_g는 글로브의 방사 계수, α_c는 구의 대류 열전달률 [kcal/m^2·h·℃]이며, 구의 지름을 d [m], 풍속을 v [m/s]라고 하면 α_c는 다음 식과 같이 표시된다.

$\alpha_c = 5.4\, v^{0.6} d^{-0.4}$

그리고 $T_m = 20$℃, $\varepsilon_g = 0.95$, $d = 0.15$℃라고 하면, $v = 1$ 정도의 미풍속이면 근사적으로 다음 식과 같다.

$\mathrm{MRT} = \mathrm{GT} + 2.48\sqrt{v}\,(\mathrm{GT} - \mathrm{DBT})$

따라서, 글로브 온도계는 주벽의 평균복사온도를 알기 위한 수단으로서 현재에도 흔히 사용된다.

위의 식은 다음과 같이 바꿔 쓸 수 있다.

$$\mathrm{GT} = \frac{\mathrm{MRT} - \mathrm{DBT}}{1 + 2.48\sqrt{v}} + \mathrm{DBT}$$

11. 개정 쾌적도

쾌적대 및 지적온도[5]는 인체의 생리적, 심리적 상태나 착의의 정도 등 여러 가지 조건에 따라 달라진다.

Yaglou 등은 1923년에서 1929년에 걸쳐 ET를 지표로 하여 통상 착의를 한 상태에서 한서감을 조사하고, 그 결과를 근거로 거의 무풍상태인 경우에 적용되는 쾌적도를 만들었다.

이것은 그 후 ASHRAE에 의해 채용이 되고, 나중 일부 개정이 되었으며, 다시 1960년의 Koch 등의 연구에 근거하여 4개의 등체감선이 개선되면서 [그림 11-61]과 같이 되었다.

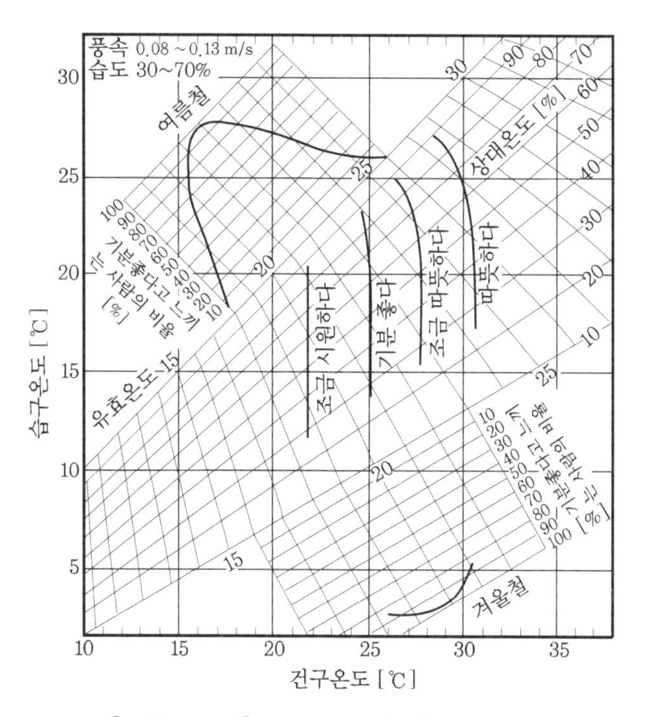

[그림 11-61] ASHRAE의 개정 쾌적도

여름철의 지적온도는 ET = 21.7℃, 겨울철은 ET = 20.0℃이다. 4개의 등체감선은 여름과 겨울의 평균값을 나타낸 것이다.

5) 최소의 생리적 노력에 의해 인체의 생산 열량과 방열량이 평형을 이루는 덥지도 춥지도 않은 쾌적한 열환경 상태일 때의 온도를 지적온도라고 한다.

12. 신쾌적도

ET 및 [그림 11-61]의 쾌적도는 1970년경까지 채용되어 왔으나, 1971년 Gagge 등의 ET*의 제안과 그때까지의 연구 결과를 바탕으로 하여 보다 합리적인 쾌적성이 ASH-RAE에 의해 추구됨으로써 1972년에 [그림 11-62]와 같은 현재의 쾌적도로 개정되었다.

[그림 11-62]는 평균복사온도가 기온과 같고, 거의 무풍인 실에 적용된다. 사선 부분은 쾌적 기준 55~74로 정해진 쾌적대를 나타내며, 0.8~1.0 clo의 착의, 사무 작업에 종사하는 경우의 결과이고, 마름모꼴 부분은 KSU의 연구에 의한 쾌적대를 나타내며, 0.4~0.6 clo의 착의, 앉은 자세에 대해 얻어진 결과이다.

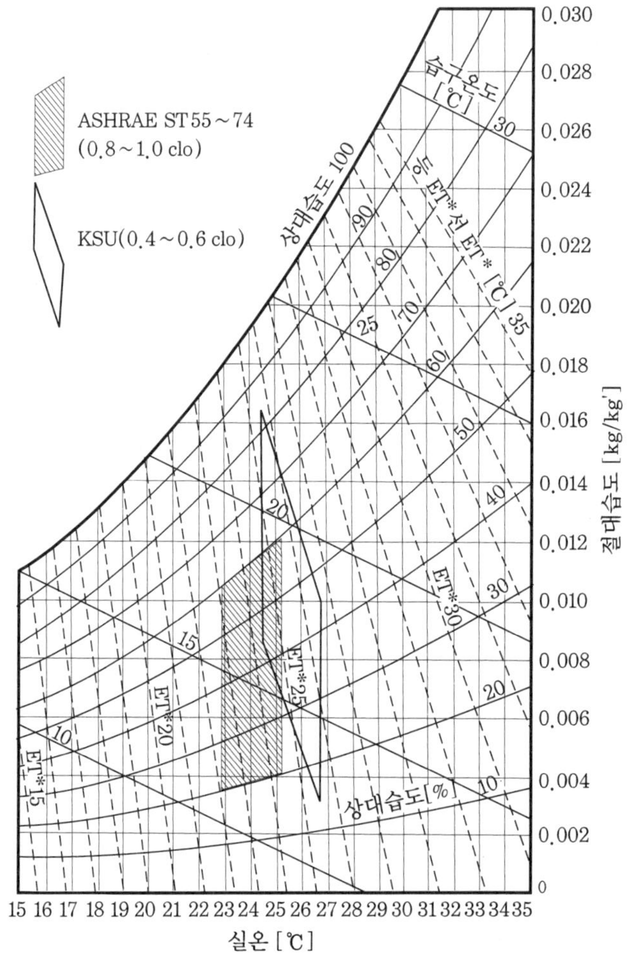

[그림 11-62] ASHRAE의 신쾌적도

일반적으로 추천되는 쾌적 조건은 양자가 겹치는 상태이며, 그것은 기온과 평균복사 온도 및 ET*가 24.5℃, 습도 40%, 무풍상태라고 한다. 또 등신유효온도 또는 쾌적대를 만족하는 실온과 착의량과를 구하는 그림이 여러 가지 습도 조건에 따라 만들어졌다.

실내의 온열 환경을 평가하는 다양한 방법이 있으나 본 교재에서는 최근 가장 많이 활용되고 있는 PMV와 PPD 계산만을 EES 프로그램으로 작성하고자 한다.

```
" PMV & PPD Calculation"
Procedure PMVPPD(AL, CLO,TA, TR, VAR, RH, W : PMV, PPD)

        {Calculation of the PMV & PPD Indices}
        M :=58.15*AL
        ICL :=0.155 * CLO
        PA := (RH/100*EXP(18.6686-4030.18/(TA+235)))/0.00750062
        EPS :=0.00015
        MW :=M-W

        {Compute the corresponding FCL Value}
        FCL :=1.05 + 0.645*ICL
        IF (ICL<0.078) THEN FCL := (FCL-0.05) + (0.645*ICL)
        FCIC :=ICL * FCL
        P2 := FCIC * 3.96
        P3 := FCIC * 100
        TRA :=TR + 273
        TAA :=TA + 273
        P1 :=FCIC * TAA
        P4 := 308.7 - 0.028 *MW + P2*(TRA/100)^4

        {First Cuess for Surface Temperature}
        TCLA :=TAA + (35.5-TA)/(3.5*(6.45*ICL+0.1))
        XN := TCLA / 100
        XF := XN
        HCF := 12.1 *SQRT(VAR)
        NOI := 0

        {Compute Surface Temperature of Clothing by Iterations}
100:    XF := (XF + XN) / 2
        HCN := 2.38 * ABS(100*XF-TAA)^(1/4)
        HC := MAX(HCF,HCN)
        XN := (P4+P1*HC-P2*XF^4)/(100+P3*HC)
        NOI := NOI +1
        IF (NOI>150) THEN GOTO 200
        IF (ABS(XN-XF)>EPS) THEN GOTO 100
        TCL :=100*XN-273

        {Compute Predicted Mean Vote}
        PM1 := 3.96 * FCL *(XN^4 - (TRA/100)^4)
        PM2 := FCL * HC *(TCL-TA)
        PM3 := 0.303 *EXP(-0.036*M)+0.028
```

```
        PM4 := 0
        IF (MW>58.15) THEN PM4 := 0.42 * (MW-58.15)
PMV:=PM3*(MW-3.05*0.001*(5733-6.99*MW-PA)-PM4-1.7*0.00001*M*(5867-PA)-0.0014*M
        *(34-TA)-PM1-PM2)
        IF (ABS(PMV)>3) THEN GOTO 200
        GOTO 300
200:    PMV := 999.99
        PPD := 100
        GOTO 400
300:    PPD := 100-95*EXP(-0.03353*PMV^4-0.2179*PMV^2)
400: END

AL = 1
CLO = 1
TA = 23
TR = 23
VAR = 0.1
RH = 50
W = 0

CALL PMVPPD(AL, CLO,TA, TR, VAR, RH, W : PMV, PPD)
```

이상과 같이 [Equations window]에 방정식들을 입력하여 프로그램을 완성한다. 이를 [Diagram] 창을 이용하여 다양한 조건에서 실행되도록 하기 위하여 입력 변수값으로 지정된 항들을 { }로 묶어 주석문 처리를 한다. 즉, 위의 방정식에서

```
  |
400: END

{ AL = 1
CLO = 1
TA = 23
TR = 23
VAR = 0.1
RH = 50
W = 0 }

CALL PMVPPD(AL, CLO,TA, TR, VAR, RH, W : PMV, PPD)
```

이다. 그런 다음 [Diagram] 창를 완성하면 다음과 유사한 구성을 할 수 있을 것이다.

이 결과의 신뢰성을 검토하기 위해, [그림 11-64]와 같이 대전대학교 건축공학과(건물에너지연구실 : BEL)에서 개발한 PMV & PPD 계산 프로그램과 그 결과를 비교하였으며, 정확히 일치함을 볼 수 있다.

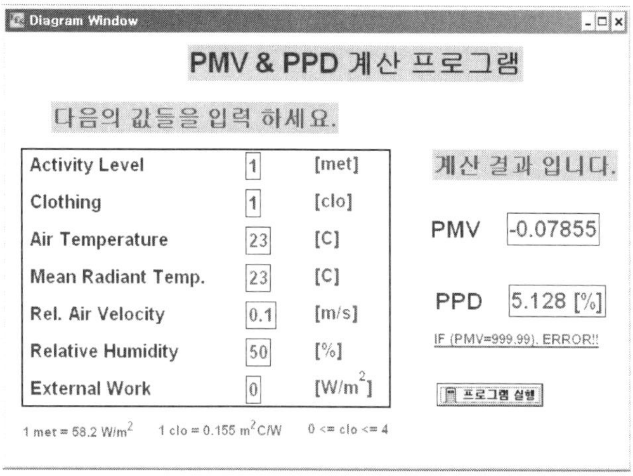

Diagram Window

PMV & PPD 계산 프로그램

다음의 값들을 입력 하세요.

Activity Level	1	[met]
Clothing	1	[clo]
Air Temperature	23	[C]
Mean Radiant Temp.	23	[C]
Rel. Air Velocity	0.1	[m/s]
Relative Humidity	50	[%]
External Work	0	[W/m²]

1 met = 58.2 W/m² 1 clo = 0.155 m²C/W 0 <= clo <= 4

계산 결과 입니다.

PMV -0.07855

PPD 5.128 [%]

IF (PMV=999.99), ERROR!!

프로그램 실행

[그림 11-63] Diagram Window 완성 화면

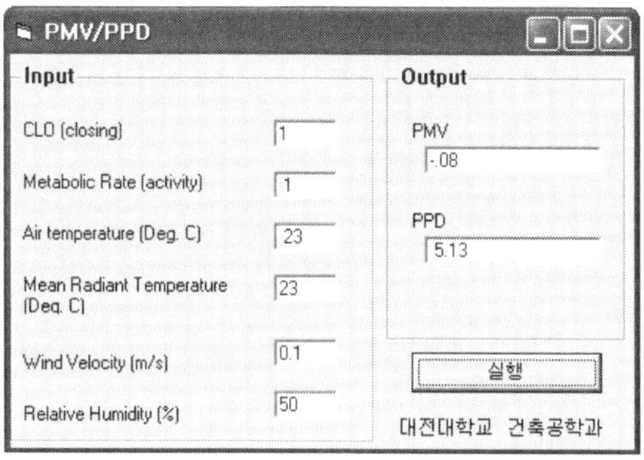

PMV/PPD

Input

CLO (closing)	1
Metabolic Rate (activity)	1
Air temperature (Deg. C)	23
Mean Radiant Temperature (Deg. C)	23
Wind Velocity (m/s)	0.1
Relative Humidity (%)	50

Output

PMV -.08

PPD 5.13

실행

대전대학교 건축공학과

[그림 11-64] BEL의 PMV/PPD 계산 결과

13. 벽체 열전달

여기서는 벽체 열전달 해석과 관련된 문제를 몇 가지 설명하고자 한다.

다음의 예제를 통해 EES의 미분 방정식을 해석을 위해 Integral 함수와 [Parametric Table]을 활용하는 방법에 관하여 설명한다. 예제는 초기 온도가 150℃인 파이프가 외기 온도 40℃에 노출되어 있는 경우로, 시간에 따른 구체의 온도 분포를 계산하는 것이다.

[Equations window]에 다음과 같은 방정식을 입력하자. 11-6-1절의 [예제]에 주어진 값들이므로 참고하면 된다.

```
"!Physical properties"
D=0.001 [m]
L = 0.5 [m]
A=pi*D*L            "area of lump in m^2"
V=L/4*pi*D^2        "volume of lump in m^3"

"!Material properties"
rho=8930 [kg/m3]; c=383 [J/kg-K]

"!Constants"
T_infinity=40 [C];  T_i=150 [C];  h=10 [W/m2-K]

"!Energy balance to determine dTdt"
rho*V*c*dTdt=-h*A*(T-T_infinity)

"!Integrate dTdt to find T as a function of time"
T=T_i+integral(dTdt,Time)

"!Exact solution"
(T_exact-T_infinity)/(T_i-T_infinity)=exp(-h*A/(rho*c*V)*Time)
```

이상과 같이 방정식의 입력을 마쳤으며, [Tables] 메뉴의 [New Parametric Table] 명령을 선택하여, 변수를 Time, T, T_exact 이렇게 3개를 선택한다. 이는 결과의 분포를 비교하기 위함이다. 그런 다음 [OK] 버튼을 클릭하면, 도표가 화면에 생성될 것이다.

여기서, 변수 Time에 대한 초기 값으로 0, 증분으로 85 sec를 선택한다. 다음으로 [Solve Table] 명령을 실행시키면 다음과 같은 결과를 얻을 수 있다.

Parametric Table — Table 1

1..11	T [C]	T_{exact} [C]	Time [sec]
Run 1	150	150	0
Run 2	76.96	80.71	85
Run 3	52.42	55.06	170
Run 4	44.17	45.57	255
Run 5	41.4	42.06	340
Run 6	40.47	40.76	425
Run 7	40.16	40.28	510
Run 8	40.05	40.1	595
Run 9	40.02	40.04	680
Run 10	40.01	40.01	765
Run 11	40	40.01	850

[그림 11-65] 예제 해석 결과

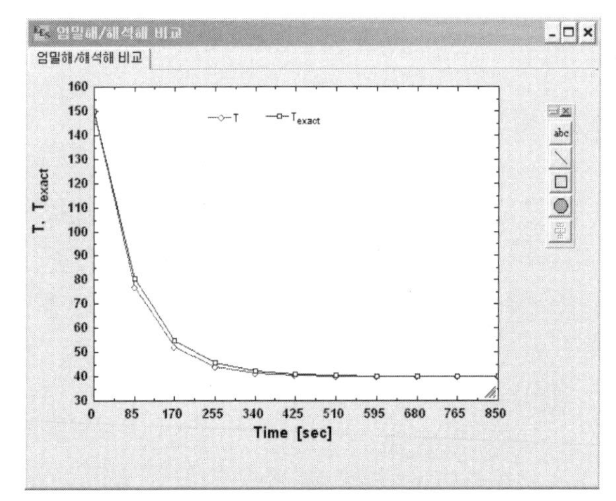

[그림 11-66] 엄밀해와 해석해의 비교

이 결과에서 알 수 있듯이 [그림 11-66]은 앞에서 설명한 [그림 11-40]과 거의 일치하는 분포를 보인다.

EES는 보다 간단한 열전도 해석 프로그램에 응용될 수 있으며, 매우 간단한 조작을 통해 결과를 쉽게 얻을 수 있음을 알 수 있다.

다음으로 본 예제를 오일러 법(Euler's Method)과 크랭크-니콜슨 법(Crank-Nicolson's Method)을 이용하여 계산해 보도록 하자.

위의 [Equations window]에서 작성한 내용 중 다음을 추가하면 새로운 프로그램이 완성된다.

```
...
"!Constants"
T_infinity=40 [C];  T_i=150 [C];  h=10 [W/m2-K];  delta=100 [sec]

"Finite difference energy balance"
Row=1+Time/delta          "this is the row number in the table"

"!Euler Method"
T_Euler_old=tablevalue(Row-1,#T_Euler)  "retrieves previous T_Euler"
rho*V*c*(T_Euler-T_Euler_old)/delta=-h*A*(T_Euler_old-T_infinity)
"!Crank-Nicolson Method"
T_CN_old=tablevalue(Row-1,#T_CN)       "retrieves previous T_CN"
rho*V*c*(T_CN-T_CN_old)/delta=-h*A*((T_CN_old+T_CN)/2-T_infinity)
...
$TabWidth 0.5 cm
```

이상의 방정식 입력을 마친 후, [Parametric Table]을 이용하여 앞에서 실행한 방법과 유사하게 실행시키면 된다. 단, 여기에서는 첫 번째 행, 즉 시간이 0 [sec]에서의 초기값은 사용자가 기입해야 한다. 다음 2행부터 11행까지 실행시키면 [그림 11-67]의 좌측과 같은 결과를 얻을 수 있으며, 이것은 그래프화시킨 것이 [그림 11-67]의 우측 그림이다.

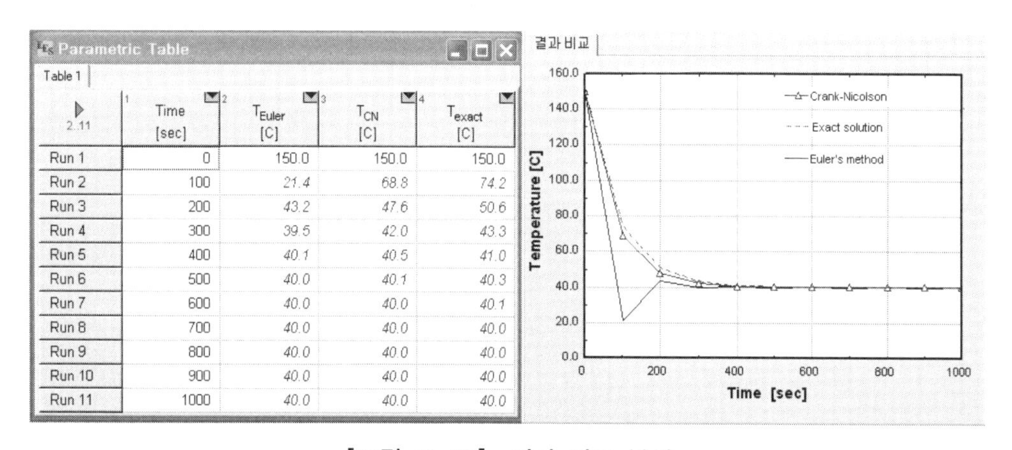
Parametric Table

Table 1

2..11	Time [sec]	T_{Euler} [C]	T_{CN} [C]	T_{exact} [C]
Run 1	0	150.0	150.0	150.0
Run 2	100	21.4	68.8	74.2
Run 3	200	43.2	47.6	50.6
Run 4	300	39.5	42.0	43.3
Run 5	400	40.1	40.5	41.0
Run 6	500	40.0	40.1	40.3
Run 7	600	40.0	40.0	40.1
Run 8	700	40.0	40.0	40.0
Run 9	800	40.0	40.0	40.0
Run 10	900	40.0	40.0	40.0
Run 11	1000	40.0	40.0	40.0

[그림 11-67] 결과 비교 분석

[그림 11-67]에서 엄밀해에 보다 가까운 것이 CN's Method임을 알 수 있다.

다음의 내용은 위의 [Equations window]에 사용된 함수 Tablevalue에 관한 EES의 도움말 내용이다. 위의 방정식을 이해하는데 도움이 될 것이다.

TABLEVALUE('TableName', Row, Column) or TABLEVALUE('TableName', Row, 'VariableName') returns the value stored in the row and column of the specified Parametric Table. 'TableName' can either be a string variable or a string constant holding the name of the Parametric table, as it appears on the tab in the Parametric Table Window. The name is case-insensitive.

The TABLEVALUE function in older versions of EES required only two arguments, the Row and Column. To provide compatibility with older versions, EES will assume that the TABLEVALUE function is to be applied to the first Parametric table if 'TableName' is not provided.

The column number may be either entered directly as an integer number or indirectly by supplying the variable name for the desired column within single-quotes, e.g., TableValue ('Table 1', 6, 'ABC') specifies the column in the table holding values of variable ABC. Alternatively a string variable may be used to provide the name of the column. An error message will be generated if the row or column (or corresponding variable name) does not exist in the Parametric Table or if referenced cell does not have a value. The TABLEVALUE function is useful in the solution of some marching-solution type problems in which the current value of a variable depends on its value in previous calculations.

이상으로 EES에 관한 운용 매뉴얼과 이를 활용한 건축 열환경 해석에 관하여 살펴보았다.

아직 부족한 내용이 많이 있지만 추후 하나씩 보충해 나갈 예정이다.

Chapter

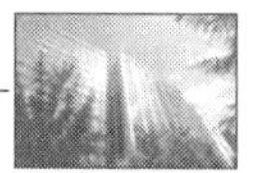

12. EES에서 제공하는 예제 학습

앞에서 제 11 장까지 배운 내용을 EES에서 제공하는 실제 예제를 통한 학습으로 그 활용도와 적용성을 향상시키고자 한다. 이론적인 지식 습득도 중요하지만, 실제 문제들에 적용하여 이를 EES 프로그램화시키는 것이 무엇보다 중요한 것이므로, 본 장을 추가하게 된 것이다. 이를 통해 EES 프로그램 전문가가 될 수 있는 지식을 충분히 갖출 수 있을 것으로 여겨진다.

12-1 저녁 식사 비용 계산

[그림 12-1]의 주석문에 자세한 문제를 설명하고 있다. 이를 방정식으로 정리한 후, 계산한 결과를 보여주고 있으며, 이러한 기본적인 방정식 또한 쉽게 해석이 가능하다.

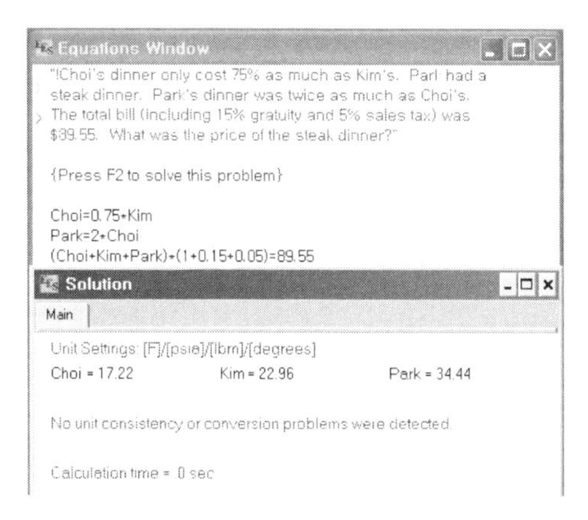

[그림 12-1] 저녁 식사 비용 계산 예

매우 단순한 예제이므로 자세한 설명은 생략하도록 하며, 이와 같은 방법으로 주어진 문제를 쉽게 계산할 수 있는 것을 알 수 있다. 또한 기존의 다른 고급 언어들(Fortran,

C, Pascal, Visual Basic)과는 달리, 변수들이 좌변에 여러 개가 동시에 사용된 것을 볼 수 있다. 이러한 특징이 EES와 다른 프로그램들과의 차이점 중에 하나이며, 누구나 제공되는 방정식들의 형태 변경없이 그대로 쉽게 사용할 수 있는 장점이기도 하다.

12-2 Array 계산

1. 2개의 3×3 행렬의 곱 계산

[그림 12-2]의 주석문에 문제가 제시되어 있다. 본 예제에서는 Sum 함수와 Duplicate 명령을 이용하는 방법을 보여주고 있으며, 배열 함수의 사용법도 익힐 수 있다. [그림 12-2]에서 알 수 있듯이 기본적인 방정식들의 정의는 일반적인 Fortran 프로그램과 매우 유사한 방법으로 작성되었다. 즉, Duplicate-End 명령은 Do-Continue 문과 같은 형식을 띠고 있으며, 배열 또한 X[i, j]가 Dimension X(i, j)와 유사한 형식을 띠고 있음을 볼 수 있다.

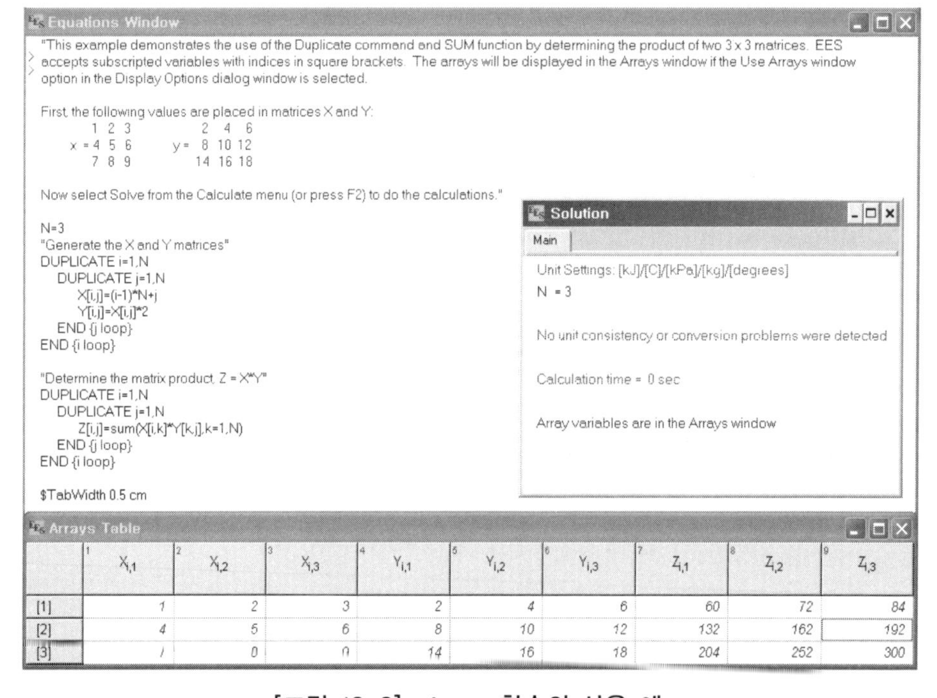

[그림 12-2] Array 함수의 사용 예

다른 점은 Sum 함수의 사용이다.

Sum(X[i, k]*Y[k, i], k = 1, N)

$$\begin{pmatrix} X11 & X12 & X13 \\ X21 & X22 & X23 \\ X31 & X32 & X33 \end{pmatrix} \begin{pmatrix} Y11 & Y12 & Y13 \\ Y21 & Y22 & Y23 \\ Y31 & Y32 & Y33 \end{pmatrix} = \begin{pmatrix} Z11 & Z12 & Z13 \\ Z21 & Z22 & Z23 \\ Z31 & Z32 & Z33 \end{pmatrix}$$

을 계산하는 것으로,

$$Z11 = X11 \times Y11 + X12 \times Y21 + X13 \times Y31$$

$$Z12 = X11 \times Y12 + X12 \times Y22 + X13 \times Y32$$

$$\cdots$$

$$Z33 = X31 \times Y13 + X32 \times Y23 + X33 \times Y33$$

의 과정을 Duplicate-End 명령과 함수 sum을 사용하여 간단히 표현한 것이다. 이를 통해 행렬 계산의 방법과 Duplicate-End 명령 그리고 함수 sum의 사용에 관한 기본 지식을 충분히 습득할 수 있을 것이라 본다.

2. 3×3 행렬의 역행렬 계산

[그림 12-3]은 주어진 행렬의 역행렬을 계산하는 것과 행렬의 곱을 계산하는 방법에 관한 예제의 방정식 및 결과를 정리한 것이다.

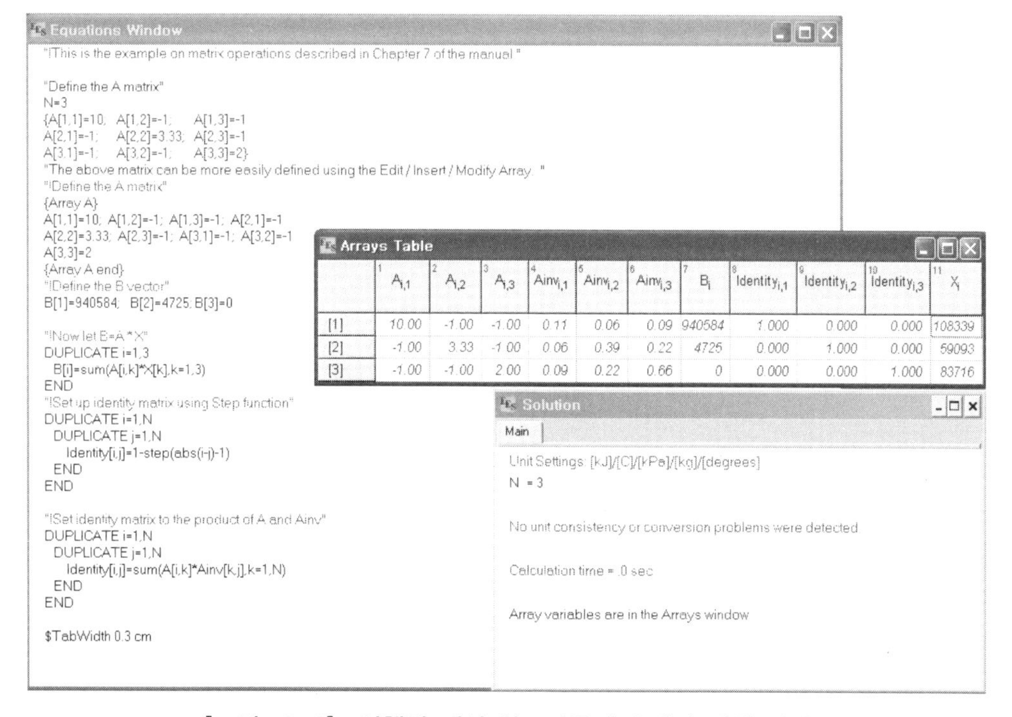

[그림 12-3] 역행렬 계산 알고리즘의 소개와 계산 결과

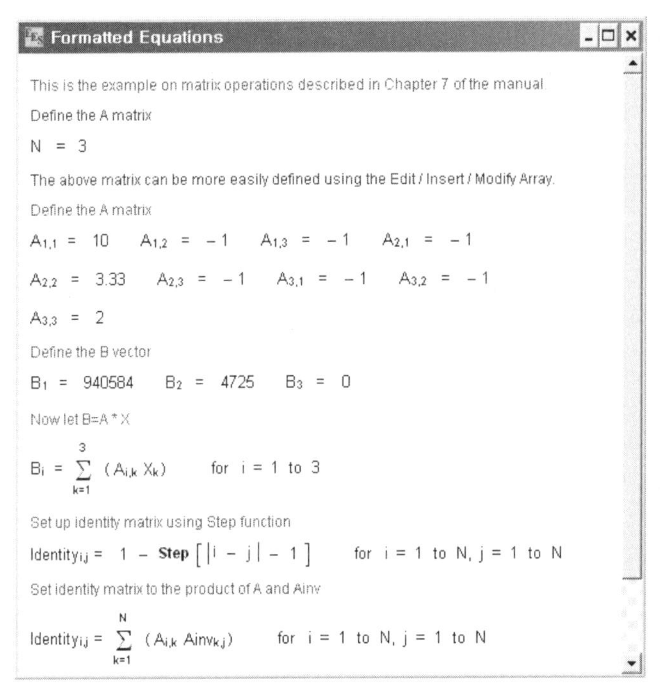

[그림 12-4] 주어진 문제의 수학적 표현

주어진 행렬 A의 값을 가장 먼저 입력한다. 그리고 행렬 B의 값을 입력한다. 이들 행렬에 대한 값들은 모두 배열(Array)문을 사용한 것을 볼 수 있다. 그리고 $[B]=[A][X]$, $[X]=[A]^{-1}\,[B]$의 단계를 거쳐 계산 과정이 포함되어 있다.

따라서, 행렬 A의 역행렬의 계산이 선행되는 것을 알 수 있을 것이다. 또한 본 예제의 기본 알고리즘을 이용하여 다양한 역행렬 계산을 행할 수 있으므로, 주의깊게 프로그램을 분석하고 이해하기 바란다.

3. 배열의 범위 표기법(Array Range Notation)

다음 예제는 배열의 범위를 표기하는 방법에 관한 예제와 그 계산 결과를 보여준다.

```
"!This example illustrates the use of array range notation.  See the on-line help for details."

 Function SumSquares(n, A[1..n])
"Note that n is not known at this point.  EES will assume n is a MAXIMUM of 100.  If you
wish to increase this maximum to a larger value, say 200, change A[1..n] to A[1..200].
```

```
  The calling program can provide any number of elements for A as long as it is less than the
maximum."

   S:=0
   i:=1
          repeat
                    S:=S+A[i]^2
                    i:=i+1
         until (i=n)
SumSquares:=S
end

n=90
duplicate i=1,n "initialize n elements array elements"
         X[i]=i
end

SumX2=SumSquares(n, X[1..n])
"returns the sum of the squares of n array elements."
"Note than n elements in array X are passed to array A in Function SumSquares. n must be
less than or equal to the maximum number of elements for which array A is dimensioned
which is 100 by default.."
AvgX=AVERAGE(X[1..n])
"AVERAGE is a new built-in function. It can accept up to 2000 arguments."
SumX=SUM(X[1..n])
"SUM is a built-in function, but this is notation is new."
OldSumX=SUM(X[i],i=1,n)
"This is the old notation for the SUM function; it is still supported."
MaxX=MAX(X[1..n])
"MIN and MAX functions accept a variable number of arguments."

$Arrays OFF
{Note that the $Arrays OFF directive will cause the array values to be displayed in the Solution
window.
Otherwise they will appear only in the Arrays table.}

$TabWidth 0.5 cm
```

위의 내용을 수학적으로 표현한 것이 [그림 12-5]이며, 이를 계산한 결과를 살펴보면 [그림 12-6(a)]와 [그림 12-6(b)]이다.

여기서, 주의깊게 살펴보아야 하는 내용으로는 Function의 사용법이다. 앞에서 설명되었으나 Function은 하나의 결과만을 계산하는 것이며, 내부의 방정식들은 '=' 대신에 ':='을 사용하며, 반드시 End문이 끝에 위치해야 한다.

또한 프로그램의 맨 앞에 위치해야 한다는 것이다. 다음으로 Average, Sum, Max 함수의 사용 방법에 관하여 살펴보아야 하며, EES에만 존재하는 '..'의 특징에 대하여 이해해야 한다.

Formatted Equations

This example illustrates the use of array range notation. See the on-line help for details.

Function **SumSquares** $(n, A_{1..n})$

Note that n is not known at this point. EES will assume n is a MAXIMUM of 100. If you wish to increase this maximum to a larger value, say 200, change $A_{1..n}$ to $A_{1..200}$. The calling program can provide any number of elements for A as long as it is less than the maximum.

$S := 0$

$i := 1$

Repeat

$S := S + A_i^2$

$i := i + 1$

Until $(i = n)$

SumSquares := S

End **SumSquares**

$n = 90$

initialize n elements array elements

$X_i = i$ for $i = 1$ to n

SumX2 = **SumSquares** $(n, X_{1..n})$ returns the sum of the squares of n array elements.

Note than n elements in array X are passed to array A in Function SumSquares. n must be less than or equal to the maximum number of elements for which array A is dimensioned which is 100 by default.

AvgX = **Average** $(X_{1..n})$ AVERAGE is a new built-in function. It can accept up to 2000 arguments.

SumX = **Sum** $(X_{1..n})$ SUM is a built-in function, but this is notation is new.

$OldSumX = \sum_{i=1}^{n} (X_i)$ This is the old notation for the SUM function; it is still supported.

MaxX = **Max** $(X_{1..n})$ MIN and MAX functions accept a variable number of arguments.

[그림 12-5] 배열의 범위 표기법 문제의 수학적 표현

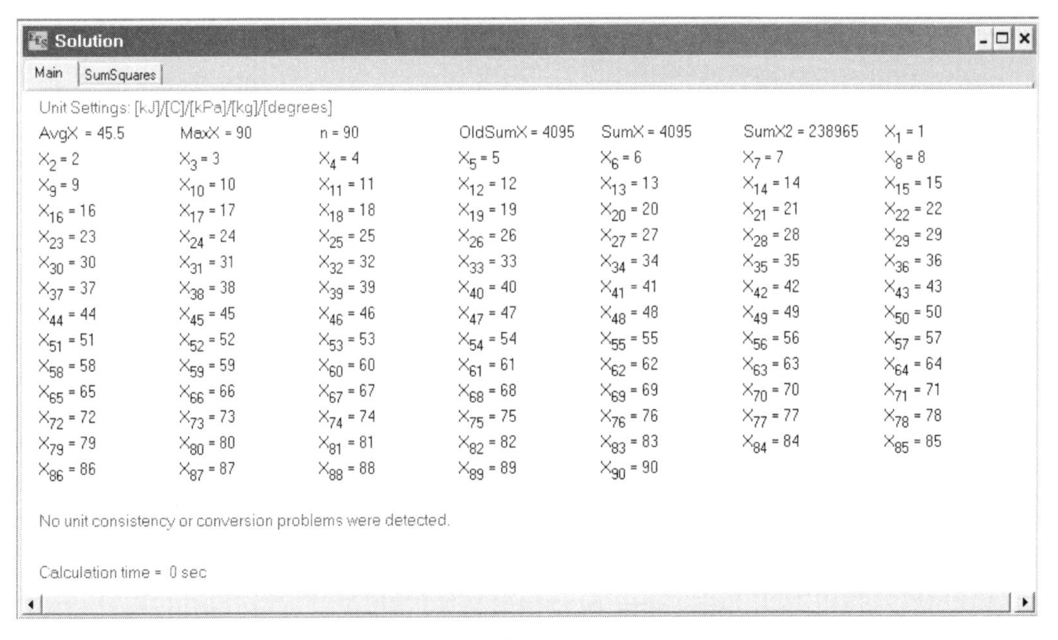

[그림 12-6(a)] 분석 결과 예 1

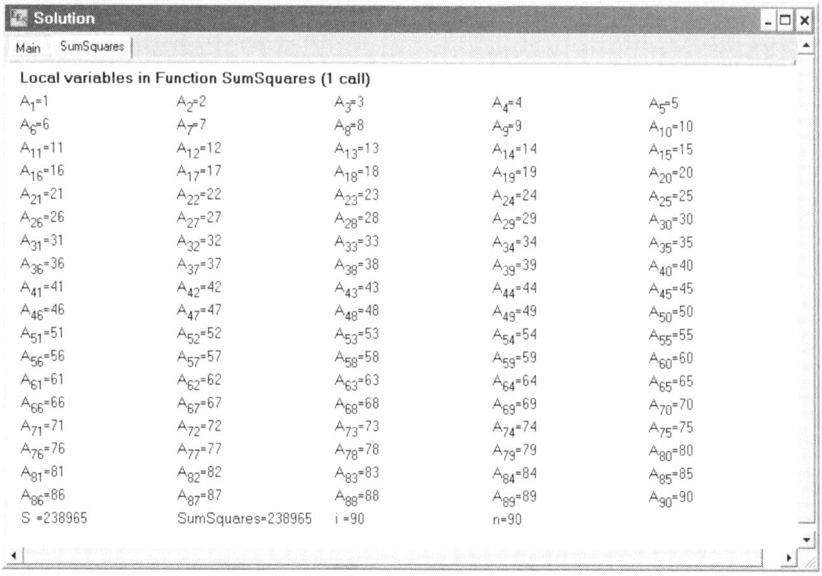

Solution

Main SumSquares

Local variables in Function SumSquares (1 call)

A_{1}=1	A_{2}=2	A_{3}=3	A_{4}=4	A_{5}=5
A_{6}=6	A_{7}=7	A_{8}=8	A_{9}=9	A_{10}=10
A_{11}=11	A_{12}=12	A_{13}=13	A_{14}=14	A_{15}=15
A_{16}=16	A_{17}=17	A_{18}=18	A_{19}=19	A_{20}=20
A_{21}=21	A_{22}=22	A_{23}=23	A_{24}=24	A_{25}=25
A_{26}=26	A_{27}=27	A_{28}=28	A_{29}=29	A_{30}=30
A_{31}=31	A_{32}=32	A_{33}=33	A_{34}=34	A_{35}=35
A_{36}=36	A_{37}=37	A_{38}=38	A_{39}=39	A_{40}=40
A_{41}=41	A_{42}=42	A_{43}=43	A_{44}=44	A_{45}=45
A_{46}=46	A_{47}=47	A_{48}=48	A_{49}=49	A_{50}=50
A_{51}=51	A_{52}=52	A_{53}=53	A_{54}=54	A_{55}=55
A_{56}=56	A_{57}=57	A_{58}=58	A_{59}=59	A_{60}=60
A_{61}=61	A_{62}=62	A_{63}=63	A_{64}=64	A_{65}=65
A_{66}=66	A_{67}=67	A_{68}=68	A_{69}=69	A_{70}=70
A_{71}=71	A_{72}=72	A_{73}=73	A_{74}=74	A_{75}=75
A_{76}=76	A_{77}=77	A_{78}=78	A_{79}=79	A_{80}=80
A_{81}=81	A_{82}=82	A_{83}=83	A_{84}=84	A_{85}=85
A_{86}=86	A_{87}=87	A_{88}=88	A_{89}=89	A_{90}=90
S =238965	SumSquares=238965	i =90	n=90	

[그림 12-6(b)] 분석 결과 예 2

4. 복렬식(Regenerative) Rankine Cycle

다음의 예제는 복렬식의 Rankine 사이클에 관한 예제이다. 이 예제는 펌프와 터빈이 이상적으로 운전된다고 가정할 경우의 최적의 축출 압력[psia]을 계산하는 것이다.

다음과 같이 [Equations window]에 방정식들을 입력한 후, [Calculate] 메뉴의 [Min/Max] 명령을 실행하면, 최대 효율에서의 압력을 계산할 수 있다.

이상의 문제를 계산하기 위한 기본 방정식과 [Equations window]에서의 표현에 대하여 살펴보았다. 이 문제의 [Diagram] 창은 [그림 12-7]과 같이 나타낼 수 있으며, 열역학 문제에서 많이 접하게 되는 문제인 것을 알 수 있을 것이다.

[그림 12-8]은 [그림 12-7]의 [Calculate] 버튼을 클릭한 경우에 나타나는 도표이다. 그리고 압력과 효율, 작업과의 관계를 나타낸 것이 [그림 12-9]이며, 온도와 엔트로피와의 관계를 나타낸 것이 [그림 12-10]이다.

```
"!Regenerative Rankine Cycle"
"!Low pressure pump"
P[1]=1 [psia]
x[1]=0                                  "0은 포화 액체를 가리킨다."
h[1]=enthalpy(STEAM,P=P[1],x=x[1])
v[1]=volume(STEAM,P=P[1],x=x[1])
s[1]=entropy(STEAM,P=P[1],x=x[1])
```

```
T[1]=temperature(STEAM,P=P[1],x=x[1])
W_p2=v[1]*(P[1]-P[2])*Convert((ft^3/lb_m)*(psia), Btu/lb_m)
h[2]=h[1]-W_p2                       "단열된 펌프에서의 에너지 평형"
v[2]=volume(STEAM,P=P[2],h=h[2])
s[2]=entropy(STEAM,P=P[2],h=h[2])
T[2]=temperature(STEAM,P=P[2],h=h[2])

"!High pressure Pump"
P[3]=P[2]
x[3]=0
h[3]=enthalpy(STEAM,P=P[3],x=x[3])
v[3]=volume(STEAM,P=P[3],x=x[3])
T[3]=temperature(STEAM,P=P[3],x=x[3])
s[3]=entropy(STEAM,P=P[3],x=x[3])
P[4]=600 [psia]
W_p1=-v[3]*(P[4]-P[3])*Convert((ft^3/lbm)*(psia), Btu/lb_m)
h[4]=h[3]-W_p1                       "단열된 펌프의 에너지 평형"
v[4]=volume(STEAM,P=P[4],h=h[4])
s[4]=entropy(STEAM,P=P[4],h=h[4])
T[4]=temperature(STEAM,P=P[4],h=h[4])

"!Boiler"
T[5]=800 [F]
P[5]=P[4]
h[5]=enthalpy(STEAM,T=T[5],P=P[5])
Q=h[5]-h[4]
s[5]=entropy(STEAM,T=T[5],P=P[5])
v[5]=volume(STEAM,T=T[5],P=P[5])

"!Turbine High Pressure"
s[6]=s[5]
P[6]=P[2]
h[6]=enthalpy(STEAM,s=s[6],P=P[6])
T[6]=temperature(STEAM,s=s[6],P=P[6])
v[6]=volume(STEAM,s=s[6],P=P[6])
W_t1=h[5]-h[6]                       "단열된 터빈의 에너지 평형"

"!Turbine Low Pressure"
s[7]=s[6]
P[7]=P[1]                            "응축기에서의 압력 강하 무시"
h[7]=enthalpy(STEAM,s=s[7],P=P[7])
T[7]=temperature(STEAM,s=s[7],P=P[7])
v[7]=volume(STEAM,s=s[7],P=P[7])
W_t2=h[6]-h[7]                       "단열된 터빈의 에너지 평형"

"!Feedwater Heater"
x*h[6]+(1-x)*h[2]=h[3]

"!Cycle Statistics"
W_net=W_t1+(1-x)*(W_t2+W_p2)+W_p1
eta_thermal=W_net/Q

$Tabstops 0.25 2.5 in
```

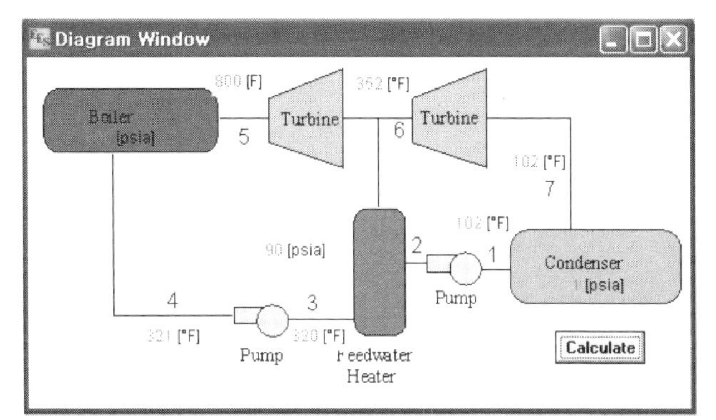

[그림 12-7] 예제 개념도

Parametric Table

Table 1

1..5	$\eta_{thermal}$	W_{net} [Btu/lb$_m$]	x
Run 1	0.3863	480.8	0.09397
Run 2	0.3908	463.8	0.1423
Run 3	0.3916	452.6	0.1661
Run 4	0.3916	443.8	0.1823
Run 5	0.3913	436.3	0.1948

[그림 12-8] 도표 분석 결과

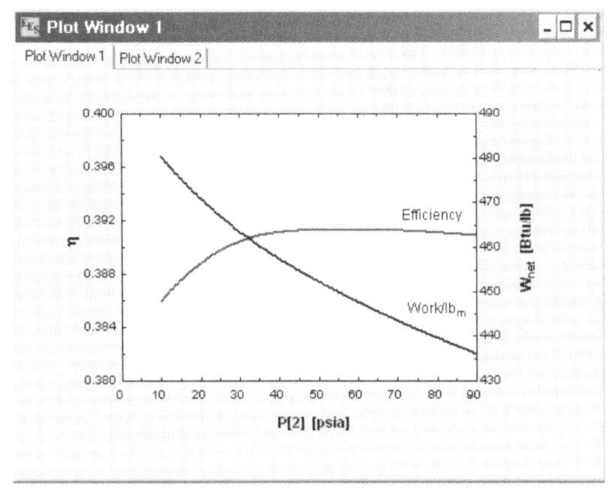

[그림 12-9] 그래프 분석 결과 1

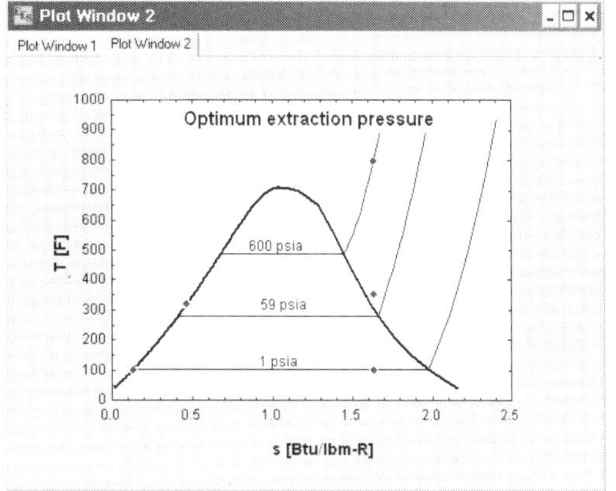

[그림 12-10] 그래프 분석 결과 2

5. 증기 압축 냉동 사이클(Vapor Compression Refrigeration Cycle)

다음의 예제는 증기 압축 냉동 사이클에 관한 것으로, 단순한 냉동 사이클의 거동 계산을 위해 내장된 냉매의 물성값 데이터를 활용하여 이를 증명하는 것이다.

내용 하나하나를 차근차근 점검해 나가면 쉽게 코딩 내용을 이해할 수 있을 것이다. 이상의 내용 및 수식들을 [Diagram] 창으로 표현한 것이 [그림 12-11]이다. 이를 실행시키면 [그림 12-12]와 같은 도표가 화면에 표시된다. 또한 [그림 12-13]은 온도와 COP 그리고 증발기의 증발량과의 관계를 나타내는 것이며, [그림 12-14]는 엔탈피와 압력과의 관계를 나타낸 $P-h$ 선도이다.

```
R$='R12'                                    "string variable used to hold name of refrigerant"
"! Compressor"
x[1]=1                                      "assume inlet to be saturated vapor"
P[1]=pressure(R$,T=T[1],x=x[1])             "properties for state 1"
h[1]=enthalpy(R$,T=T[1],x=x[1])
s[1]=entropy(R$,T=T[1],x=x[1])
P[2]=pressure(R$,T=T[3],x=0)                "this is the pressure in the condenser"
h_2_ID=ENTHALPY(R$,P=P[2],s=s[1])           "ID for ideal identifies state as isentropic"
W_c_ID=(h_2_ID-h[1])                        "energy balance on isentropic compressor"
Eff=0.8                                     "Isentropic efficiency"
W_c=W_c_ID/Eff                              "definition of compressor isentropic efficiency"
h[2]=h[1]+W_c                               "energy balance on real compressor-assumed adiabatic"
s[2]=entropy(R$,h=h[2],P=P[2])              "properties for state 2"
T[2]=temperature(R$,h=h[2],P=P[2])

"!Condenser"
T[3]=48 [℃]                                 "known temperature of sat'd liquid at condenser outlet"
P[3]=P[2]                                   "neglect pressure drops across condenser"
h[3]=enthalpy(R$,T=T[3],x=0)                "properties for state 3"
s[3]=entropy(R$,T=T[3],x=0)
Q_Con=h[2]-h[3]                             "energy balance on condenser"

"!Valve"
h[4]=h[3]                                   "energy balance on throttle - isenthalpic"
x[4]=quality(R$,h=h[4],P=P[4])              "properties for state 4"
s[4]=entropy(R$,h=h[4],P=P[4])
T[4]=temperature(R$,h=h[4],P=P[4])

"!Evaporator"
P[4]=P[1]                                   "[kPa] neglect pressure drop across evaporator"
Q_Evap=h[1]-h[4]                            "[kJ/kg] energy balance on evaporator"
COP=abs(Q_Evap/W_c)                         "definition of COP"


$TabWidth 2 cm
```

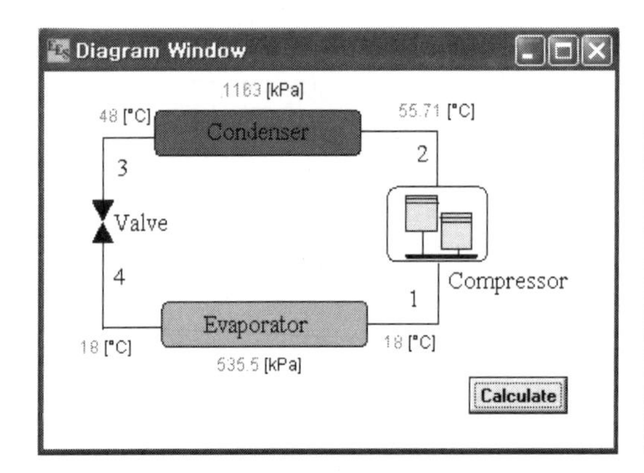

[그림 12-11] 증기 압축 냉동 사이클 개념도

Parametric Table

Table 1

1..5	T_1 [C]	COP	Q_{Evap} [kJ/kg]
Run 1	10	4.864	108.9
Run 2	12	5.214	109.7
Run 3	14	5.606	110.6
Run 4	16	6.048	111.4
Run 5	18	6.55	112.2

[그림 12-12] 도표 분석 예

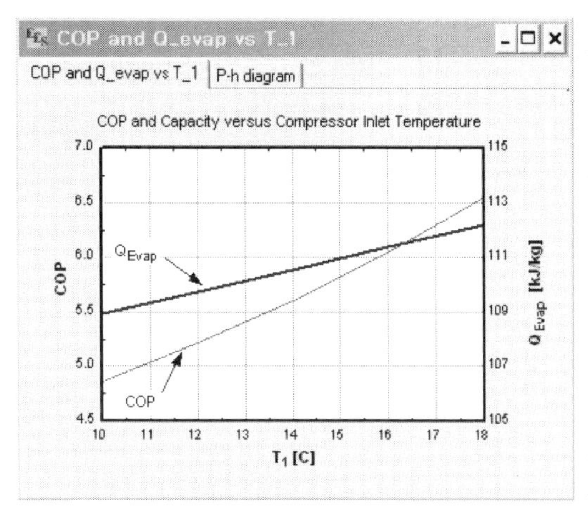

[그림 12-13] 그래프 분석 결과 1

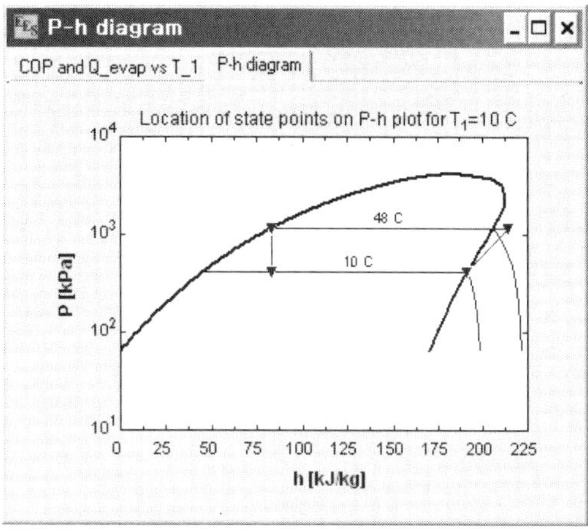

[그림 12-14] 그래프 분석 결과 2

12-3 복소수 - Complex roots

다음 예제는 복소수의 제곱근에 관한 것으로, Z의 5차 방정식의 해를 계산하는 것이다. 앞에서 이 예제에 관한 설명을 하였으므로, 자세한 설명은 생략하도록 한다.

```
"!Complex roots"
(z^5+9+9*i)/((z-z1)*(z-z2)*(z-z3)*(z-z4))=0

z1=1.663<45deg
z2=1.663<(-99deg)
z3=1.663<(-171deg)
z4=1.663<(-27deg)
```

이 예제는 위의 [Equations window] 작성 내용과 [그림 12-15]의 기본 수식을 통해 볼 수 있듯이 다양한 복소수의 제곱근을 찾는 문제이다. 이 문제의 해석 결과는 [그림 12-16]과 같다.

이 예제의 해는 단계를 거쳐 하나씩 찾아지며, 새롭게 찾아진 해를 계속하여 추가한 결과 최종 5개의 해를 얻을 수 있게 된다.

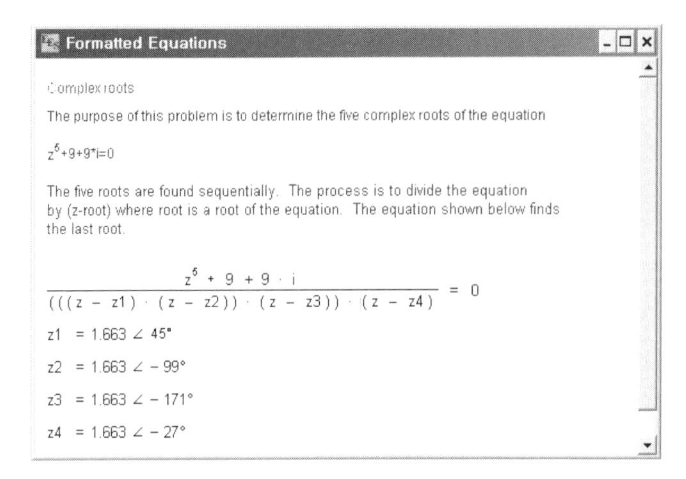

[그림 12-15] 복소수 예제의 수학적 표현

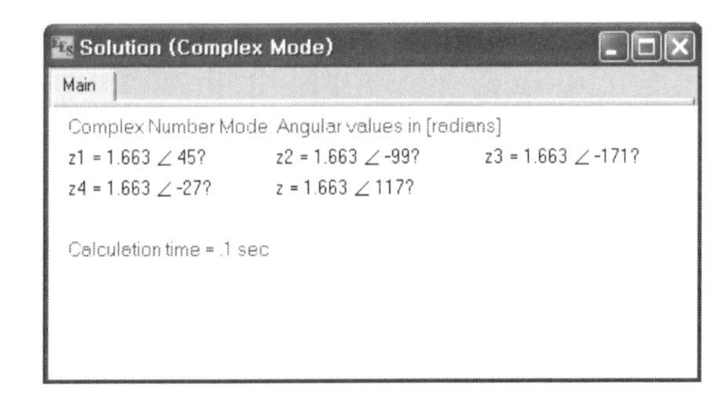

[그림 12-16] 예제 분석 결과

12-4 추정값 및 수렴 결과(Convergence Issues & Guess Values)

본 예제는 예상값 또는 추정값 설정의 중요성을 설명하기 위한 것으로, [Equations window]의 주석문에 설명된 내용은 다음과 같다.

```
"Octane gas at 25℃ is burned steadily with 30% excess air at 25℃, 1 atm and 60% rh.
Assuming combustion is complete and adiabatic, calculate the exit temperature of the product
gases.

C8H18 + a (O2 + 3.76 N2 + w H2O) = 8 CO2 + b H2O + c N2 + d O2"
a_theo*(2+w)=2*8+b              "Oxygen balance for theoretical reaction  (d=0)"
18+a_theo*2*w=2*b_theo          "Hydrogen balance for theoretical reaction"
```

```
"convert from mass to moles of vapor/moles of dry air"
w=4.76*humRat(Airh2o,T=25,P=101.3,r=0.6)*MolarMass(Air)/MolarMass(Water)
a=1.3*a_theo                  "30% excess aur"
18+a*2*w=2*b                  "H balance"
c=3.76*a                      "N2 balance"
a*(2+w)=2*8+b+2*d             "O balance"
h_octane_g=-208450            "[kJ/kmole]"
TR=convertTemp(C,K,25)
HR=h_octane_g+a*enthalpy(O2,T=TR)+3.76*a*enthalpy(N2,T=TR)+a*w*enthalpy(H2O,T=TR)
HP=8*enthalpy(CO2,T=T)+b*enthalpy(H2O,T=T)+c*enthalpy(N2,T=T)+d*enthalpy(O2,T=T)
HR=HP                         "energy balance on reactor"

$TabStops 1  5 cm
```

이 문제를 해석하기 위해 필요한 방정식들은 위에 정리된 내용과 같으며, 이들은 매우 정확하다.

그러나 이 문제는 하나 이상의 수학적 해를 갖는다. 모든 변수들에 대한 예상값들은 기본적으로 1.0으로 설정된다.

만약 사용자가 이 문제를 해석하고자 한다면, 사용자는 [그림 12-17]과 같이 생성된 기체의 출구 온도 T의 값으로 43.55°K를 얻을 수 있을 것이다. 그러나 비록 이 값이 모든 방정식들을 만족하는 것이지만, 잘못된 값이다.

따라서, 이러한 문제에 있어 정확한 해를 얻기 위해서는 [Options] 메뉴의 [Variable Info] 명령을 사용하여 T의 예상값을 500°K 설정해야 할 것이다.

그런 다음 이 문제를 계산하면, [그림 12-18]과 같은 정확한 해인 2025°K 값을 얻게 될 것이다.

```
Unit Settings: [kJ]/[K]/[kPa]/[kmol]/[degrees]
a = 16.25                               a_theo = 12.5
b = 9                                   b_theo = 9
c = 61.1                                d = 3.75
HP = -208450 [kJ/kmol]                  HR = -208450 [kJ/kmol]
h_octane,g = -208450 [kJ/kmole]         T = 43.55 [K]
TR = 298.2 [K]                          w = 2.318E-95 [mol/mol]

No unit consistency or conversion problems were detected.

Calculation time = .0 sec
```

[그림 12-17] 추정값 설정에 따른 잘못된 계산 결과

```
Unit Settings: [kJ]/[K]/[kPa]/[kmol]/[degrees]
a = 16.25                               a_theo = 12.5
b = 9                                   b_theo = 9
c = 61.1                                d = 3.75
HP = -208450 [kJ/kmol]                  HR = -208450 [kJ/kmol]
h_octane,g = -208450 [kJ/kmole]         T = 2025 [K]
TR = 298.2 [K]                          w = 2.318E-95 [mol/mol]

No unit consistency or conversion problems were detected.

Calculation time = .2 sec
```

[그림 12-18] 추정값에 따른 정확한 계산 결과

12-5 곡선 보정 및 감쇠(Curve Fitting & Regression)

1. 보간, 미분 그리고 곡선 보정

본 예제는 [Lookup Table]과 Interpolate와 Differentiate 함수들의 사용 방법에 대한 설명을 위한 것이다. EES는 도식화되는 특정 변수를 Curve-Fit을 이용하여 표현할 수 있다.

본 예제의 해석을 위해 먼저 제공되는 [Lookup Table]은 2열 6행으로 첫 번째 열에는 온도를 두 번째 열에는 열전도율에 대한 값을 포함한다.
참고로 [Lookup Table]은 [Tables] 메뉴의 [New Lookup Table] 명령을 실행시켜 생성할 수 있다.

본 예제의 핵심은 [Lookup Table]값을 통한 곡선 보정(curve-fit)과 방정식을 통한 곡선과의 비교 검토이며, 함수 Interpolate와 Differentiate의 사용 방법에 관한 학습이므로, 앞에서 설명된 함수에 관한 것과 예제를 비교하여 검토해보기 바란다.

열전도율-온도 데이터 파일은 [Lookup Table]보다는 디스크의 [Lookup Table]에 저장될 수 있다.

```
"<온도 550K에서의 구리의 열전도율의 계산>"
k=interpolate('T','k',T=550)  "note that the single quotes are optional"

"<구리의 열전도율이 360W/m-K일 때의 온도>"
T=interpolate('T','k',k=360)

"<온도 550K에서의 구리의 열전도율의 온도에 대한 미분값>"
dk₩dT=differentiate(k,T,T=550)

"<Plot에 온도의 함수로써 열전도율값의 표시>
 <Plot 창의 Curve-Fit 명령을 통해 좌표평면에 T의 함수로써 k의 값을 곡선으로 표현>"

"<온도 500K에서의 보간된 값과 Curve Fit된 값의 비교>"
T`=550 [K]

"<이것은 Curve fit 방정식이다.>"
k`=430.1000 [W/m-K] - 0.09416071[W/m-K^2]*T` + 0.00001563 [W/m-K^3] *T`**2
"<이 방정식은 수치 상수값들이 단위를 갖는 Curve Fit이다. 그렇지 않다면, EES는 단위 검사에 의해 경고 메시지를 나타낼 것이다.>"
```

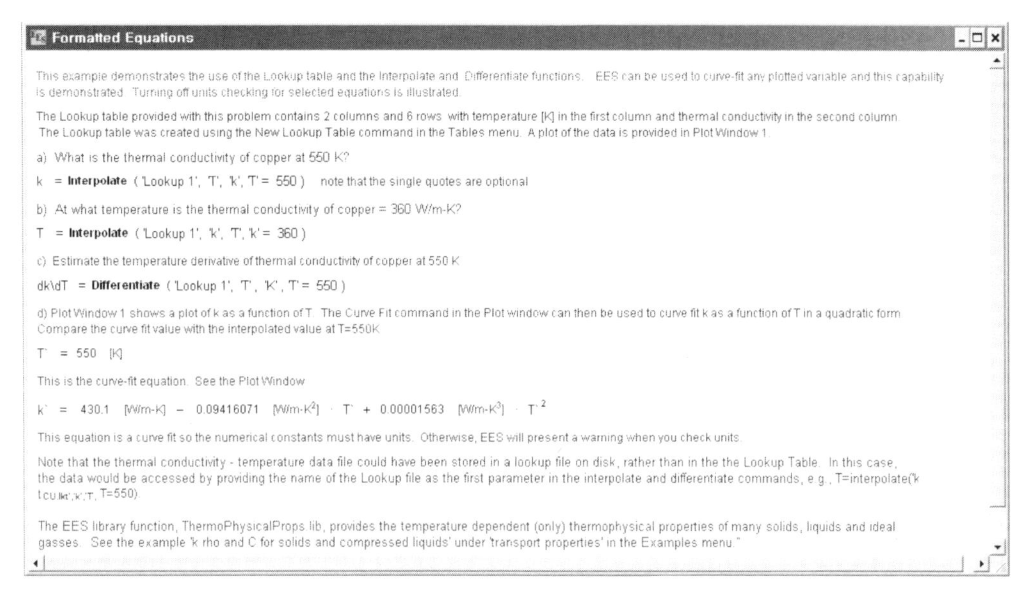
Formatted Equations

This example demonstrates the use of the Lookup table and the Interpolate and Differentiate functions. EES can be used to curve-fit any plotted variable and this capability is demonstrated. Turning off units checking for selected equations is illustrated.

The Lookup table provided with this problem contains 2 columns and 6 rows with temperature [K] in the first column and thermal conductivity in the second column. The Lookup table was created using the New Lookup Table command in the Tables menu. A plot of the data is provided in Plot Window 1.

a) What is the thermal conductivity of copper at 550 K?

k = **Interpolate** ('Lookup 1', 'T', 'k', 'T' = 550) note that the single quotes are optional

b) At what temperature is the thermal conductivity of copper = 360 W/m-K?

T = **Interpolate** ('Lookup 1', 'k', 'T', 'k' = 360)

c) Estimate the temperature derivative of thermal conductivity of copper at 550 K

dk\dT = **Differentiate** ('Lookup 1', 'T', 'K', 'T' = 550)

d) Plot Window 1 shows a plot of k as a function of T. The Curve Fit command in the Plot window can then be used to curve fit k as a function of T in a quadratic form. Compare the curve fit value with the interpolated value at T=550K

T` = 550 [K]

This is the curve-fit equation. See the Plot Window

k` = 430.1 [W/m-K] − 0.09416071 [W/m-K²] · T` + 0.00001563 [W/m-K³] · T`²

This equation is a curve fit so the numerical constants must have units. Otherwise, EES will present a warning when you check units.

Note that the thermal conductivity - temperature data file could have been stored in a lookup file on disk, rather than in the the Lookup Table. In this case, the data would be accessed by providing the name of the Lookup file as the first parameter in the interpolate and differentiate commands, e.g., T=interpolate('k t cu.lkt','k','T', T=550).

The EES library function, ThermoPhysicalProps.lib, provides the temperature dependent (only) thermophysical properties of many solids, liquids and ideal gasses. See the example 'k rho and C for solids and compressed liquids' under 'transport properties' in the Examples menu."

[그림 12-19] EES 예제의 수학적 표현

Solution

Main

Unit Settings: [F]/[psia]/[lbm]/[degrees]

dk\dT = -0.06536 [W/m-K²]   k = 382.2 [W/m-K]

k` = 383 [W/m-K]   T = 885.8 [K]

T` = 550 [K]

No unit consistency or conversion problems were detected.

Calculation time = 0 sec

Lookup Table

Lookup 1

	T [K]	k [W/m-K]
Row 1	200	413
Row 2	400	393
Row 3	600	379
Row 4	800	366
Row 5	1000	352
Row 6	1200	339

[그림 12-20] Lookup Table을 이용한 분석 결과

2. 비선형 감쇠에서의 곡선 보정(Curve Fitting)

다음의 예제는 EES에서 선형 또는 비선형 감쇠를 어떻게 사용할 수 있는지를 설명하는 것이다. 이 경우, 다항식의 계수 a_0, a_1, a_2는 [Lookup Table]에서 최적의 데이터를 찾는데 사용된다. [Calculate] 메뉴의 [Min/Max]를 선택한다.

계산된 y' 배열과 함께 x와 y 배열들은 계산이 완료된 후, 'Arrays window'에 표시된다. x와 y 그래프에 중첩된 x와 y' 그래프는 'Curve Fit'의 정확도를 보여준다. Windows 메뉴로부터 그래프를 보기 위해 Plot을 선택한다.

이것은 선형 문제이기 때문에, Tables 메뉴의 Linear Regression 명령을 사용하여 보다 간단히 해석될 수 있다. 그러나 이 예제는 본래 유용한 'least squares fitting'의 일반적인 방법을 설명하기 위한 것이다.

```
"! To run this problem, press F4 or select MinMax from the Calculate menu."
N=10
DUPLICATE i=1,N                          {Set X[i] and Y[i] to values in Lookup table}
   x[i]=lookup(i,#x)
   y[i]=lookup(i,#y)
   y`[i]=a_0+a_1*x[i]+a_2*x[i]^2         {predicted (calculated) value of y}
END
bias=SUM(y`[i]-y[i],i=1,N)/N             {bias error}
sigma=sum((y`[i]-y[i])^2,i=1,N)          {sum of square errors}
$Arrays On
$TabWidth 1 cm
```

Formatted Equations

Linear and Non-linear regression

This problem demonstrates how EES can be used to do linear or non-linear regression. In this case, the coefficients a_0, a_1, and a_2 of a polynomial which best fits the data in the Lookup table are to be determined. Select Min/Max from the Calculate menu.

The x and y data arrays, along with the calculated yp array are displayed in the Arrays window after the calculations are completed. A plot of yP vs x superimposed on a plot of y vs x shows the accuracy of the curve fit. Select Plot from the Windows menu to see the plot.

Because this is a linear problem, it could be more simply solved using the Linear Regression command in the Tables menu. However, this example illustrates the general method of least squares fitting which is useful in itself.

To run this problem, press F4 or select MinMax from the Calculate menu

$N = 10$

x_i = **Lookup** ('Lookup 1', i, 'X') for i = 1 to N

y_i = **Lookup** ('Lookup 1', i, 'Y') for i = 1 to N

$y`_i = a_0 + a_1 \cdot x_i + a_2 \cdot x_i^2$ for i = 1 to N

$$bias = \frac{\sum_{i=1}^{N} (y`_i - y_i)}{N}$$

$$\sigma = \sum_{i=1}^{N} ((y`_i - y_i)^2)$$

[그림 12-21] EES 예제의 수학적 표현

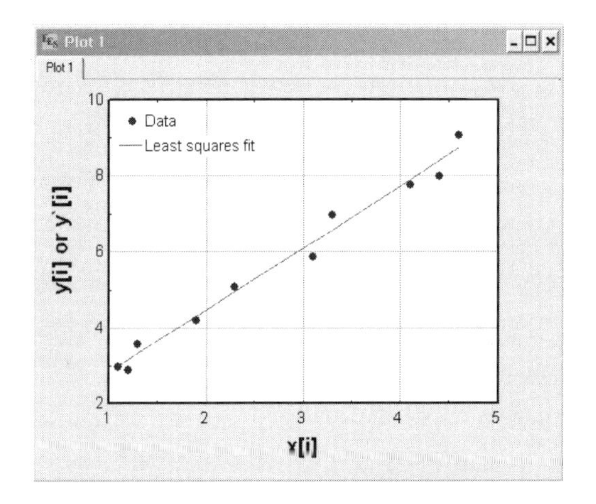

[그림 12-22] 그래프 분석 결과

Lookup Table

Lookup 1

	X	Y
Row 1	1.10	3.00
Row 2	1.20	2.90
Row 3	1.30	3.60
Row 4	1.90	4.20
Row 5	2.30	5.10
Row 6	3.10	5.90
Row 7	3.30	7.00
Row 8	4.10	7.80
Row 9	4.40	8.00
Row 10	4.60	9.10

[그림 12-23] Lookup Table 분석 결과

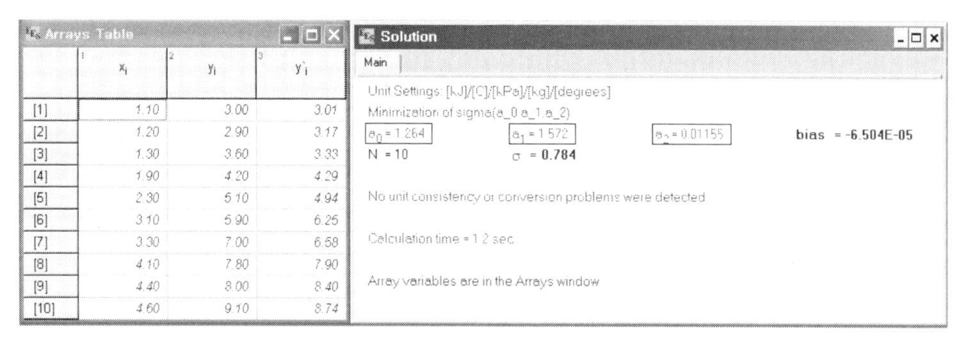

	x_i	y_i	y'_i
[1]	1.10	3.00	3.01
[2]	1.20	2.90	3.17
[3]	1.30	3.60	3.33
[4]	1.90	4.20	4.29
[5]	2.30	5.10	4.94
[6]	3.10	5.90	6.25
[7]	3.30	7.00	6.58
[8]	4.10	7.80	7.90
[9]	4.40	8.00	8.40
[10]	4.60	9.10	8.74

[그림 12-24] Arrays Table 및 분석 결과

12-6 다이어그램 윈도우(Diagram Window)

1. 상태값 계산기(Property Calculator)

이 예제는 주어진 2개의 물의 상태값으로부터 나머지 상태값을 계산하기 위한 것으로, 이 문제를 확장시켜 물, 암모니아, R-12, R-134a, R-22 등과 같은 다양한 냉매의 속성을 결정할 수 있다.

다이어그램 창으로부터 냉매를 선택한 후, 사용자는 2개의 독립된 상태값을 선택하면, EES는 나머지 상태값을 결정하게 된다. 이것은 습공기선도를 조작하는 방법과 동일한 것으로, 다양한 공기 조화 프로세스 상의 습공기의 상태 변화에 따른 속성을 파악하여 에너지의 이동을 쉽게 계산하는 데 응용될 수 있을 것이다.

```
$Warning off
$CheckUnits Off
{$Arrays off}
Procedure Find(F$,Prop1$,Prop2$,Value1,Value2:T,p,h,s,v,u,x,State$)
"Due to the very general nature of this problem, a large number of 'if-then-else' statements
are necessary."

If (StringPos('Temperature',Prop1$)>0) Then
        T=Value1
        If (StringPos('Temperature',Prop2$)>0) then Call Error('Both properties cannot be
           Temperature, T=xxxF2',T)
        if (StringPos('Pressure',Prop2$)>0) then
                P=Value2
                h=enthalpy(F$,T=T,P=p)
```

```
                s=entropy(F$,T=T,P=p)
                v=volume(F$,T=T,P=p)
                u=intenergy(F$,T=T,P=p)
                x=quality(F$,T=T,P=p)
        endif
        if (StringPos('Enthalpy',Prop2$)>0)  then
                h=Value2
                p=Pressure(F$,T=T,h=h)
                s=entropy(F$,T=T,h=h)
                v=volume(F$,T=T,h=h)
                u=intenergy(F$,T=T,h=h)
                x=quality(F$,T=T,h=h)
        endif
        if (StringPos('Entropy',Prop2$)>0) then
                s=Value2
                p=Pressure(F$,T=T,s=s)
                h=enthalpy(F$,T=T,s=s)
                v=volume(F$,T=T,s=s)
                u=intenergy(F$,T=T,s=s)
                x=quality(F$,T=T,s=s)
        endif
        if (StringPos('Volume',Prop2$)>0) then
                v=Value2
                p=Pressure(F$,T=T,v=v)
                h=enthalpy(F$,T=T,v=v)
                s=entropy(F$,T=T,v=v)
                u=intenergy(F$,T=T,v=v)
                x=quality(F$,T=T,v=v)
        endif
        if (StringPos('Internal',Prop2$)>0)  then
                u=Value2
                p=Pressure(F$,T=T,u=u)
                h=enthalpy(F$,T=T,u=u)
                s=entropy(F$,T=T,u=u)
                v=volume(F$,T=T,s=s)
                x=quality(F$,T=T,u=u)
        endif
if (StringPos('Quality',Prop2$)>0) then
                x=Value2
                p=Pressure(F$,T=T,x=x)
                h=enthalpy(F$,T=T,x=x)
                s=entropy(F$,T=T,x=x)
                v=volume(F$,T=T,x=x)
                u=IntEnergy(F$,T=T,x=x)
        endif
Endif
If (StringPos('Pressure',Prop1$)>0)  then
        p=Value1
        If (StringPos('Pressure',Prop2$)>0) then Call Error('Both properties cannot be Pressure,
          p=xxxF2',p)
        if (StringPos('Temperature',Prop2$)>0) then
                T=Value2
                h=enthalpy(F$,T=T,P=p)
```

```
            s=entropy(F$,T=T,P=p)
            v=volume(F$,T=T,P=p)
            u=intenergy(F$,T=T,P=p)
            x=quality(F$,T=T,P=p)
      endif
      if (StringPos('Enthalpy',Prop2$)>0) then
            h=Value2
            T=Temperature(F$,p=p,h=h)
            s=entropy(F$,p=p,h=h)
            v=volume(F$,p=p,h=h)
            u=intenergy(F$,p=p,h=h)
            x=quality(F$,p=p,h=h)
      endif
      if (StringPos('Entropy',Prop2$)>0) then
            s=Value2
            T=Temperature(F$,p=p,s=s)
            h=enthalpy(F$,p=p,s=s)
            v=volume(F$,p=p,s=s)
            u=intenergy(F$,p=p,s=s)
            x=quality(F$,p=p,s=s)
      endif
      if (StringPos('Volume',Prop2$)>0) then
            v=Value2
            T=Temperature(F$,p=p,v=v)
            h=enthalpy(F$,p=p,v=v)
            s=entropy(F$,p=p,v=v)
            u=intenergy(F$,p=p,v=v)
            x=quality(F$,p=p,v=v)
      endif
      if (StringPos('Internal',Prop2$)>0) then
            u=Value2
            T=Temperature(F$,p=p,u=u)
            h=enthalpy(F$,p=p,u=u)
            s=entropy(F$,p=p,u=u)
            v=volume(F$,p=p,s=s)
            x=quality(F$,p=p,u=u)
      endif
      if (StringPos('Quality',Prop2$)>0) then
            x=Value2
            T=Temperature(F$,p=p,x=x)
            h=enthalpy(F$,p=p,x=x)
            s=entropy(F$,p=p,x=x)
            v=volume(F$,p=p,x=x)
            u=IntEnergy(F$,p=p,x=x)
      endif
Endif
If (StringPos('Enthalpy',Prop1$)>0) Then
      h=Value1
      If (StringPos('Enthalpy',Prop2$)>0) then Call Error('Both properties cannot be Enthalpy,
        h=xxxF2',h)
      if (StringPos('Pressure',Prop2$)>0) then
            p=Value2
            T=Temperature(F$,h=h,P=p)
```

```
            s=entropy(F$,h=h,P=p)
            v=volume(F$,h=h,P=p)
            u=intenergy(F$,h=h,P=p)
            x=quality(F$,h=h,P=p)
        endif
        if (StringPos('Temperature',Prop2$)>0) then
            T=Value2
            p=Pressure(F$,T=T,h=h)
            s=entropy(F$,T=T,h=h)
            v=volume(F$,T=T,h=h)
            u=intenergy(F$,T=T,h=h)
            x=quality(F$,T=T,h=h)
        endif
        if (StringPos('Entropy',Prop2$)>0) then
            s=Value2
            p=Pressure(F$,h=h,s=s)
            T=Temperature(F$,h=h,s=s)
            v=volume(F$,h=h,s=s)
            u=intenergy(F$,h=h,s=s)
            x=quality(F$,h=h,s=s)
        endif
        if (StringPos('Volume',Prop2$)>0) then
            v=Value2
            p=Pressure(F$,h=h,v=v)
            T=Temperature(F$,h=h,v=v)
            s=entropy(F$,h=h,v=v)
            u=intenergy(F$,h=h,v=v)
            x=quality(F$,h=h,v=v)
        endif
        if (StringPos('Internal',Prop2$)>0) then
            u=Value2
            p=Pressure(F$,h=h,u=u)
            T=Temperature(F$,h=h,u=u)
            s=entropy(F$,h=h,u=u)
            v=volume(F$,h=h,s=s)
            x=quality(F$,h=h,u=u)
        endif
        if (StringPos('Quality',Prop2$)>0) then
            x=Value2
            p=Pressure(F$,h=h,x=x)
            T=Temperature(F$,h=h,x=x)
            s=entropy(F$,h=h,x=x)
            v=volume(F$,h=h,x=x)
            u=IntEnergy(F$,h=h,x=x)
        endif
Endif
If (StringPos('Entropy',Prop1$)>0) Then
        s=Value1
        If (StringPos('Entropy',Prop2$)>0) then Call Error('Both properties cannot be Entrolpy,
          h=xxxF2',s)
        if (StringPos('Pressure',Prop2$)>0) then
            p=Value2
            T=Temperature(F$,s=s,P=p)
```

```
            h=enthalpy(F$,s=s,P=p)
            v=volume(F$,s=s,P=p)
            u=intenergy(F$,s=s,P=p)
            x=quality(F$,s=s,P=p)
        endif
        if (StringPos('Temperature',Prop2$)>0) then
            T=Value2
            p=Pressure(F$,T=T,s=s)
            h=enthalpy(F$,T=T,s=s)
            v=volume(F$,T=T,s=s)
            u=intenergy(F$,T=T,s=s)
            x=quality(F$,T=T,s=s)
        endif
        if (StringPos('Enthalpy',Prop2$)>0) then
            h=Value2
            p=Pressure(F$,h=h,s=s)
            T=Temperature(F$,h=h,s=s)
            v=volume(F$,h=h,s=s)
            u=intenergy(F$,h=h,s=s)
            x=quality(F$,h=h,s=s)
        endif
        if (StringPos('Volume',Prop2$)>0) then
            v=Value2
            p=Pressure(F$,s=s,v=v)
            T=Temperature(F$,s=s,v=v)
            h=enthalpy(F$,s=s,v=v)
            u=intenergy(F$,s=s,v=v)
            x=quality(F$,s=s,v=v)
        endif
        if (StringPos('Internal',Prop2$)>0) then
            u=Value2
            p=Pressure(F$,s=s,u=u)
            T=Temperature(F$,s=s,u=u)
            h=enthalpy(F$,s=s,u=u)
            v=volume(F$,s=s,s=s)
            x=quality(F$,s=s,u=u)
        endif
        if (StringPos('Quality',Prop2$)>0) then
            x=Value2
            p=Pressure(F$,s=s,x=x)
            T=Temperature(F$,s=s,x=x)
            h=enthalpy(F$,s=s,x=x)
            v=volume(F$,s=s,x=x)
            u=IntEnergy(F$,s=s,x=x)
        endif
Endif
if x<0 then State$='in the compressed liquid region.'
if x>1 then State$='in the superheated region.'
If (x<1) and (x>0) then State$='in the two-phase region.'
If (x=1) then State$='a saturated vapor.'
if (x=0) then State$='a saturated liquid.'

end
```

```
"Input from the diagram window"
{F$='Ammonia'
Prop1$='Temperature, C'
Prop2$='Pressure, kPa'
Value1=50
value2=101.3}
{Fluid$='x'}

Call Find(F$,Prop1$,Prop2$,Value1,Value2:T,p,h,s,v,u,x,State$)

T[1]=T ;  p[1]=p ;  h[1]=h  ;  s[1]=s  ;  v[1]=v ; u[1]=u  ;  x[1]=x
"Array variables were used so the states can be plotted on property plots."

$TabWidth 0.5 cm

{$NC$ 238 238 238 238 238 238 238 238 239 240 241 242 243 245 246 247 240 240 240
240 240 240 240 }
```

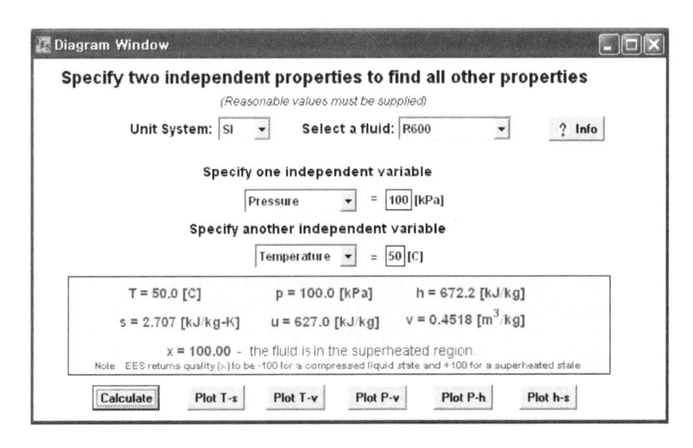

[그림 12-25] 냉매에 따른 상태값 계산을 위한 Diagram Window

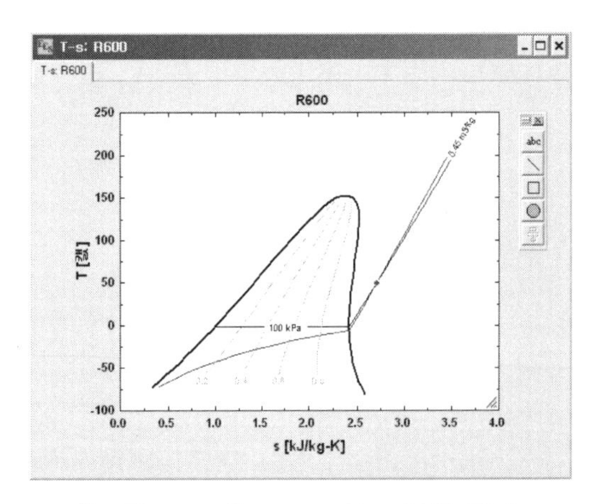

[그림 12-26] $T-s$ 선도 분석 결과

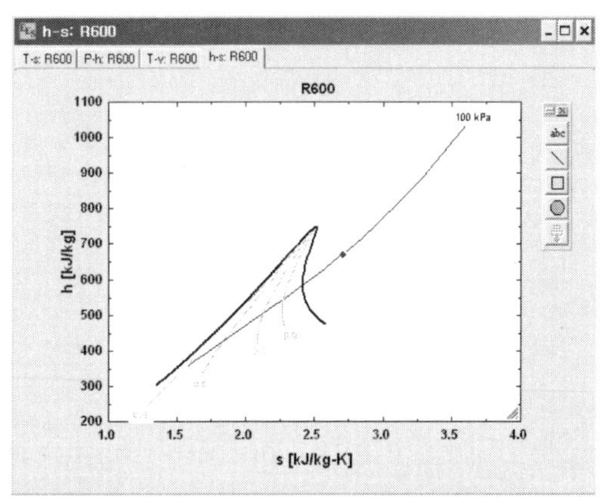

[그림 12-27] $h-s$ 선도 분석 결과

2. 습공기선도 상태값 계산기(Psychrometric Property Calculator)

본 예제는 습공기의 상태값 결정을 위한 것으로, 대기 압력과 그 밖에 2개의 습공기 상태를 알고 있을 때 나머지 상태값을 결정하기 위함이다. 이러한 습공기의 상태값에는 상대습도, 건구온도, 습구온도, 절대습도 그리고 노점온도 등이 있다.

Diagram Windows 상에서 대기압력을 지정한 후, 사용자가 2개의 상태값을 선택하면, EES는 나머지 상태값을 자동으로 계산하는 프로그램이다.

```
$checkUnits off
$local off
Procedure Find(Prop1$,Prop2$,Value1,Value2,P:Tdb,Twb,Tdp,h,v,Rh,w,pl)

"Due to the very general nature of this solution, a large number of 'if-then-else' statements
are necessary."
k=StringPos('//',Prop1$);
if (k>0)  then  Prop1$:=copy$(Prop1$,1,k-1)
k=StringPos('//',Prop2$)
if (k>0)  then  Prop2$:=copy$(Prop2$,1,k-1)
If Prop1$='Dry-bulb Temperature' Then
        Tdb=Value1
        pl=1
        If Prop2$='Dry-bulbTemperature' then Call Error('Both properties cannot be Dry-bulb
          Temperature, Tdb=xxxF2',Tdb)
        if Prop2$='Relative Humidity, 0 to 1' then
                Rh=Value2
                pl=2
                h=enthalpy(AirH2O,T=Tdb,P=P,R=Rh)
                v=volume(AirH2O,T=Tdb,P=P,R=Rh)
                Twb=wetbulb(AirH2O,T=Tdb,P=P,R=Rh)
                Tdp=dewpoint(AirH2O,T=Tdb,P=P,R=Rh)
                w=humrat(AirH2O,T=Tdb,P=P,R=Rh)
        endif

        if Prop2$='Wet-bulb Temperature' then
                Twb=value2
                pl=3
                if Twb>Tdb then Call Error('These values of Dry-bulb Temperature and
                   Wet-bulb Temperature are incompatible, Tdb=xxxF2',Tdb)

                h=enthalpy(AirH2O,T=Tdb,P=P,B=Twb)
                v=volume(AirH2O,T=Tdb,P=P,B=Twb)
                Tdp=dewpoint(AirH2O,T=Tdb,P=P,B=Twb)
                w=humrat(AirH2O,T=Tdb,P=P,B=Twb)
                Rh=relhum(AirH2O,T=Tdb,P=P,B=Twb)
        endif

        if Prop2$='Dew Point Temperature' then
```

```
            Tdp=value2
            pl=4
            if Tdp>Tdb then Call Error('These values of Dry-bulb Temperature and Dew
              Point Temperature are incompatible, Tdb=xxxF2',Tdb)

            h=enthalpy(AirH2O,T=Tdb,P=P,D=Tdp)
            v=volume(AirH2O,T=Tdb,P=P,D=Tdp)
            Twb=wetbulb(AirH2O,T=Tdb,P=P,D=Tdp)
            w=humrat(AirH2O,T=Tdb,P=P,D=Tdp)
            Rh=relhum(AirH2O,T=Tdb,P=P,D=Tdp)
        endif

        if Prop2$='Enthalpy' then
            h=value2
            pl=5
            Twb=wetbulb(AirH2O,T=Tdb,P=P,H=h)
            w=humrat(AirH2O,T=Tdb,P=P,H=h)
            Rh=relhum(AirH2O,T=Tdb,P=P,H=h)
            Tdp=dewpoint(AirH2O,T=Tdb,P=P,w=w)
            v=volume(AirH2O,T=Tdb,P=P,R=Rh)
        endif

        if Prop2$='Humidity Ratio' then
            w=value2
            pl=6
            h=enthalpy(AirH2O,T=Tdb,P=P,W=w)
            v=volume(AirH2O,T=Tdb,P=P,W=w)
            Twb=wetbulb(AirH2O,T=Tdb,P=P,W=w)
            Tdp=dewpoint(AirH2O,T=Tdb,P=P,w=w)
            Rh=relhum(AirH2O,T=Tdb,P=P,w=w)
        endif
Endif

If Prop1$='Dew Point Temperature' Then
        Tdp=Value1
        pl=7
        If Prop2$='Dew Point Temperature' then Call Error('Both properties cannot be Dew
          Point Temperature, Tdp=xxxF2',Tdp)
        if Prop2$='Relative Humidity, 0 to 1' then
            Rh=Value2
            pl=8
            h=enthalpy(AirH2O,D=Tdp,P=P,R=Rh)
            Tdb=temperature(AirH2O,h=h,P=P,R=RH)
            v=volume(AirH2O,T=Tdb,P=P,R=Rh)
            Twb=wetbulb(AirH2O,T=Tdb,P=P,R=Rh)
            w=humrat(AirH2O,B=Twb,P=P,R=Rh)
        endif

            pl=9
            if Tdp>Twb then Call Error('These values of Dew Point Temperature and
              Wet-bulb Temperature are incompatible, Tdp=xxxF3',Tdp)
            Pw=pressure(steam,T=Twb ,x=1)
            Pv=pressure(steam,T=Tdp ,x=1)
```

```
            "Pv=Pw-(P-Pw)*(Tdb-Twb)*1.8/(2800 -1.3*(1.8*Twb+32))  Carrier Equation"
            Tdb=Twb+(Pw-Pv)/(P-Pw)*(2800-1.3*(1.8*Twb+32))/1.8
    if Prop2$='Wet-bulb Temperature' then
            Twb=value2

            h=enthalpy(AirH2O,T=Tdb,P=P,D=Tdp)
            Rh=relhum(AirH2O,T=Tdb,P=P,D=Tdp)
            v=volume(AirH2O,T=Tdb,P=P,D=Tdp)
            w=humrat(AirH2O,T=Tdb,P=P,D=Tdp)
    endif

            if Prop2$='Enthalpy' then
            h=value2
            pl=10
            Tdptest=temperature(AirH2O,h=h,P=P,R=1)
            if Tdp>Tdptest then Call Error('These values of Dew Point Temperature and
Enthalpy are incompatible, Tdp=xxxF3',Tdp)
            Pv = pressure(steam, T=Tdp, x=1)
            w=molarmass(steam)/molarmass(air)*Pv/(P-Pv)
            Tdb=temperature(airH2O,h=h,P=P,w=w)
            Twb=wetbulb(AirH2O,T=Tdb,P=P,D=Tdp)
            Rh=relhum(AirH2O,T=Tdb,P=P,D=Tdp)
            v=volume(AirH2O,T=Tdb,P=P,R=Rh)
    endif

    if Prop2$='Humidity Ratio' then
    w=Value2
    pl=12
    Call Error('The properties cannot be Dew Point Temperature and Humidity Ratio,
Tdp=xxxF3',Tdp)
    endif
Endif

If Prop1$='Wet-bulb Temperature' Then
    Twb=Value1
    pl=12
    If Prop2$='Wet-bulbTemperature' then Call Error('Both properties cannot be Wet-bulb
Temperature, Twb=xxxF2',Twb)
    if Prop2$='Relative Humidity, 0 to 1' then
            Rh=Value2
            pl=13
            Tdb=temperature(AirH2O,B=Twb,P=P,R=RH)
            h=enthalpy(AirH2O,T=Tdb,P=P,R=Rh)
            v=volume(AirH2O,T=Tdb,P=P,R=Rh)
            Tdp=dewpoint(AirH2O,T=Tdb,P=P,R=Rh)
            w=humrat(AirH2O,B=Twb,P=P,R=Rh)
    endif

    if Prop2$='Dew Point Temperature' then
            Tdp=value2
            pl=14
           if Tdp>Twb then Call Error('These values of Wet-bulb Temperature and Dew
             Point Temperature are incompatible, Twb=xxxF3',Twb)
```

```
                Pw=pressure(steam,T=Twb ,x=1)
                Pv=pressure(steam,T=Tdp ,x=1)
                "Pv=Pw-(P-Pw)*(Tdb-Twb)*1.8/(2800 -1.3*(1.8*Twb+32))  Carrier Equation"
                Tdb=Twb+(Pw-Pv)/(P-Pw)*(2800-1.3*(1.8*Twb+32))/1.8
                h=enthalpy(AirH2O,T=Tdb,P=P,D=Tdp)
                Rh=relhum(AirH2O,T=Tdb,P=P,D=Tdp)
                v=volume(AirH2O,T=Tdb,P=P,D=Tdp)
                w=humrat(AirH2O,T=Tdb,P=P,D=Tdp)
        endif

        if Prop2$='Enthalpy' then
        pl=15
        Call Error('The properties cannot be Wet-bulb Temperature and Enthalpy,
Twb=xxxF3',Twb)
        endif

        if Prop2$='Humidity Ratio' then
                w=value2
                pl=16
                Tdb=temperature(AirH2O,B=Twb,P=P,w=w)
                h=enthalpy(AirH2O,T=Tdb,P=P,W=w)
                v=volume(AirH2O,T=Tdb,P=P,W=w)
                Twb=wetbulb(AirH2O,T=Tdb,P=P,W=w)
                Tdp=dewpoint(AirH2O,T=Tdb,P=P,w=w)
                Rh=relhum(AirH2O,T=Tdb,P=P,w=w)
        endif
Endif

If Prop1$='Relative Humidity, 0 to 1' Then
        Rh=Value1
        pl=17
        If Prop2$='Relative Humidity, 0 to 1' then Call Error('Both properties cannot be Relative
Humidity, Rh=xxxF2',Rh)
        if Prop2$='Wet-bulb Temperature' then
                Twb=value2
                pl=18
                Tdb=temperature(AirH2O,B=Twb,P=P,R=RH)
                h=enthalpy(AirH2O,T=Tdb,P=P,B=Twb)
                v=volume(AirH2O,T=Tdb,P=P,B=Twb)
                Tdp=dewpoint(AirH2O,T=Tdb,P=P,B=Twb)
                w=humrat(AirH2O,T=Tdb,P=P,B=Twb)

        endif

        if Prop2$='Dew Point Temperature' then
                Tdp=value2
                pl=19
                h=enthalpy(AirH2O,R=Rh,P=P,D=Tdp)
                Tdb=temperature(AirH2O,h=h,P=P,R=Rh)
                v=volume(AirH2O,T=Tdb,P=P,D=Tdp)
                Twb=wetbulb(AirH2O,T=Tdb,P=P,D=Tdp)
                w=humrat(AirH2O,T=Tdb,P=P,D=Tdp)
        endif
```

```
        if Prop2$='Enthalpy' then
                h=value2
                pl=20
                Tdb=temperature(AirH2O,h=h,P=P,R=Rh)
                w=humrat(AirH2O,h=h,P=P,R=Rh)
                Twb=wetbulb(AirH2O,T=Tdb,P=P,H=h)
                Tdp=dewpoint(AirH2O,T=Tdb,P=P,w= w)
                v=volume(AirH2O,T=Tdb,P=P,R=Rh)
        endif

        if Prop2$='Humidity Ratio' then
                w=value2
                pl=21
                Tdb=temperature(AirH2O,R=Rh,P=P,w=w)
                h=enthalpy(AirH2O,T=Tdb,P=P,W=w)
                v=volume(AirH2O,T=Tdb,P=P,W=w)
                Twb=wetbulb(AirH2O,T=Tdb,P=P,W=w)
                Tdp=dewpoint(AirH2O,T=Tdb,P=P,w=w)
        endif
Endif

If Prop1$='Enthalpy' Then
        h=Value1
        pl=22
        If Prop2$='Enthalpy, kJ/kga' then Call Error('Both properties cannot be Enthalpy,
          h=xxxF2',h)
        if Prop2$='Relative Humidity, 0 to 1' then
                Rh=Value2
                pl=23
                Tdb=temperature(AirH2O,h=h, P=P,R=Rh)
                v=volume(AirH2O,T=Tdb,P=P,R=Rh)
                Twb=wetbulb(AirH2O,T=Tdb,P=P,R=Rh)
                Tdp=dewpoint(AirH2O,T=Tdb,P=P,R=Rh)
                w=humrat(AirH2O,T=Tdb,P=P,R=Rh)
        endif

        if Prop2$='Wet-bulb Temperature' then
                pl=24
                Call Error('The properties cannot be Wet-bulb Temperature and Enthalpy,
                     h=xxxF2',h)
        endif

        if Prop2$='Dew Point Temperature' then
                Tdp=value2
                pl=25
                Tdptest=temperature(AirH2O,h=h,P=P,R=1)
                if Tdp>Tdptest then Call Error('These values of Dew Point Temperature and
                  Enthalpy are incompatible h=xxxF2', h)
                Pv = pressure(steam, T=Tdp, x=1)
                w=molarmass(steam)/molarmass(air)*Pv/(P-Pv)
                Tdb=temperature(airH2O,h=h,P=P,w=w)
                Twb=wetbulb(AirH2O,T=Tdb,P=P,D=Tdp)
                Rh=relhum(AirH2O,T=Tdb,P=P,D=Tdp)
```

```
                v=volume(AirH2O,T=Tdb,P=P,R=Rh)
        endif

        if Prop2$='Humidity Ratio' then
                w=value2
                pl=26
                wtest=humrat(AirH2O,h=h,P=P,R=1)
                If w>wtest then Call Error('These values of Humidity Ratio and Enthalpy are
                  incompatible, h=xxxF2', h)
                Tdb=temperature(airH2O,h=h,P=P,w=w)
                Twb=wetbulb(AirH2O,T=Tdb,P=P,w=w)
                Rh=relhum(AirH2O,T=Tdb,P=P,H=h)
                Tdp=dewpoint(AirH2O,T=Tdb,P=P,w=w)
                v=volume(AirH2O,T=Tdb,P=P,R=Rh)
        endif
Endif

If Prop1$='Humidity Ratio' Then
        w=Value1
        pl=27
        If Prop2$='Humidity Ratio' then Call Error('Both properties cannot be  Humidity Ratio,
          w=xxxF3',w)
        if Prop2$='Relative Humidity, 0 to 1' then
                Rh=Value2
                pl=28
                Tdb=temperature(AirH2O,R=Rh,P=P,w=w)
                h=enthalpy(AirH2O,T=Tdb,P=P,W=w)
                v=volume(AirH2O,T=Tdb,P=P,W=w)
                Twb=wetbulb(AirH2O,T=Tdb,P=P,W=w)
                Tdp=dewpoint(AirH2O,T=Tdb,P=P,w=w)
        endif
        if Prop2$='Wet-bulb Temperature' then
                Twb=value2
                pl=29
                wtest=humrat(airH2O,B=Twb,P=P,R=1)
                            If w>wtest then Call Error('These values of Wet-bulb Tempera-
                              ture and Humidity Ratio are incompatible, w=xxxF3',w)
                Tdb=temperature(airH2O,B=Twb,P=P,w=w)
                h=enthalpy(AirH2O,T=Tdb,P=P,w=w)
                v=volume(AirH2O,T=Tdb,P=P,B=Twb)
                Tdp=dewpoint(AirH2O,T=Tdb,P=P,B=Twb)
                Rh=relhum(AirH2O,T=Tdb,P=P,B=Twb)
        endif

        if Prop2$='Dew Point Temperature' then
                pl=30
                Call Error('The properties Humidity Ratio and Dew Point Temperature are
                    incompatible, w=xxxF3',w)
        endif

        if Prop2$='Enthalpy' then
                h=value2
                pl=31
```

```
                    wtest=humrat(AirH2O,h=h,P=P,R=1)
                    If w>wtest then Call Error('These values of Humidity Ratio and Enthalpy are
incompatible, w=xxxF3',w)
                    Tdb=temperature(airH2O,h=h,P=P,w=w)
                    Twb=wetbulb(AirH2O,T=Tdb,P=P,w=w)
                    Rh=relhum(AirH2O,T=Tdb,P=P,H=h)
                    Tdp=dewpoint(AirH2O,T=Tdb,P=P,w=w)
                    v=volume(AirH2O,T=Tdb,P=P,R=Rh)
        endif
Endif
end
"Input from the diagram window"
{P=101.3"kPa"
Prop1$='Dry-bulb Temperature'
Prop2$='Relative Humidity, 0 to 1'
Value1=24
Value1=0.5}
"For debuging, the variable pl gives the location in the procedure."
{UnitStr$='SI'}
{PUnits$='kPa'
TUnits$='C'
hUnits$='kJ/kg'
vUnits$='m^3/kg'}

Call Find(Prop1$,Prop2$,Value1,Value2, P:Tdb,Twb,Tdp,h,v,Rh,w,pl)
T[1] = Tdb; w[1] =w

$TabWidth 0.5 cm

{$NC$ 324 324 324 324 324 324 324 324 325 326 327 328 329 330 325 325 }
```

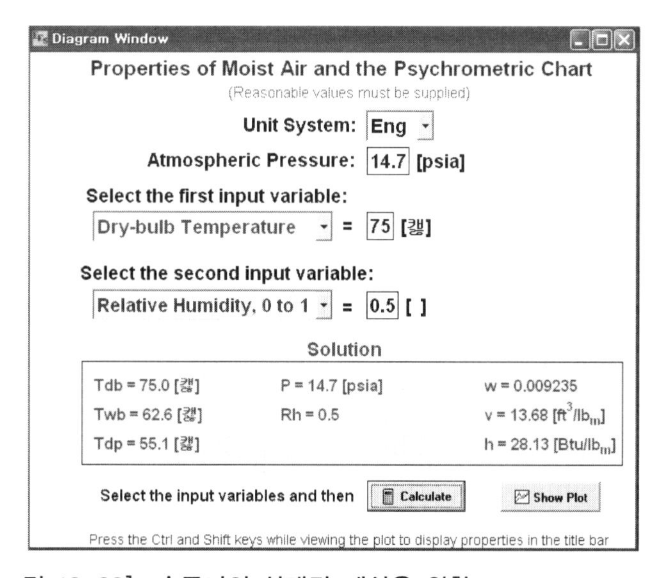

[그림 12-28] 습공기의 상태값 계산을 위한 Diagram Window

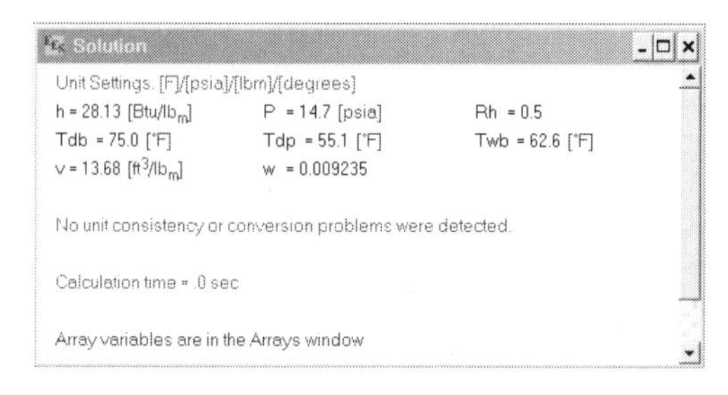

[그림 12-29] 습공기 상태값 분석 예

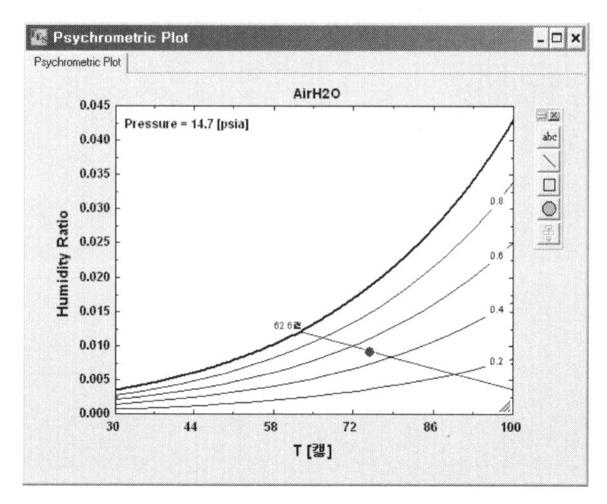

[그림 12-30] 습공기선도 상의 주어진 상태값 표시 예

12-7 미분 방정식(Differential Equations)

1. Runga-Kutta 적분법

이 예제는 초기값을 갖는 미분 방정식을 Runge-Kutta 알고리즘을 이용하여 해석하는 방법과 EES Library 함수를 이용하는 방법에 대하여 소개한다. [RK4]는 EES 함수로 Runge-Kutta 4차 적분법 알고리즘을 수행한다. 그리고 이 함수는 [USERLIB\] 디렉토리에 저장되어 있으며, EES가 시작될 때 자동으로 불러온다.

함수 [fRK4]는 RK4 함수에 의해 호출된다. 이 예제에서 fRK4는 $dY/dX = (Y + X)^2$를 평가하지만, 사용자는 원하는 형태로 함수 fRK4(X, Y)에 덮어쓰기 하여 변경할 수 있다.

```
FUNCTION fRK4(X,Y)
"user-supplied function to evaluate dy/dX"
     fRK4:=(Y+X)^2
END

Y=RK4(LowX,HighX,StepX,Y0)

LowX=0  {lower limit of independent variable}
HighX=1           {upper limit of independent variable}
StepX=0.1         {integration step size}
Y0=-1             {initial value of dependent variable}

{RK4 returns the value of Y corresponding to X=HighX givenY=Y0 at X=LowX.  If values of Y
for LowX<X<HighX are of interest,  the values of Y at each desired value of X can be placed
in a parametric table.  The Y0 term in this case is the value of Y from the last evaluation. }

$TabStops 1 in
```

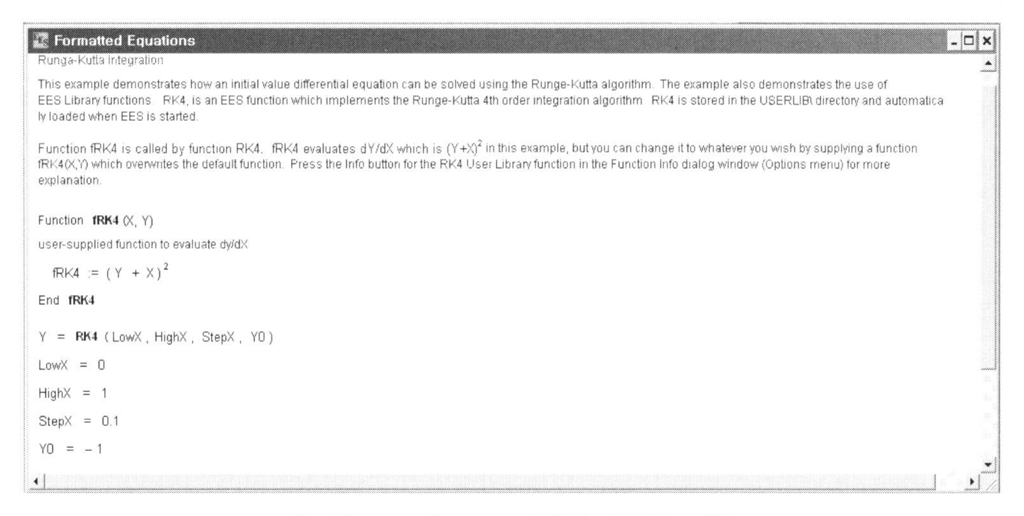

[그림 12-31] EES 예제의 수학적 표현

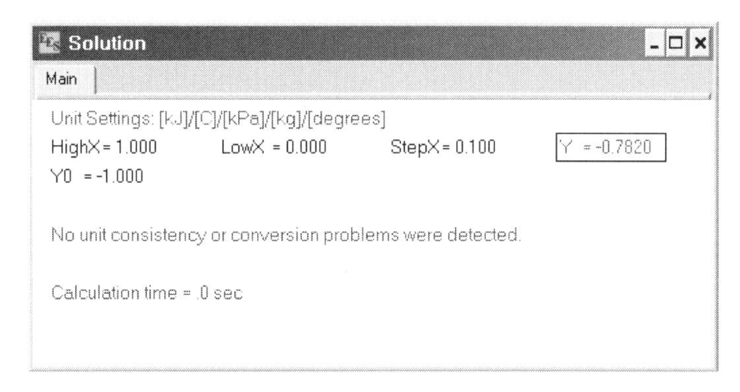

[그림 12-32] 분석 결과 예

2. Integral 함수와 Parametric Table을 이용한 1차 편미분 방정식 해석

이 예제는 Integral 함수와 Parametric Table이 EES에서 어떻게 미분방정식을 해석하는지에 관하여 소개하는 프로그램이다.

이 예제는 400℃의 초기 온도를 갖는 하나의 물체가 20℃의 주변 환경에 노출되었을 때, 주변과의 에너지 전달에 의해 시간에 따른 이 물체의 온도를 해석하는 것이다.

Calculate 메뉴로부터 Solve Table[F3 키]을 선택하여 계산을 수행한다.

이 간단한 예제는 해석적인 해를 갖는다. 그리고 Windows 메뉴의 Plot 명령을 선택하여 이 예제의 수치해와 해석해를 나타낼 수 있다.

또한 이 예제는 Parametric Table에서 Euler's Method의 양해법을 통해 해석될 수 있다.

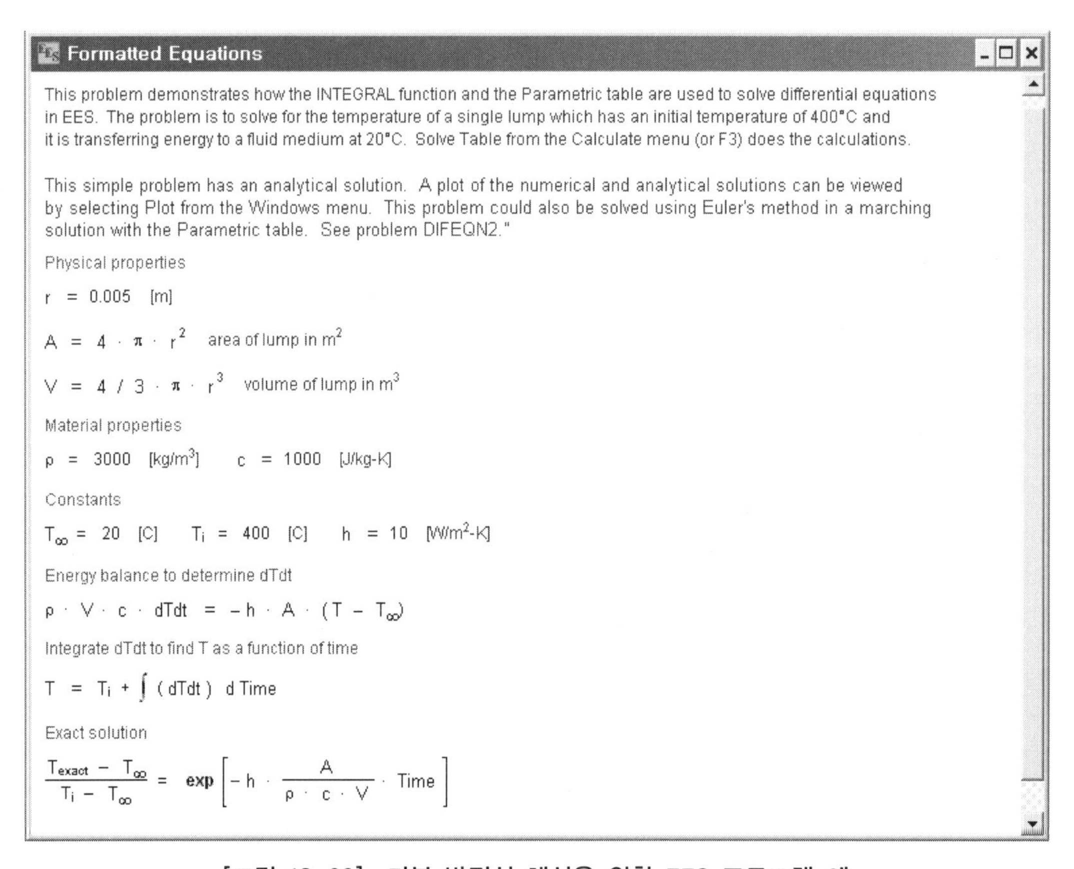

[그림 12-33] 미분 방정식 해석을 위한 EES 프로그램 예

```
"!Physical properties"
r=0.005 [m]
A=4*pi*r^2          "area of lump in m^2"
V=4/3*pi*r^3        "volume of lump in m^3"

"!Material properties"
rho=3000 [kg/m3]; c=1000 [J/kg-K]

"!Constants"
T_infinity=20 [C];  T_i=400 [C];  h=10 [W/m2-K]

"!Energy balance to determine dTdt"
rho*V*c*dTdt=-h*A*(T-T_infinity)

"!Integrate dTdt to find T as a function of time"
T=T_i+integral(dTdt,Time)

"!Exact solution"
(T_exact-T_infinity)/(T_i-T_infinity)=exp(-h*A/(rho*c*V)*Time)
```

Parametric Table

Table 1

1..11	T [캜]	T_{exact} [캜]	Time [sec]
Run 1	400	400	0
Run 2	330.9	331.1	100
Run 3	274.4	274.7	200
Run 4	228.1	228.5	300
Run 5	190.3	190.7	400
Run 6	159.3	159.8	500
Run 7	134	134.5	600
Run 8	113.3	113.7	700
Run 9	96.31	96.72	800
Run 10	82.44	82.81	900
Run 11	71.08	71.43	1000

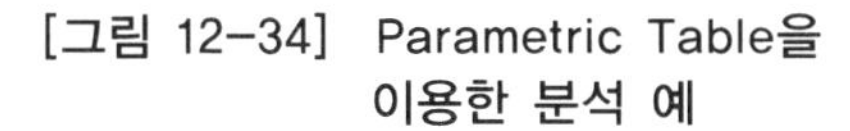
[그림 12-34] Parametric Table을 이용한 분석 예

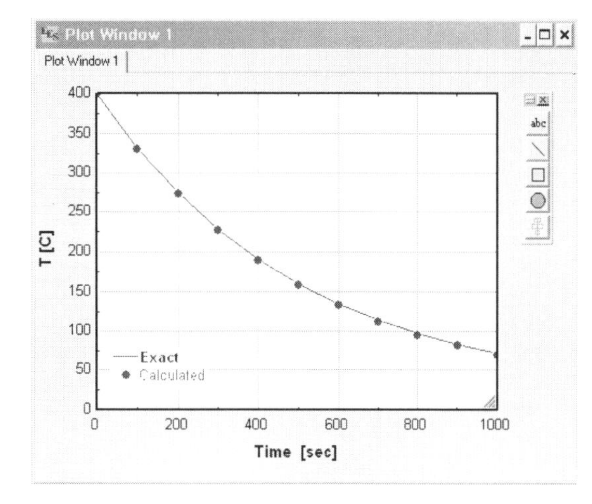

[그림 12-35] 그래프를 통한 분석 결과 비교

3. Blasius problem – 평판 위의 층류 유동

평판 위의 경계층 유동은 다음의 비선형 상미분 방정식의 해로 해석될 수 있다. 본 예제에서는 3가지 서로 다른 해가 존재한다.

Parametric Table, Fixed Step Integration 그리고 EES Automatic Step Size가 그것이다.

```
"!Solution to Blasius problem - laminar flow over a flat plate."

 w``` + 0.5* w *w`` = 0

"경계 조건(boundary conditions):"
w_0=0
w`_0=0
w``_0=0.33206
"이것은 소위 'shooting problem'이며, 사용자는 시행착오를 거쳐 w``_0의 값을 찾을 필요가 있으며, Newton's method를 이용한다."

"이 설정은 Parametric table을 사용한다."
"With a step of 0.01 the solution is exact to the number of digits in the table."
{w=w_0+Integral(w`, eta)
w`=w`_0+Integral(w``,eta)
w``=w``_0+Integral(w```,eta)}

"이 설정은 fixed step integration을 사용한다."
"This gives exactly the same answer as Parametric table method when step=parametric table step but also does very well with step=0.1."
{w=w_0+Integral(w`, eta, start, stop, step)
w`=w`_0+Integral(w``,eta,start, stop, step)
w``=w``_0+Integral(w```,eta,start, stop, step)}

"이 설정은 EES에서의 자동적인 시간간격 루틴을 사용한다."
w=w_0+Integral(w`, eta, start, stop)
w`=w`_0+Integral(w``,eta,start, stop)
w``=w``_0+Integral(w```,eta,start, stop)

Start=0
Stop=6                              "경계층 상부에서 eta=5를 사용하는 것이 일반적이다."
step=0.1

$integralTable eta:1  w, w`, w``, w```

{"Integral solution"
u₩u_infinity=1.5*(eta/5)-0.5*(eta/5)^3

"Dimensional quantities"
Re=1e5
Re=(u_infinity*x)/nu
x=0.5
T_air=25
mu=viscosity(air, T=T_air)
rho=density(air, T=T_air, P=101.3)
nu=mu/rho
eta=y/sqrt((x*nu)/u_infinity)
u/u_infinity=w`}

$TabWidth 0.5 cm
```

Formatted Equations

Solution to Blasius problem - laminar flow over a flat plate.

The boundary layer flow over a flat plate can be reduced to the solution of the following nonlinear ordinary differential equation. Three different solutions are presented here: use of the parametric table, use of a fixed step integration and use of the EES automatic step size.

$$w''' + 0.5 \cdot w \cdot w'' = 0$$

The boundary conditions are

$$w_0 = 0$$

$$w'_0 = 0$$

$$w''_0 = 0.33206$$

This is a so called `shooting problem`, you need to find the value of w''_0 by trial and error so that w`=1 at large eta. Use Newton's method.

This set uses the Parametric table. With a step of 0.01 the solution is exact to the number of digits in the table.

This set uses the fixed step integration - gives exactly the same answer as Parametric table method when step=parametric table step but also does very well with step=0.1.

This set uses the automatic step size routine in EES.

$$w = w_0 + \int_{start}^{stop} (w')\, d\eta$$

$$w' = w'_0 + \int_{start}^{stop} (w'')\, d\eta$$

$$w'' = w''_0 + \int_{start}^{stop} (w''')\, d\eta$$

start = 0

stop = 6 it is traditional to use eta=5 as the top of the boundary layer.

step = 0.1

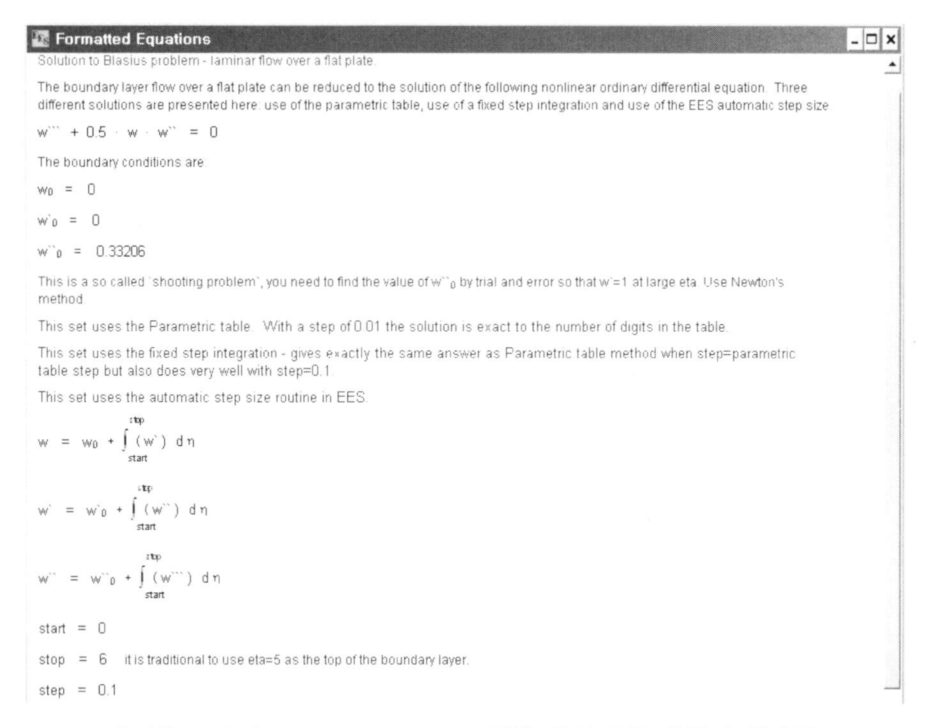

[그림 12-36] Blasius problem-평판 위의 층류 유동의 관계식

Solution

Main

Unit Settings: [kJ]/[C]/[kPa]/[kg]/[degrees]

η = 6.00	start = 0	step = 0.1 [m]
stop = 6	w = 4.27964	w_0 = 0
w` = 0.99898	$w`_0$ = 0	w`` = 0.00240
$w``_0$ = 0.3321	w``` = -0.00514	

No unit consistency or conversion problems were detected.

Calculation time = 2.2 sec

[그림 12-37] 일반적인 분석 결과

Integral Table

	1 η	2 w	3 w`	4 w``	5 w```
Row 1	0.00	0.00000	0.00000	0.33206	0
Row 2	1.00	0.16557	0.32978	0.32301	-0.02674
Row 3	2.00	0.65003	0.62977	0.26675	-0.0867
Row 4	3.00	1.39682	0.84605	0.16136	-0.1127
Row 5	4.00	2.30576	0.95552	0.06423	-0.07405
Row 6	5.00	3.28329	0.99155	0.01591	-0.02611
Row 7	6.00	4.27963	0.99901	0.00235	-0.00506

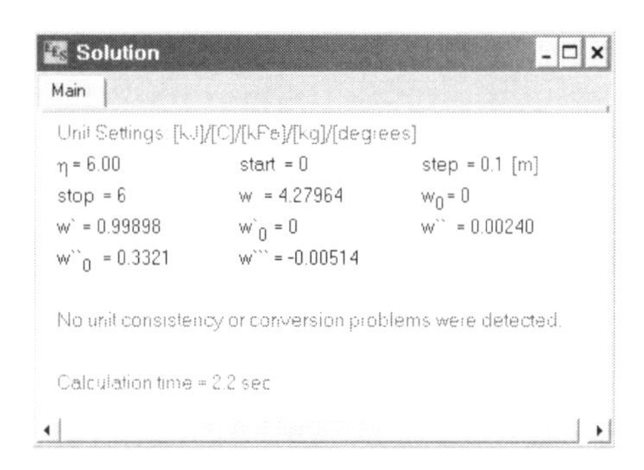

[그림 12-38] Table을 이용한 분석 결과

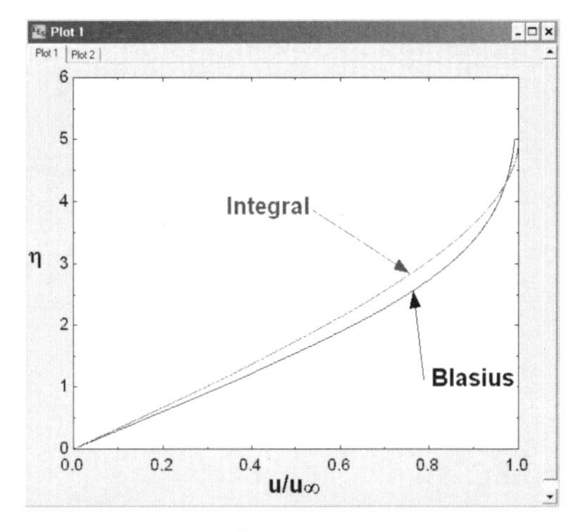

[그림 12-39] 그래프 분석 결과 1

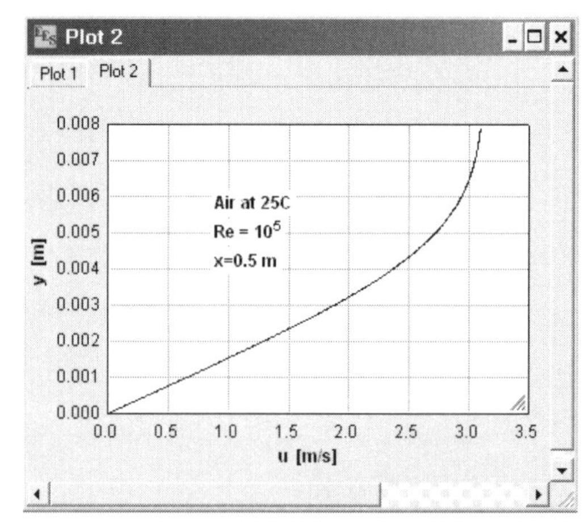

[그림 12-40] 그래프 분석 결과 2

12-8 미분 함수(Differential Function)

이 예제는 Lookup Table과 Interpolate & Differentiate 함수의 사용 방법에 대하여 소개하고 있다. EES는 어떤 그래프로 표시되는 변수의 곡선 보정에 사용될 수 있으며, 이 능력은 증명되었다. 선택된 방정식들에 대한 단위 검사(units checking)를 끄는 것이 예시된다.

이 예제에 제공되는 Lookup Table은 2열 6행으로 구성된다. 첫 번째 열은 온도 [°K]이고, 두 번째 열은 열전도율이다. 이 Lookup Table은 Tables 메뉴의 New Lookup Table 명령을 이용하여 생성되었다. 데이터의 그래프는 Plot Window 1에 제공된다.

```
"a) 550K에서 구리의 열전도율은 무엇인가?"
k=interpolate('T','k',T=550)  "note that the single quotes are optional"

"b) 구리의 열전도율이 360 W/m·K일 때의 온도는 무엇인가?"
T=interpolate('T','k',k=360)

"c) 550K에서 구리의 열전도율의 온도 도함수를 계산하시오."
dk₩dT=differentiate(k,T,T=550)

"d) Plot Window 1은 T의 함수로써 k 값을 그래프로 보여준다. 그럼 Plot window에서의 곡선 보정
명령은 2차 방정식의 형태로 T의 함수로써 k 값을 곡선 보정하는 데 사용될 수 있다. 온도 550K에
서 곡선 보정된 값과 상호 보간된 값을 비교해보자."
T`=550 [K]
```

```
"이것은 곡선 보정 방정식이다. Plot Window을 참고하라."
k`=430.1000 [W/m-K] - 0.09416071[W/m-K^2]*T` + 0.00001563 [W/m-K^3] *T`**2
"This equation is a curve fit so the numerical constants must have units.  Otherwise, EES will present a warning when you check units."

"Note that the thermal conductivity - temperature data file could have been stored in a lookup file on disk, rather than in the the Lookup Table.  In this case, the data would be accessed by providing the name of the Lookup file as the first parameter in the interpolate and differentiate commands, e.g., T=interpolate('k-t_CU.lkt','k','T', T=550).

The EES library function, ThermoPhysicalProps.lib, provides the temperature dependent (only) thermophysical properties of many solids, liquids and ideal gasses.  See the example 'k rho and C for solids and compressed liquids' under 'transport properties' in the Examples menu."
```

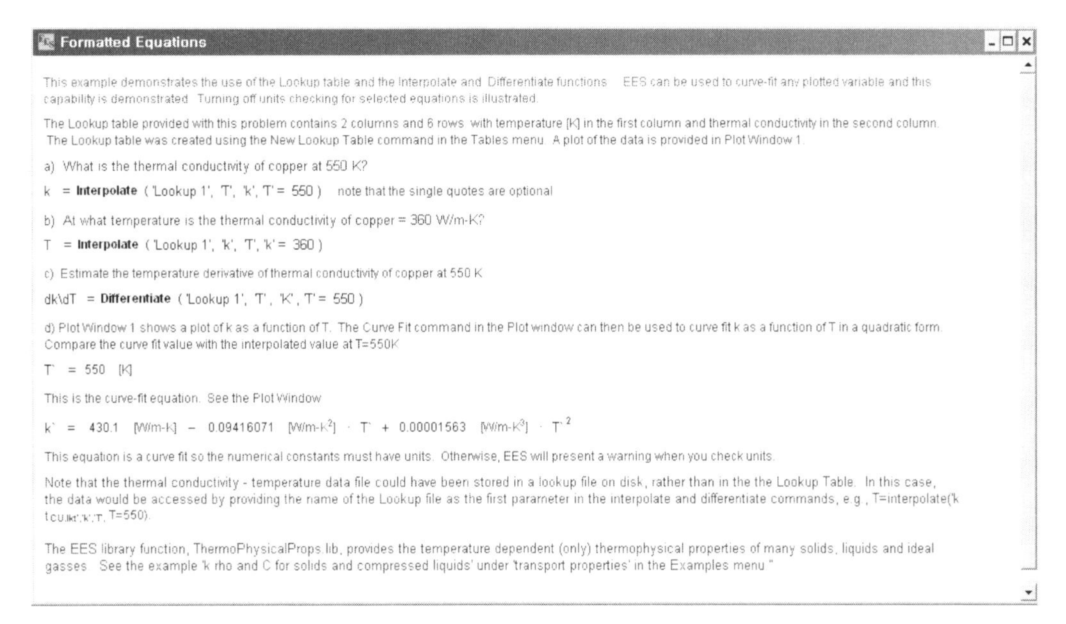

[그림 12-41] 예제 파일의 개요 및 관련 방정식

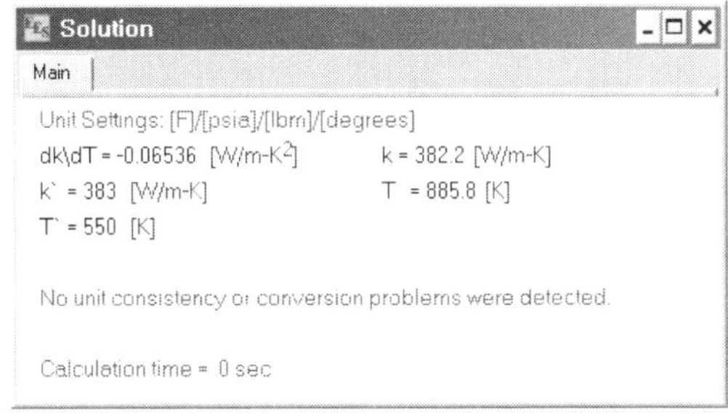

[그림 12-42] 계산 결과

Lookup Table — Lookup 1

	T [K]	k [W/m-K]
Row 1	200	413
Row 2	400	393
Row 3	600	379
Row 4	800	366
Row 5	1000	352
Row 6	1200	339

[그림 12-43] Lookup Table 예

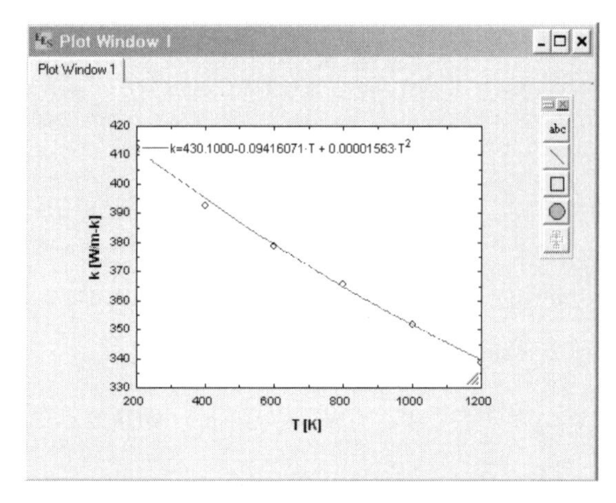

[그림 12-44] Plot Window에서의 곡선 보정

12-9 Directives

1. $Array Directives

이 예제는 배열 범위 표기의 사용법에 대하여 소개하는 것이며, 보다 상세한 정보는 on-line 도움말을 참고하기 바란다.

```
Function SumSquares(n, A[1..n])
"n은 이 시점에서는 미지의 값이다. EES는 n을 최대값 100으로 가정할 것이다. 만약 사용자가 이 최대값을 증가시키고자 한다면, A[1..n]를 A[1..200]과 같이 변경하면 된다. 호출 프로그램은 이 값이 최대값보다 작은 한 A에 대하여 각 요소들의 어떠한 수도 제공할 수 있다.
   S:=0
   i:=1
        repeat
                S:=S+A[i]^2
                i:=i+1
        until (i=n)
SumSquares:=S
end

n=90
duplicate i=1,n                           "initialize n elements array elements"
        X[i]=i
end
SumX2=SumSquares(n, X[1..n])              "returns the sum of the squares of n array elements."
```

```
"배열 X의 n 요소들은 함수 SumSquares 내의 배열 A로 양도된다. n은 각 요소들의 최대값보다 같거나 작아야 한다."

AvgX=AVERAGE(X[1..n])
"AVERAGE는 새로운 내장 함수이다. 이것은 최대 2000개의 인수들을 받아들일 수 있다."
SumX=SUM(X[1..n])            "SUM은 내장함수이지만, 이것은 새로운 표기법이다."
OldSumX=SUM(X[i],i=1,n)      "이것은 SUM 함수에 대한 과거의 표기법이지만, 여전히 지원된다."
MaxX=MAX(X[1..n])            "MIN과 MAX 함수는 다양한 개수의 인수를 받아들인다."

$Arrays OFF
{Note that the $Arrays OFF directive will cause the array values to be displayed in the Solution window.  Otherwise they will appear only in the Arrays table.}

$TabWidth 0.5 cm
```

여기서, 작성한 내용을 'Formatted Equations' 창에 나타낸 것이 [그림 12-45]이며, 이 프로그램을 EES 상에서 실행하면 [그림 12-46]의 결과를 얻을 수 있다.

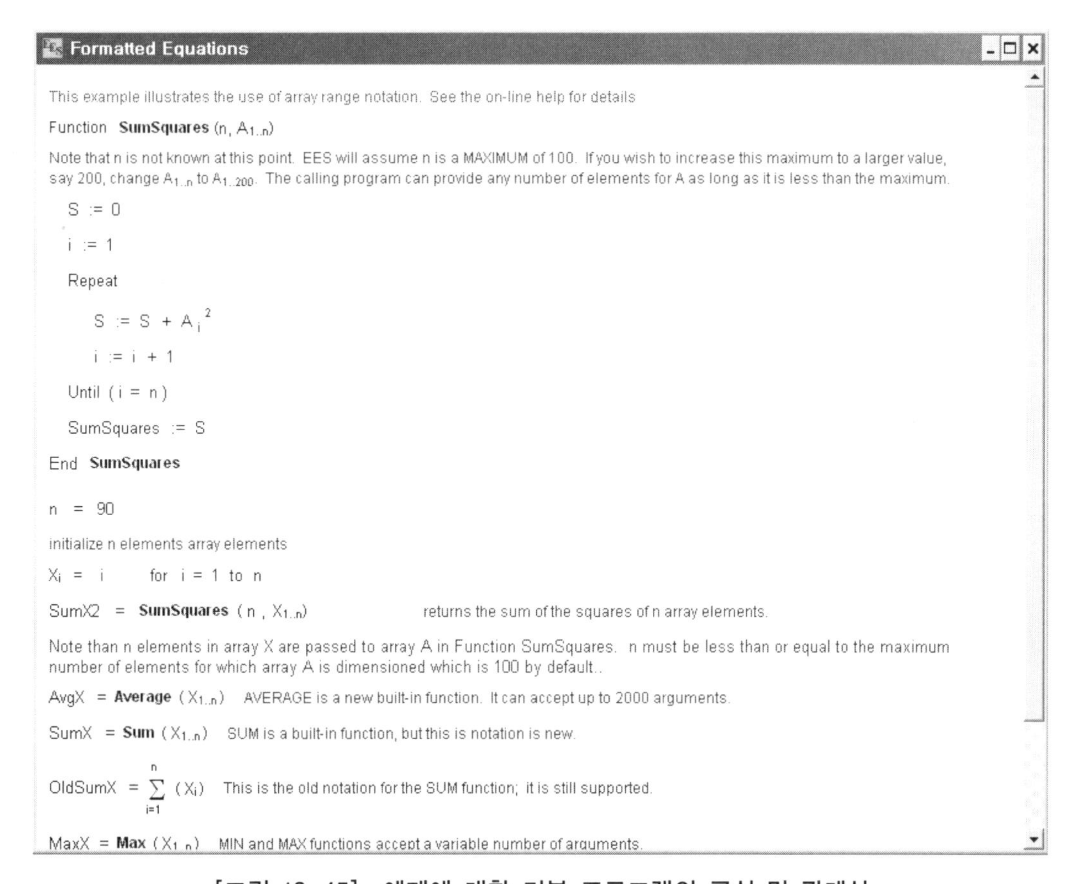

[그림 12-45] 예제에 대한 기본 프로그램의 구성 및 관계식

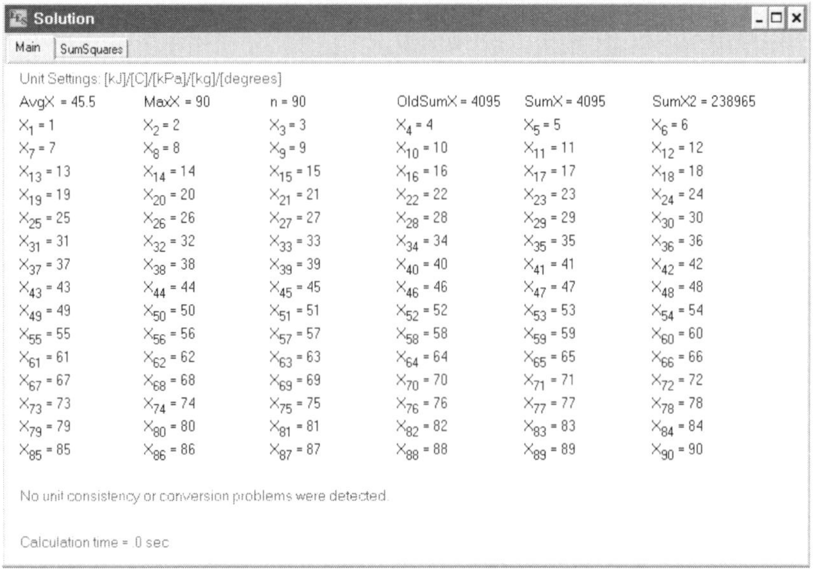

Solution

Main | SumSquares

Unit Settings: [kJ]/[C]/[kPa]/[kg]/[degrees]

AvgX = 45.5	MaxX = 90	n = 90	OldSumX = 4095	SumX = 4095	SumX2 = 238965
X_1 = 1	X_2 = 2	X_3 = 3	X_4 = 4	X_5 = 5	X_6 = 6
X_7 = 7	X_8 = 8	X_9 = 9	X_{10} = 10	X_{11} = 11	X_{12} = 12
X_{13} = 13	X_{14} = 14	X_{15} = 15	X_{16} = 16	X_{17} = 17	X_{18} = 18
X_{19} = 19	X_{20} = 20	X_{21} = 21	X_{22} = 22	X_{23} = 23	X_{24} = 24
X_{25} = 25	X_{26} = 26	X_{27} = 27	X_{28} = 28	X_{29} = 29	X_{30} = 30
X_{31} = 31	X_{32} = 32	X_{33} = 33	X_{34} = 34	X_{35} = 35	X_{36} = 36
X_{37} = 37	X_{38} = 38	X_{39} = 39	X_{40} = 40	X_{41} = 41	X_{42} = 42
X_{43} = 43	X_{44} = 44	X_{45} = 45	X_{46} = 46	X_{47} = 47	X_{48} = 48
X_{49} = 49	X_{50} = 50	X_{51} = 51	X_{52} = 52	X_{53} = 53	X_{54} = 54
X_{55} = 55	X_{56} = 56	X_{57} = 57	X_{58} = 58	X_{59} = 59	X_{60} = 60
X_{61} = 61	X_{62} = 62	X_{63} = 63	X_{64} = 64	X_{65} = 65	X_{66} = 66
X_{67} = 67	X_{68} = 68	X_{69} = 69	X_{70} = 70	X_{71} = 71	X_{72} = 72
X_{73} = 73	X_{74} = 74	X_{75} = 75	X_{76} = 76	X_{77} = 77	X_{78} = 78
X_{79} = 79	X_{80} = 80	X_{81} = 81	X_{82} = 82	X_{83} = 83	X_{84} = 84
X_{85} = 85	X_{86} = 86	X_{87} = 87	X_{88} = 88	X_{89} = 89	X_{90} = 90

No unit consistency or conversion problems were detected.

Calculation time = .0 sec

[그림 12-46] 예제 프로그램의 분석 결과

2. $CheckUnits Detective

이 예제는 영국식 단위 체계에서 Newton의 법칙에 대한 성능 단위 검사 및 단위 변환에 대하여 소개한다.

$CheckUnits AutoON 지령(directive)은 Preferences Dialog의 설정에 상관없이 자동적인 단위 검사가 가능함을 보장한다.

```
"!Units checking"

$CheckUnits AutoON

F = m * a          "Newton's Law"
m=150 [lb_m]
a = g#             "변수 끝에 '#'을 갖는 문자는 사용자 지정 상수들이다. 이 경우 g#=32.17 [ft/s^2]
                   이다."

"이 문제를 해석하기 위해 [F2] 키를 누른다. 사용자는 해답을 얻을 것이나 이 해답은 부정확하다.
Solution window는 단위에 문제가 있다고 가리킬 것이고, 정말로 이것이 문제이다. 이것을 수정하기
위해, 32.17 [lb_m· ft/s^2] = 1 [lb_f]로 단위를 변환할 필요가 있다. 함수 Convert가 이 목적을 위해
사용될 수 있다. 그러므로 이 문제를 수정하기 위해 위의 방정식 F= m * a를 다음으로 대체시켜야
한다."
{F = m * a * convert(lb_m-ft/s^2,lb_f)}

$TabWidth 1 cm
```

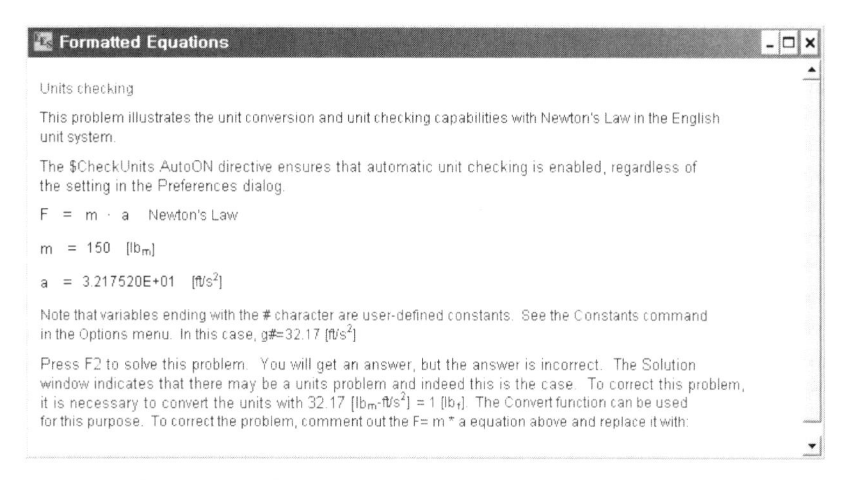

[그림 12-47] 예제에 대한 관련 내용의 수학적 표현

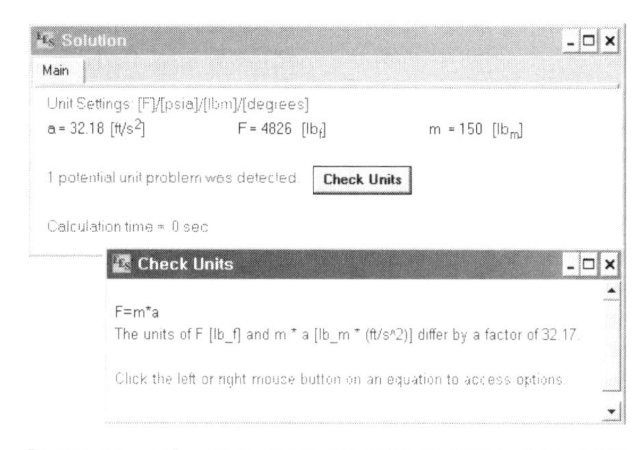

[그림 12-48] 해석 결과 및 잘못된 해에 대한 설명

3. $Common used with Functions

이 예제는 EES에서 사용자 작성 함수들의 사용법에 대하여 소개한다. If Then Else와 Repeat Until과 같은 논리 구조는 단지 Functions와 Procedures에서만 수행될 수 있다.

```
function Add1(x)
  $Common AddMe
{변수 AddMe의 값에 제공되는 값을 추가시키기 위한 간단한 함수이다. $Common은 메인 프로그램에서 지정된 값들이 Functions과 Procedures에서 접근될 수 있도록 허용한다.}
```

```
        x:=x+Addme
        add1:=x
end

function IfTest(x,y)
{demonstration of the one-line form of the IF-THEN-ELSE logic.}
        if (x<y) then a:=x*y else a:=x/y
        IfTest:=a;
end;

function IfGoTo(x,y)
{goto statements are supported, but usually not needed.}
        if (x<y) then goto 10
        a:=x
        b:=y
        goto 20
10:     a:=y
        b:=x
20:     c:=a/b
        IfGoTo:=a/b
end

function IfBlock(x,y)
{demonstration of the block form of the IF-THEN-ELSE statement.}
        if (x<y) then
                a:=y
                b:=x
        else
                a:=x
                b:=y
        endif
        IfBlock:=a/b
end

FUNCTION Factorial(N)
{calculates N factorial using the REPEAT-UNTIL construct.}
      F:=1
      Repeat
                F:=F*N
                N:=N-1
      Until (N=1)
        Factorial=F
END

Addme=1                 "이 변수는 Add1 함수에서 사용될 것이다."
g=Add1(1)
h=ifTest(3,4)
j=IfGoTo(5,6)
k=IfGoTo(5,6)
m=factorial(5)

$TabWidth 0.5 cm
```

Formatted Equations

This problem demonstrates the use of user-written functions in EES. Logic constructs such as IF-THEN-ELSE and REPEAT-UNTIL can only be implemented in functions and procedures.

Function **Add1** (x)

$Common ADDME

x := x + Addme

Add1 := x

End **Add1**

Function **IfTest** (x, y)

If (x < y) Then a := x · y Else $a := \frac{x}{y}$ EndIf

IfTest := a

End **IfTest**

Function **IfGoTo** (x, y)

If (x < y) Then GoTo 10

a := x

b := y

GoTo 20

10: a := y

b := x

20: $c := \frac{a}{b}$

$IfGoTo := \frac{a}{b}$

End **IfGoTo**

Function **IfBlock** (x, y)

If (x < y) Then

a := y

b := x

Else

a := x

b := y

EndIf

$IfBlock := \frac{a}{b}$

End **IfBlock**

Function **Factorial** (N)

F := 1

Repeat

F := F · N

N := N − 1

Until (N = 1)

Factorial := F

End **Factorial**

Addme = 1 This variable will be used in the Add1 function

g = **Add1** (1)

h = **IfTest** (3 , 4)

j = **IfGoTo** (5 , 6)

k = **IfGoTo** (5 , 6)

m = **Factorial** (5)

[그림 12-49] 작성한 프로그램의 수학적 표현

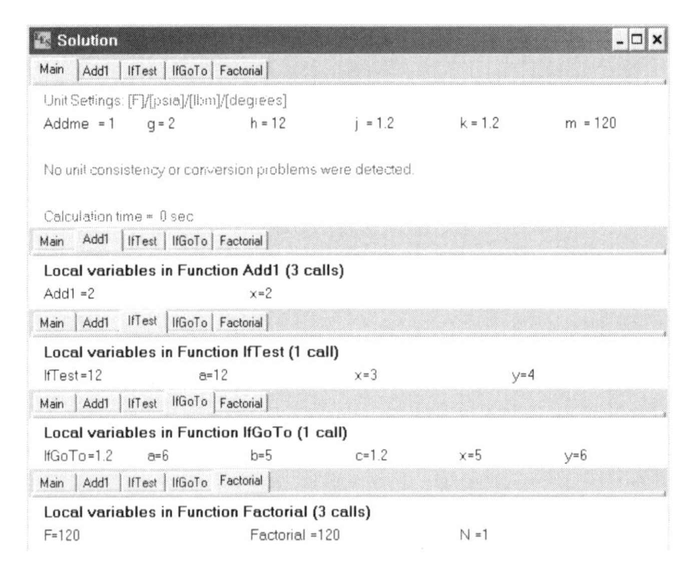

[그림 12-50] 예제 프로그램의 다양한 분석 결과

4. $Include Statement used in the Diagram Window

이 간단한 프로그램은 Diagram Window에서 $Include 문의 사용법에 대하여 설명하기 위한 것이다. [그림 12-51]과 [그림 12-52]는 이들 예제를 보여주고 있는 것이며, [그림 12-53]은 이들에 대한 방정식을 갖는 외부 파일들을 보여준다.

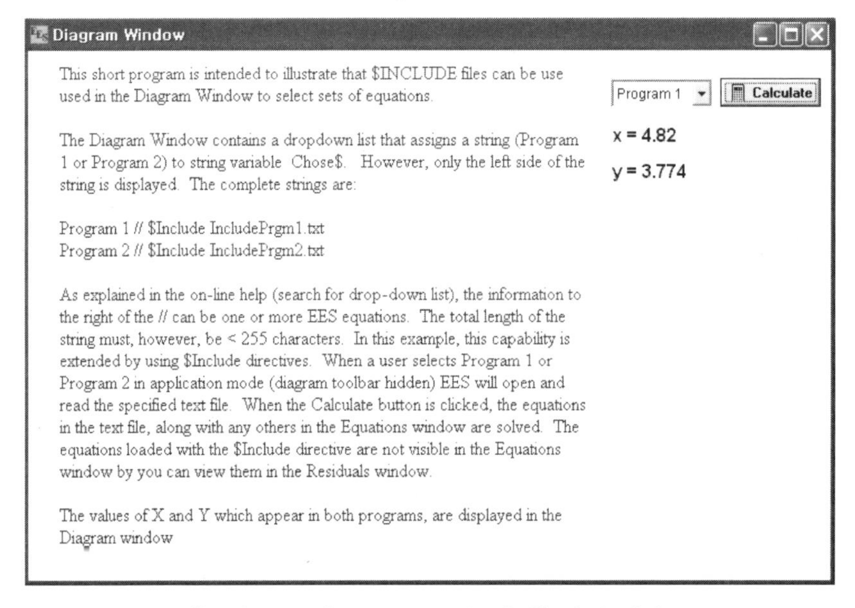

[그림 12-51] $Include 문의 첫 번째 예제

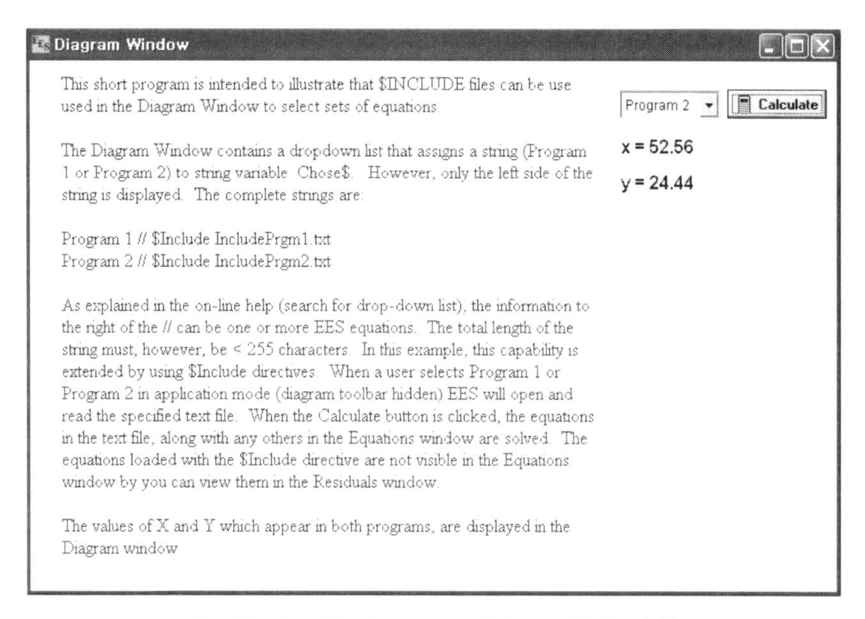

[그림 12-52] $Include 문의 두 번째 예제

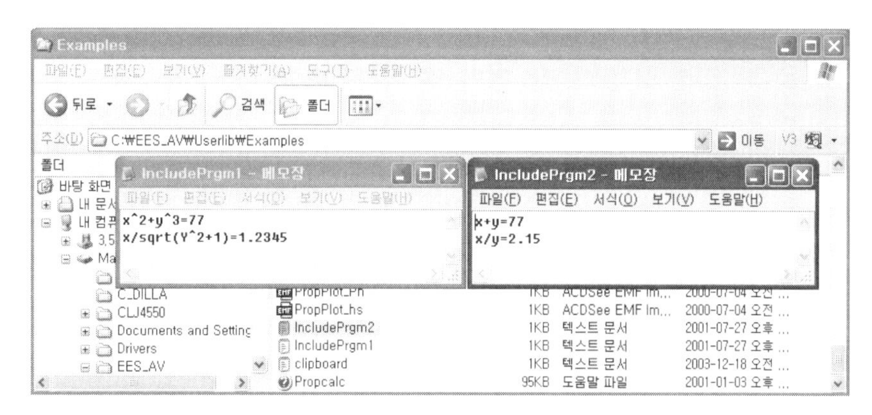

[그림 12-53] 메모장에 작성된 2개의 외부 파일

5. $Local Directive

이 프로그램은 Modules와 SUB_PROGRAMS의 사용법을 소개하기 위한 것이다.

```
$Local On
{이 문은 Modules의 변수들이 Solution window에 나타나도록 하기 위함이다.}
SUBPROGRAM test1(x,y,a,b)
  "이 방법에서 a와 b에 대한 해석은 하나의 PROCEDURE와 함께 수행될 수 있다. 그러나 하나의
```

```
MODULE은 주어진 a와 b에 대하여 x와 y를 결정할 수 있다."
        a=x+y
        b=x-y
end

MODULE  test2(x,y,a,b)
        x^2+y^3=a
        x/y=b
end

call test1(3,4,a,b)
"주어진 x와 y에 대하여 a와 b에 대한 해석은 방정식들을 동시에 해석할 필요는 없다.
call test1(x_1,y_1,7,-1)
"a와 b가 주어지고 x와 y에 대한 해석은 2개의 방정식 해와 2개의 미지수에 대한 값을 요구한다."
call test2(x,y,a,b)        "이 호출은 주어진 a와 b에 대한 x와 y의 값을 설정할 것이다."
call test2(8,3,m,n)        "입력과 출력값이 상호 교환되었으며, 여기서 m과 n이 결정된다."

"Look at the Residuals window to see how the equations in the MODULES are interwoven with the equations in the main EES code whereas the SUBPROGRAMS are stand-alone.  "

$TabWidth 0.5 cm
```

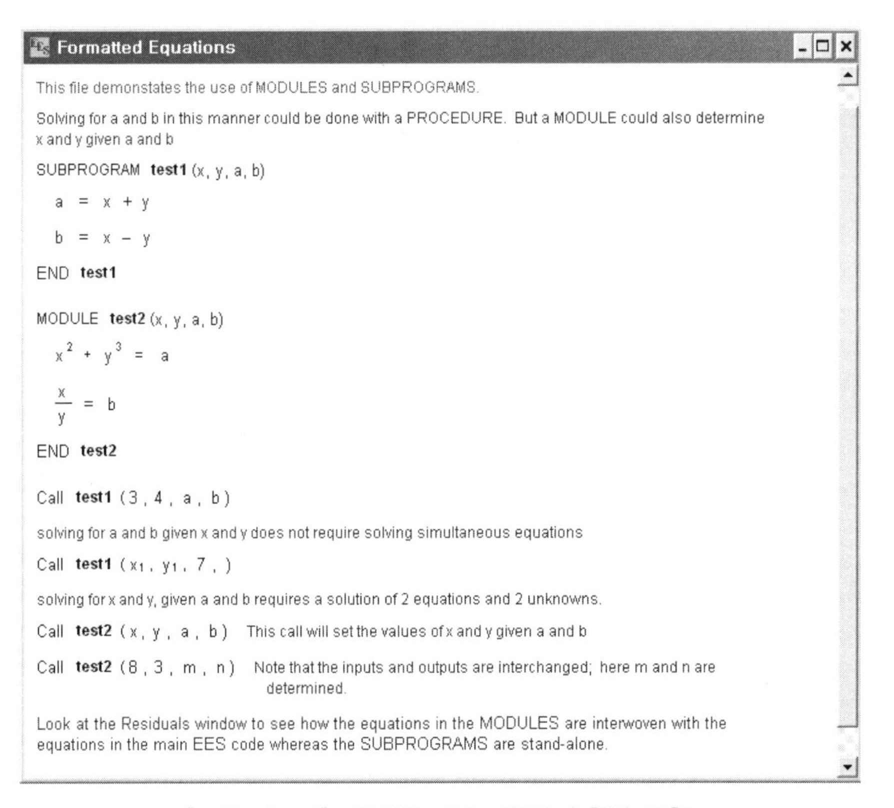

[그림 12-54] 작성한 프로그램의 수학적 표현

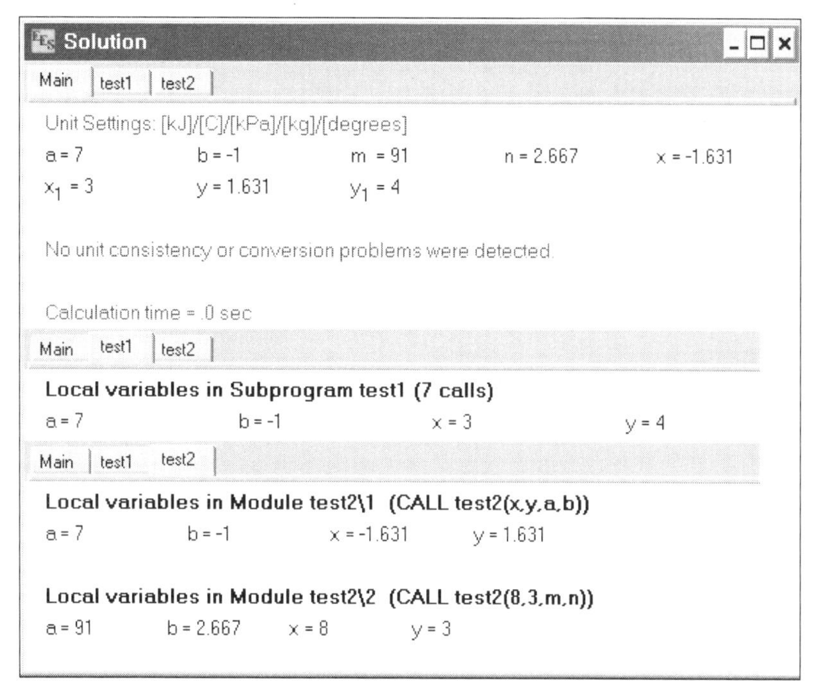

[그림 12-55] 각각의 분석 방법에 관한 해석 결과들

6. $Sumrow Directive

이 예제를 간단히 소개하면 다음과 같다.

① EES Refrigeration Property Routines를 사용한다.

② 증발기와 응축기의 열전달 한계를 고려한 냉동 사이클을 분석한다.

③ Parametric Table과 Plotting을 이용한다.

④ P[1]과 같은 배열 변수들을 이용한다.

⑤ $Sumrow Directive를 사용한다.

```
"!열교환을 고려한 히트 펌프 사이클"
COP=abs(Q_H/W_c)                          "성능 계수의 정의"
"!증발기"
Alpha=0.75 [kW/C]                         "HX effectiveness-capacitance rate product"
Q_evap=m_dot*(h[1]-h[4])                  "에너지 평형"
```

```
Q_evap=Alpha*(T_amb-T[1])                "열전달 상관관계"

"!압축기"
x[1]=1                                   "압축기 입구 측의 포화 수증기"
P[1]=pressure(R134a,T=T[1],x=x[1])
h[1]=ENTHALPY(R134a,T=T[1],x=x[1])
s[1]=entropy(R134a,T=T[1],x=x[1])
s_ID[2]=s[1]                             "이상적인 압축기는 등엔트로피이다."
P[2]=pressure(R134a,T=T[3],x=1)
h_ID[2]=enthalpy(R134a,P=P[2],s=s_ID[2])
W_c_ID=-(h_ID[2]-h[1])*m_dot;            "이상적인 압축기에 대하여 요구되는 출력"
ComEff=0.60                              "등엔트로피 효율(Isentropic efficiency)"
W_c=W_c_ID/ComEff                        "실제 압축기에 대하여 요구되는 출력"
h[2]=h[1]-W_c/m_dot                      "단열 압축기에서의 에너지 평형"
VolFlow=m_dot*volume(R134a,T=T[1],x=x[1])
VolFlow=4.3E-3 [m^3/s]                   "압축기의 체적 유량"

"!응축기"
T_H=20 [℃]                               "건물의 공기 온도"
Beta=1.75 [kW/C]                         "HX effectiveness-capacitance rate product"
Q_H=Beta*(T[3]-T_H)                      "열교환기 상관관계식"
Q_H=(h[2]-h[3])*m_dot                    "에너지 평형"
h[3]=ENTHALPY(R134a,T=T[3],x=0)          "응축기 입구 측의 포화 액체

"!밸브"
h[4]=h[3]                                "밸브는 등엔트로피이다."
P[4]=P[1]
x[4]=quality(R134a,h=h[4],P=P[4])        "증발기 입구 측에서의 속성(quality)"

$TabWidth 1.5 in
$SUMROW ON
{$SUMROW directive는 하나의 행에 각 열의 모든 값들의 합을 각 parametric table에 추가하도록
한다. 이것은 Preferences dialog에서의 설정을 무효로 한다.}
```

계산을 초기화하기 위해 Calculate 메뉴의 Solve Table 명령[F3 키]을 선택한다. Parametric Table이 이 결과를 보여주기 위해 나타날 것이다. 도표의 결과를 그래프로 보기 위해 Windows 메뉴로부터 Plot을 선택한다.

Heat pump cycle with heat exchange considerations

$COP = \left|\frac{Q_H}{W_c}\right|$ Definition of coefficient of performance

Evaporator

$\alpha = 0.75$ [kW/C] HX effectiveness-capacitance rate product

$Q_{evap} = \dot{m} \cdot (h_1 - h_4)$ energy balance

$Q_{evap} = \alpha \cdot (T_{amb} - T_1)$ heat transfer relation

Compressor

$x_1 = 1$ saturated vapor at compressor inlet

$P_1 = \mathbf{P}('R134a', T=T_1, x=x_1)$

$h_1 = \mathbf{h}('R134a', T=T_1, x=x_1)$

$s_1 = \mathbf{s}('R134a', T=T_1, x=x_1)$

$s_{ID,2} = s_1$ ideal compressor is isentropic

$P_2 = \mathbf{P}('R134a', T=T_3, x=1)$

$h_{ID,2} = \mathbf{h}('R134a', P=P_2, s=s_{ID,2})$

$W_{c,ID} = -(h_{ID,2} - h_1) \cdot \dot{m}$ power requirement for ideal compressor

$ComEff = 0.6$ Isentropic efficiency

$W_c = \frac{W_{c,ID}}{ComEff}$ power requirement for actual compressor

$h_2 = h_1 - \frac{W_c}{\dot{m}}$ energy balance on adiabatic compressor

$VolFlow = \dot{m} \cdot \mathbf{v}('R134a', T=T_1, x=x_1)$

$VolFlow = 0.0043$ [m^3/s] compressor volumetric flowrate

Condenser

$T_H = 20$ [°C] building air temperature

$\beta = 1.75$ [kW/C] HX effectiveness-capacitance rate product

$Q_H = \beta \cdot (T_3 - T_H)$ heat exchanger relationship

$Q_H = (h_2 - h_3) \cdot \dot{m}$ energy balance

$h_3 = \mathbf{h}('R134a', T=T_3, x=0)$ saturated liquid at condenser outlet

$P_3 = P_2$

Valve

$h_4 = h_3$ valve is isenthalpic

$P_4 = P_1$

$x_4 = \mathbf{x}('R134a', h=h_4, P=P_4)$ quality at evaporator inlet

[그림 12-56] 예제 프로그램에 대하여 주어진 상관 관계

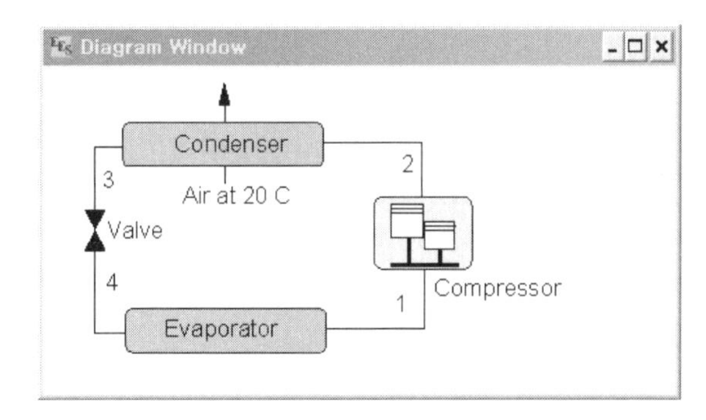

[그림 12-57] 예제 시스템의 개념도

Parametric Table

Table 1

1..7	COP	T_{amb} [C]	$\dot{m}$ [kg/sec]	Q_H [kW]
Run 1	3.811	-15	0.03796	6.175
Run 2	4.141	-10	0.04385	7.013
Run 3	4.518	-5	0.05025	7.908
Run 4	4.952	0	0.05716	8.859
Run 5	5.454	5	0.06458	9.864
Run 6	6.042	10	0.0725	10.92
Run 7	6.735	15	0.08091	12.03
Sum	35.65	0	0.4072	62.77

[그림 12-58] Parametric Table에서의 분석 결과

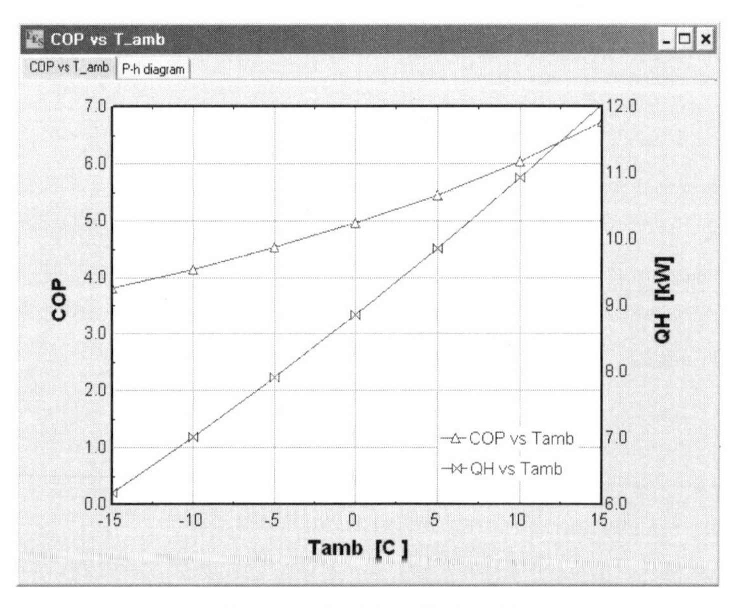

[그림 12-59] 선도 상의 표현 1

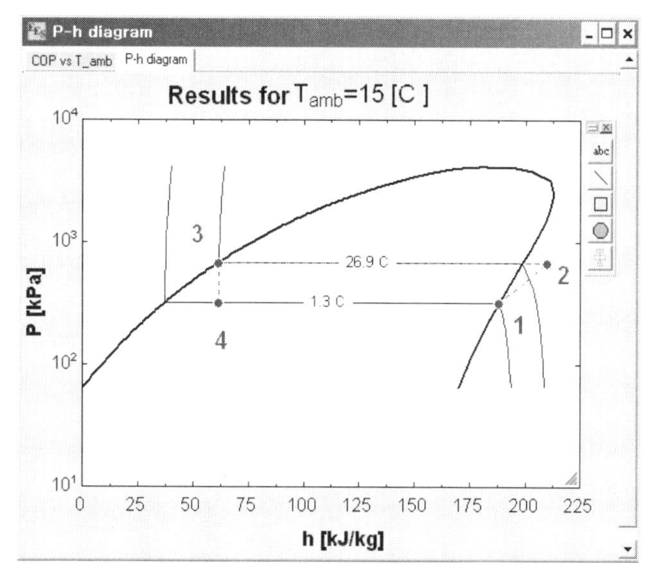

[그림 12-60] 선도 상의 표현 2

Arrays Table

	h_i [kJ/kg]	$h_{ID,i}$ [kJ/kg]	P_i [kPa]	s_i [kJ/kg-K]	$s_{ID,i}$ [kJ/kg-K]	T_i [C]	x_i
[1]	188.1		322.2	0.6958		1.3	1
[2]	210.2	201.3	685.0		0.6958		
[3]	61.5		685.0			26.9	
[4]	61.5		322.2				0.1607

[그림 12-61] Arrays Table 상의 분석 결과

7. $TabWidth Directive

이 예제는 $TabWidth Directive의 사용법에 대하여 소개한다. 이 $TabWidth Directive는 Equations Window에서의 Tab 여백을 조절하는 것이다.

```
"$TabWidth directive 예제"
$TabWidth 0.5cm
"이것은 매 0.5cm마다 Tabs 여백이 위치할 것이다. 이 Tab은 cm 또는 in로 입력될 수 있다. 단지
하나의 $TabWidth directive만이 지원된다. $TabWidth는 Preference dialog에서의 설정을 무효로 한다."

N=10
Duplicate i=1,N
	X[i]=i
	Y[i]=X[i]^2
end
```

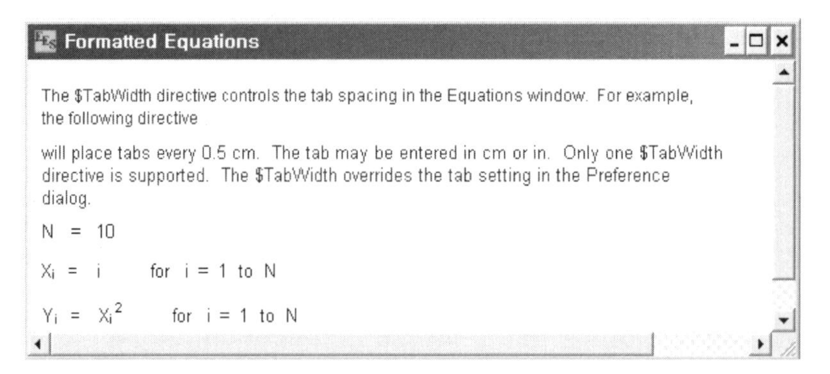

[그림 12-62] 예제 프로그램의 상관 관계

Solution

Main

Unit Settings: [kJ]/[C]/[kPa]/[kg]/[degrees]

N = 10

No unit consistency or conversion problems were detected.

Calculation time = .0 sec

Array variables are in the Arrays window

Arrays Table

	X_i	Y_i
[1]	1	1
[2]	2	4
[3]	3	9
[4]	4	16
[5]	5	25
[6]	6	36
[7]	7	49
[8]	8	64
[9]	9	81
[10]	10	100

[그림 12-63] 예제 프로그램의 분석 예

12-10 Formatted Equations

1. Greek Symbol & Subscripts

이 예제의 목적은 이미 알고 있는 LMTD, 고온 측 입구온도와 Capacitance Rates에 대응하는 열교환기의 유효도(effectiveness)와 출구 측 온도를 결정하는 방법에 대하여 소개하는 것이다.

이 예제를 간단히 소개하면 다음과 같다.

① 일련의 비선형 대수 방정식들의 해를 구함.

② 방정식들의 형식화 : Bring the Formatted Equations window to the front to see how subscripted variables, comments, Greek symbols & tabs are used to control the appearance of the Formatted Equations window. Right click in the Formatted Equations window to bring up a menu that allows the units of constants & variables to be displayed or hidden.

③ 단위 : 첫 번째 EES 방정식 다음에 어떠한 단위가 변수에 추가될 수 있는지를 주목한다.

또한 단위는 Solutions Window 또는 Options 메뉴의 Variable Info에도 추가될 수 있다.

④ 단위 검사 : [F8] 키를 눌러 단위 검사를 수행한다. 단위에 문제가 발견되면, Equation Window에서 표시된 방정식을 좌-클릭하고, 해당 방정식으로 이동하거나 우-클릭을 하여 Variable Info Window로 이동한다.

실행을 위해 Calculate 메뉴로부터 Solve 명령을 선택한다.

```
"!Counterflow heat exchanger"
LMTD=10 [F]         "대수평균 온도차[℃]로, 여기서는 단위 검사를 위해 [°F]가 사용된다."
T_h_i=80 [C]        "고온 측 입구온도"
C_h=125 [W/C]       "고온 측 capacitance rate"
C_c=69.8 [W/C]      "저온 측 capacitance rate"
UA=200 [W/C]        "총합 열전달 계수와 면적의 곱"
Q=UA*LMTD           "열교환량"

"대향류 열교환기에 대한 LMTD의 지정"
Arg=(T_h_i-T_c_o)/(T_h_o-T_c_i)
"!Arg를 지정하며, '0'으로 나누거나 [-] 로그 값이 발생할 수 없도록 한계를 설정한다."
LMTD=((T_h_i-T_c_o)-(T_h_o-T_c_i))/ln(Arg)

"열교환기 유효도 정의"
Epsilon=Q/(min(C_h,C_c)*(T_h_i-T_c_i))

"고온 측과 저온 측의 에너지 평형"
Q=C_h*(T_h_i-T_h_o)
Q=C_c*(T_c_o-T_c_i)

"See the heat exchanger function HX under Function Info/EES library routines.  This routine was
written in EES and solves many different heat exchanger problems."
$TabStops 0.5 in
```

Formatted Equations

This problem illustrates:

1. Solution of a set of non-linear algebraic equations.

2. Formatting of equations. Bring the Formatted Equations window to the front to see how subscripted variables, comments, Greek symbols, and tabs are used to control the appearance of the Formatted Equations window. Right click in the Formatted Equations window to bring up a menu that allows the units of constants and variables to be displayed or hidden.

3. Units. Note how units can be added to a variable, e.g., in the first EES equation below. Units can also be added in the Solutions Window or in Options|Variable Info.

4. Checking units. Press F8 to check units. When problems are found in units, left click on displayed equation to jump to equation in the Equation Window or right click to jump to the Variable Info Window.

Note that a unit checking problem has been deliberately introduced in this file to show how the Check Units output works. Change the units of variable LMTD to C to remove this problem.

$LMTD = 10$ [F] log mean temperature difference in C - here F is used to illustrate units checking.

$T_{h,i} = 80$ [C] hot stream inlet temperature

$C_h = 125$ [W/C] hot steam capacitance rate

$C_c = 69.8$ [W/C] cold stream capacitance rate

$UA = 200$ [W/C] overall heat transfer coefficient-area product

$Q = UA \cdot LMTD$ heat exchange rate

Definition of LMTD for counterflow heat exchange

$Arg = \frac{T_{h,i} - T_{c,o}}{T_{h,o} - T_{c,i}}$ define Arg and set limits so that a division by zero or log of a negative number cannot occur

$$LMTD = \frac{T_{h,i} - T_{c,o} - (T_{h,o} - T_{c,i})}{\ln(Arg)}$$

Definition of heat exchanger effectiveness

$$\varepsilon = \frac{Q}{\mathrm{Min}(C_h, C_c) \cdot (T_{h,i} - T_{c,i})}$$

Energy balances on hot and cold streams

$Q = C_h \cdot (T_{h,i} - T_{h,o})$

$Q = C_c \cdot (T_{c,o} - T_{c,i})$

See the heat exchanger function HX under Function Info/EES library routines. This routine was written in EES and solves many different heat exchanger problems.

[그림 12-64] 대향류 열교환기 예제의 관련 수식들

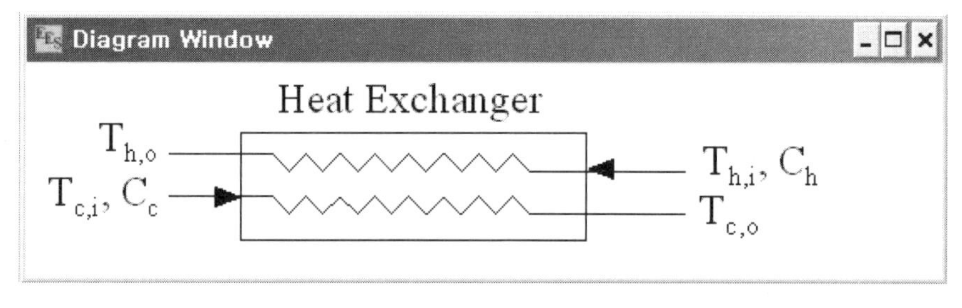

[그림 12-65] 예제 시스템의 개념도

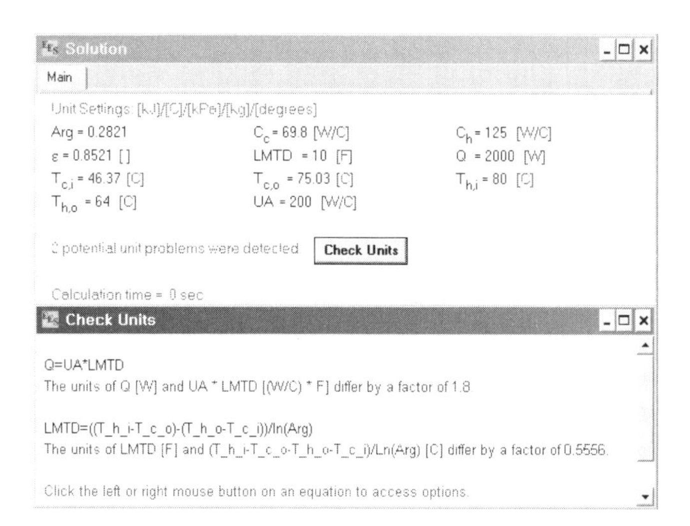

[그림 12-66] 분석 결과 및 단위 검사 방정식들

2. Integral Function

이 예제 프로그램은 2차 방정식 해석을 위한 Integral 함수의 사용법에 대하여 소개한다.

여기서, EES는 공기역학 저항에 종속되는 자유낙하 구의 위치와 속도를 계산하기 위해 사용된다. 단위 체계는 영국식으로 설정되며, 그래프는 초기의 상승하는 속도의 영향을 관찰하기 위해 y축 값이 -50부터 시작된다.

```
D=0.25 [ft]
m=1.0 [lb_m]                                    "구의 질량"
v_o=0 [ft/s]                                    "초기 속도"
z_o=0 [ft]                                      "초기 위치"
time=5 [s]                                      "해석을 위한 시간 기간"
g=32.17 [ft/s^2]                                "중력 가속도"
F=m*g*Convert(lbm-ft/s^2,lbf)                   "Newton's Law"
m*a*Convert(lbm-ft/s^2,lbf)=F-F_d               "force balance"
Area=pi*D^2/4                                   "구의 전면 면적(frontal area)"
F_d=Area*C_d*(1/2*rho*v^2)*Convert(lbm-ft/s^2,lbf)      "저항 계수의 지정"
"Reynolds 수 계산"
mu=viscosity(air, T=70)*Convert(1/hr,1/s)
rho=density(Air,T=70,P=14.7)
Re=rho*abs(v)*D/mu
"Reynolds 수로부터 저항 계수를 찾는다. Lookup table은 ln(Re)과 ln(C_d)을 포함한다. Max 함수는
지수함수가 '0'인 값을 찾으려고 시도하는 것을 방지하기 위해 사용된다.
```

```
C_d=exp(interpolate1( 'LnRe', 'LnCd', LnRe=Ln(max(.01, Re))))
"As a test of the need for the variable drag coefficient, set C_d to a constant value, say C_d=0.4. Turn off automatic update on the plots (click on the plot window) and overlay the new plots, using the left scale."
{C_d=0.4}
"EES Integral 함수와 주어진 중력가속도로부터 속도와 위치를 계산한다."
v=v_o+integral(a,t,0,time)        "velocity after 5 seconds"
z=z_o+integral(v,t,0,time)        "vertical position after 5 seconds"
"The following directive instructs EES to store values of v (velocity), z (elevation) and C_d (drag coefficient) as a function of t (time) at increments of 0.2 sec."
$integraltable t:0.2,  v,z, C_d
$tabstops 1 in
```

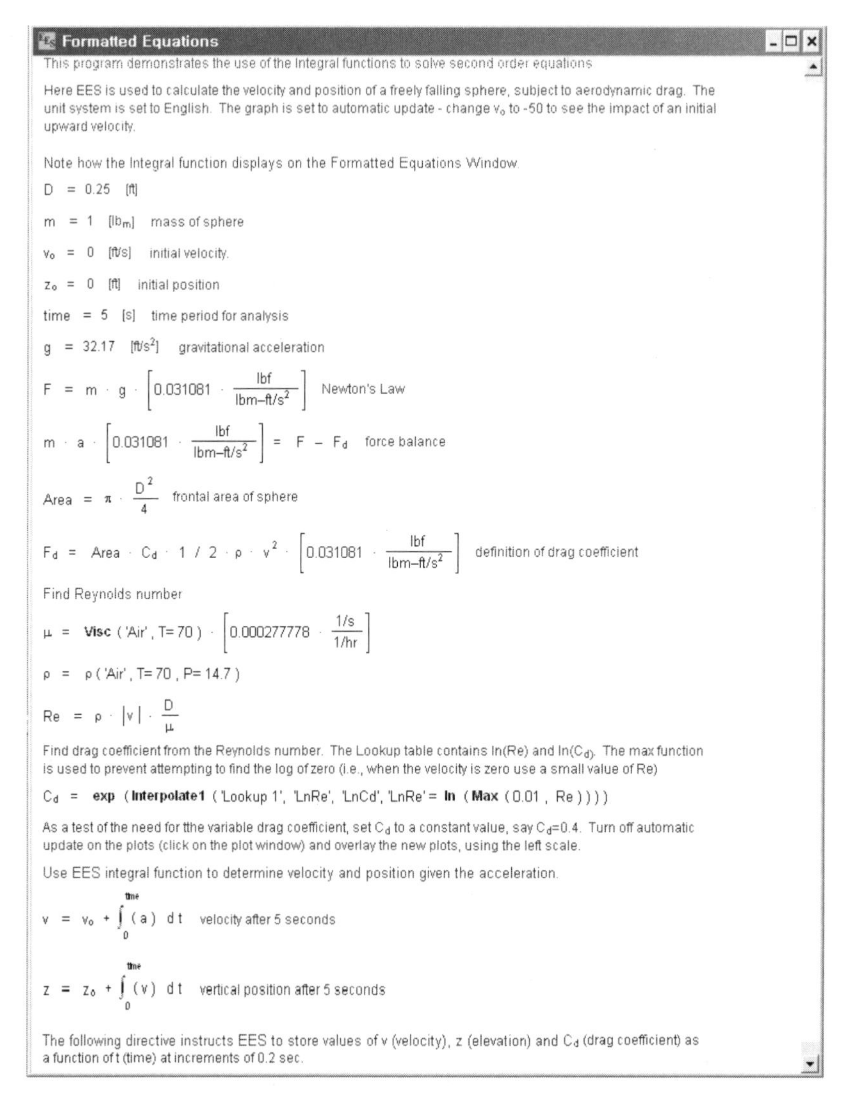

[그림 12-67] 예제 관련 방정식들

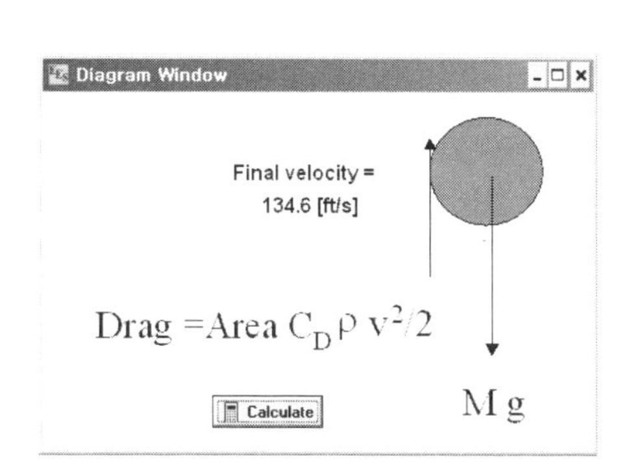

[그림 12-68] 예제의 개념도

Solution

Main

Unit Settings: [F]/[psia]/[lbm]/[degrees]

a = 19.16 [ft/s²]	Area = 0.04909 [ft²]
C_d = 0.3904 [ ]	D = 0.25 [ft]
F = 0.9999 [lb_f]	F_d = 0.4043 [lb_f]
g = 32.17 [ft/s²]	m = 1 [lb_m]
μ = 0.0000123 [lbm/ft-s]	Re = 204963
ρ = 0.07491 [lb_m/ft³]	t = 5 [s]
time = 5 [s]	v = 134.6 [ft/s]
v_o = 0 [ft/s]	z = 366.2 [ft]
z_o = 0 [ft]	

No unit consistency or conversion problems were detected

Calculation time = 3 sec

[그림 12-69] 예제의 분석 결과

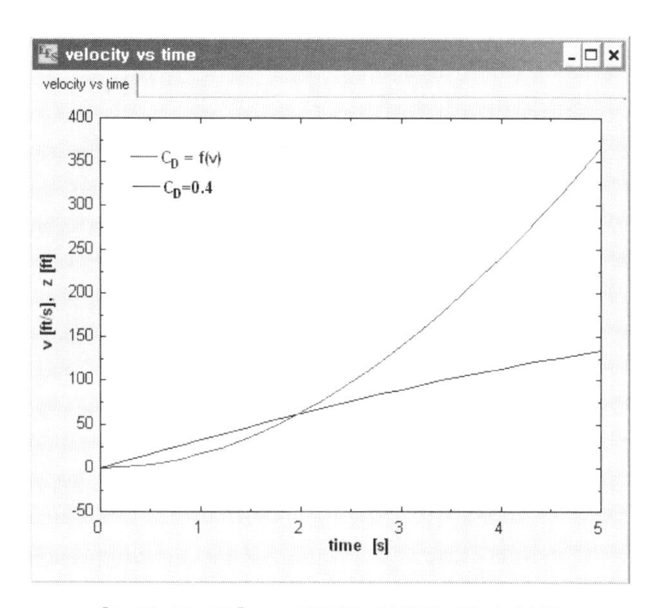

[그림 12-70] 그래프를 이용한 결과 분석

12-11 사용자 작성 함수들(User-written Functions)

1. Function & Logic Statements

12-9-3절의 예제 프로그램과 동일하므로 참고하기 바란다.

2. EES 부프로그램

이 예제는 난류 유동과 층류 유동에 대한 'Colebrook friction factor'를 이용하여 파이프의 마찰계수(friction factor)를 계산하는 것이다.

이것은 Moody 선도(Moody Chart)에서 제공되는 자료이다. 이 프로그램은 EES Subprogram의 사용법을 소개하고 있으며, 이 서브 프로그램은 독립된 EES 프로그램으로 Function, Procedure, Module 또는 또 다른 서브 프로그램이나 메인 EES 방정식으로부터 호출될 수 있다.

Colebrook의 난류 마찰계수는 반복계산 과정 없이 해석되지 않으며, 마찰계수 f에 대하여 implicit하기 때문에, 이 예제의 경우 서브 프로그램은 매우 편리하게 이용된다.

```
{!다음의 SUBPROGRAM과 FUNCTION는 MOODY.LIB 파일로 자동적으로 로드된다.}

{SUBPROGRAM Colebrook(Re, RR , f)
    1/sqrt(f)=-2*log10(RR/3.7+2.51/(Re*sqrt(f)))

"Colebrook 난류 마찰계수 방정식 - implicit in f"
end

FUNCTION MoodyChart(Re, RR)
{$MoodyChart

이 모듈은 레이놀즈 수와 상대적인 거칠기의 주어진 입력값의 내부유동에 대한 Darcy 마찰계수(f)로
응답한다.

열손실과 압력강하는 다음 식으로부터 찾을 수 있다.

head loss  = DELTAp/rho = f * (L/D )* (V^2/(2*g))

만약 사용자가 원할 경우, 확장자 [*.LIB]를 파일명으로 라이브러리 컴포넌트에 이 파일을 저장할 수
있다. 이 파일이 Userlib 하부 디렉토리에 저장되면, MoodyChart 함수는 EES가 시작될 때 로드되어
질 것이다.}

    if (Re<2100) then
        f=64/Re "laminar flow"
    else
        Call  Colebrook(Re, RR , f) "turbulent flow"
    endif
    MoodyChart=f
end MoodyChart
```

```
{이것은 MoodyChart 함수를 호출하는 예제이며, F3 키를 눌러 계산을 수행하며, 결과는 Plot
Window 1에서 그래프의 형태로 확인할 수 있다.}}
rough=0.001
f=MoodyChart(Re, rough)
```

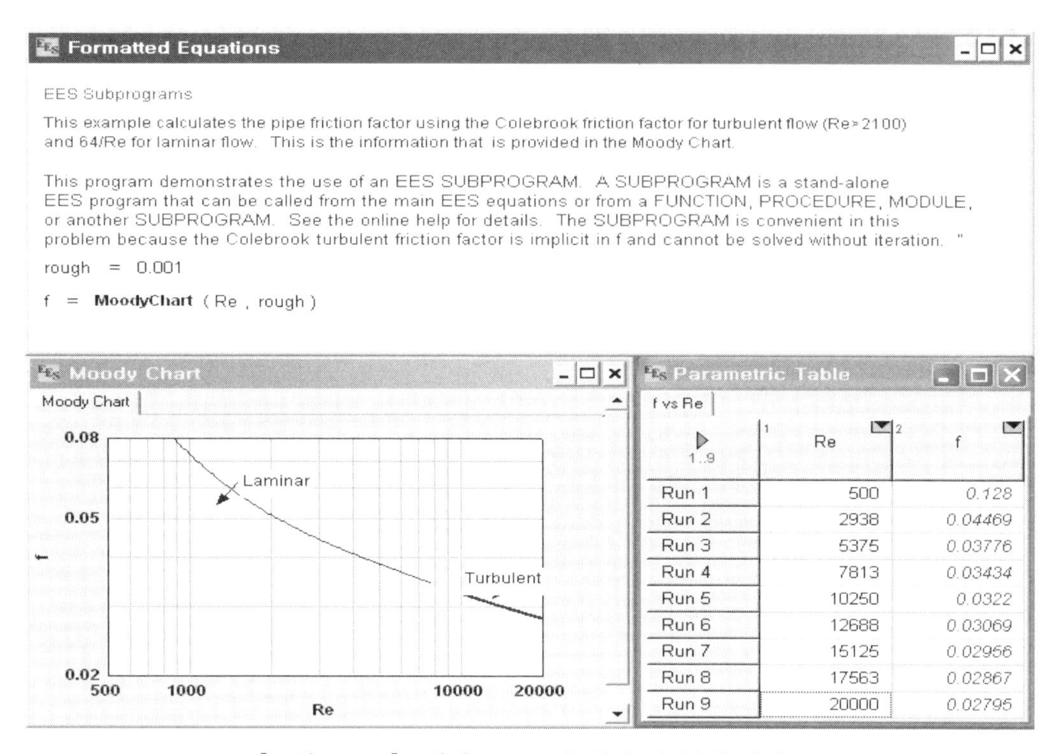

1..9	Re	f
Run 1	500	0.128
Run 2	2938	0.04469
Run 3	5375	0.03776
Run 4	7813	0.03434
Run 5	10250	0.0322
Run 6	12688	0.03069
Run 7	15125	0.02956
Run 8	17563	0.02867
Run 9	20000	0.02795

[그림 12-71] 예제 프로그램 설명 및 분석 결과 1

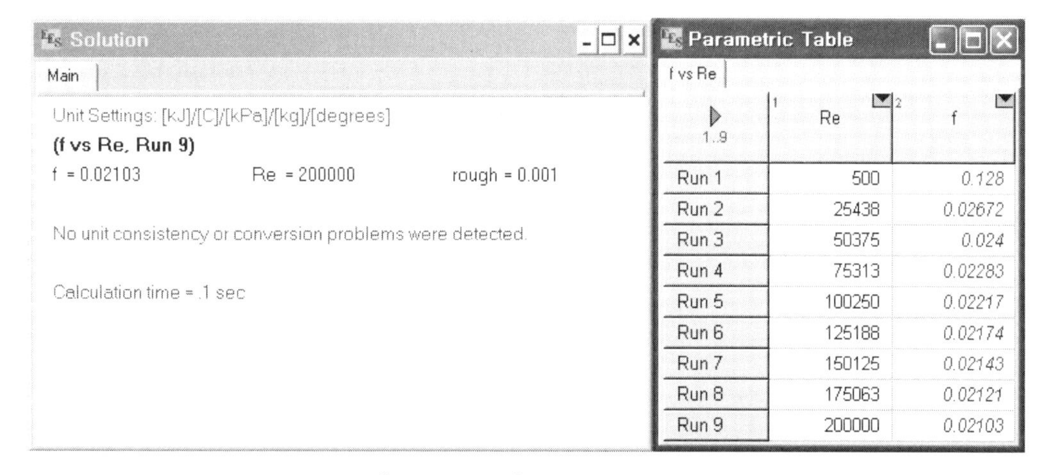

1..9	Re	f
Run 1	500	0.128
Run 2	25438	0.02672
Run 3	50375	0.024
Run 4	75313	0.02283
Run 5	100250	0.02217
Run 6	125188	0.02174
Run 7	150125	0.02143
Run 8	175063	0.02121
Run 9	200000	0.02103

[그림 12-72] 분석 결과 2

3. 음속의 계산

이 예제 프로그램은 다양한 압력과 온도 조건에서 영국식 또는 SI 단위 체계에서 작동하는 함수의 예제이다. 그리고 음속(Speed of Sound)은 EES 내장 함수이다.

```
Function V_sonic(Fluid$, T, P)
{$V_sonic
이 함수는 주어진 온도와 압력에서, 유체 Fluid$, (실제 또는 이상기체)의 음속을 계산한다. 실제 유체의 경우, 상태는 과열 영역에 위치해야 한다.}
{만약 사용자가 이 함수를 UserLib 하부 디렉토리에 V_sonic.lib로 저장하고자 할 경우, EES 실행시 자동적으로 이 함수가 로드되어질 것이다. }

  DELTAp:=p/100
  If UnitSystem('SI')=1 then
        if (UnitSystem('C')=1) then TU$='C'  else TU$='K'
                DU$='kg/m^3'
                SU$='kJ/kg-K'
                PU$='Pa'
                VU$='m/s'
                If (UnitSystem('kPa')=1)  then PU$='kPa'
                If (UnitSystem('bar')=1)  then PU$='bar'
                If (UnitSystem('MPa')=1)  then PU$='MPa'
        else
        if (UnitSystem('F')=1) then TU$='F'  else TU$='R'
                DU$='lb_m/ft^3'
                SU$='Btu/lb_m-R'
        PU$='psia'
                VU$='ft/s'
                If (UnitSystem('atm')=1)  then PU$='atm'
        Endif
        s:=entropy(fluid$, T=T, P=P)
        rho1:=density(Fluid$, P=P-DELTAp, s=s)
        rho2:=density(fluid$, P=P+DELTAp, s=s)

V_sonic:=sqrt(2*DELTAp*convert(PU$,'Pa')/((rho2-rho1)*convert(DU$,'kg/m^3')))*convert('m/s',VU$)
end

"함수 V_sonic의 시험"
fluid$='carbondioxide'
"SI 단위 체계 검사를 위해, 사용자 단위 체계를 SI(K와 kPa)로 설정해야 한다."
T=300 [K]
p=5000 [kPa]
v_sonic=V_sonic(fluid$, T,p)

{"영국식 단위 체계 검사를 위해, 사용자 단위 체계를 영국식(R과 psia)으로 설정해야 한다."
T=ConvertTemp(K,R,300) [R]
p=5000*Convert(kPa, psia) [psia]
v_sonic=V_sonic(fluid$, T,p)  }
$TabWidth 0.5 cm
```

Formatted Equations

This problem is an example of a function that works in English or SI units system and with various pressure and temperature options. Note that SpeedofSound is a built-in EES function.

Function $\mathbf{V}_{sonic}$ (Fluid$, T, P)

$$\Delta p := \frac{P}{100}$$

```
If ( UnitSystem('SI') = 1 ) Then
   If ( UnitSystem('C') = 1 ) Then   TU$ := 'C'   Else   TU$ := 'K'   EndIf
   DU$ := 'kg/m^3'
   SU$ := 'kJ/kg-K'
   PU$ := 'Pa'
   VU$ := 'm/s'
   If ( UnitSystem('KP') = 1 ) Then   PU$ := 'kPa'
   If ( UnitSystem('BA') = 1 ) Then   PU$ := 'bar'
   If ( UnitSystem('MP') = 1 ) Then   PU$ := 'MPa'
 Else
   If ( UnitSystem('F') = 1 ) Then   TU$ := 'F'   Else   TU$ := 'R'   EndIf
   DU$ := 'lbm/ft^3'
   SU$ := 'Btu/lbm-R'
   PU$ := 'psia'
   VU$ := 'ft/s'
   If ( UnitSystem('AT') = 1 ) Then   PU$ := 'atm'
EndIf
s := s ( Fluid$ , T= T , P= P )
rho1 := ρ ( Fluid$ , P= P - Δp , s= s )
rho2 := ρ ( Fluid$ , P= P + Δp , s= s )
```

$$V_{sonic} := \sqrt{2 \cdot \Delta p \cdot \frac{\mathbf{Convert}\,(\,PU\$\,,\,'Pa'\,)}{(\,rho2 - rho1\,) \cdot \mathbf{Convert}\,(\,DU\$\,,\,'kg/m\text{^}3'\,)}} \cdot \mathbf{Convert}\,(\,'m/s'\,,\,VU\$\,)$$

End $\mathbf{V}_{sonic}$

Test of Function V_{sonic}

fluid$ = 'carbondioxide'

For SI units test - make sure your Units System is set to SI, K and kPa.

T = 300 [K]

p = 5000 [kPa]

$v_{sonic} = \mathbf{V}_{sonic}$ (fluid$, T , p)

[그림 12-73] 음속 계산을 위한 관련 방정식 및 조건들

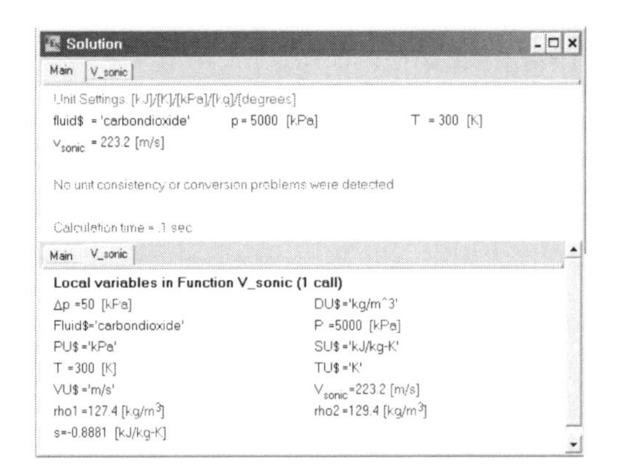

[그림 12-74] 주어진 조건에서의 분석 결과

12-12 적분법(Integration)

1. Euler & Crank-Nicolson 기법에 의한 적분

이 예제는 시간의 함수로 덩어리 물체의 온도 변화를 계산하는 것이다. 이 물체의 초기 온도는 400℃이고, 20℃인 주변 환경에 노출되어 있어 에너지를 전달하게 된다. 이와 유사한 예제가 11-10-13절에 소개되어 있으므로 참고하기 바란다.

```
"Physical properties"
r=0.005 [m]
A=4*pi*r^2          "덩어리 물체의 면적 m^2"
V=4/3*pi*r^3        "덩어리 물체의 체적 m^3"
"재료의 물성값"
rho=3000 [kg/m^3]
c=1000 [J/kg-K]
"상수값"
T_infinity=20 [℃];  T_i=400 [℃];  h=10 [W/m2-K];  delta=100 [sec]
"유한 차분 에너지 평형"
Row=1+Time/delta                              "이것은 Table의 행의 숫자이다."
"!Euler Method"
T_Euler_old=tablevalue(Row-1,#T_Euler)        "이전의 T_Euler 값을 검색한다."
rho*V*c*(T_Euler-T_Euler_old)/delta=-h*A*(T_Euler_old-T_infinity)
"!Crank-Nicolson Method"
T_CN_old=tablevalue(Row-1,#T_CN)              "이전의 T_CN 값을 검색한다."
rho*V*c*(T_CN-T_CN_old)/delta=-h*A*((T_CN_old+T_CN)/2-T_infinity)
"!Exact solution"
(T_exact-T_infinity)/(T_i-T_infinity)=exp(-h*A/(rho*c*V)*Time)

$TabWidth 0.5 cm
```

Formatted Equations

The problem asks for the temperature of a lumped system as a function of time. The system has a initial temperature of 400 C and it is transferring energy to a fluid medium at 20 C.

This solution demonstrates how the TABLEVALUE function and the Parametric table can be used to numerically solve differential equations. Both an explicit method (Euler's method) and an implicit method (Crank Nicolson) are used to solve this first-order differential equation and compared with the exact solution. Both numerical methods require a finite approximation of the time derivative which is obtained as the difference between the current and previous temperatures divided by the time step. The TABLEVALUE function is used to retrieve the previous temperature.

In the Euler method, only previous temperatures are used to evaluate the derivative on the right-hand side of the equation. In the Crank-Nicolson method, the average of the previous and current temperatures is used. The Crank-Nicolson method is implicit because the current temperature is not as yet determined. It is no more difficult to use the implicit method with EES.

Use the Solve Table from the Calculate menu (or F3) to do the calculations. Set the First Run to 2, since the numerical methods use must refer to the previous row of the Parametric table in approximating the derivative.

This simple problem has an analytical solution. A plot of the numerical and analytical solutions can be viewed by selecting Plot from the Windows menu. Note that the Crank-Nicolson method provides a better approximation of the exact solution. This problem could also be solved using the INTEGRAL function in EES, as illustrated in example probelm DIFEQN1. In fact, this is a better way to solve such problems.

Physical properties

$r = 0.005$ [m]

$A = 4 \cdot \pi \cdot r^2$ area of lump in m^2

$V = 4 / 3 \cdot \pi \cdot r^3$ volume of lump in m^3

Material properties

$\rho = 3000$ [kg/m^3]

$c = 1000$ [J/kg-K]

Constants

$T_\infty = 20$ [°C] $T_i = 400$ [°C] $h = 10$ [W/m^2-K] $\delta = 100$ [sec]

Finite difference energy balance

$Row = 1 + \frac{Time}{\delta}$ this is the row number in the table

Euler Method

$T_{Euler,old}$ = **TableValue** ('Table 1' , Row − 1 , 'T$_{Euler}$') retrieves previous T_{Euler}

$$\rho \cdot V \cdot c \cdot \left[\frac{T_{Euler} - T_{Euler,old}}{\delta}\right] = -h \cdot A \cdot (T_{Euler,old} - T_\infty)$$

Crank-Nicolson Method

$T_{CN,old}$ = **TableValue** ('Table 1' , Row − 1 , 'T$_{CN}$') retrieves previous T_{CN}

$$\rho \cdot V \cdot c \cdot \left[\frac{T_{CN} - T_{CN,old}}{\delta}\right] = -h \cdot A \cdot \left[\frac{T_{CN,old} + T_{CN}}{2} - T_\infty\right]$$

Exact solution

$$\frac{T_{exact} - T_\infty}{T_i - T_\infty} = \mathbf{exp}\left[-h \cdot \frac{A}{\rho \cdot c \cdot V} \cdot Time\right]$$

[그림 12-75] 예제 프로그램 관련 방정식과 기본 조건들

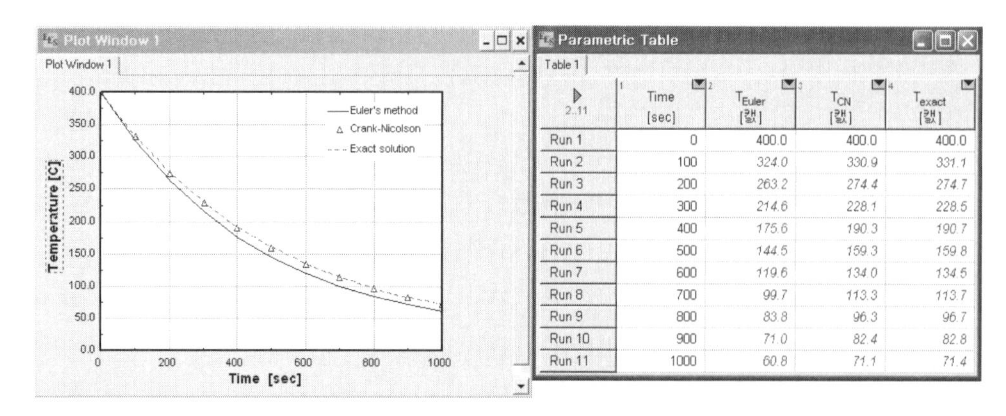

2..11	Time [sec]	T_{Euler}	T_{CN}	T_{exact}
Run 1	0	400.0	400.0	400.0
Run 2	100	324.0	330.9	331.1
Run 3	200	263.2	274.4	274.7
Run 4	300	214.6	228.1	228.5
Run 5	400	175.6	190.3	190.7
Run 6	500	144.5	159.3	159.8
Run 7	600	119.6	134.0	134.5
Run 8	700	99.7	113.3	113.7
Run 9	800	83.8	96.3	96.7
Run 10	900	71.0	82.4	82.8
Run 11	1000	60.8	71.1	71.4

[그림 12-76] 예제 분석 결과

2. 이중 적분

이 예제는 EES의 다양한 변수 적분법에 대하여 소개한다. EES는 수치 적분을 평가하고, 변수들의 개수가 증가할 수로 계산 시간이 증가하게 된다.

본 예제의 적분값은 해석적으로 평가될 수 있으며, 엄밀해의 경우 104.1428이다. 이 경우, 변수 y에 대한 내부 적분은 고정된 시간 간격 0.05를 사용하며, 외부 적분은 0.03의 값을 사용한다. Richardson Extrapolation option(Tolerances Menu, Integration Tab)이 이용 가능하다.

```
F=integral(integral(xy,y,0,x,0.05),x,0,3,0.03)
xy=x^3*y^2
```

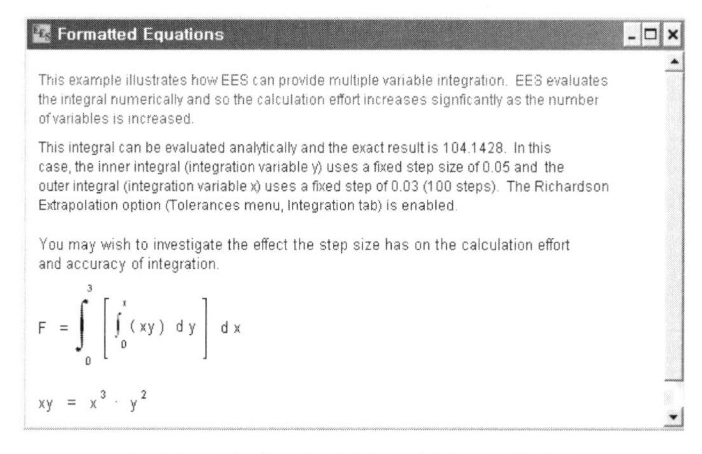

[그림 12-77] 예제 관련 설명 및 방정식

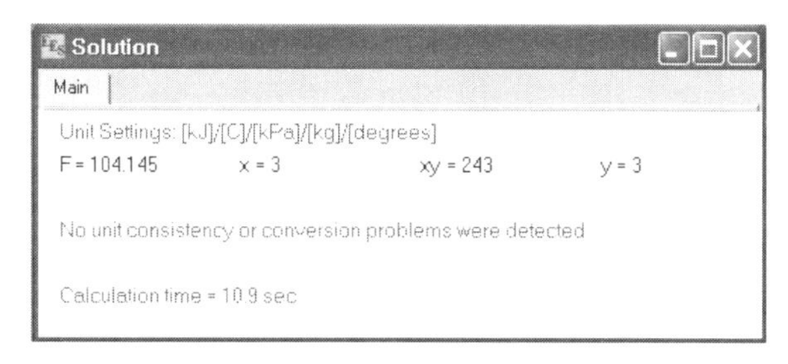

[그림 12-78] 예제 분석 결과

12-13 Interpolate Function-2-D interpolation

이 예제는 Interpolate2D 함수를 사용하여 증발기와 응축기의 포화온도의 함수로써 압축기 출력과 질량유량값을 계산한다. 압축기 Map Data는 Lookup Table 내에 있다.

```
"!2-D interpolation"
P$='Power'
M$='m_dot'
P[1]=interpolate2d('compressormap', P$, T_cond,T_evap,T_cond=TC[1],T_evap=TE[1])
"[W]"
m_dot[1]=interpolate2d('compressormap', M$, T_cond,T_evap,T_cond=TC[1],T_evap=TE[1])
 "[lb_m/hr]"
TE[1]=27.5 [℃]   "증발기의 포화온도"
TC[1]=85  [℃]   "응축기의 포화온도"
"Plot 창은 서로 다른 포화된 응축기 온도에 대한 포화된 증발기 온도와 출력에 대한 그래프를 제공
한다. 보간된 출력값은 그래프 상에서 붉은색 사각형으로 표시된다."
$TabWidth 1 cm
```

Formatted Equations

2-D interpolation

This example uses the Interpolate2D function to return values of compressor power and mass flow rate as a function of the evaporator and condenser saturation temperatures. The compressor map data are in the Lookup table.

P$ = 'Power'

M$ = 'm_dot'

P_1 = **Interpolate2D** ('compressorMap', P$, 'T_COND' , 'T_EVAP' , 'T_COND'= TC_1 , 'T_EVAP'= TE_1) [W]

$\dot{m}_1$ = **Interpolate2D** ('compressorMap', M$, 'T_COND' , 'T_EVAP' , 'T_COND'= TC_1 , 'T_EVAP'= TE_1)

[lb_m/hr]

TE_1 = 27.5 [°F] saturation temperature in the evaporator

TC_1 = 85 [°F] saturation temperature in the condensor

The plot window provides a plot of Power vs saturated evaporator temperature for different saturated condensing temperatures. The interpolated value of power is shown on the plot with a red square.

[그림 12-79] 예제 관련 설명 및 방정식

Lookup Table

compressorMap

	T_{cond} [캙]	T_{evap} [캙]	$\dot{m}$ [lb_m/hr]	Power [W]
Row 1	70	10	1730	8800
Row 2	70	15	1950	9030
Row 3	70	20	2200	9210
Row 4	70	25	2470	9320
Row 5	70	30	2760	9330
Row 6	70	35	3090	9240
Row 7	70	40	3450	9020
Row 8	70	45	3850	8660
Row 9	80	10	1590	9750
Row 10	80	15	1800	10070
Row 11	80	20	2040	10400
Row 12	80	25	2300	10600
Row 13	80	30	2580	10700
Row 14	80	35	2900	10700
Row 15	80	40	3250	10630
Row 16	80	45	3640	10410
Row 17	90	10	1510	10600
Row 18	90	15	1720	11000
Row 19	90	20	1940	11400
Row 20	90	25	2190	11800
Row 21	90	30	2470	12000
Row 22	90	35	2780	12100

[그림 12-80] Lookup Table 분석 결과

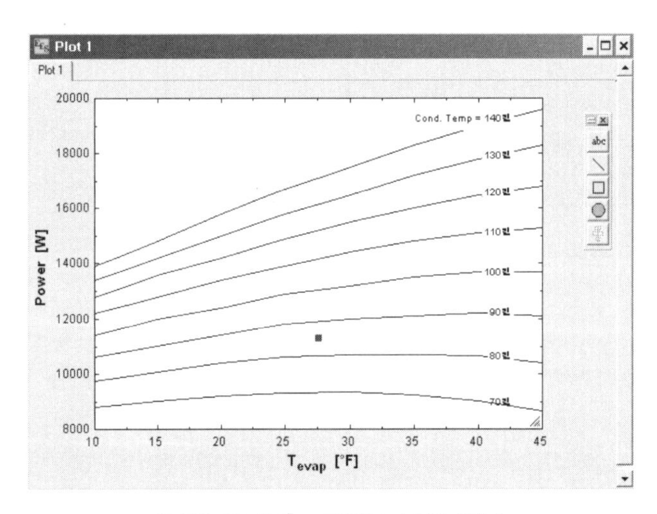

[그림 12-81] 그래프 분석 결과

12-14 Minimize of Maximize

이 예제는 최대 출력으로 운전되는 Carnot Cycle의 효율을 계산하는 프로그램이다. 이 사이클은 열전달률이 제한된 이상적인 사이클로 가정한다. 이 계산은 해석적으로 수행될 수 있으나, 본 예제에서는 최대 출력을 찾기 위해 EES 최적화 알고리즘(EES Optimization Algorithm)이 사용되었다. 변수들은 Diagram Window 상에 보이게 된다.

또한 이 예제에서는 변수들의 극값(extremum)을 수치적으로 결정하는 EES의 능력을 보여주고자 한다. 그리고 본 예제에는 단일 변수 최적화 알고리즘이 채택되었다.
T_1과 같은 변수들 중 하나를 변경함으로써 W를 극대화하기 위해 [Calculate] 메뉴의 [Min/Max]를 선택한다. 최대화 과정을 시작하기 위해 [OK] 버튼을 클릭한다.

```
"It is interesting to note that the efficiency which maximizes the power  of the cycle is
1-SQRT(T_L/T_H), independent of the heat exchanger coefficients."

T_H=1273 [K]                "High temperature reservoir in K"
T_L=298 [K]                 "Low temperature reservoir in K"
A=2.7 [kW/K]                "Overall conductance for high temp HX in W/K"
Q_dot_H=A*(T_H-T_1)         "Q_H = heat transfer rate to engine"
                            "T_1 is the high temperature in the cycle"
B=2.1    [kW/K]             "overall conductance for low temp HX"
Q_dot_L=B*(T_2-T_L)         "Q_H = heat transfer rate from engine"
                            "T_2 is the low temperature in the cycle"
W_dot=Q_dot_H-Q_dot_L       "energy balance; W is the power of the cycle"
eta=W_dot/Q_dot_H           "definition of efficiency"
eta=1-T_2/T_1               "efficiency of a Carnot cycle operating between T_1 and T_2"
eta_Carnot=1-T_L/T_H        "efficiency of Carnot cycle without heat transfer concerns"

$TabWidth 1 cm
```

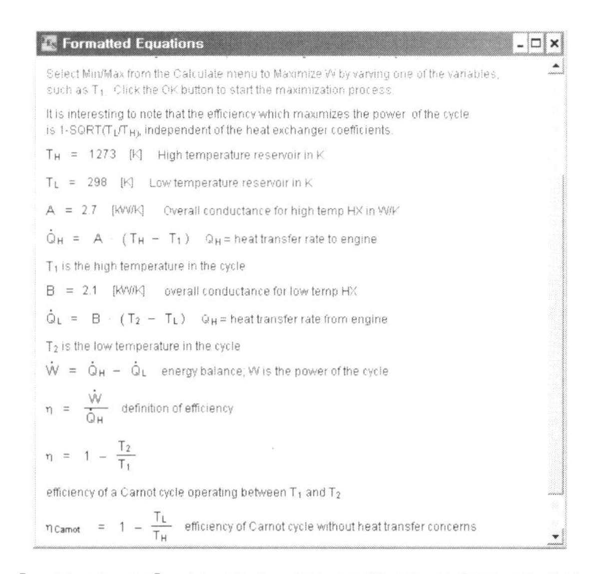

[그림 12-82] 본 예제 기본 구성 및 사용된 관계식

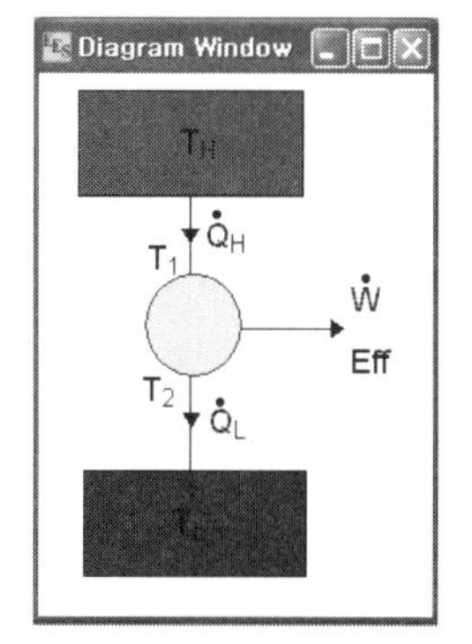

[그림 12-83] 시스템 개념도

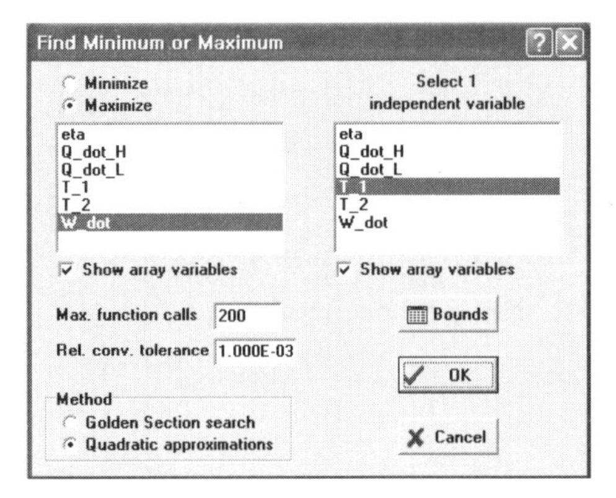

[그림 12-84] 최대 또는 최소값 찾기 예

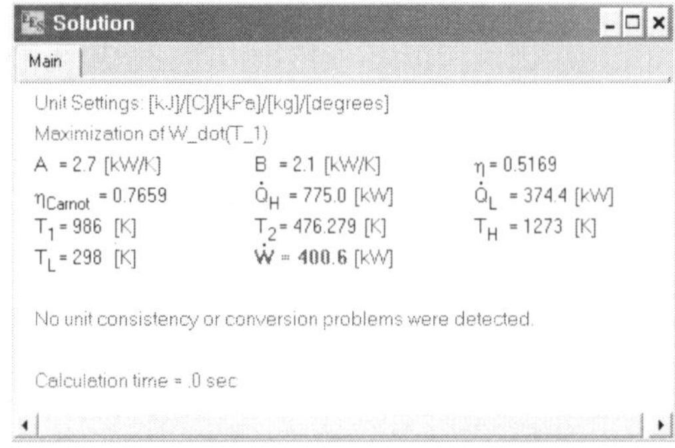

[그림 12-85] 분석 결과

12-15 Modules & Subprograms의 소개

이 예제 파일은 Modules 사용법에 대하여 소개한다. Procedures와 같이 Modules는 메인 EES 프로그램으로부터 호출될 수 있으나, Procedures와는 달리 Modules는 등식을 해석하므로, 일련의 방정식을 해석할 수 있다. 하나의 Module이 포함된 방정식들은 특정 순서에 구애받지 않는다.

```
"!Modules"
$Local On
{위의 문은 Modules에서의 변수들이 Solution window에서 나타나도록 한다.}
MODULE test1(x,y,a,b)
  "이 방법으로 a와 b의 해석은 Procedure에 의해 행해질 수 있다. 그러나 Module 또한 주어진 a와 b에 대하여 x와 y를 결정할 수 있다."
        a=x+y
        b=x-y
end
MODULE  test2(x,y,a,b)
        x^2+y^3=a
        x/y=b
end
call test1(3,4,a,b)             "주어진 x와 y에 대하여 a와 b의 해석은 방정식들이 동시에 해석될 것을 요구하지 않는다. "
call test1(x_1,y_1,7,-1)        "주어진 a와 b에 대하여 x와 y의 해석은 2개의 방정식의 해와 2개의 미지수를 필요로 한다."
call test2(x,y,a,b)             "이 호출은 주어진 a와 b에 대하여 x와 y의 값을 설정할 것이다."
call test2(8,3,m,n)             "입·출력값이 상호 교환되었으며, 여기서 m과 n이 계산된다."

$TabWidth 0.5 cm
```

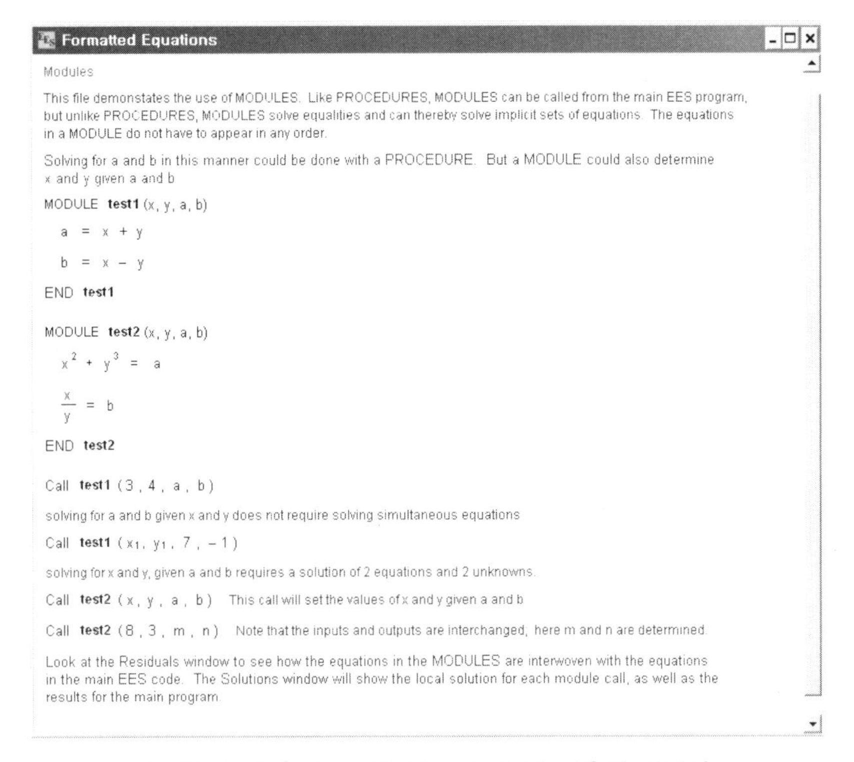
Modules

This file demonstates the use of MODULES. Like PROCEDURES, MODULES can be called from the main EES program, but unlike PROCEDURES, MODULES solve equalities and can thereby solve implicit sets of equations. The equations in a MODULE do not have to appear in any order.

Solving for a and b in this manner could be done with a PROCEDURE. But a MODULE could also determine x and y given a and b

MODULE **test1** (x, y, a, b)

$a = x + y$

$b = x - y$

END **test1**

MODULE **test2** (x, y, a, b)

$x^2 + y^3 = a$

$\frac{x}{y} = b$

END **test2**

Call **test1** (3 , 4 , a , b)

solving for a and b given x and y does not require solving simultaneous equations

Call **test1** (x_1 , y_1 , 7 , −1)

solving for x and y, given a and b requires a solution of 2 equations and 2 unknowns.

Call **test2** (x , y , a , b)   This call will set the values of x and y given a and b

Call **test2** (8 , 3 , m , n)   Note that the inputs and outputs are interchanged; here m and n are determined.

Look at the Residuals window to see how the equations in the MODULES are interwoven with the equations in the main EES code. The Solutions window will show the local solution for each module call, as well as the results for the main program.

[그림 12-86] 본 예제 기본 구성 및 사용된 관계식

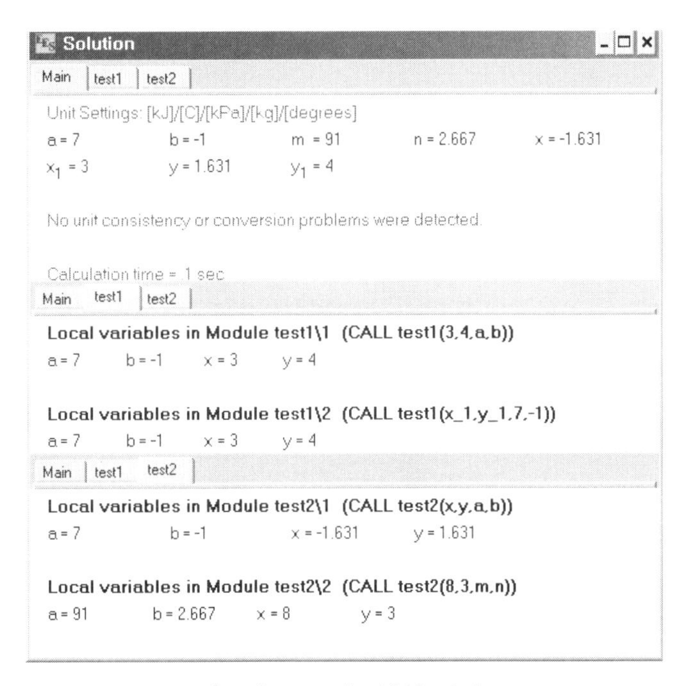
Main | test1 | test2

Unit Settings: [kJ]/[C]/[kPa]/[kg]/[degrees]

a = 7   b = -1   m = 91   n = 2.667   x = -1.631

x_1 = 3   y = 1.631 y_1 = 4

No unit consistency or conversion problems were detected.

Calculation time = 1 sec

Main | test1 | test2

Local variables in Module test1\1 (CALL test1(3,4,a,b))

a = 7   b = -1   x = 3   y = 4

Local variables in Module test1\2 (CALL test1(x_1,y_1,7,-1))

a = 7   b = -1   x = 3   y = 4

Main | test1 | test2

Local variables in Module test2\1 (CALL test2(x,y,a,b))

a = 7   b = -1   x = -1.631   y = 1.631

Local variables in Module test2\2 (CALL test2(8,3,m,n))

a = 91   b = 2.667   x = 8   y = 3

[그림 12-87] 분석 결과

12-16 Parametric Table-Frame Temperature vs. Excess Air

본 예제에 관한 기본 설명과 EES 프로그램 상으로 나타내면 다음과 같다.

```
"Adiabatic Combustion of Methane at 25 C with Stoichiometric Air at 25 C.

Reaction:
CH4 + 2 (1+X/100) (O2 + 3.76 N2) <--> CO2 + 2 H2O + 3.76 (2 + 2 X/100) N2 + 2X/100 O2

T is the adiabatic combustion temperature, assuming no dissociation and X is the % excess
air.

This problem will calculate the adiabatic flame temperature for the methane reaction with 0 to
200% excess air using a Parametric Table. This problem illustrates use of the built-in JANAF
table properties for combustion species.

To run, select Solve Table from the Calculate menu or press F3. The plot of adiabatic flame
temperature vs % Excess air can be viewed in the Plot window, selected from the Windows
menu."

HR=enthalpy(CH4,T=298)+2*(1+X/100)*enthalpy(O2,T=298)+3.76*(2+2*X/100)*enthalpy
(N2,T=298)
HP=HR  {Adiabatic}
HP=enthalpy(CO2,T=T)+2*enthalpy(H2O,T=T)+3.76*(2+2*X/100)*enthalpy(N2,T=T)+2*X/100*entha
lpy(O2,T=T)
```

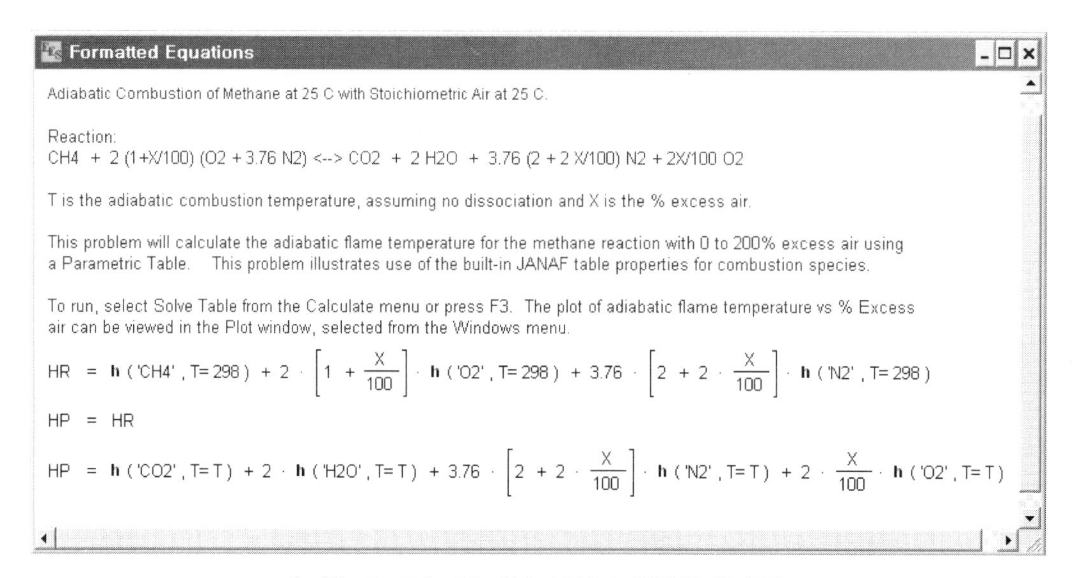

[그림 12-88] 본 예제 분석에 사용된 관계식

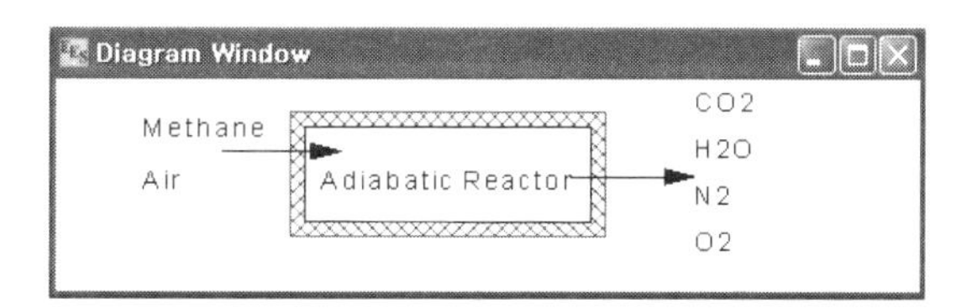

[그림 12-89] 예제 시스템 개념도

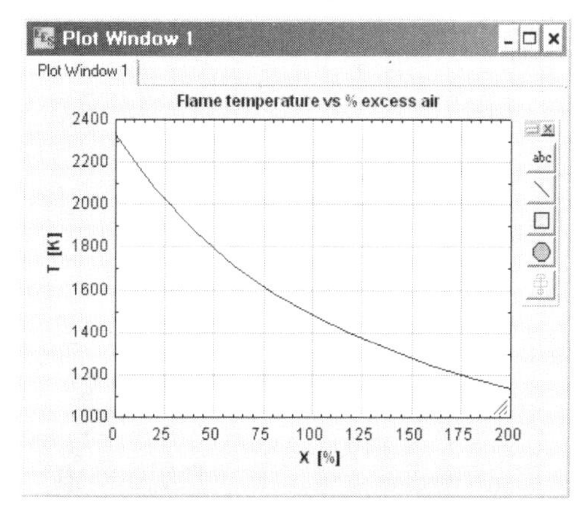

[그림 12-90] 그래프를 이용한 분석 결과

12-17 Plotting-2-D 유한 차분 해석

이 예제 프로그램은 4각 평판의 2차원 정상상태 온도 분포를 계산한다. 4개의 가장자리 중 2개의 온도는 100℃이고, 나머지 하나는 0℃이며 다른 하나는 잘 단열되었다. 이 예제의 해는 2차원 배열과 Contour 그리고 3-D Plot을 이용하여 분석된다.

사용자는 이 방정식을 해석하기 위해 어떠한 반복 계산 과정도 필요하지 않다.

```
N=25 "Number of nodes in the X and Y directions."
"Energy balance on interior nodes.  Interior nodes run from 1 to N."
duplicate i=1,N
          duplicate j=1,n
                        T[i,j]=(T[i+1,j]+T[i-1,j]+T[i,j+1]+T[i,j-1])/4
          end
end
"Boundary conditions.  Boundary nodes are 0 and N+1."
duplicate  i=0,N+1
          T[i,0]=100             "Left hand side set to 100℃."
          T[i,N+1]=T[i,N]        "Insulated right hand side - no temperature gradient."
```

```
end
duplicate j=1,N
	T[0,j]=100		"Bottom surface at 100℃."
	T[N+1,j]=0		"Top surface at 0℃."
end

$TabWidth 0.5 cm
```

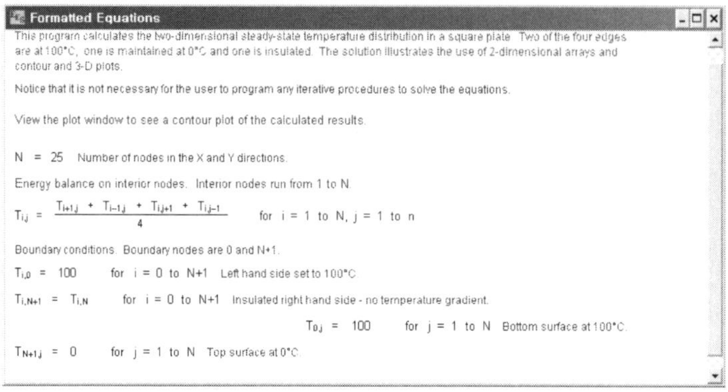

Formatted Equations
This program calculates the two-dimensional steady-state temperature distribution in a square plate. Two of the four edges are at 100°C, one is maintained at 0°C and one is insulated. The solution illustrates the use of 2-dimensional arrays and contour and 3-D plots.
Notice that it is not necessary for the user to program any iterative procedures to solve the equations.
View the plot window to see a contour plot of the calculated results.
N = 25 Number of nodes in the X and Y directions.
Energy balance on interior nodes. Interior nodes run from 1 to N.
Ti,j = (Ti+1,j + Ti-1,j + Ti,j+1 + Ti,j-1) / 4 for i = 1 to N, j = 1 to n
Boundary conditions. Boundary nodes are 0 and N+1.
Ti,0 = 100 for i = 0 to N+1 Left hand side set to 100°C
Ti,N+1 = Ti,N for i = 0 to N+1 Insulated right hand side - no temperature gradient.
T0,j = 100 for j = 1 to N Bottom surface at 100°C
TN+1,j = 0 for j = 1 to N Top surface at 0°C

[그림 12-91] 예제의 수학적 알고리즘

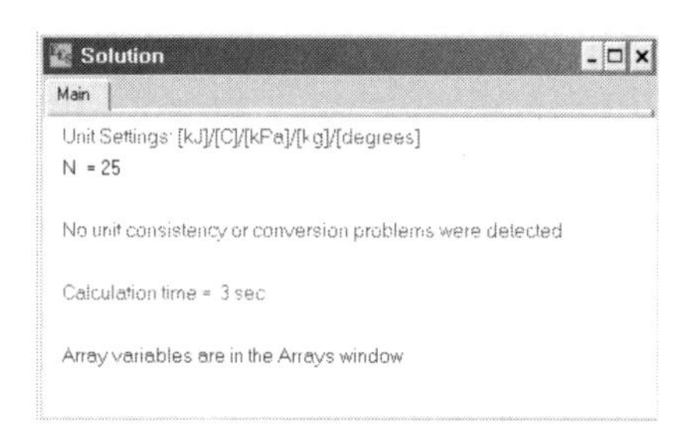

Solution
Main
Unit Settings: [kJ]/[C]/[kPa]/[kg]/[degrees]
N = 25
No unit consistency or conversion problems were detected
Calculation time = 3 sec
Array variables are in the Arrays window

[그림 12-92] 분석 결과 예

Contour Plot
Contour Plot
Dimensionless Y
Dimensionless X
0
20
40
60
80
100
Modify Plot 1: Contour Plot
Title: Contour Plot
Contour plot of Arrays table
Apply
Delete
Include legend
Border
Line
Color
Width 12.0 cm
Height 9.0 cm
Grid lines
Line
Color
Tick Size
Major 5
Minor 3
White background
OK
Cancel

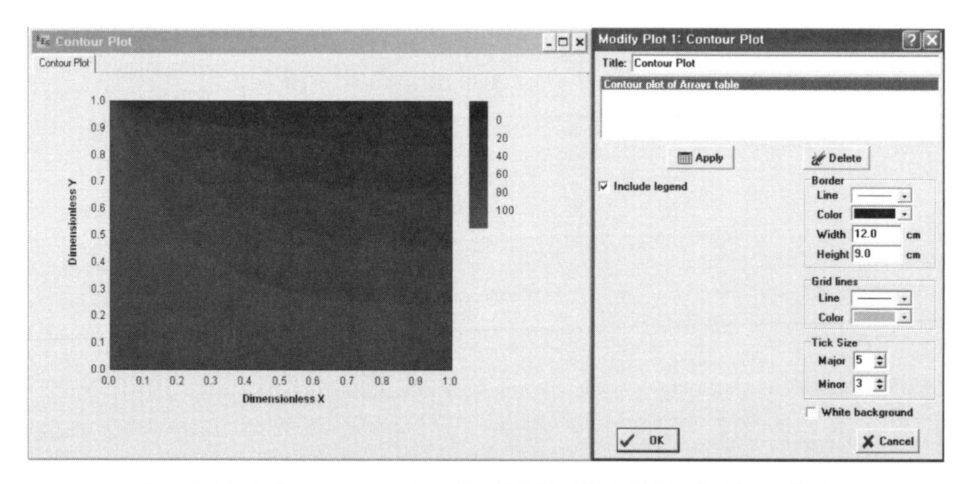

[그림 12-93] Contour Plot을 이용한 결과 분석 및 설정 방법

12-18 External Procedules-흡수식 냉동 사이클

이 EES 프로그램은 암모니아-물을 이용하는 간단한 흡수식 냉동 사이클의 성능을 계산한다. 암모니아-물의 속성 데이터는 EES에 정확하게 내장되지 않았다. 그러나 EES는 Call문을 이용하여 C 또는 Pascal로 작성된 외부 프로그램에 접근할 수 있다. 이 예제에 사용된 NH_3H_2O Procedure는 외부 Procedure이다.

NH_3H_2O Procedure 사용을 위한 설명은 Options 메뉴의 Function Info 명령을 통해 얻을 수 있다. Function Info Dialog Window의 우측 상단에 위치한 External Routines 버튼을 선택한다. 함수 목록에서 NH_3H_2O 함수명을 클릭하고, Function Info 버튼을 선택한다. 기타 자세한 내용은 [External Procedure]에 관해 소개된 제 6 장을 참고하기 바란다. 그리고 본 예제에 관한 자세한 내용은 다음의 EES 프로그램에 소개되어 있다.

```
"!Absorption cycle calculation"
{Two formatting options are shown; the underscore followed by a number shows as a subscript
on the Formatted Equations Window and m_dot shows as an m with a dot over the top.
Array notation appears the same on the Formatted Equations Window but must be typed as
T[1], T[2], etc.}
FUNCTION tk(T)    {converts from C to K}
        tk:=ConvertTemp('C', 'K', T) "It is easier to type tk(T) than ConvertTemp('C','K',T)"
END
"!Generator"
P_high=13.5 [bar]
m_dot_1=1          {reference flowrate}
CALL NH3H2O(123,TK(80), P_high, 0.38: T_1, P_1, x_1, h_1, s_1, u_1, v_1, Qu1)
CALL NH3H2O(128,TK(125), P_high, 1: T_2, P_2, x_2, h_2, s_2, u_2, v_2, Qu2)
CALL NH3H2O(128,TK(125),P_high, 0: T_3, P_3, x_3, h_3, s_3, u_3, v_3, Qu3)
m_dot_1=m_dot_2+m_dot_3                 {overall mass balance}
m_dot_1*x_1=m_dot_2*x_2+m_dot_3*x_3            {ammonia balance}
h_1*m_dot_1-h_2*m_dot_2-h_3*m_dot_3+Q_gen=0           {energy balance}
"!Condenser"
CALL NH3H2O(123, TK(27) , P_high, x_2: T_4, P_4, x_4, h_4, s_4, u_4, v_4, Qu4)
Q_cond=(h_2-h_4)*m_dot_2
"!Throttle"
P_low=1.7 [bar]
CALL NH3H2O(234,P_low,x_2, h_4: T_5, P_5, x_5, h_5, s_5, u_5, v_5, Qu5) {isenthalpic}
"!Evaporator"
CALL NH3H2O(123,TK(-1), P_low, x_2: T_6, P_6, x_6, h_6, s_6, u_6, v_6, Qu6)
Q_evap=m_dot_2*(h_6-h_5)
CALL NH3H2O(238,P_low, x_2,1: T_min, P_m_6, x_m_6, h_m_6, s_m_6, u_m_6, v_m_6, Qu6m)
        {T6m is the temperature at which all of the refrigerant is vapor}
"!Absorber"
CALL NH3H2O(123,TK(27),P_low,x_1: T_7, P_7, x_7, h_7, s_7, u_7, v_7, Qu7)
h_9=h_10          {isenthalpic}
h_6*m_dot_2+h_10*m_dot_3-Q_abs=h_7*m_dot_1 {energy Balance}
```

```
"!Generator Heat Exchanger"
h_7=h_8  {neglect pump work}
m_dot_1*(h_1-h_8)=m_dot_3*(h_3-h_e)
CALL NH3H2O(234,P_high,x_3,h_e: T_9, P_9, x_9, h_9, s_9, u_9, v_9, Qu9)
CALL NH3H2O(123,T_7,P_high,x_3: T_m_9, P_m_9, x_m_9, h_m_9, s_m_9, u_m_9, v_m_9, Qu9m)
{T_7=T_8 is the lowest possible temperature at state 9}
epsilon=(h_3-h_e)/(h_3-h_m_9)
"!Overall"
COP=Q_evap/Q_gen
CheckQ=Q_gen+Q_evap-Q_abs-Q_cond

$TabWidth 0.5 cm
```

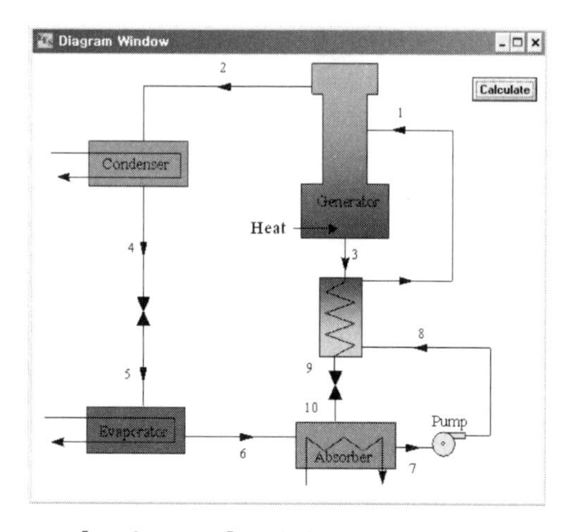

[그림 12-94] 예제 시스템 개념도

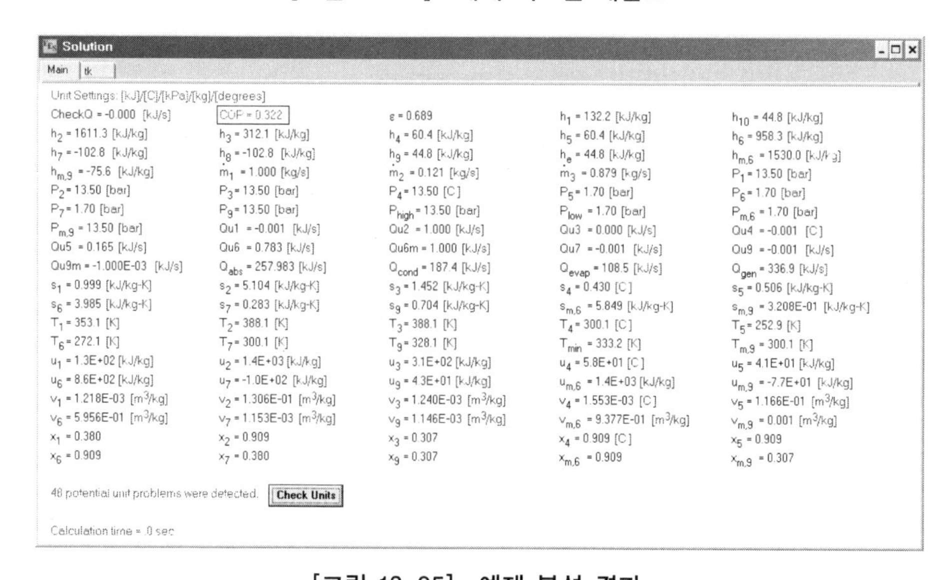

[그림 12-95] 예제 분석 결과

12-19 Psychrometric Functions

이것은 [Wiley Computer Applications in Engineering Education, Vol 1, #3, pp. 265-275, 1993]에 소개된 2개의 예제 가운데 하나이다. 이 예제 설명은 Diagram Window에 나타난다. 이 예제는 EES에 내장된 [Psychrometric] 함수 사용법을 소개한다.

```
"!Supermarket cooling system with bypass"
"!Supply Air"
Vol[5]=4000 [cfm]
T[5]=62 [F]
rh[5]=0.55
P_atm=14.7 [psia]
v[5]=volume(AIRH2O,P=P_atm,T=T[5],r=rh[5])
m_dot[5]=Vol[5]/v[5]                "mass flowrate of dry air"
h[5]=enthalpy(AIRH2O,P=P_atm,T=T[5],r=rh[5])
w[5]=humrat(AIRH2O,P=P_atm,T=T[5],r=rh[5])

"!Return air"
T[6]=74 [F]
rh[6]=0.54
h[6]=enthalpy(AIRH2O,P=P_atm,T=T[6],r=rh[6])
w[6]=humrat(AIRH2O,P=P_atm,T=T[6],r=rh[6])
m_dot[1]=0.15*m_dot[5]
"!Outside air"
T[1]=82 [F]
rh[1]=0.48;
h[1]=enthalpy(AIRH2O,P=P_atm,T=T[1],r=rh[1])
w[1]=humrat(AIRH2O,P=P_atm,T=T[1],r=rh[1])
"!Mix return and outdoor"
m_dot[7]=0.85*m_dot[5]*(1-ByPass)
m_dot[2]=m_dot[1]+m_dot[7]
w[2]*m_dot[2]=m_dot[1]*w[1]+m_dot[7]*w[6]  {water balance}
m_dot[1]*h[1]+m_dot[7]*h[6]=m_dot[2]*h[2]   {energy balance}
"!Cooling Coil"
rh[3]=1
m_dot[3]=m_dot[2]
Q_C=m_dot[3]*(h[3]-h[2])
h[3]=enthalpy(AIRH2O,P=P_atm,w=w[3],r=rh[3])
T[3]=temperature(AIRH2O,P=P_atm,w=w[3],r=rh[3])
"!Mix coil outlet with bypass"
m_dot[8]=0.85*m_dot[5]*(ByPass)
m_dot[4]=m_dot[3]+m_dot[8]
w[6]*m_dot[8]+w[3]*m_dot[3]=m_dot[4]*w[4]
m_dot[8]*h[6]+m_dot[3]*h[3]=m_dot[4]*h[4]
"!Reheat coil"
w[5]=w[4]
Q_H=(h[5]-h[4])*m_dot[5]
"!Get missing Temps for plotting states on the Psych chart"
T[2]=Temperature(AIRH2O,P=P_atm,w=w[2],h=h[2])
T[4]=Temperature(AIRH2O,P=P_atm,w=w[4],h=h[4])

$TabWidth 0.5 cm
```

Formatted Equations

Supermarket cooling system with bypass

This is one of two example problems described in the Wiley Computer Applications in Engineering Education, Vol 1, #3, pp. 265-275, 1993. The problem statement appears in the Diagram window. This problem illustrates use of the psychrometric functions which are built into EES. The problem itself is also an interesting HVAC application.

Select the Solve Table command in the Calculate menu (or press F3) to initiate the calculations. The Parametric table will appear showing the results. Select Plot from the Windows menu to view a plot of the results in the table.

Supply air

$Vol_5 = 4000$ [cfm]

$T_5 = 62$ [F]

$rh_5 = 0.55$

$P_{atm} = 14.7$ [psia]

$v_5 = \mathbf{v}$ ('AirH2O', $P = P_{atm}$, $T = T_5$, $R = rh_5$)

$\dot{m}_5 = \frac{Vol_5}{v_5}$ mass flowrate of dry air

$h_5 = \mathbf{h}$ ('AirH2O', $P = P_{atm}$, $T = T_5$, $R = rh_5$)

$w_5 = \omega$ ('AirH2O', $P = P_{atm}$, $T = T_5$, $R = rh_5$)

Return air

$T_6 = 74$ [F]

$rh_6 = 0.54$

$h_6 = \mathbf{h}$ ('AirH2O', $P = P_{atm}$, $T = T_6$, $R = rh_6$)

$w_6 = \omega$ ('AirH2O', $P = P_{atm}$, $T = T_6$, $R = rh_6$)

$\dot{m}_1 = 0.15 \cdot \dot{m}_5$

Outside air

$T_1 = 82$ [F]

$rh_1 = 0.48$

$h_1 = \mathbf{h}$ ('AirH2O', $P = P_{atm}$, $T = T_1$, $R = rh_1$)

$w_1 = \omega$ ('AirH2O', $P = P_{atm}$, $T = T_1$, $R = rh_1$)

Mix return and outdoor

$\dot{m}_7 = 0.85 \cdot \dot{m}_5 \cdot (1 - ByPass)$

$\dot{m}_2 = \dot{m}_1 + \dot{m}_7$

$w_2 \cdot \dot{m}_2 = \dot{m}_1 \cdot w_1 + \dot{m}_7 \cdot w_6$

$\dot{m}_1 \cdot h_1 + \dot{m}_7 \cdot h_6 = \dot{m}_2 \cdot h_2$

Cooling Coil

$rh_3 = 1$

$\dot{m}_3 = \dot{m}_2$

$Q_C = \dot{m}_3 \cdot (h_3 - h_2)$

$h_3 = \mathbf{h}$ ('AirH2O', $P = P_{atm}$, $w = w_3$, $R = rh_3$)

$T_3 = \mathbf{T}$ ('AirH2O', $P = P_{atm}$, $w = w_3$, $R = rh_3$)

Mix coil outlet with bypass

$\dot{m}_8 = 0.85 \cdot \dot{m}_5 \cdot ByPass$

$\dot{m}_4 = \dot{m}_3 + \dot{m}_8$

$w_6 \cdot \dot{m}_8 + w_3 \cdot \dot{m}_3 = \dot{m}_4 \cdot w_4$

$\dot{m}_8 \cdot h_6 + \dot{m}_3 \cdot h_3 = \dot{m}_4 \cdot h_4$

Reheat coil

$w_5 = w_4$

$Q_H = (h_5 - h_4) \cdot \dot{m}_5$

Get missing Temps for plotting states on the Psych chart

$T_2 = \mathbf{T}$ ('AirH2O', $P = P_{atm}$, $w = w_2$, $h = h_2$)

$T_4 = \mathbf{T}$ ('AirH2O', $P = P_{atm}$, $w = w_4$, $h = h_4$)

[그림 12-96] 예제에 사용된 기본 설정 및 관련 식들

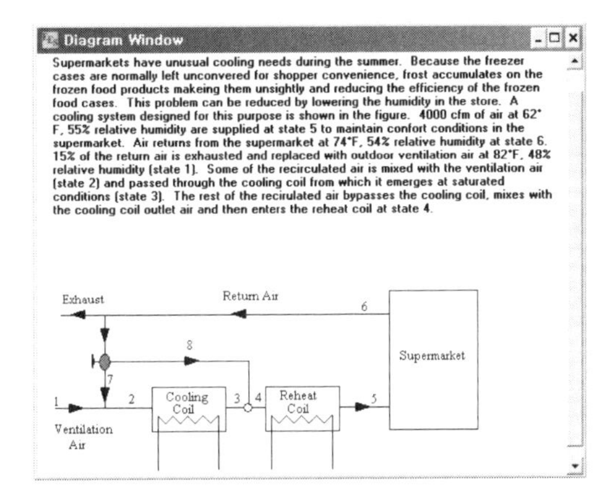

[그림 12-97] 예제의 시스템 개념도

Parametric Table

Table 1

1..16	ByPass	T_3 [F]	Q_C [Btu/min]	Q_H [Btu/min]
Run 1	0.000	45.7	-3287	1196
Run 2	0.050	45.1	-3239	1148
Run 3	0.100	44.5	-3191	1100
Run 4	0.150	43.7	-3145	1053
Run 5	0.200	42.9	-3099	1008
Run 6	0.250	42.0	-3056	965
Run 7	0.300	40.9	-3014	923
Run 8	0.350	39.7	-2975	884
Run 9	0.400	38.2	-2939	848
Run 10	0.450	36.4	-2907	816
Run 11	0.500	34.2	-2882	791
Run 12	0.550	31.5	-2863	772
Run 13	0.600	28.2	-2847	755
Run 14	0.650	23.6	-2853	762
Run 15	0.700	16.4	-2906	815
Run 16	0.750	2.2	-3099	1008

[그림 12-98] Parametric Table을 이용한 분석 결과

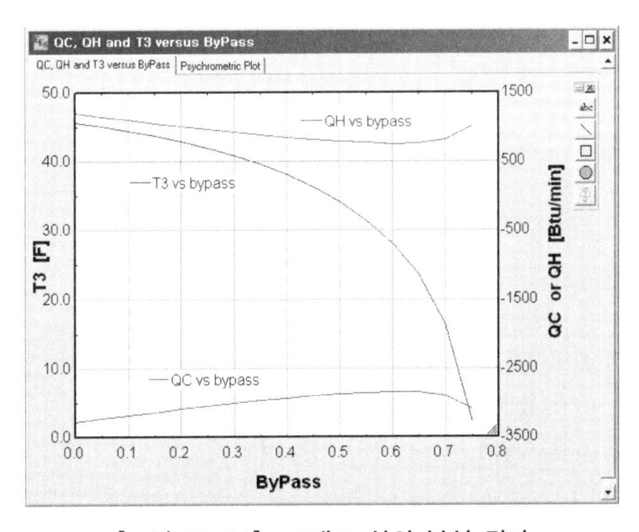

[그림 12-99] 그래프 상의 분석 결과

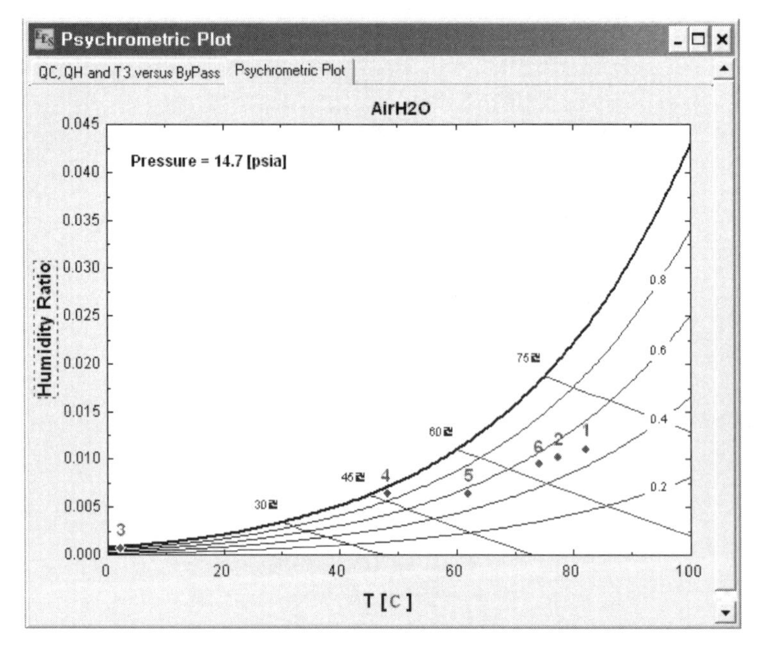

[그림 12-100] 습공기선도 상의 분석 결과

12-20 Transport Properties

1. 평판 위의 공기 유동

이 방정식 모음은 평판과 공기 유동 사이의 열전달을 계산하기 위해 EES에 사용된다.

이 열전달계수는 전달 속성에 의존하여 대류 방정식을 이용하여 계산된다. 그리고 Prandtl 수는 내장 함수에 의해 얻는다.

이 예제를 소개하면 다음과 같다.

① Use of EES built-in Transport Properties.
② Use of user-written Functions.
③ Use of the built-in Function, UnitSystem.
④ Formatting options such as greek letters, T_s and T_infinity.

```
"!Known conditions"
Fluid$='Air'                                     {Any EES ideal gas name can be used here}
Q=h*L*(T_infinity-T_s)               "[W/m]      heat transfer rate per unit width"
L=0.5 [m]                                        "Length of plate in flow direction"
T_infinity=300        [C]                        "Air temperature - note Formatted Equation
Window"
T_s=27 [C]                                       "Plate surface temperature"
T_film=(T_infinity+T_s)/2            "Film temperature for evaluating properties"
Vel=10 [m/s]                                     "air velocity"

"!Properties"
rho=1/volume(Fluid$,T=T_film,P=100)  {Air density - could use density function}
k=conductivity(Fluid$,T=T_film)
mu=viscosity(Fluid$,T=T_film)
Pr=Prandtl(Fluid$,T=T_film)

"!Convection correlation for laminar flow"
Re=(rho*Vel*L)/mu                    {Reynold's number}
Nu#=0.664*Re^0.5*Pr^0.333            {The # sign prevents Nu greek.}
Nu#=(h*L)/k

$TabWidth 1 cm
```

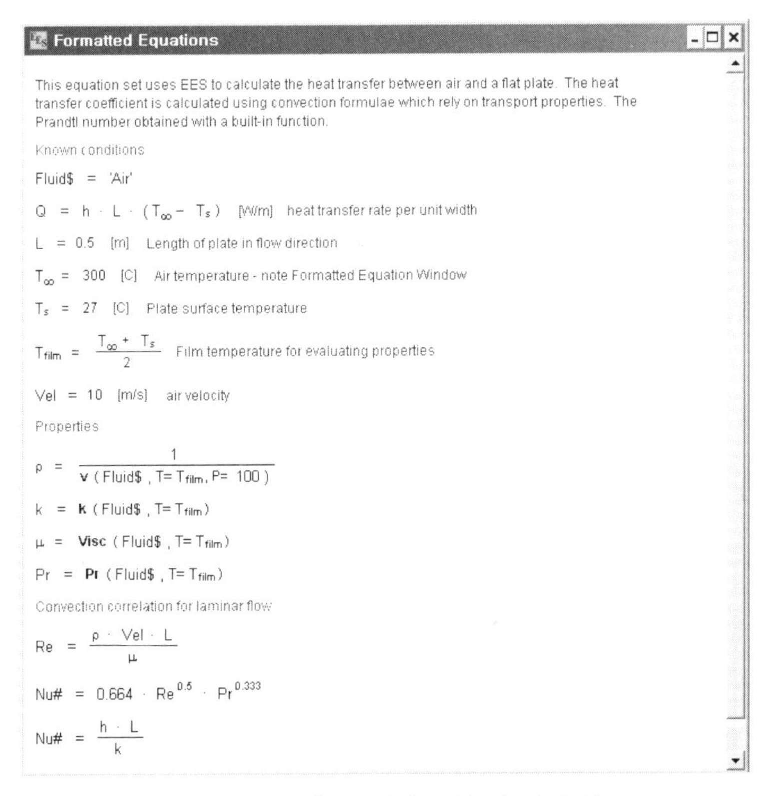

[그림 12-101] 예제의 구성 및 관련 식

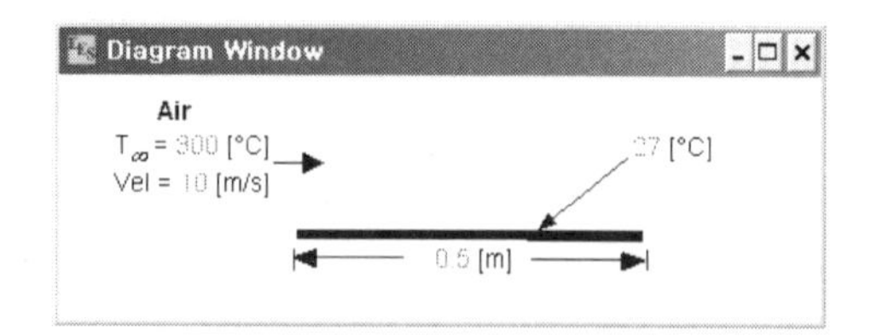

[그림 12-102] 예제의 개념도

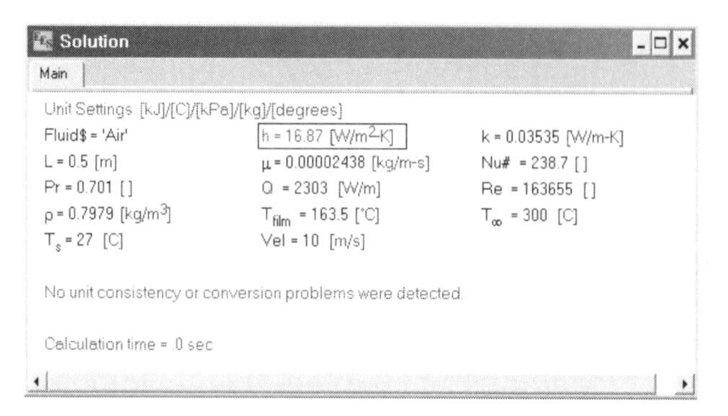

[그림 12-103] 주어진 조건에서의 분석 결과

2. Uncertainty Calculations

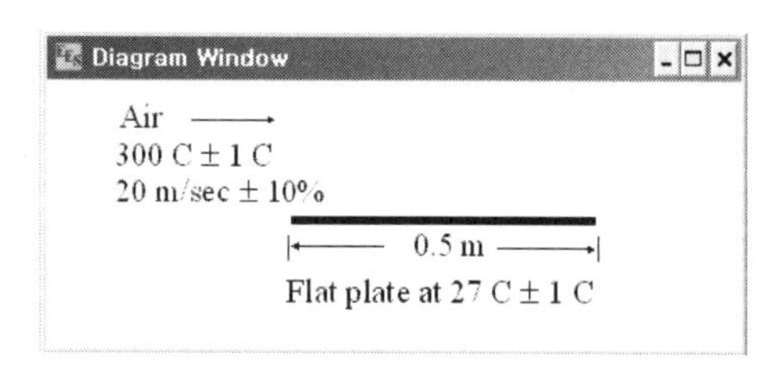

[그림 12-104] 예제의 개념도(불확실성)

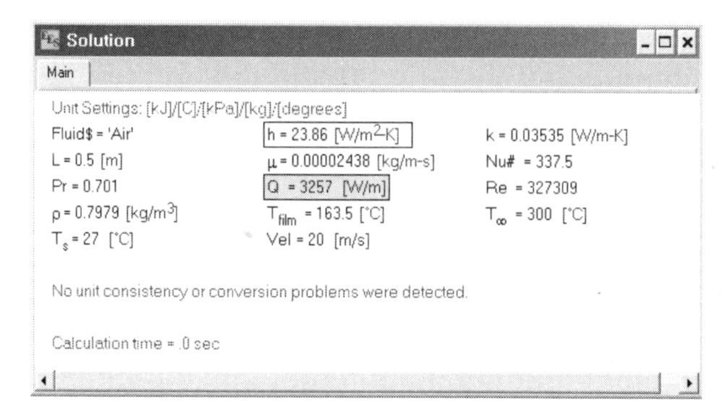

[그림 12-105] 불확실한 조건에서의 분석 결과

참고 문헌

1. 서승직, 『건축환경공학』, 일진사, 2006.
2. 서승직, 『건축설비계획』, 일진사, 2006.
3. 정광섭, 홍희기 역, 『공기선도 사용법 · 읽는법』, 성안당, 2001.
4. S.A. Klein, 『EES User's Manual』, F-Chart Software, 2003.
5. John A. Duffie and William A. Beckmann, 『Solar Engineering of Thermal Processes, 2nd Ed.』, John Wiley & Sons, Inc., 1991.
6. A. W. Al-Khafaji and J. R. Tooley, 『Numerical Methods in Engineering Practice』, Holt, Rinehart and Winston, pp.190 & ff., 1986.
7. F. Gerald and P. O. Wheatley, 『Applied Numerical Analysis』, Addison-Wesley, pp.135 & ff., 1984.
8. J. H. Ferziger, 『Numerical Methods for Engineering Application』, Wiley-Interscience, Appendix B, 1981.
9. F. S. Acton, 『Numerical Methods that Usually Work』, Harper and Row 1970.
10. I. S. Duff, A. M. Erisman and J. K. Reid, 『Direct Methods for Sparse Matrices』, Oxford Science Publications, Clarendon Press, 1986.
11. S. Pissanetsky, 『Sparse Matrix Technology』, Academic Press 1984.
12. F. L. Alvarado, 『The Sparse Matrix Manipulation System』, Report ECE-89-1, Department of Electrical and Computer Engineering, The University of Wisconsin, Madison, Wisconsin, January 1989.
13. Tarjan, R., 『Depth-First Search and Linear Graph Algorithms』, SIAM J. Comput. 1, pp.146-160, 1972.
14. Reklaitis, Ravindran and Radsdell, 『Powell's Method of Successive Quadratic Approximations, Engineering Optimization』, John Wiley, New York, 1983.
15. W. H. Press, B. P. Flannery and S. A. Teukolsky, and Vetterling, W.T., 『Numerical Recipes in Pascal』, Cambridge University Press, Chapter 10, pp.261, 262, 263, 1989.
16. ASHRAE, 『Handbook of Fundamentals』, American Society of Heating, Refrigerating and Air Conditioning Engineers, Atlanta, GA., 1989, 1993, 1997.

17. ASHRAE, 「Thermophysical Properties of Refrigerants」, American Society of Heating, Refrigerating, and Air-Conditioning Engineers, Atlanta, GA., 1976.
18. D.B. Bivens and A. Yokozeki, 「Thermodynamics and Performance Potential of R-410a」, Intl. Conference on Ozone Protection Technologies Oct, 21-23, Washington, DC. 1996.
19. Downing, R.C. and Knight, B.W., 「Computer Program for Calculating Properties for the "FREON" Refrigerants」, DuPont Technical Bulletin RT-52, 1971 ; Downing, R.C., 「Refrigerant Equations」, ASHRAE Transactions, Paper No. 2313, Vol. 80, pt.2, pp.158-169, 1974.
20. Gallagher, J., McLinden, M, Morrison, G., and Huber, M., 「REFPROP-NIST Thermodynamic Properties of Refrigerants and Refrigerant Mixtures」, Versions 4, 5, and 6, NIST Standard Reference Database 23, NIST, Gaithersburg. MD 20899, 1989.
21. Harr, L. Gallagher, J.S., and Kell, G.S., 「NBS/NRC Steam Tables」, Hemisphere Publishing Company, Washington, 1984.
22. Howell, J.R., and Buckius, R.O., 「Fundamentals of Engineering Thermodynamics」, McGraw-Hill, New York, 1987.
23. Hyland and Wexler,, 「Formulations for the Thermodynamic Properties of the Saturated Phases of H_2O from 173.15 K to 473.15 K, ASHRAE Transactions」, Part 2A, Paper 2793 (RP-216), 1983.
24. Keenan, J.H., Chao, J., and Kaye, J., 「Gas Tables」, Second Edition, John Wiley, New York, 1980.
25. Keenan, J.H. et al., 「Steam Tables」, John Wiley, New York, 1969.
26. Irvine, T.F. Jr., and Liley, P.E., 「Steam and Gas Tables with Computer Equations」, Academic Press Inc., 1984.
27. Martin, J.J. and Hou, Y.C., 「Development of an Equation of State for Gases」, A.I.Ch.E Journal, 1 : 142, 1955.
28. McLinden, M.O. et al., 「Measurement and Formulation of the Thermodynamic Properties of Refrigerants 134a and 123」, ASHRAE Trans., Vol. 95, No. 2, 1989.
29. Reid, R.C.Prausnitz, J.M. and Sherwood, T.K., 「The Properties of Gases and Liquids」, McGraw-Hill, 3rd edition, 1977.
30. Shankland, I.R., Basu, R.S., and Wilson, D.P., 「Thermal Conductivity and

Viscosity of a New Stratospherically Sate Refrigerant-1,1,1,2」, Tetra-fluoroethane (R-134a), published in CFCs:

31. American Society of Heating, 「Time of Transition」, Refrigeration and Air-Conditioning Engineers, Inc., 1989.
32. Shankland, I.R., 「Transport Properties of CFC Alternatives」, AIChE Spring Meeting, Symposium on Global Climate Change and Refrigerant Properties, Orlando, FL, March, 1990.
33. Stull, D.R., and Prophet, H., 「JANAF Thermochemical Tables」, Second Edition, U.S. National Bureau of Standards, Washington, 1971.
34. Reiner Tillner-Roth,, 「Fundamental Equations of State」, Shaker, Verlag, Aachan, 1998.
35. Van Wylen, G.J., and Sonntag, R.E., 「Fundamentals of Classical Thermodynamics」, Third Edition, John Wiley, New York, 1986.
36. Vesovic et al., 「The Transport Properties of Carbon Dioxide」, J. Phys. Chem Ref, Data, Vol. 19, No. 3, 1990.
37. Wilson, D.P. and Basu, R.S., 「Thermodynamic Properties of a New Stratospherically Safe Working Fluid - Refrigerant 134a」, paper presented at the ASHRAE meeting, Ottawa, Ontario, Canada, June, 1988, published in CFCs : 「Time of Transition」, American Society of Heating, Refrigeration and Air-Conditioning Engineers, Inc., 1989.

건축 환경 및 설비 해석

2009년 7월 10일 인쇄
2009년 7월 15일 발행

저　자 : 서승직 · 최원기
펴낸이 : 이정일

펴낸곳 : 도서출판 **일진사**
www.iljinsa.com
140-896 서울시 용산구 효창동 5-104
전화 : 704-1616 / 팩스 : 715-3536
등록 : 1979.4.2 (제3-40호)

값 28,000 원

ISBN : 978-89-429-1118-9

◉ 불법복사는 지적재산을 훔치는 범죄행위입니다.
저작권법 제97조의 5(권리의 침해죄)에 따라 위반자는 5년 이하의 징역 또는 5천만원 이하의 벌금에 처하거나 이를 병과할 수 있습니다.